装备科技译著出版基金

核能科学与工程系列译丛

离散两相流数学建模

Mathematical Modeling of Disperse Two-Phase Flows

[法]克里斯托弗·莫雷尔(Christophe Morel) 著

赵富龙 乔守旭 周 娅 译

国防工业出版社

·北京·

著作权合同登记 图字:军-2021-028 号

图书在版编目(CIP)数据

离散两相流数学建模 /(法) 克里斯托弗·莫雷尔 (Christophe Morel) 著 ; 赵富龙, 乔守旭, 周娅译. 北京 : 国防工业出版社, 2025.5. -- (核能科学与工程系列译丛). -- ISBN 978-7-118-12679-2

Ⅰ. 0359

中国国家版本馆 CIP 数据核字第 2025WY2600 号

※

国防工业出版社 出版发行
(北京市海淀区紫竹院南路 23 号 邮政编码 100048)
雅迪云印(天津)科技有限公司印刷
新华书店经售

*

开本 710×1000 1/16 印张 19¼ 字数 345 千字
2025 年 5 月第 1 版第 1 次印刷 印数 1—1500 册 定价 168.00 元

(本书如有印装错误,我社负责调换)

国防书店:(010)88540777 书店传真:(010)88540776
发行业务:(010)88540717 发行传真:(010)88540762

译者序

Mathematical Modeling of Disperse Two-Phase Flows 是介绍两相流领域相关理论与数学模型最全面的专著之一，理论性和专业性强，阐述了包含气泡、液滴流以及颗粒流等在内的离散两相流的方程、建模方法、数学物理模型、求解与处理方法；紧密结合工程应用实际，介绍了不同流动方式下瞬态及稳态的离散两相流的流动特性、理论模型、实验研究以及应用研究等方面的成果。该专著涵盖了火箭、航天、材料、能源、石油、化工等领域的两相流动换热问题，不仅包含了单相流与两相流、瞬态与稳态方程、单流体与两流体模型，还涵盖了相界面演化与建模、相的产生与湮灭、受力分析、传热传质，以及亚声速、超声速和高超声速流动等相关的数学建模技术。在反复仔细阅读英文原著时，越来越发现本书系统性强，与实际紧密结合，为在核能、能源、航空航天、动力、化工等领域遇到的两相流问题提供了丰富的数学模型，可为解决两相流问题的重要技术手段做指导，为新型武器装备的预先研发设计、国防现代化高新技术的突破提供了理论和技术支撑。考虑到我国在两相流基础理论模型方面的欠缺与不足，萌生了翻译本书的想法，决心将该书翻译成中文，以便更好地为我国相关领域的创新发展提供参考。

虽然阅读英文原著时速度较快，很容易理解，但是在翻译过程中却遇到了比较多的问题。例如，如何把专业术语用专业而又易懂的语言表达出来，如何避免专业书籍翻译得生涩给读者带来较大的阅读困难等。整个翻译过程既是一份宝贵的经历，也让自己更加深入理解原著者基于复杂问题进行解耦、建模过程的研究思路。全书共 12 章，分为两部分。第一部分从理论出发，介绍了两相流动换热的平衡方程，推导得到全面的离散两相流基本方程，理论讲解深入、透彻。第二部分紧密结合第一部分中的平衡方程，从数学封闭性与物理问题的角度出发，深入浅出地阐述了各种数学模型的封闭性问题，对数学模型的各种不同类型的封闭定律进行了详细介绍。

原著字数较多，翻译工作量较大，在翻译过程中得到了很多人的帮助。课题组的曾陈、卢瑞博、黄笛、宁可为等研究生在本书翻译过程中做了资料整理、搜集及格式修改等方面工作，在此表示感谢。

本书可读性强，主要面向在核能、能源、航空航天等领域从事能源动力装置和设备的设计研发、数值计算仿真工作的科研人员、设计人员，以及高等院校的教师、研究生等。由于全书插图相对较少，数学公式很多，因此读者需要具备一定的流体力学、传热学、热力学等方面的基础知识，了解物理现象背后的物理机理，这样便于快速理解数学方程，事半功倍。衷心希望本书能够对我国两相流基础理论研究与模型的构建有一定的帮助。

本书虽经过多次修正，但由于水平有限，书中难免存在翻译生涩或不当之处，恳请各位读者不吝赐教，予以批评指正。

译　者
2024 年 3 月

目录

主要符号表 …… 1

第1章 绪论 …… 17

第2章 两相流微观方程 …… 20

2.1 概述 …… 20
2.2 拓扑方程 …… 21
2.3 质量守恒方程 …… 23
2.4 动量守恒方程 …… 25
2.5 能量守恒方程 …… 26
2.6 两流体方程 …… 30
2.7 单流体方程 …… 30
2.8 单个流体粒子守恒方程 …… 31
参考文献 …… 35

第3章 两相流宏观方程:两流体模型 …… 36

3.1 概述 …… 36
3.2 平均运算的分类和性质 …… 37
3.2.1 集总平均算子 …… 37
3.2.2 时间平均算子 …… 39
3.2.3 空间平均算子 …… 40
3.2.4 轻度非均匀流动的多级展开 …… 41
3.3 经典两流体模型 …… 42
3.3.1 经典两流体模型方程 …… 42
3.3.2 经典两流体模型封闭问题分析 …… 46

3.4 离散两相流的混合两流体模型 …… 52
3.4.1 混合两流体模型方程 …… 53
3.4.2 混合两流体模型的封闭问题 …… 57
参考文献 …… 59
第4章 两相流的相界面方程 …… 61
4.1 概述 …… 61
4.2 两相流相界面面积浓度的不同定义 …… 62
4.2.1 局部瞬时相界面面积浓度 …… 62
4.2.2 总体瞬时相界面面积浓度 …… 63
4.2.3 局部或时间平均相界面面积浓度 …… 63
4.2.4 总体和局部瞬时相界面面积浓度的联系 …… 63
4.3 界面的莱布尼兹规则的不同形式(或雷诺输运定理) …… 66
4.3.1 空间自由演化的开放表面 …… 66
4.3.2 固定体积内的表面演化 …… 68
4.3.3 界面面积计算的应用 …… 69
4.4 空泡份额和相界面面积浓度的局部输运方程 …… 70
4.4.1 局部瞬时输运方程 …… 70
4.4.2 平均输运方程 …… 71
4.5 各向异性界面理论简介 …… 72
4.6 平均拓扑方程的封闭问题 …… 73
参考文献 …… 75
第5章 离散两相流的数量平衡和动量输运方程 …… 77
5.1 概述 …… 77
5.2 基于动力学理论的相界面面积浓度 …… 78
5.3 数量平衡方程 …… 83
5.4 颗粒产生与湮灭现象介绍 …… 85
5.4.1 粒子破碎 …… 85
5.4.2 粒子聚合 …… 86
5.4.3 粒子成核或湮灭 …… 89
5.5 标准矩量法 …… 89
5.6 矩求积法 …… 91
5.6.1 矩求积法 …… 91

5.6.2 直接矩求积法 …… 94
5.7 泡状流的多域方法 …… 96
5.8 关于动量输运方程封闭问题的讨论 …… 100
参考文献 …… 101

第6章 连续相的湍流方程 …… 104

6.1 概述 …… 104
6.2 单相流的湍流方程 …… 104
6.2.1 局部瞬时方程 …… 105
6.2.2 平均流动方程 …… 106
6.2.3 雷诺应力演化方程 …… 108
6.2.4 湍动能演化方程 …… 110
6.2.5 湍流耗散率演化方程 …… 110
6.2.6 被动波动标量演化方程 …… 111
6.3 两相流的湍流方程 …… 112
6.3.1 平均流动方程 …… 112
6.3.2 雷诺应力演化方程 …… 113
6.3.3 湍动能演化方程 …… 116
6.3.4 湍流耗散率演化方程 …… 117
6.3.5 被动波动标量演化方程 …… 117
6.4 模型封闭问题 …… 120
6.4.1 单相流封闭问题 …… 120
6.4.2 两相流封闭问题 …… 121
参考文献 …… 123

第7章 离散相的湍流方程 …… 124

7.1 概述 …… 124
7.2 基本量定义和 Fokker-Planck 方程 …… 124
7.3 连续相的平均方程 …… 129
7.4 离散相的平均方程 …… 130
7.5 粒子间碰撞 …… 136
7.5.1 二元碰撞动力学 …… 136
7.5.2 碰撞算子 …… 137
7.6 关于封闭问题的讨论 …… 140

参考文献 ······ 141

第 8 章 界面力和动量交换封闭方程 ······ 142

8.1 概述 ······ 142
8.2 高黏度流体中的曳力 ······ 143
8.3 高雷诺数气泡的广义曳力 ······ 145
8.4 非稳态非均匀斯托克斯流动中球形粒子受力 ······ 148
8.5 升力 ······ 149
8.5.1 蠕动流中球体上的升力 ······ 150
8.5.2 非黏流动中球体上的升力 ······ 150
8.6 前序结果在实际流动中的扩展 ······ 151
8.6.1 粒子雷诺数有限值的影响 ······ 151
8.6.2 壁面附近的影响 ······ 152
8.6.3 粒子形状的影响 ······ 152
8.6.4 相邻粒子浓度的影响 ······ 157
8.7 界面动量交换建模 ······ 159
8.7.1 曳力平均 ······ 160
8.7.2 离散相速度建模 ······ 161
8.7.3 虚拟质量力平均 ······ 164
8.7.4 升力平均 ······ 166
8.7.5 无扰流场中力的平均 ······ 166
8.7.6 平均动量方程的最终形式 ······ 167
参考文献 ······ 167

第 9 章 界面传热传质 ······ 170

9.1 概述 ······ 170
9.2 热量和质量传递之间的联系 ······ 170
9.3 泡状流中的界面传热和传质 ······ 172
9.4 滴状流中的界面传热和传质 ······ 176
参考文献 ······ 177

第 10 章 气泡尺寸分布和界面的闭合面积浓度 ······ 178

10.1 概述 ······ 178
10.2 单个离散球形颗粒的界面面积建模 ······ 178

10.2.1 相界面面积输运方程 …… 178
10.2.2 第4章与第5章推导方程间的联系 …… 181
10.2.3 聚变与破裂的封闭法则 …… 182
10.2.4 相变的封闭法则 …… 186
10.3 多离散球形粒子的界面面积建模 …… 193
10.3.1 气泡数量密度输运方程 …… 194
10.3.2 相界面面积输运方程 …… 197
10.3.3 基于假设尺寸分布函数的模型 …… 199
10.3.4 基于离散化的气泡尺寸分布函数模型 …… 211
参考文献 …… 213
第11章 湍流模型 …… 216
11.1 概述 …… 216
11.2 连续相的湍流模型 …… 216
11.2.1 零方程模型 …… 216
11.2.2 单方程模型 …… 218
11.2.3 两方程模型 …… 221
11.2.4 单相流的雷诺应力模型 …… 226
11.2.5 两相流的雷诺应力模型 …… 228
11.3 离散相的湍流模型 …… 232
11.3.1 离散相的二阶湍流模型 …… 233
11.3.2 离散相的两方程湍流模型 …… 234
11.3.3 离散相的陈氏(Tchen)算术模型 …… 235
参考文献 …… 235
第12章 应用实例:垂直管道中的泡状流 …… 238
12.1 概述 …… 238
12.2 垂直流道中的沸腾泡状流 …… 238
12.2.1 模型公式 …… 238
12.2.2 一般正交坐标系和圆柱坐标系 …… 244
12.2.3 模型在轴对称圆柱坐标中的投影 …… 248
12.3 数值方法 …… 251
12.3.1 单相流数值方法简介 …… 251
12.3.2 方程离散化 …… 258

参考文献 …… 265

附录 A 牛顿流体的平衡方程 …… 267

A.1 材料体积上的平衡方程 …… 267
A.2 局部平衡方程 …… 269
A.3 牛顿流体 …… 270
A.4 次级平衡方程 …… 271

附录 B 数学工具 …… 274

B.1 赫维赛德和狄拉克广义函数 …… 274
B.2 体积积分的莱布尼兹规则和高斯定理 …… 275
B.3 表面积分的莱布尼兹规则和高斯定理 …… 276

附录 C 混合两流体模型的动量守恒方程 …… 277

附录 D 湍流演化方程的推导 …… 280

D.1 雷诺应力张量方程 …… 280
D.2 湍流耗散率方程 …… 282

附录 E 球形颗粒周围及内部蠕动流的 Hadamard 解 …… 287

附录 F 式(10-146)的积分计算 …… 293

主要符号表

英文字母

a	粒子半径(m)
a	聚结核或聚结频率(1/s)
a_I	界面浓度(1/m)
a_k	k 相热扩散系数(m^2/s)
a_s	固体壁面热扩散系数(m^2/s)
A	面积(m^2)
A_e	东侧面积(m^2)
A_I	界面面积(m^2)
A_n	北侧面积(m^2)
A_p	投影面积(m^2)
A_s	南侧面积(m^2)
A_w	与网格接触的壁面面积或西侧面积(m^2)
$\underline{\underline{A}}$	面积张量(1/m)(式(4-48))
b	破碎核或破碎频率(1/s)
$\underline{\underline{B}}$	SDE 中的扩散张量
$B^+(L)$	尺寸为 L 的气泡破裂时的源项
$B^-(L)$	尺寸为 L 的气泡破裂时的汇项
C	曲线(m)
C_A	附加质量系数

C_D	曳力系数
C_h	加热周长(m)
C_k	由聚结引起的第 k 阶矩变化率(m^{k-3}/s)
C_L	升力系数
C_N	N 型粒子组态
C_R	罗达常数
C_0	柯尔莫哥洛夫常数
C_p	比定压热容(J/(kg·K))
$C^+(L)$	尺寸为 L 的气泡的源项
$C^-(L)$	尺寸为 L 的气泡的汇项
d	粒子直径(m)
da	面积元(m^2)
dk	立体角元(rad^2)
dS	表面积元(m^2)
dV	体积元(m^3)
d_b	惯性控制与热控制凝结的边界直径(m)
d_{bc}	成核时的临界气泡直径(m)
d_d	气泡直径(m)
d_e	湍流涡流直径(m)
d_i	第 i 类离散气泡直径(m)
d_{max}	最大直径(m)
d_{min}	最小直径(m)
d_{00}	中位数直径(m)
d_{10}	平均直径(m)
d_{32}	索特平均直径(m)
D	相空间粒径(m)
D	标量扩散系数(m^2/s)
D_T	湍流标量扩散系数(m^2/s)
$\underline{\underline{D}}$	变形速率张量(1/s)

$\underline{\underline{D}}_{c}^{b}$	体积变形张量(1/s)
$\underline{\underline{D}}_{c}^{I}$	界面额外变形张量(1/s)
$\underline{\underline{D}}_{k}$	k 相变形速率张量(1/s)
$\underline{\underline{D}}_{cd}^{T}$	弥散张量(m^2/s)
e	单位质量内能(J/kg)
e_{I}	界面单位质量内能(J/kg)
e_k	k 相单位质量内能(J/kg)
e	恢复系数
$\underline{e}_r$	径向单位向量(柱坐标或球坐标)
$\underline{e}_x$	x 方向的单位向量(笛卡儿坐标)
$\underline{e}_y$	y 方向的单位向量(笛卡儿坐标)
$\underline{e}_z$	z 方向的单位向量(笛卡儿坐标)
$\underline{e}_\phi$	方位方向单位向量(球坐标)
$\underline{e}_\theta$	纬度方向或方位角方向的单位向量(球坐标或柱坐标)
E	单位质量总能量(J/kg)
Eo	奥托斯数
E_{I}	微观界面源项(W/m^3)(式(2-63))
E_j	第 j 个粒子单位质量总能量(J/kg)
E_k	k 相单位质量平均总能量(J/kg)(式(3-80))
E_{m}	混合物单位质量平均总能量(J/kg)(式(3-87))
f	PDF 或分布函数
f_1	一个粒子 NDF
f_2	两个粒子 NDF
f_{d}	脱离频率(1/s)或基于直径的 NDF(1/m^4)
f_{e}	涡流直径的 NDF(1/m^4)
f_{L}	基于长度的 NDF(1/m^4)
f_{m}	基于质量的 NDF(1/(m^3 · kg))
f_V	基于体积的 NDF(1/m^6)

f_{BV}	破碎体积分数
F	累积分布函数(CDF)
F_k^{E}	k 相的欧拉质量密度函数(MDF)
F_k^{L}	k 相的拉格朗日质量密度函数(MDF)
$\underline{F}$	力(N)
$\underline{F}_{\mathrm{A}}$	附加质量力(N)
$\underline{F}_{\mathrm{D}}$	曳力(N)
$\underline{F}_{\mathrm{L}}$	升力(N)
$\underline{F}_{\mathrm{s}}$	单位面积表面张力($\mathrm{N/m^2}$)
$\underline{F}_{\mathrm{w}}$	壁面力(N)
F_{ij}^{p}	R_{ij}方程中压力-速度相关项($\mathrm{m^2/s^3}$)
$\underline{g}$	重力加速度向量($\mathrm{m/s^2}$)
g_k	k 相单位质量吉布斯(Gibbs)自由能(J/kg)
$\underline{g}_{\alpha}$	协变基向量
$G(L)$	尺寸为 L 的气泡的生长速度
$\underline{\underline{G}}_{\mathrm{c}}$	GLM 中的漂移张量(1/s)
$H(x)$	亥维赛广义函数
H	平均曲率(1/m)
H_k	k 相单位质量平均总焓(J/kg)
h	单位质量焓(J/kg)
h_k	k 相单位质量焓(J/kg)
h_k^{Γ}	相变加权平均焓(J/kg)
$h_{\mathrm{L}}^{\mathrm{sat}}$	饱和液体焓(J/kg)
$h_{\mathrm{V}}^{\mathrm{sat}}$	饱和蒸汽焓(J/kg)
$\hbar_k$	传热系数($\mathrm{W/(m^2 \cdot K)}$)
h_{α}	一般正交坐标系的比例因子
$\underline{\underline{I}}$	单位张量
Ja	雅克布数

$\underline{J}^{\mathrm{T}}$	湍流通量(式(6-43))
$\underline{J}_k$	k 相的分子扩散通量
$\underline{k}$	两粒子碰撞时中心线方向的单位向量
K	单位质量湍动能(J/kg)
K_k	k 相单位质量湍动能(J/kg)
K_{s}	单位质量流体的湍动能(J/kg)
K_{sd}	流体速度与分散速度的标量协方差(J/kg)
l_{m}	混合长度(m)
La	拉普拉斯尺度或毛细管长度(m)
L_i	N 点求积的横坐标
L_{pq}	平均粒子长度(m)
L_{32}	索特平均长度(m)
$\underline{\underline{L}}$	表面速度梯度(1/s)
ℓ	汽化潜热(J/kg)
m	质量(kg)
m_j	第 j 个粒子质量(kg)
$\underline{\underline{m}}_{ij}$	附加质量张量(kg)
m_k	单位时间单位面积质量传递(kg/(m^2·s))
$\boldsymbol{M}_k$	k 阶矩
$\underline{M}_k$	平均界面动量传递(N/m^3)
M'_k	无相变平均界面动量传递(N/m^3)
$\underline{M}_k^{\mathrm{A}}$	单位体积平均附加质量力(N/m^3)
$\underline{M}_k^{\mathrm{D}}$	单位体积平均曳力(N/m^3)
$\underline{M}_k^{\mathrm{L}}$	单位体积平均升力(N/m^3)
$\underline{M}_k^{\mathrm{O}}$	单位体积内未受扰动的流量所产生的平均力(N/m^3)
$\underline{M}_{\mathrm{m}}$	混合动量源(N/m^3)
$\underline{M}^*$	混合模型中的动量界面传递(N/m^3)
$\underline{\underline{M}}_j$	第 j 个粒子的第一动量矩(N·m·s)

n	粒子数密度($1/m^3$)
n_{32}	直径为 d_{32}的气泡的数密度($1/m^3$)
n_i	第 i 类气泡数密度($1/m^3$)
$\underline{n}$	法向曲面的单位向量
$\underline{n}_k$	垂直于界面的单位向量,从相位 k 向外指向
$\underline{n}_w$	垂直于壁面的单位向量
N	流域中粒子的数目
N_k	由式(11-42)定义的无量纲数
N''	活化核心密度($1/m^2$)
$\underline{N}$	与曲线 C 垂直、与界面相切的单位向量
Nu	努塞尔数
p	压力(N/m^2)
p'	压力波动(N/m^2)
p_k	k 相压力(N/m^2)
P_k	k 相平均压力(N/m^2)
P	概率或 PDF
p_{cd}^{E}	欧拉描述中的两点联合分布函数
p_{cd}^{L}	拉格朗日描述中的两点联合 PDF
p_{c}^{L}	拉格朗日描述中的连续相边际 PDF
p_{d}^{L}	拉格朗日描述中的分散相边际 PDF
p_{k}^{E}	相 k 的欧拉边际分布函数
$\underline{p}_j$	第 j 个粒子的质量偶极子(kg · m)
P_{ij}	R_{ij}方程中的产生项(m^2/s^3)
P_K	平均速度梯度产生湍流能量(m^2/s^3)
P_K^{I}	TKE 方程中的界面源或汇(W/m^3)
P_{ε}^{I}	湍流耗散速率方程中的界面源或汇($W/(m^3 \cdot s)$)
$P_{k,ij}$	k 相中 R_{ij}方程的产生项(m^2/s^3)
Pe	贝克莱数

Pr	普朗特数
Pr_c^T	连续相湍流普朗特数
q_1, q_2, q_3	一般正交坐标
q_{ext}	液体单位体积加热量(W/m^3)
q''	平均单位面积界面传热(W/m^2)
$\underline{q}$	热流密度向量(W/m^2)
$\underline{q}_I$	交界面热流密度向量(W/m^2)
$\underline{q}_k$	k 相的热流密度矢量(W/m^2)
$\underline{q}_k^T$	湍流能量通量密度(W/m^2)
$\underline{q}_m$	混合物中的总能量通量(W/m^2)
$\underline{\underline{q}}$	界面各向异性张量($1/m$)
$\underline{q}_{coll}$	颗粒温度方程的碰撞“热”流量(W/m^2)
q_ϕ	源标量的方差(式(6-46))
Q_k	平均总能量界面传递(W/m^3)
Q_m	混合物中的总能量(W/m^3)
r	径向(m)
$\underline{r}$	相对位置向量(m),如相对于粒子中心
R	半径(m)
Re	雷诺数
Re_d	粒子雷诺数
Re_k^T	k 相的湍流雷诺数
Re_ω	剪切雷诺数
R_j	第 j 个粒子半径(m)
$\underline{\underline{R}}$	双速度相关张量(m^2/s^2)
s	单位质量熵(J/(kg·K))
s_I	界面单位质量熵(J/(kg·K))
s_j	第 j 个粒子单位质量熵(J/(kg·K))
s_k	k 相单位质量熵(J/(kg·K))

s'_k	k 相单位质量波动熵(J/(kg·K))
S	表面
S_{be}	气泡-涡流碰撞截面(m^2)
Sc_T	紊流施密特数
S_j	由于聚并和破碎而引起的单位体积粒子源和粒子汇速率(1/(m^6·s))
S_k	k 相单位质量平均熵(J/(kg·K))
S_{ph}	成核和坍缩引起的粒子源和单位体积的沉降速率(1/(m^6·s))
S_T	局部界面面积浓度(1/m)
S_V	整体界面面积浓度(1/m)
S_Γ	相变加权平均熵(J/(kg·K))
$S(L)$	基于长度的 NDF 输运方程中的一般源项
$\bar{S}_k$	第 k 阶矩输运方程的一般源项
$\bar{S}_k^N$	源项$\bar{S}_k$ 的 N 点求积近似
S_{12}	碰撞截面(m^2)
t	时间(s)
t_c	凝结时间(s)
T	温度(K)或时间间隔振幅(s)
T_I	界面温度(K)
T_k	k 相温度(K)
T_L	拉格朗日积分时间标度(s)
T_{sat}	饱和温度(K)
T_w	壁温(K)
$\underline{T}$	扭矩(N·m)
$\underline{\underline{T}}_{ijk}$	三阶速度相关张量(m^3/s^3)
$\underline{\underline{T}}_{k,ijm}$	k 相的三阶速度相关张量(m^3/s^3)
u^α	表面坐标(α=1,2)
$\underline{u}_d$	相空间粒子速度(m/s)

$\underline{u}_{\mathrm{s}}$	相空间中通过粒子所见的流体速度(m/s)
u^{*}	壁面摩擦速度(m/s)
$\underline{v}$	速度(m/s)
$\underline{v}_{\mathrm{I}}$	界面微观速度(m/s)
$\underline{v}_{\mathrm{I},n}$	正常界面微观速度(m/s)
$\underline{v}_{\mathrm{I},t}$	切向界面微观速度(m/s)
$\underline{v}_{k}$	k 相微观速度(m/s)
$\underline{v}_{k}'$	k 相脉动速度(m/s)
$\underline{v}_{\mathrm{R}}$	相对速度(m/s)
$\underline{v}_{\mathrm{s}}$	通过粒子所见流体速度(m/s)
V	体积(m^3)
V_{be}	气泡-涡流碰撞速度(m/s)
V_{k}	k 相体积(m^3)
V_{m}	网格体积(m^3)
V_{12}	碰撞速度(m/s)
$\underline{V}_{\mathrm{c}}$	连续相平均速度(m/s)
$\underline{V}_{\mathrm{d}}$	分散相平均速度(m/s)
$\underline{V}_{\mathrm{disp}}$	扩散速度(m/s)
$\underline{V}_{\mathrm{m}}$	混合速度(m/s)
$\underline{V}_{\mathrm{R}}$	平均相对速度(m/s)
$\underline{V}_{\Gamma}$	相变加权平均速度(m/s)
w_{i}	N 点求积的权值
$\underline{w}$	质点质心速度(m/s)
$\underline{w}_{j}$	第 j 个质点的质心速度(m/s)
We	韦伯数
We_{cr}	韦伯数的临界值
$\underline{W}$	SDE 中的维纳过程
W_{k}	平均界面法向速度(m/s)(式(4-42))
$\underline{W}_{\mathrm{I}}$	平均界面输运速度(m/s)(式(4-44))

$\underline{x}$	欧拉位置向量(m)
$\underline{X}_j$	第 j 个粒子中心位置向量(m)
y	距壁面距离(m)
z	垂直坐标(m)
$\underline{Z}$	状态向量

希腊字母

$\alpha_{\mathrm{d,max}}$ 或 $\alpha_{\max}$	最大填充体积分数
α_k	k 相存在的平均分数(或平均体积分数)
α_i	第 i 类部分空隙率
$\delta(x)$	狄拉克广义函数
δ_{d}	粒子中心在流域中的分布($1/\mathrm{m}^3$)
δ_{I}	狄拉克广义函数或局部瞬时界面面积浓度(1/m)
$\delta_{I,j}$	仅第 j 个粒子的局部瞬时 IAC(1/m)
δ_j	狄拉克函数在第 j 个粒子中心达到的峰值($1/\mathrm{m}^3$)
δ_{ij}	克罗内克符号
Δ	单位体积熵源($\mathrm{W}/(\mathrm{m}^3\cdot\mathrm{K})$)
Δ_{I}	界面单位面积熵源($\mathrm{W}/(\mathrm{m}^2\cdot\mathrm{K})$)
Δ_j	整个流体颗粒的熵源(W/K)
Δ_k	k 相单位体积熵源($\mathrm{W}/(\mathrm{m}^3\cdot\mathrm{K})$)
$\Delta\rho$	两相密度差($\mathrm{kg/m^3}$)
Δr	径向网格尺寸(m)
Δr_{eE}	东侧表面 e 到标量点 E 的径向距离(m)
Δr_{EP}	标量点 E 与 P 之间的径向距离(m)
Δt	时间步(s)
ΔV_{P}	网格体积(m^3)
Δz	轴向网格尺寸(m)
ε	湍流耗散率($\mathrm{m^2/s^3}$)

ε_k	k 相湍流耗散率(m^2/s^3)
ε_{ij}	湍流耗散率张量(m^2/s^3)
$\varepsilon_{k,ij}$	k 相湍流耗散率张量(m^2/s^3)
ε_ϕ	无源标量的方差耗散率(式(6-49))
ϕ	守恒的无源标量
ϕ	速度势(m^2/s)
$\underline{\underline{\varphi}}_{coll}$	碰撞应力张量(N/m^2)
φ_n^N	单位体积单位时间成核源项($1/(m^3 \cdot s)$)
φ^{RC}	由于随机碰撞导致的界面面积减少率($1/(m \cdot s)$)
φ^{TI}	湍流破碎引起的界面面积增加速率($1/(m \cdot s)$)
φ^{WE}	由于尾流夹带的联合,界面面积减小的速率($1/(m \cdot s)$)
φ	方位角(rad)
φ_i	单位速度在第 i 个方向上的位势(m)
Φ_D	耗散函数(W/m^3)(式(A-26))
Φ_{ij}	压力-应变相关张量(m^2/s^3)
$\Phi_{k,ij}$	k 相压力-应变相关张量(m^2/s^3)
Γ_k	k 相产率(kg/m^3s)
Γ_s	单位 IAC 的变化率(1/s)
η^B	破裂效率
η_C	并合率
η_{ph}	每单位体积由成核或坍缩产生或损失的体积速率(1/s)
θ	余纬角(rad)
κ	动力体黏度($kg/(m \cdot s)$)或冯·卡门常数
λ	热导率($W/(m \cdot K)$)
λ_k	k 相热导率($W/(m \cdot K)$)
λ_s	固体壁面热导率($W/(m \cdot K)$)
λ_c^T	连续相的湍流热导率($W/(m \cdot K)$)
Λ_i	加权横坐标(式(5-93))

μ	动力剪切黏度(kg/(m·s))
μ_k	k 相动力(剪切)黏度(kg/(m·s))
μ_{m}	混合物黏度(kg/(m·s))
μ^*	折合黏度或黏度比(式(8-8))
$\mu_{\mathrm{c}}^{\mathrm{T}}$	连续相湍流黏度(kg/(m·s))
ν	平均碎片数
$\underline{\nu}$	与曲线 C 垂直、与界面相切的单位向量
ν	运动黏度(m^2/s)
ν_k	k 相运动黏度(m^2/s)
ν_{T}	湍流涡流黏度(m^2/s)
$\nu_{\mathrm{T}}^{\mathrm{RI}}$	气泡诱导湍流涡黏度(m^2/s)
$\nu_{\mathrm{T}}^{\mathrm{SI}}$	剪切诱导湍流涡黏度(m^2/s)
ω	频率或涡度(1/s)
$\underline{\Omega}$	角速度(1/s)
$\underline{\underline{\Omega}}$	自转速度张量(1/s)
Ω_{ξ}	内相坐标空间
Ω_x	物理空间域
$\underline{\xi}$	内相坐标向量
ρ	密度(kg/m^3)
ρ_{I}	界面密度(kg/m^3)
ρ_k	k 相密度(kg/m^2)
ρ_{m}	混合密度(kg/m^3)
$\underline{\underline{\sigma}}$	总应力张量(N/m^2)
$\underline{\underline{\sigma}}_k$	k 相的总应力张量
$\underline{\underline{\sigma}}_{\mathrm{c}}^*$	额外应力张量(N/m^2)
σ	表面张力系数(N/m)
$\hat{\sigma}$	对数法向律的宽度参数
$\widetilde{\sigma}$	气泡尺寸分布的标准差(m)

σ^*	无量纲的标准偏差
σ_{K}	TKE 的施密特数
σ_{ε}	湍流耗散率的施密特数
Σ_k	传导形式的熵的界面传递(W/(m^3·K))
$\underline{\underline{\Sigma}}_k$	k 相平均应力张量(N/m^2)
τ_{p}	粒子拖曳弛豫时间(s)
$\tau_{\mathrm{cd}}^{\mathrm{T}}$	湍流涡流-粒子相互作用时间(s)
$\underline{\underline{\tau}}$	黏滞应力张量(N/m^2)
$\underline{\underline{\tau}}^{\mathrm{T}}$	单相流雷诺应力张量(N/m^2)
$\underline{\underline{\tau}}_k$	k 相黏滞应力张量(N/m^2)
$\underline{\underline{\tau}}_k^{\mathrm{T}}$	k 相雷诺应力张量(N/m^2)
$\underline{\underline{\tau}}_{\mathrm{c}}^{\mathrm{BI}}$	气泡诱导部分雷诺应力张量(N/m^2)
$\underline{\underline{\tau}}_{\mathrm{c}}^{\mathrm{SI}}$	剪切诱导部分雷诺应力张量的(N/m^2)
τ_{w}	壁面剪切应力(N/m^2)
χ_k	相指示函数(PIF)
$\chi_{k,j}$	仅第 j 个粒子的 PIF
ψ_j	第 j 个粒子产生和消失的历程函数
$\underline{\xi}_k$	平均熵扩散通量(W/(m^2·K))

下标

c	连续相
d	分散相
I	交界面
k	一般相指数
L	液体
s	颗粒视角下
t	切向的
V	蒸汽

运算符和符号

$\frac{\mathrm{D}}{\mathrm{D}t}$	物质导数(1/s)
$\frac{\overline{\mathrm{D}}}{\mathrm{D}t}$	平均速度下的物质导数(1/s)
$\frac{\mathrm{D}_{\mathrm{I}}}{\mathrm{D}t}$	界面处的物质导数(1/s)(式(B-11))
$\frac{\mathrm{D}_k}{\mathrm{D}t}$	k 相的物质导数(1/s)(式(2-28))
$\frac{\overline{\mathrm{D}}_k}{\mathrm{D}t}$	k 相平均速度下的物质导数(1/s)
∇	梯度(1/m)
$\nabla.$	散度(1/m)
∇^2	拉普拉斯算子(1/m^2)
$\nabla_{\wedge}$	旋度或旋转
∇_{S}	表面梯度
$\nabla_{\mathrm{S}}.$	表面散度(1/m)
$\nabla_{\xi}.$	ξ 空间散度
$\langle\ \rangle$	系综平均算子
$\langle\ \vert\ \rangle$	条件平均
$\langle\ \rangle_{\mathrm{c}}$	连续相的平均
$\langle\ \rangle_{\mathrm{d}}$	分散相平均
$\langle\ \rangle_{\mathrm{S}}$	面平均
$\langle\ \rangle_{\mathrm{V}}$	体平均
$\langle\langle\ \rangle\rangle$	一维形式的界面面积加权平均
$-^{k}$	相平均算子(式(3-40))
$=^{k}$	加权平均算符(式(3-41))
$-^{\mathrm{I}}$	界面平均算子(式(3-43))
$=^{\mathrm{I}}$	按相变加权的界面平均值(式(3-44))
$-$	数加权平均算子

$=$	数和质量平均算子
$[A,B]$	A 和 B 中较大值

缩写词

1D	一维
2D	二维
3D	三维
BC	边界条件
CDF	累积分布函数
CFD	计算流体动力学
CTE	交叉轨迹效应
DNS	直接数值模拟
EOS	状态方程
FAD	Favre 平均曳力
GLM	广义朗之万模型
GPBE	广义总体平衡方程
HTC	传热系数
IAC	界面面积浓度
IATE	界面面积输运方程
LES	大涡模拟
MDF	质量密度函数
NDF	数密度函数
PBE	数量平衡方程
PCH	相变
PDA	产物差异算法
PDE	偏微分方程
PDF	概率密度分布函数
PIF	相指示函数
RANS	雷诺平均 N-S 方程

RC	随机碰撞
RSM	雷诺应力模型
SDE	随机微分方程式
SLM	狭义朗之万(Langevin)模型
SMM	标准矩量法
TDMA	三对角矩阵算法
TI	湍流影响
TKE	湍动能
WE	后夹带

注:本书中物理量下加一条横线表示矢量或向量,物理量下加两条横线表示张量。如若按照出版要求统一改为黑斜体,个别物理量将不能区分是矢量(向量)还是张量,故本书遵从原著写法,保留变量下的横线,不做修改。

第1章
绪　　论

两相流和多相流广泛存在于人类生活、自然界和工业生产中。例如,人们会提到气象学(雨、雪、冰和云的形成)、气候学和污染物研究(大气中气溶胶或污染物),各种行业如核工业(沸腾流、蒸汽发生器、热交换器等)、化学工业(气泡流动、流化床等)、石油行业(石油和天然气在管道内的运输、液-液萃取柱)、食品行业以及健康研究(纳米颗粒吸入的风险)等。

多相流的特征是同时存在气体、液体或固体(不考虑等离子体)3种相态中的两种或多种。两相流只包括两种相态。因此,可以根据所存在两相的相态对其进行分类。通常可以看到气-液流动、液-液流动(如水中的油滴)、气-固流动(分散在气体中的细小固体颗粒)和液-固流动。多相流是两相以上混合物的流动,因此它比两相流更为复杂,但基本问题的主要部分已经在两相流理论中呈现。因此,为了简单起见,本书只讨论两相流。

两相流不仅以两相的存在为特征,而且还存在将两相分开的界面。由于界面非常薄,可以近似将其视为二维(2D)曲面。某些物理量在界面处是不连续的,如气-液两相流中的体积质量以及界面处发生相变时的流速。界面是移动的,它们数量众多,有时是可变形的,这使得很难对界面进行建模。根据界面几何构型,可以将两相流划分为不同的流型,类似于单相流中从层流到湍流的分类。在液-气两相流和液-液两相流中,已有专门的文献对不同的流型进行了认定,但这些流型并未得到很好的定义。因此,我们将研究的重点限制于离散两相流部分。离散流是由分散在连续相中的颗粒(气泡、液滴或固体颗粒)组成的。离散流可以分为气泡流(连续液体中夹带气体)、滴状流(连续气体或另一种连续液体中夹带液体,如乳液)和颗粒流(连续气体或液体夹带固体颗粒)。与两相流非常相似,可以发现颗粒流中存在着固体分散相,固体分散相决定了建模方法,流体相是次重要的,可以将其分为干颗粒流和湿颗粒流。干颗粒流是指颗粒在真空中流动，或颗粒之间的间隙流体的影响可以忽略不计（如沙流中存在的空气）。当颗粒数量非常多并且距离非常近时，称为稠密流；否则就称为稀疏流。

本书主要关注的问题是两相流的数学建模。数学建模包括编写方程组来描述两相流的演化过程。由于这些方程组非常复杂，它们通常通过数值解求解而不是解析解的方法来求解。这些方程可分为平衡方程和封闭性关系两类。平衡方程是一般性物理学原理应用于两相流的数学描述。这些平衡方程主要是质量、动量、能量和熵的守恒定律，湍流方程和数量平衡方程也属于这一类。封闭性关系不是平衡方程，而是完成数学描述所需的关系式，即为了得到与未知数数量相同的方程综述。依据这个分类，本书第 2-7 章主要讨论描述两相流所有方面的平衡方程基础；第 8-11 章综述了不同类型的封闭法则；第 12 章以垂直管中的泡状流为应用实例阐述了处理两相流的不同模型。

首先推导了控制两相流的局部瞬时平衡方程（第 2 章），即微观方程，然后运用平均处理的方法，在第 3 章中得到了两种不同的两流体模型公式，第一个公式比较古老和普遍，第二个公式较为新颖，尤其适用于受限的离散两相流环境。第 4 章主要解决两相流情况下的界面面积浓度输运方程问题。第 5 章介绍了球形颗粒的数量平衡方程及这些方程与界面浓度方程之间的联系，另外也介绍了破碎模型。第 6 章和第 7 章专门针对湍流方程进行了阐述，从第 6 章的连续相开始，其中的方程是由单相流方程扩展得到的；第 7 章描述了离散相的“湍流”，考虑了与气体动力学理论的类比，介绍了颗粒间的碰撞。第 8 章概述了相界面作用力知识及应用其确定界面动量传递。在第 9 章中讨论了液体与其蒸气之间的热和质量传递。第 10 章论述了不同的封闭定律在界面浓度输运方程和数量平衡方程中的应用，对比了单尺寸模型（其中索特平均直径常用来描述粒径）和考虑气泡粒径分布函数的多尺寸模型。第 11 章详细介绍了不同湍流方程的封闭性问题。第 12 章给出了垂直管道中沸腾泡状流的教学案例，将不同的方程投影到柱面坐标系中，然后根据 SIMPLE 算法进行离散。

为了方便对本书核心内容的理解，增加了 6 个附录，包括附录 A～F。控制牛顿流体的平衡方程在附录 A 中做了回顾。一些数学书中经常使用的工具和定理在附录 B 中。球形液滴在极黏流体中流动的解析解参见附录 E。附录 C、D 和 F 给出了最难方程的计算细节以帮助读者理解。

本书未涉及化学反应、多组分问题、非牛顿流体、表面活性剂、等离子体和两相以上的流动（多相流动）等内容。

本书面向流体力学领域的研究生以及在两相流领域工作的有经验的研究人员和工程师。所有方程都是从一开始进行推导,并且由于流体控制方程列在附录 A,因此只有关于张量计算和连续介质力学的基本知识是必需的。使用下划线符号区分矢量(向量)、张量、标量:矢量或向量用一条下划线表示;张量用两条下划线表示;标量没有下划线;矩阵用黑斜体表示。

通过本书,希望您能很好地沉浸在两相流建模的研究中。

第 2 章

两相流微观方程

摘要 本章给出了在微观水平上的两相流控制方程。从微观层面来看,两相流控制方程是局部瞬时的方程。本章首先介绍了拓扑方程,随后介绍了质量、动量和能量守恒方程。同时,为了检验热力学第二定律的结果,还给出了熵平衡方程。最后,通过推导得出两相流模型的方程,该方程可应用于第 3 章。为了章节的完整性,在本章还给出了控制整个流体颗粒(如一个气泡或一个液滴)的平衡方程。

2.1 概　　述

两相流的特征在于存在许多分隔两个不混溶的相界面。这些相可以是气态、液态或固态,并且界面可以看作嵌入三维欧几里得空间中的二维表面。如果存在两种以上不同的相,则称之为多相流(如有时在化学反应器或核反应堆的蒸汽发生器中遇到的气-液-固三相)。即使多相流比两相流更复杂,大多数基本问题也已经出现在两相流中。因此,为简单起见,我们将仅考虑由两个纯相构成的两相流。

总体而言,第 1 章所呈现的方程通常无法直接求解(除个别可采用直接数值模拟的简单问题外)。针对具有高自由度的复杂两相流问题,往往需要采用平均化处理方法以降低求解维度。下面将区分微观和宏观方程。微观方程表征微观水平的两相流,即尚未进行平均的情况。宏观方程可以通过从微观方程执行平均操作获得(见第 3 章)。本章通过推导得出了计算单相流和界面的微观方程。在本章的最后,通过将局部方程在一个完整的流体粒子上进行积分,来获得嵌入流体中的一个流体颗粒(气泡或液滴)演化的控制方程。

许多学者都已经推导出了两相流的微观方程[1-6]。为了将界面包含在局部瞬时的水平上,这里使用了广义函数[7-9]。我们需要的主要工具是赫维赛德(Heaviside)和狄拉克(Dirac)广义函数,这些函数参见附录 B。单相流的方程参见附录 A。在介绍控制每个相和界面的平衡方程之前,先从处理界面运动和存在函数的拓扑方程开始。

2.2 拓扑方程

定义每次流动中界面位置的几何方程为

$$F(\underline{x},t)=0 \tag{2-1}$$

设函数 F 在相 1 中为正,在相 2 中为负。定义每个相的相指示函数(phase indicator function,PIF)为

$$\chi_1(\underline{x},t)=1-\chi_2(\underline{x},t)=H(F(\underline{x},t)) \tag{2-2}$$

式中:$H(x)$为赫维赛德广义函数(见附录 B)。

将式(2-2)改写为更加直观的表达形式

$$\chi_k(\underline{x},t)\equiv\begin{cases}1, & \text{若 } t \text{ 时刻} \underline{x} \text{属于 } k \text{ 相}\\ 0, & \text{若 } t \text{ 时刻} \underline{x} \text{不属于 } k \text{ 相}\end{cases} \tag{2-3}$$

垂直于界面并从 k 相($k=1,2$)向外指向的单位向量由函数 F 的归一化梯度给出[10],即

$$\underline{n}_2=-\underline{n}_1=\frac{\nabla F}{|\nabla F|} \tag{2-4}$$

这些单位向量如图 2-1 所示。

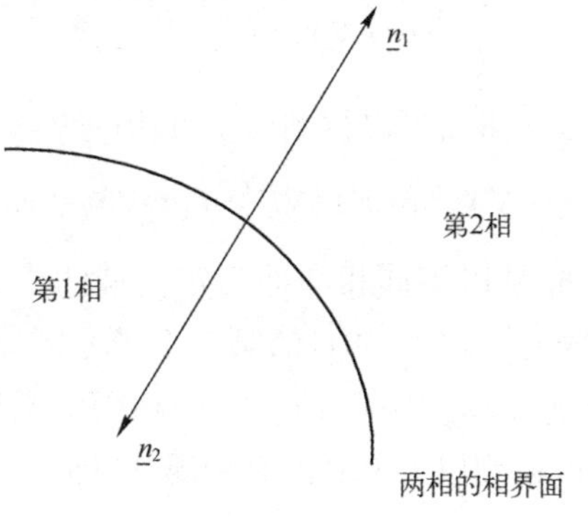

图 2-1 单位向量垂直于界面

设$\underline{v}_I$ 是与界面相关的速度场。由于函数 F 在界面点处等于 0(式(2-1)),因此 F 在速度$\underline{v}_I$ 处的对流导数为 0,即

$$\frac{\partial F}{\partial t}+\underline{v}_{\mathrm{I}}\cdot\nabla F=0 \tag{2-5}$$

根据式(2-4)和式(2-5),可以推导出界面的法向位移速度[11]为

$$\underline{v}_{\mathrm{I}}\cdot\underline{n}_2=-\underline{v}_{\mathrm{I}}\cdot\underline{n}_1=-\frac{\dfrac{\partial F}{\partial t}}{|\nabla F|} \tag{2-6}$$

垂直的位移速度只是速度矢量的一个分量(垂直于表面的一个分量)。其他两个分量构成切向速度矢量,可以通过下式获得,即

$$\underline{v}_{\mathrm{I},t}=\underline{v}_{\mathrm{I}}-(\underline{v}_{\mathrm{I}}\cdot\underline{n})\underline{n} \tag{2-7}$$

在式(2-7)中,单位法向量上省略了相序指标 k。由于单位法向量在式(2-7)中会出现其自身相乘,因此可以确定其没有实际计算意义。正如 Drew[12] 所指出的那样,两个速度矢量$\underline{v}_{\mathrm{I}}$ 仅在它们的切向分量上不同,导致表面在空间中产生相同的运动,因为在式(2-5)中出现的唯一速度分量是垂直于表面的分量式(2-6)。因此,保留了一个自由度来选择切向速度分量。

根据式(2-2),可以求得 PIF 对时间和空间的导数为

$$\begin{cases}\nabla\chi_1=-\nabla\chi_2=\delta(F)\nabla F\\ \dfrac{\partial\chi_1}{\partial t}=-\dfrac{\partial\chi_2}{\partial t}=\delta(F)\dfrac{\partial F}{\partial t}\end{cases} \tag{2-8}$$

式中:$\delta(x)$为狄拉克广义函数,是赫维赛德广义函数的导数(附录 B)。

根据式(2-5)和式(2-8)可以计算得到 k 相的拓扑方程为

$$\frac{\partial\chi_k}{\partial t}+\underline{v}_{\mathrm{I}}\cdot\nabla\chi_k=0,\quad k=1,2 \tag{2-9}$$

根据式(2-4)和式(2-8),可以得到以下有用的关系式:

$$-\underline{n}_k\cdot\nabla\chi_k=\delta(F)\,|\nabla F|=\delta_{\mathrm{I}}\Leftrightarrow\nabla\chi_k=-\underline{n}_k\delta_{\mathrm{I}} \tag{2-10}$$

在上面的方程中,δ_{I} 是以不同相界面为定义域的广义函数,Kataoka[4] 称它为局部瞬时界面面积浓度。式(2-10)的第二个关系式是通过整理第一个关系式中的单位向量$\underline{n}_k$ 得到的($\underline{n}_k\cdot\underline{n}_k=1$)。由于相指示函数(PIF)只能取二进制值(0 或 1),因此还可以得到以下 PIF 的有用属性,即

$$\begin{cases}\chi_k^n=\chi_k\\ \chi_1\chi_2=0\\ (\chi_kA_k)(\chi_kB_k)=\chi_kA_kB_x\end{cases} \tag{2-11}$$

式中:A_k 和 B_k 为表征相 k 的任意量。

2.3 质量守恒方程

在本节和后续各章节中,首先研究两相材料体积积分的平衡形式(图 2-2)。根据体积的莱布尼兹规则、表面雷诺输运定理和高斯定理,得到了两个体积分和一个面积分之和的形式。体积分提供了在每个相有效的局部平衡方程,而面积分提供了仅在界面处有效的跳跃条件[1-3]。

如图 2-2 所示,考虑一个两相材料体积 $V(t)$ 分为两个被两种相占据的子体积 $V_1(t)$ 和 $V_2(t)$。两相体积由一个二维界面分开,并且包含在体积 $V(t)$ 中的该表面的 $A_I(t)$ 部分受到闭合曲线 $C(t)$ 的限制。子体积 $V_1(t)$ 受到开放表面 $A_1(t)$ 的限制,并且 $A_I(t)$ 和子体积 $V_2(t)$ 受到开放表面 $A_2(t)$ 和 $A_I(t)$ 的限制。由于体积 $V(t)$ 是材料,表面 $A_1(t)$ 和 $A_2(t)$ 也是,但是表面 $A_I(t)$ 不是,因为它可以由于相变(蒸发或凝结)而传质。

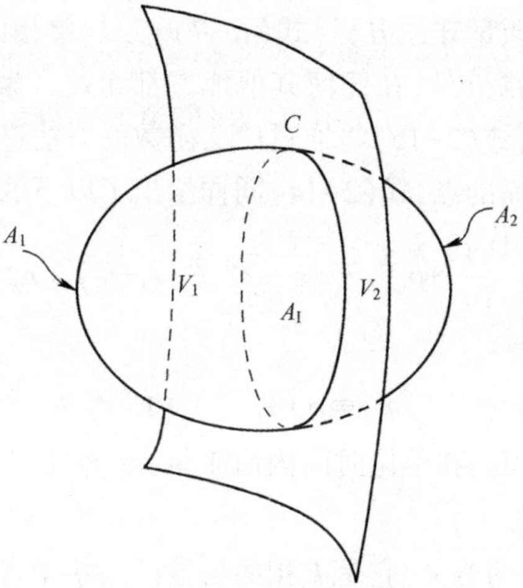

图 2-2 一个两相体积示意图

假设上述体积在研究中总是保持质量守恒。从数学上讲,可以写为

$$\frac{\mathrm{d}}{\mathrm{d}t}\int_{V_1(t)}\rho_1\mathrm{d}v+\frac{\mathrm{d}}{\mathrm{d}t}\int_{V_2(t)}\rho_2\mathrm{d}v+\frac{\mathrm{d}}{\mathrm{d}t}\int_{A_I(t)}\rho_I\mathrm{d}s=0 \tag{2-12}$$

式中:$\rho_k(\underset{\sim}{x},t)$ 为 k 相的密度场;$\rho_I(\underset{\sim}{x},t)$ 为界面的密度场,界面是二维表面,界面密度是每单位表面的质量($\mathrm{kg/m^2}$)。

应用莱布尼茨公式(式(B-8))处理体积分,并采用式(B-10)计算面积分。式(2-12)可以等效地写为

$$\int_{V_1}\frac{\partial\rho_1}{\partial t}\mathrm{d}v+\int_{A_1\cup A_\mathrm{I}}\rho_1\,\underline{v}_1\cdot\underline{n}_1\mathrm{d}S+\int_{V_2}\frac{\partial\rho_2}{\partial t}\mathrm{d}v+\int_{A_2\cup A_\mathrm{I}}\rho_2\,\underline{v}_2\cdot\underline{n}_2\mathrm{d}a+$$

$$\int_{A_\mathrm{I}}[\rho_1(\underline{v}_\mathrm{I}-\underline{v}_1)\cdot\underline{n}_1+\rho_2(\underline{v}_\mathrm{I}-\underline{v}_2)\cdot\underline{n}_2]\mathrm{d}S+\int_{A_\mathrm{I}}\left(\frac{\mathrm{D_I}\rho_\mathrm{I}}{\mathrm{D}t}+\rho_\mathrm{I}\nabla_\mathrm{s}\cdot\underline{v}_\mathrm{I}\right)\mathrm{d}S=0 \tag{2-13}$$

运用两次高斯定理(式(B-9)),式(2-13)变为

$$\int_{V_1}\left[\frac{\partial\rho_1}{\partial t}+\nabla\cdot(\rho_1\,\underline{v}_1)\right]\mathrm{d}v+\int_{V_2}\left[\frac{\partial\rho_2}{\partial t}+\nabla\cdot(\rho_2\,\underline{v}_2)\right]\mathrm{d}v+$$

$$\int_{A_\mathrm{I}}\left\{[\rho_1(\underline{v}_\mathrm{I}-\underline{v}_1)\cdot\underline{n}_1+\rho_2(\underline{v}_\mathrm{I}-\underline{v}_2)\cdot\underline{n}_2]+\left(\frac{\mathrm{D_I}\rho_\mathrm{I}}{\mathrm{D}t}+\rho_\mathrm{I}\nabla_\mathrm{s}\cdot\underline{v}_\mathrm{I}\right)\right\}\mathrm{d}S=0 \tag{2-14}$$

对于任意 V_1、V_2 和 A_I,必须满足平衡方程式(2-14),因此表面和体积积分中的参数必须全部独立地等于0。得到对于一个位于 k 相的点,有

$$\frac{\partial\rho_k}{\partial t}+\nabla\cdot(\rho_k\,\underline{v}_k)=0,\quad k=1,2 \tag{2-15}$$

这是单一流体的质量守恒方程(式(A-7))。与单相的区别在于式(2-15)除了 k 相所占的流动部分外,在任何其他地方都无效。为了在2.6节获得在所有地方都有效的方程,式(2-15)将通过广义函数的方法进行扩展。

对于一个位于表面的点,式(2-14)同样给出了以下的界面质量守恒方程:

$$\frac{\mathrm{D_I}\rho_\mathrm{I}}{\mathrm{D}t}+\rho_\mathrm{I}\nabla_\mathrm{s}\cdot\underline{v}_\mathrm{I}=\sum_{k=1,2}\rho_k(\underline{v}_k-\underline{v}_\mathrm{I})\cdot\underline{n}_k \tag{2-16}$$

定义

$$\dot{m}_k\equiv\rho_k(\underline{v}_\mathrm{I}-\underline{v}_k)\cdot\underline{n}_k \tag{2-17}$$

式中:$\dot{m}_k$ 为单位表面积上和单位时间内由于相变(蒸发或冷凝)而获得的 k 相流体质量($\mathrm{kg/(m^2\cdot s)}$)。

应该注意使用 $\dot{m}_k$ 的意义,它是 k 相的增益。一些学者[1-3]倾向于将 $\dot{m}_k$ 定义为 k 相的质量损失,因此他们定义的 $\dot{m}_k$ 与式(2-17)的相比具有相反的符号。根据式(2-17),式(2-16)变为

$$\sum_{k=1,2}\dot{m}_k=-\left(\frac{\mathrm{D_I}\rho_\mathrm{I}}{\mathrm{D}t}+\rho_\mathrm{I}\,\nabla_\mathrm{s}\cdot\underline{v}_\mathrm{I}\right) \tag{2-18}$$

在大多数的运用中,式(2-18)的等式右侧可以认为是0,即

$$\sum_{k=1,2}\dot{m}_k=0 \tag{2-19}$$

式(2-18)或者其简化形式方程式(2-19)为界面处质量跳跃条件。

2.4 动量守恒方程

下面考虑图 2-2 中描绘的两相材料体积，该体积的(线性)动量守恒可以用以下方法描述[1-2]。体积中包含的线性动量的时间变化率 $V(t)$ 等于作用在其上的外力之和。这些外力包括：

(1) 重力$\underline{g}$，它是单位质量力；

(2) 通过表面 A_1 和 A_2 的每个相的应力；

(3) 通过曲线 C 的线面张力。

线性动量的时间变化率数学上可以写为

$$\frac{\mathrm{d}}{\mathrm{d}t}\int_{V_1}\rho_1\underline{v}_1\mathrm{d}v+\frac{\mathrm{d}}{\mathrm{d}t}\int_{V_2}\rho_2\underline{v}_2\mathrm{d}v+\frac{\mathrm{d}}{\mathrm{d}t}\int_{A_\mathrm{I}}\rho_\mathrm{I}\underline{v}_\mathrm{I}\mathrm{d}S$$

$$=\left(\int_{V_1}\rho_1\mathrm{d}v+\int_{V_2}\rho_2\mathrm{d}v+\int_{A_\mathrm{I}}\rho_\mathrm{I}\mathrm{d}S\right)\underline{g}+\int_{A_1}\underline{n}_1\cdot\underline{\underline{\sigma}}_1\mathrm{d}S+\int_{A_2}\underline{n}_2\cdot\underline{\underline{\sigma}}_2\mathrm{d}S+\oint_C\sigma\underline{N}\mathrm{d}C \tag{2-20}$$

式中：$\underline{\underline{\sigma}}_k$ 为 k 相($k=1,2$)的应力张量。

对于非黏性界面，界面中的应力张量简化为表面张力系数 σ 乘以表面的同一张量$\underline{\underline{I}}-\underline{n}\,\underline{n}$。除了符号不同，表面张力类似于相压力。以与质量守恒方程相同的处理方式，并使用第一高斯定理(式(B-12))将表面张力的线积分转换为面积分，即

$$\int_{C(t)}\sigma\underline{N}\mathrm{d}C=\int_{A_\mathrm{I}(t)}(\nabla_\mathrm{s}\sigma-\sigma\underline{n}\nabla_\mathrm{s}\cdot\underline{n})\mathrm{d}S \tag{2-21}$$

得到位于 k 相一点的局部动量守恒方程，即

$$\frac{\partial\rho_k\underline{v}_k}{\partial t}+\nabla\cdot(\rho_k\underline{v}_k\underline{v}_k)=\nabla\cdot\underline{\underline{\sigma}}_k+\rho_k\underline{g} \tag{2-22}$$

以及位于界面一点的动量守恒方程，即

$$\frac{\mathrm{D}_\mathrm{I}\rho_\mathrm{I}\underline{v}_\mathrm{I}}{\mathrm{D}t}+\rho_\mathrm{I}\underline{v}_\mathrm{I}\nabla_\mathrm{s}\cdot\underline{v}_\mathrm{I}-\rho_\mathrm{I}\underline{g}-\nabla_\mathrm{s}\sigma+\sigma\underline{n}\nabla_\mathrm{s}\cdot\underline{n}=-\sum_{k=1,2}(\dot{m}_k\underline{v}_k+\underline{\underline{\sigma}}_k\cdot\underline{n}_k) \tag{2-23}$$

在上述方程中，$\nabla_\mathrm{s}\cdot\underline{n}$是两倍表面平均曲率[10]。对于这个非常特殊的向量，表面散度$\nabla_\mathrm{s}\cdot\underline{n}$可以用表面上计算的通常散度$\nabla\cdot\underline{n}$代替，因为$\underline{n}\,\underline{n}:\underline{\nabla}\,\underline{n}=n_in_j\dfrac{\partial n_j}{\partial x_i}=0$，则有[13]：

$$\nabla_\mathrm{s}\cdot\underline{n}=(\underline{\underline{I}}-\underline{n}\,\underline{n}):\underline{\nabla}\,\underline{n}=\underline{\underline{I}}:\underline{\nabla}\,\underline{n}=\nabla\cdot\underline{n} \tag{2-24}$$

$\nabla_\mathrm{s}\sigma$ 是由于沿界面的表面张力系数的变化，产生的切向应力，$\nabla_\mathrm{s}\sigma$ 称为马兰戈尼(Marangoni)效应。

式(2-22)只是纯流体的动量方程(式(A-8))。应力张量$\underline{\underline{\sigma}}_k$ 可以根据下式分解为压力和黏性应力张量:

$$\underline{\underline{\sigma}}_k = -p_k\underline{\underline{I}}+\underline{\underline{\tau}}_k \tag{2-25}$$

将式(2-25)代入式(2-22)中,可以得到以下动量方程:

$$\frac{\partial \rho_k \underline{v}_k}{\partial t}+\nabla \cdot (\rho_k \underline{v}_k \underline{v}_k) = -\nabla p_k + \nabla \cdot \underline{\underline{\tau}}_k+\rho_k \underline{g} \tag{2-26}$$

将质量守恒式(2-15)乘以速度场,然后从式(2-26)中减去得到的结果,可以得到以下的非守恒形式的动量方程,即

$$\rho_k \frac{\mathrm{D}_k \underline{v}_k}{\mathrm{D}t} = -\nabla p_k + \nabla \cdot \underline{\underline{\tau}}_k+\rho_k \underline{g} \tag{2-27}$$

在等式(2-27)中,使用了以下物质导数的定义:

$$\frac{\mathrm{D}_k}{\mathrm{D}t} \equiv \frac{\partial}{\partial t}+\underline{v}_k \cdot \nabla \tag{2-28}$$

如果忽略表面材料的性质,也必须忽略表面张力[1-2]。如果所有表面材料的性质都被忽略了,那么式(2-23)可以简化为

$$\sum_{k=1,2} (\dot{m}_k \underline{v}_k+\underline{\underline{\sigma}}_k \cdot \underline{n}_k) = 0 \tag{2-29}$$

式(2-29)为界面动量跳跃条件。

2.5 能量守恒方程

热力学第一定律指出,体积 $V(t)$ 中包含的总能量(动能和内能)的时间变化率(图 2-2)等于以下各项之和:

(1) 外力的功率;

(2) 进入体积 V 的热流通量。

数学上,该定律可表示为

$$\begin{aligned}
&\frac{\mathrm{d}}{\mathrm{d}t}\int_{V_1} \rho_1\left(e_1+\frac{v_1^2}{2}\right)\mathrm{d}v+\frac{\mathrm{d}}{\mathrm{d}t}\int_{V_2} \rho_2\left(e_2+\frac{v_2^2}{2}\right)\mathrm{d}v+\frac{\mathrm{d}}{\mathrm{d}t}\int_{A_\mathrm{I}} \rho_\mathrm{I}\left(e_\mathrm{I}+\frac{v_\mathrm{I}^2}{2}\right)\mathrm{d}S \\
&=\left(\int_{V_1} \rho_1\underline{v}_1\mathrm{d}v+\int_{V_2} \rho_2\underline{v}_2\mathrm{d}v+\int_{A_\mathrm{I}} \rho_\mathrm{I}\underline{v}_\mathrm{I}\mathrm{d}S\right) \cdot \underline{g}+\int_{A_1} \underline{n}_1 \cdot \underline{\underline{\sigma}}_1 \cdot \underline{v}_1\mathrm{d}S+ \\
&\int_{A_2} \underline{n}_2 \cdot \underline{\underline{\sigma}}_2 \cdot \underline{v}_2\mathrm{d}S+\oint_C \sigma\underline{v}_\mathrm{I} \cdot \underline{N}\mathrm{d}C-\int_{A_1} \underline{q}_1 \cdot \underline{n}_1\mathrm{d}S- \\
&\int_{A_2} \underline{q}_2 \cdot \underline{n}_2\mathrm{d}S-\int_C \underline{q}_\mathrm{I} \cdot \underline{N}\mathrm{d}C
\end{aligned} \tag{2-30}$$

式中：$e_k(k=1,2)$ 为 k 相的单位质量的内能；e_{I} 为界面单位质量的内能；向量$\underline{q}_k(k=1,2)$ 和$\underline{q}_{\mathrm{I}}$ 分别为通过表面 $A_k(k=1,2)$ 和线 C 的热通量。

通过与质量和动量守恒相同的方式处理，并使用第二高斯定理（式(B-12)）将热通量的线积分转换为表面积分，即

$$\int_C \underline{q}_{\mathrm{I}} \cdot \underline{N} \mathrm{d}C = \int_{A_{\mathrm{I}}} \nabla_{\mathrm{S}} \cdot \underline{q}_{\mathrm{I}} \mathrm{d}S \tag{2-31}$$

得到位于 k 相一点的总能量守恒方程：

$$\frac{\partial}{\partial t}\left[\rho_k\left(e_k+\frac{v_k^2}{2}\right)\right]+\nabla \cdot \left[\rho_k\left(e_k+\frac{v_k^2}{2}\right)\underline{v}_k\right]=\rho_k\underline{g} \cdot \underline{v}_k+\nabla \cdot (\underline{\underline{\sigma}}_k \cdot \underline{v}_k)-\nabla \cdot \underline{q}_k \tag{2-32}$$

以及位于界面上一点的总能量守恒方程：

$$\begin{aligned}&\frac{\mathrm{D}_{\mathrm{I}}\rho_{\mathrm{I}}\left(e_{\mathrm{I}}+\dfrac{v_{\mathrm{I}}^2}{2}\right)}{\mathrm{D}t}+\rho_{\mathrm{I}}\left(e_{\mathrm{I}}+\frac{v_{\mathrm{I}}^2}{2}\right)\nabla_{\mathrm{s}} \cdot \underline{v}_{\mathrm{I}}-\rho_{\mathrm{I}}\underline{v}_{\mathrm{I}} \cdot \underline{g}+\nabla_{\mathrm{s}} \cdot \underline{q}_{\mathrm{I}}-\nabla_{\mathrm{s}} \cdot (\sigma\underline{v}_{\mathrm{I},t})\\&=\sum_{k=1}^{2}\left[\underline{q}_k \cdot \underline{n}_k-(\underline{\underline{\sigma}}_k \cdot \underline{n}_k) \cdot \underline{v}_k-\dot{m}_k\left(e_k+\frac{v_k^2}{2}\right)\right]\end{aligned} \tag{2-33}$$

如果考虑界面没有任何材料性质的简化情况，式(2-33)简化为

$$\sum_{k=1}^{2}\left[\underline{q}_k \cdot \underline{n}_k-(\underline{\underline{\sigma}}_k \cdot \underline{n}_k) \cdot \underline{v}_k-\dot{m}_k\left(e_k+\frac{v_k^2}{2}\right)\right]=0 \tag{2-34}$$

式(2-34)为界面总能量的跳跃条件。

因为热力学第二定律是一个关于演化的定律，所以它是以不等式形式来表达的。通过引入熵产生项将这种不等式转化为等式，所述的熵产生项对于不可逆的演化必须是正的或对于可逆的演化必须是 0。热力学第二定律指出，体积 $V(t)$ 中包含的熵的时间变化率（图 2-2）等于由于传导进入体积 V 的熵和源项的总和，数学上可以表示为

$$\begin{aligned}&\frac{\mathrm{d}}{\mathrm{d}t}\int_{V_1}\rho_1 s_1 \mathrm{d}v+\frac{\mathrm{d}}{\mathrm{d}t}\int_{V_2}\rho_2 s_2 \mathrm{d}v+\frac{\mathrm{d}}{\mathrm{d}t}\int_{A_{\mathrm{I}}}\rho_{\mathrm{I}} s_{\mathrm{I}} \mathrm{d}S+\int_{A_1}\frac{\underline{q}_1}{T_1} \cdot \underline{n}_1 \mathrm{d}S+\int_{A_2}\frac{\underline{q}_2}{T_2} \cdot \underline{n}_2 \mathrm{d}S+\int_C \frac{\underline{q}_{\mathrm{I}}}{T_{\mathrm{I}}} \cdot \underline{N}\mathrm{d}C\\&=\int_{V_1}\Delta_1 \mathrm{d}v+\int_{V_2}\Delta_2 \mathrm{d}v+\int_{A_{\mathrm{I}}}\Delta_{\mathrm{I}} \mathrm{d}S\end{aligned} \tag{2-35}$$

式中：$s_k(k=1,2)$ 为 k 相单位质量的熵；s_{I} 为界面单位质量的熵；两个子体积 V_1、V_2 和界面 A_{I} 的熵源项分别表示为 $\Delta_k(k=1,2)$ 和 Δ_{I}。

通过与质量、动量和总能量守恒相同的处理方式，获得位于 k 相点的局部熵

方程为

$$\frac{\partial\rho_k s_k}{\partial t}+\nabla\cdot(\rho_k s_k \underline{v}_k)+\nabla\cdot\left(\frac{\underline{q}_k}{T_k}\right)=\Delta_k\geqslant 0 \tag{2-36}$$

位于界面上点的熵方程为

$$\frac{\mathrm{D_I}\,\rho_\mathrm{I}s_\mathrm{I}}{\mathrm{D}t}+\rho_\mathrm{I}s_\mathrm{I}\,\nabla_\mathrm{s}\cdot\underline{v}_\mathrm{I}+\nabla_\mathrm{s}\cdot\left(\frac{\underline{q}_\mathrm{I}}{T_\mathrm{I}}\right)+\sum_{k=1}^{2}\left(\dot{m}_k s_k-\frac{\underline{q}_k}{T_k}\cdot\underline{n}_k\right)=\Delta_\mathrm{I}\geqslant 0 \tag{2-37}$$

忽略界面材料的属性,并且假设界面处没有熵产生,式(2-37)可以简化为

$$\sum_{k=1}^{2}\left(\dot{m}_k s_k-\frac{\underline{q}_k}{T_k}\cdot\underline{n}_k\right)=0 \tag{2-38}$$

式(2-38)为界面上熵的跳跃条件。

现在可以从之前提出的能量方程推导其他几种形式的能量方程。首先推导对湍流研究非常有用的动能方程。为了得到这个方程,将速度场$\underline{v}_k$点乘动量守恒方程(2-27),得到

$$\rho_k\frac{\mathrm{D}_k}{\mathrm{D}t}\left(\frac{v_k^2}{2}\right)=-\nabla\cdot(p_k\underline{v}_k)+p_k\,\nabla\cdot\underline{v}_k+\nabla\cdot(\underline{\underline{\tau}}_k\cdot\underline{v}_k)-\underline{\underline{\tau}}_k:\underline{\underline{\nabla}\underline{v}_k}+\rho_k\underline{v}_k\cdot\underline{g} \tag{2-39}$$

通过使用质量方程,可以将式(2-39)重写为以下守恒形式,即

$$\frac{\partial\left(\rho_k\dfrac{v_k^2}{2}\right)}{\partial t}+\nabla\cdot\left(\rho_k\frac{v_k^2}{2}\underline{v}_k\right)=-\nabla\cdot(p_k\underline{v}_k)+p_k\,\nabla\cdot\underline{v}_k+\nabla\cdot(\underline{\underline{\tau}}_k\cdot\underline{v}_k)-\underline{\underline{\tau}}_k:\underline{\underline{\nabla}\underline{v}_k}+\rho_k\underline{v}_k\cdot\underline{g} \tag{2-40}$$

将式(2-32)减去式(2-40)可以得到以下的内能方程:

$$\frac{\partial}{\partial t}(\rho_k e_k)+\nabla\cdot(\rho_k e_k\underline{v}_k)=-\nabla\cdot\underline{q}_k-p_k\,\nabla\cdot\underline{v}_k+\underline{\underline{\tau}}_k:\underline{\underline{\nabla}\underline{v}_k} \tag{2-41}$$

式中,$p_k\,\nabla\cdot\underline{v}_k$ 和$\underline{\underline{\tau}}_k:\underline{\underline{\nabla}\underline{v}_k}$ 两项在式(2-40)和式(2-41)中以相反符号出现,这表示这两项代表内能和动能之间的能量交换。压力交换项 $p_k\,\nabla\cdot\underline{v}_k$ 是由于其可压缩性并且是可逆的,但黏性交换相$\underline{\underline{\tau}}_k:\underline{\underline{\nabla}\underline{v}_k}$ 不是,这个性质在后续分析中也会看到。热力学第二定律意味着最后一个项必须是正的。因此,它对应于动能损失和内能增益。

引入以下定义的焓:

$$h_k\equiv e_k+\frac{p_k}{\rho_k} \tag{2-42}$$

内能方程变为

$$\frac{\partial}{\partial t}(\rho_k h_k)+\nabla\cdot(\rho_k h_k\underline{v}_k)=-\nabla\cdot\underline{q}_k+\frac{\mathrm{D}_k p_k}{\mathrm{D}t}+\underline{\underline{\tau}}_k:\underline{\underline{\nabla}\underline{v}_k} \tag{2-43}$$

热力学均匀流体的基本状态方程由内能与熵和密度相关的函数给出[3]：

$$e_k = e_k(s_k, \rho_k) \tag{2-44}$$

温度和热力学压力定义为

$$\begin{cases} T_k \equiv \dfrac{\partial e_k}{\partial s_k} \\ p_k \equiv -\dfrac{\partial e_k}{\partial (1/\rho_k)} \end{cases} \tag{2-45}$$

对于微分形式，基本状态方程变为

$$\mathrm{d}e_k = \frac{\partial e_k}{\partial s_k}\mathrm{d}s_k + \frac{\partial e_k}{\partial \rho_k}\mathrm{d}\rho_k = T_k \mathrm{d}s_k + \frac{p_k}{\rho_k^2}\mathrm{d}\rho_k \tag{2-46}$$

式(2-46)称为吉布斯方程。同样可以定义以下形式的吉布斯自由能，即

$$g_k \equiv e_k - T_k s_k + \frac{p_k}{\rho_k} \tag{2-47}$$

吉布斯关系式(2-46)可以用相应的物质导数改写为

$$\frac{\mathrm{D}_k e_k}{\mathrm{D}t} = T_k \frac{\mathrm{D}_k s_k}{\mathrm{D}t} + \frac{p_k}{\rho_k^2}\frac{\mathrm{D}_k \rho_k}{\mathrm{D}t} \tag{2-48}$$

将式(2-48)代入到式(2-41)，并运用质量守恒方程(2-15)，可以得到以下关于熵的方程式，即

$$\rho_k T_k \frac{\mathrm{D}_k s_k}{\mathrm{D}t} = -\nabla \cdot q_k + \underline{\underline{\tau}}_k : \underline{\underline{\nabla}}\,\underline{v}_k \tag{2-49}$$

也可以改写为以下的守恒形式，即

$$\frac{\partial \rho_k s_k}{\partial t} + \nabla \cdot (\rho_k s_k \underline{v}_k) = -\frac{1}{T_k}\nabla \cdot \underline{q}_k + \frac{\underline{\underline{\tau}}_k : \underline{\underline{\nabla}}\,\underline{v}_k}{T_k} \tag{2-50}$$

比较式(2-36)和式(2-50)可以得到以下关于熵源项的表达式，即

$$\Delta_k \equiv \frac{\underline{\underline{\tau}}_k : \underline{\underline{\nabla}}\,\underline{v}_k}{T_k} + \underline{q}_k \cdot \nabla\left(\frac{1}{T_k}\right) \geqslant 0 \tag{2-51}$$

为了保证 Δ_k 为正，式(2-51)的等式右侧的每一项都应该为正。由于温度(以 T 表示)为正，第一项为正意味着交换项 $\underline{\underline{\tau}}_k : \underline{\underline{\nabla}}\,\underline{v}_k$ 也为正。这一项称为耗散函数(dissipation function)简称为耗散。为了检验热力学第二定律的结果并封闭 k 相的局部瞬时方程组，考虑使用牛顿-斯托克斯流体。对于这样的流体，黏性应力张量由以下关系给出(式(A-14)和式(A-17))：

$$\begin{cases} \underline{\underline{\tau}}_k = -\dfrac{2}{3}\mu_k \nabla \cdot \underline{v}_k \underline{\underline{I}} + 2\mu_k \underline{\underline{D}}_k \\ \underline{\underline{D}}_k \equiv \dfrac{1}{2}(\underline{\underline{\nabla}}\,\underline{v}_k + \underline{\underline{\nabla}}^{\mathrm{T}}\,\underline{v}_k) \end{cases} \tag{2-52}$$

式中:μ_k 为动力黏度;$\underline{\underline{D}}_k$ 为 k 相变形速率张量。

绝大多数流体遵循傅里叶导热定律,即

$$\underline{q}_k=-\lambda_k\nabla T_k \tag{2-53}$$

式中:λ_k 为热导率。

热力学第二定律(式(2-51))意味着 λ_k 和 μ_k 这两个系数都为正值。

2.6 两流体方程

本节将介绍用于推导两流体模型(第 3 章)的守恒方程。为了做到这一点,将 k 相的守恒方程乘以$\partial\chi_k$,并且通过使用式(2-9)和式(2-10)将χ_k 引入到导数中。例如,将质量守恒方程(2-15)改写为

$$\frac{\partial\chi_k\rho_k}{\partial t}+\nabla\cdot(\chi_k\rho_k\underline{v}_k)=\rho_k\frac{\partial\chi_k}{\partial t}+\rho_k\underline{v}_k\cdot\nabla\chi_k \tag{2-54}$$

运用式(2-9)和式(2-10)可以将式(2-54)转化为

$$\frac{\partial\chi_k\rho_k}{\partial t}+\nabla\cdot(\chi_k\rho_k\underline{v}_k)=\rho_k(\underline{v}_\mathrm{I}-\underline{v}_k)\cdot\underline{n}_k\delta_\mathrm{I}\equiv\dot{m}_k\delta_\mathrm{I} \tag{2-55}$$

通过上述一样的处理方式,可以得到以下的动量方程:

$$\frac{\partial\chi_k\rho_k\underline{v}_k}{\partial t}+\nabla\cdot(\chi_k\rho_k\underline{v}_k\underline{v}_k)=-\nabla(\chi_kp_k)+\nabla\cdot(\chi_k\underline{\underline{\tau}}_k)+\chi_k\rho_k\underline{g}+\dot{m}_k\underline{v}_k\delta_\mathrm{I}-p_k\underline{n}_k\delta_\mathrm{I}+\underline{\underline{\tau}}_k\cdot\underline{n}_k\delta_\mathrm{I} \tag{2-56}$$

总能量方程变为

$$\begin{aligned}&\frac{\partial}{\partial t}\left[\chi_k\rho_k\left(e_k+\frac{v_k^2}{2}\right)\right]+\nabla\cdot\left[\chi_k\rho_k\left(e_k+\frac{v_k^2}{2}\right)\underline{v}_k\right]\\&=-\nabla\cdot(\chi_k\underline{q}_k)-\nabla\cdot(\chi_kp_k\underline{v}_k)+\nabla\cdot(\chi_k\underline{\underline{\tau}}_k\cdot\underline{v}_k)+\chi_k\rho_k\underline{v}_k\cdot\underline{g}+\\&\quad\dot{m}_k\left(e_k+\frac{v_k^2}{2}\right)\delta_\mathrm{I}-\underline{q}_k\cdot\underline{n}_k\delta_\mathrm{I}-p_k\underline{v}_k\cdot\underline{n}_k\delta_\mathrm{I}+\underline{\underline{\tau}}_k\cdot\underline{v}_k\cdot\underline{n}_k\delta_\mathrm{I}\end{aligned} \tag{2-57}$$

熵方程变为

$$\frac{\partial\chi_k\rho_ks_k}{\partial t}+\nabla\cdot(\chi_k\rho_ks_k\underline{v}_k)=-\nabla\cdot\left(\chi_k\frac{\underline{q}_k}{T_k}\right)+\chi_k\Delta_k+\dot{m}_ks_k\delta_\mathrm{I}-\frac{\underline{q}_k\cdot\underline{n}_k}{T_k}\delta_\mathrm{I} \tag{2-58}$$

可以对其他形式的能量方程进行相同的操作,这些留给读者自己练习。

2.7 单流体方程

在某些情况下,为了获得单相流体方程可以将式(2-55)~式(2-58)相加,

如在直接数值模拟模型中使用[14-15]。为了获得单流体方程,必须引入以下的"混合"量,即

$$\rho \equiv \sum_{k=1,2} \chi_k\rho_k,\quad \rho\underline{v} \equiv \sum_{k=1,2} \chi_k\rho_k\underline{v}_k,\quad \rho e \equiv \sum_{k=1,2} \chi_k\rho_k e_k,\quad \rho s \equiv \sum_{k=1,2} \chi_k\rho_k s_k,$$
$$p \equiv \sum_{k=1,2} \chi_k p_k,\quad \underline{\underline{\tau}} \equiv \sum_{k=1,2} \chi_k\underline{\underline{\tau}}_k,\quad \Delta \equiv \sum_{k=1,2} \chi_k\Delta_k,\quad \cdots \tag{2-59}$$

现在可以通过使用式(2-11)以及跳跃条件对描述两相的式(2-55)~式(2-58)求和。获得质量式为

$$\frac{\partial\rho}{\partial t}+\nabla\cdot(\rho\underline{v})=0 \tag{2-60}$$

其中,假设在界面处没有质量聚集(式(2-19))。混合物的动量守恒方程为

$$\begin{cases}\dfrac{\partial\rho\underline{v}}{\partial t}+\nabla\cdot(\rho\underline{v}\,\underline{v})=-\nabla p+\nabla\cdot\underline{\underline{\tau}}+\rho\underline{g}+\underline{F}_s\delta_I\\ \underline{F}_s\delta_I \equiv \displaystyle\sum_{k=1,2}\left[\dot{m}_k\underline{v}_k\delta_I-p_k\underline{n}_k\delta_I+\underline{\underline{\tau}}_k\cdot\underline{n}_k\delta_I\right]\end{cases} \tag{2-61}$$

式中,$\underline{F}_s\delta_I$ 表达式比较复杂,它可以根据动量跳跃条件式(2-23)获得。

但是,在特定的应用中,$\underline{F}_s\delta_I$ 通常是由唯一的界面张力给出,即

$$\underline{F}_s\delta_I \approx (\nabla_s\sigma-\sigma\underline{n}\nabla_s\cdot\underline{n})\delta_I \tag{2-62}$$

混合物的总能量守恒方程由下式给出,即

$$\begin{aligned}&\frac{\partial}{\partial t}\left[\rho\left(e+\frac{v^2}{2}\right)\right]+\nabla\cdot\left[\rho\left(e+\frac{v^2}{2}\right)\underline{v}\right]\\&=-\nabla\cdot\underline{q}-\nabla\cdot(p\underline{v})+\nabla\cdot(\underline{\underline{\tau}}\cdot\underline{v})+\rho\underline{v}\cdot\underline{g}+E_I,\\&E_I \equiv \sum_{k=1,2}\left[\dot{m}_k\left(e_k+\frac{v_k^2}{2}\right)\delta_I-\underline{q}_k\cdot\underline{n}_k\delta_I-p_k\underline{v}_k\cdot\underline{n}_k\delta_I+\underline{\underline{\tau}}_k\cdot\underline{v}_k\cdot\underline{n}_k\delta_I\right]\end{aligned} \tag{2-63}$$

式中:E_I 为混合物能量的界面源,其可以根据跳跃条件式(2-33)进行转换。

混合物的熵平衡方程由下式给出,即

$$\frac{\partial\rho s}{\partial t}+\nabla\cdot(\rho s\underline{v})=-\nabla\cdot\left(\frac{\underline{q}}{T}\right)+\Delta+\sum_{k=1,2}\left(\dot{m}_k s_k\delta_I-\frac{\underline{q}_k\cdot\underline{n}_k}{T_k}\delta_I\right) \tag{2-64}$$

2.8 单个流体粒子守恒方程

通过推导出整个流体粒子的方程来结束本章。这个粒子可以是气泡或液滴。本节推导出的方程将有助于推导混合两流体模型(第 3 章)。在这种推导

中，包括表面张力在内的所有表面特性都将被忽略。参照 Lhuillier 等[16]、Zaepffel 等[17-18]的研究，我们用下标 j 标记的整个粒子定义以下属性：

$$\begin{cases} m_j(t) \equiv \int_{V_j} \rho_{\mathrm{d}} \mathrm{d}v \\ m_j(t) \underline{w}_j(t) \equiv \int_{V_j} \rho_{\mathrm{d}} \underline{v}_{\mathrm{d}} \mathrm{d}v \\ m_j(t) E_j(t) \equiv \int_{V_j} \rho_{\mathrm{d}} \left(e_{\mathrm{d}} + \dfrac{v_{\mathrm{d}}^2}{2} \right) \mathrm{d}v \\ m_j(t) s_j(t) \equiv \int_{V_j} \rho_{\mathrm{d}} s_{\mathrm{d}} \mathrm{d}v \end{cases} \tag{2-65}$$

在这些定义中，下标 d 表示离散相材料。粒子质量、质心速度、总能量和熵分别表示为 $m_j(t)$、$w_j(t)$、$E_j(t)$ 和 $s_j(t)$。粒子的体积由 V_j 表示，表面区域由 S_j 表示。控制式(2-65)可以通过对整个粒子体积的离散相方程式(2-15)、式(2-22)、式(2-32)和式(2-36)积分来获得($k=\mathrm{d}$)。例如，对于质量守恒方程，利用莱布尼兹规则(式(B-8))，得到

$$\frac{\mathrm{d}m_j}{\mathrm{d}t} = \frac{\mathrm{d}}{\mathrm{d}t} \int_{V_j} \rho_{\mathrm{d}} \mathrm{d}v = \int_{V_j} \frac{\partial \rho_{\mathrm{d}}}{\partial t} \mathrm{d}v + \oint_{S_j} \rho_{\mathrm{d}} \underline{v}_{\mathrm{d}} \cdot \underline{n}_{\mathrm{d}} \mathrm{d}S + \oint_{S_j} \rho_{\mathrm{d}} (\underline{v}_{\mathrm{I}} - \underline{v}_{\mathrm{d}}) \cdot \underline{n}_{\mathrm{d}} \mathrm{d}S \tag{2-66}$$

对于式(2-66)等号右侧的第二项，质量守恒方程式(2-15)和定义式(2-17)使用高斯定理(式(B-9))，式(2-66)可简化为

$$\frac{\mathrm{d}m_j}{\mathrm{d}t} = \oint_{S_j} \dot{m}_{\mathrm{d}} \mathrm{d}S \tag{2-67}$$

式(2-67)指出，粒子质量的时间变化率仅仅是由于相变(蒸发或冷凝)。

使用莱布尼兹规则得到动量对时间的导数为

$$\frac{\mathrm{d}m_j \underline{w}_j}{\mathrm{d}t} = \frac{\mathrm{d}}{\mathrm{d}t} \int_{V_j} \rho_{\mathrm{d}} \underline{v}_{\mathrm{d}} \mathrm{d}v = \int_{V_j} \frac{\partial \rho_{\mathrm{d}} \underline{v}_{\mathrm{d}}}{\partial t} \mathrm{d}v + \oint_{S_j} \rho_{\mathrm{d}} \underline{v}_{\mathrm{d}} \underline{v}_{\mathrm{d}} \cdot \underline{n}_{\mathrm{d}} \mathrm{d}S + \oint_{S_j} \rho_{\mathrm{d}} \underline{v}_{\mathrm{d}} (\underline{v}_{\mathrm{I}} - \underline{v}_{\mathrm{d}}) \cdot \underline{n}_{\mathrm{d}} \mathrm{d}S \tag{2-68}$$

对于式(2-68)第二项，动量守恒方程式(2-22)和式(2-17)使用高斯定理(式(B-9))，式(2-68)变为

$$\frac{\mathrm{d}m_j \underline{w}_j}{\mathrm{d}t} = m_j \underline{g} + \oint_{S_j} (\dot{m}_{\mathrm{d}} \underline{v}_{\mathrm{d}} + \underline{\underline{\sigma}}_{\mathrm{d}} \cdot \underline{n}_{\mathrm{d}}) \mathrm{d}S \tag{2-69}$$

现在使用简化动量跳跃条件式(2-29)和质量跳跃条件式(2-19)以及式(2-4)，有

$$\underline{n}_{\mathrm{c}} = -\underline{n}_{\mathrm{d}} \tag{2-70}$$

其中,下标 $k=\mathrm{c}$ 表示连续相,式(2-69)可以重写为

$$\frac{\mathrm{d}m_j\underline{w}_j}{\mathrm{d}t}=m_j\underline{g}+\oint_{S_j}(\dot{m}_\mathrm{d}\underline{v}_\mathrm{c}+\underline{\underline{\sigma}}_\mathrm{c}\cdot\underline{n}_\mathrm{d})\mathrm{d}S \tag{2-71}$$

$\underline{\underline{\sigma}}_\mathrm{c}\cdot\underline{n}_\mathrm{d}$ 表示连续相对分散的作用。

以相同的方式进行,并通过使用简化的总能量跳跃条件式(2-34),获得以下整个粒子的总能量方程,即

$$\frac{\mathrm{d}m_jE_j}{\mathrm{d}t}=m_jw_j\cdot\underline{g}+\oint_{S_j}\left[\dot{m}_\mathrm{d}\left(e_\mathrm{c}+\frac{v_\mathrm{c}^2}{2}\right)-\underline{q}_\mathrm{c}\cdot\underline{n}_\mathrm{d}+\underline{\underline{\sigma}}_\mathrm{c}\cdot\underline{v}_\mathrm{c}\cdot\underline{n}_\mathrm{d}\right]\mathrm{d}S \tag{2-72}$$

通过相同的方法,获得了整个粒子的熵方程为

$$\frac{\mathrm{d}m_js_j}{\mathrm{d}t}=\Delta_j+\oint_{S_j}\left(\dot{m}_\mathrm{d}s_\mathrm{c}-\frac{\underline{q}_\mathrm{c}}{T_\mathrm{c}}\cdot\underline{n}_\mathrm{d}\right)\mathrm{d}S \tag{2-73}$$

其中,对于整个粒子体积的熵源定义为

$$\Delta_j(t)\equiv\int_{V_j}\Delta_\mathrm{d}\mathrm{d}v \tag{2-74}$$

现在为了准备混合两流体模型的推导,将引入一个粒子中心存在函数。如果$\underline{X}_j(t)$是第 j 个粒子中心的位置向量,则可以用下式定义一个具有$\underline{X}_j(t)$作为特征量的狄拉克函数(式(B-7)),即

$$\delta_j(\underline{x},t)\equiv\delta(\underline{x}-\underline{X}_j(t))=\delta(x_1-X_{j,1})\delta(x_2-X_{j,2})\delta(x_3-X_{j,3}) \tag{2-75}$$

该狄拉克广义函数在拉格朗日描述和欧拉描述之间建立了联系,拉格朗日描述中粒子由位置向量$\underline{X}_j(t)$描述,而欧拉描述的特点是固定的位置$\underline{x}$。由式(2-75)定义的广义函数以速度$\underline{w}_j(t)$跟随粒子,它仅取决于时间,因此可以得到:

$$\frac{\partial\delta_j}{\partial t}+\nabla\cdot(\delta_j\underline{w}_j)=0 \tag{2-76}$$

现在假设流体中粒子总数为 N,可以将这 N 个粒子上的狄拉克函数(式(2-75))求和,即

$$\delta_\mathrm{d}(\underline{x},t)\equiv\sum_{j=1}^{N}\delta_j(\underline{x},t) \tag{2-77}$$

上述量给出了 t 时刻粒子中心的空间分布。现在将式(2-67)、式(2-71)~式(2-73),乘以广义函数 δ_j,使用式(2-76)并对 N 个粒子上得到的方程求和。因此,得到以下方程组,即

$$
\begin{cases}
\dfrac{\partial}{\partial t}\left(\sum\limits_{j=1}^{N}\delta_j m_j\right)+\nabla\cdot\left(\sum\limits_{j=1}^{N}\delta_j m_j \underline{w}_j\right)=\sum\limits_{j=1}^{N}\delta_j\oint\limits_{S_j}\dot{m}_{\mathrm{d}}\mathrm{d}S\\
\dfrac{\partial}{\partial t}\left(\sum\limits_{j=1}^{N}\delta_j m_j \underline{w}_j\right)+\nabla\cdot\left(\sum\limits_{j=1}^{N}\delta_j m_j \underline{w}_j\underline{w}_j\right)=\sum\limits_{j=1}^{N}\delta_j\left(m_j\underline{g}+\oint\limits_{S_j}(\dot{m}_{\mathrm{d}}\underline{v}_{\mathrm{c}}+\underline{\underline{\sigma}}_{\mathrm{c}}\cdot\underline{n}_{\mathrm{d}})\mathrm{d}S\right)\\
\dfrac{\partial}{\partial t}\left(\sum\limits_{j=1}^{N}\delta_j m_j E_j\right)+\nabla\cdot\left(\sum\limits_{j=1}^{N}\delta_j m_j E_j\underline{w}_j\right)=\sum\limits_{j=1}^{N}\delta_j\left(m_j\underline{w}_j\cdot\underline{g}+\right.\\
\qquad\left.\oint\limits_{S_j}\left[\dot{m}_{\mathrm{d}}\left(e_{\mathrm{c}}+\dfrac{v_{\mathrm{c}}^2}{2}\right)-\underline{q}_{\mathrm{c}}\cdot\underline{n}_{\mathrm{d}}+\underline{\underline{\sigma}}_{\mathrm{c}}\cdot\underline{v}_{\mathrm{c}}\cdot\underline{n}_{\mathrm{d}}\right]\mathrm{d}S\right)\\
\dfrac{\partial}{\partial t}\left(\sum\limits_{j=1}^{N}\delta_j m_j s_j\right)+\nabla\cdot\left(\sum\limits_{j=1}^{N}\delta_j m_j s_j\underline{w}_j\right)=\sum\limits_{j=1}^{N}\delta_j\Delta_j+\sum\limits_{j=1}^{N}\delta_j\oint\limits_{S_1}\left(\dot{m}_{\mathrm{d}}s_{\mathrm{c}}-\dfrac{\underline{q}_{\mathrm{c}}}{T_{\mathrm{c}}}\cdot\underline{n}_{\mathrm{d}}\right)\mathrm{d}S
\end{cases}
\tag{2-78}
$$

引入以下简化的表示方法,即

$$
\begin{cases}
\delta_{\mathrm{d}}m=\sum\limits_{j=1}^{N}\delta_j m_j\\
\delta_{\mathrm{d}}m\underline{w}=\sum\limits_{j=1}^{N}\delta_j m_j\underline{w}_j\\
\delta_{\mathrm{d}}mE=\sum\limits_{j=1}^{N}\delta_j m_j E_j\\
\qquad\vdots
\end{cases}
\tag{2-79}
$$

式(2-78)可以重新写为

$$
\begin{cases}
\dfrac{\partial}{\partial t}(\delta_{\mathrm{d}}m)+\nabla\cdot(\delta_{\mathrm{d}}m\underline{w})=\delta_{\mathrm{d}}\oint\limits_{S}\dot{m}_{\mathrm{d}}\mathrm{d}S\\
\dfrac{\partial}{\partial t}(\delta_{\mathrm{d}}m\underline{w})+\nabla\cdot(\delta_{\mathrm{d}}m\underline{w}\,\underline{w})=\delta_{\mathrm{d}}m\underline{g}+\delta_{\mathrm{d}}\oint\limits_{S}\dot{m}_{\mathrm{d}}\underline{v}_{\mathrm{c}}\mathrm{d}S+\delta_{\mathrm{d}}\oint\limits_{S}\underline{\underline{\sigma}}_{\mathrm{c}}\cdot\underline{n}_{\mathrm{d}}\mathrm{d}S\\
\dfrac{\partial}{\partial t}(\delta_{\mathrm{d}}mE)+\nabla\cdot(\delta_{\mathrm{d}}mE\underline{w})=\delta_{\mathrm{d}}m\underline{w}\cdot\underline{g}+\delta_{\mathrm{d}}\oint\limits_{S}\dot{m}_{\mathrm{d}}\left(e_{\mathrm{c}}+\dfrac{v_{\mathrm{c}}^2}{2}\right)\mathrm{d}S-\\
\qquad\delta_{\mathrm{d}}\oint\limits_{S}\underline{q}_{\mathrm{c}}\cdot\underline{n}_{\mathrm{d}}\mathrm{d}S+\delta_{\mathrm{d}}\oint\limits_{S}\underline{\underline{\sigma}}_{\mathrm{c}}\cdot\underline{v}_{\mathrm{c}}\cdot\underline{n}_{\mathrm{d}}\mathrm{d}S\\
\dfrac{\partial}{\partial t}(\delta_{\mathrm{d}}ms)+\nabla\cdot(\delta_{\mathrm{d}}ms\underline{w})=\delta_{\mathrm{d}}\Delta_{\mathrm{d}}+\delta_{\mathrm{d}}\oint\limits_{S}\left(\dot{m}_{\mathrm{d}}s_{\mathrm{c}}-\dfrac{\underline{q}_{\mathrm{c}}}{T_{\mathrm{c}}}\cdot\underline{n}_{\mathrm{d}}\right)\mathrm{d}S
\end{cases}
\tag{2-80}
$$

参考文献①

[1] Delhaye J M (1974a) Jump conditions and entropy sources in two-phase systems: local instant formulation. Int J Multiph Flow 1:395-409.

[2] Delhaye JM (1974b) Conditions d'interface et sources d'entropie dans les systèmes diphasiques, Rapport CEA-R-4562.

[3] Ishii M (1975) Thermo-fluid dynamic theory of two-phase flow. Eyrolles, Paris.

[4] Kataoka I (1986) Local instant formulation of two-phase flow. Int J Multiph Flow 12(5):745-758.

[5] Ishii M, Hibiki T (2006) Thermo-fluid dynamics of two-phase flow. Springer, Berlin.

[6] Jakobsen HA (2008) Chemical reactor modelling, multiphase reacting flows. Springer, Berlin.

[7] Schwartz L (1966) Théorie des distributions. Hermann, Paris.

[8] Bousquet J (1990) Aérodynamique: Méthode des singularités, Cépaduès Eds.

[9] Pope S B(2000) Turbulent flows. Cambridge university press, Cambridge.

[10] Aris R (1962) Vectors, tensors and the basic equations of fluid mechanics. Prentice Hall Inc., Englewood Cliffs.

[11] Delhaye JM (2008) Thermohydraulique des réacteurs, collection génie atomique. EDP Science, Les Ulis.

[12] Drew D A (1990) Evolution of geometric statistics. SIAM J Appl Math 50(3):649-666.

[13] Nadim A (1996) A concise introduction to surface rheology with application to dilute emulsions of viscous drops. Chem Eng Comm 148-150:391-407.

[14] TTryggvason G, Bunner B, Esmaeeli A, Juric D, Al-Rawahi L, Tauber W, Han J, Nas S, Jan YJ (2001) A front tracking method for the computations of multiphase flow. J Comput Phys 169:708-759.

[15] Toutant A, Chandesris M, Jamet D, Lebaigue O(2009) Jump conditions for filtered quantities at an under-resolved discontinuous interface, part 1: theoretical developments. Int J Multiph Flow 35:1100-1118.

[16] Lhuillier D, Theofanous TG, Liou MS (2010) Multiphase flows: compressible multi-hydrodynamics, part 1: effective field formulation of multiphase flows. In: Cacuci DG (ed) Handbook of nuclear engineering. Springer, Berlin.

[17] Zaepffel D (2011) Modélisation des écoulements bouillants à bulles polydispersées, Thèse de Doctorat, Institut National Polytechnique Grenoble.

[18] Zaepffel D, Morel C, Lhuillier D (2012) A multi-size model for boiling bubbly flows. Multiph Sci Technol 24(2):105-179.

① 参考文献按照在正文中出现的顺序列出,其余章均按此规则。

第 3 章

两相流宏观方程:两流体模型

摘要 本章通过对第 2 章中导出的方程进行平均,从而获得宏观层面上的方程。本章推导了两流体模型的两种形式。第一种模型普适性较高,由众多学者早期推导得出,称为经典的两流体模型。第二种模型是近期提出的,并且仅限于分析离散流,称为混合两流体模型。在第二种模型中,针对离散相建立的守恒方程反映了单颗粒动力学方程与连续相的守恒方程存在细微差异。两个相方程之间的这种不对称性反映了相几何(一个连续和一个分散)之间的真实不对称性。本章我们对这两个模型提出的封闭性问题进行了比较分析,并借助热力学第二定律分析了这些封闭问题。

3.1 概　　述

除了直接数值模拟(DNS)计算外,在第 2 章中提出的微观公式很少被使用。原因是在工业和环境研究中遇到的大多数两相流都太复杂,以至于无法求解得到所有的细节;相反,在工程实践中,平均量的知识通常是足够用的。此外,还必须分析计算和实验研究之间的联系。大多数两相流都是湍流。让我们回顾一下,湍流的特征是在很多尺度上的波动(速度、压力等)。即使在单相流中,计算从最大尺度到最小(柯尔莫哥洛夫(Kolmogorov))尺度的全尺度范围也通常不可行,除了简单几何形状中的低雷诺数流动外。工业流体的一般特征为雷诺数较大,因此不可能通过 DNS 完全计算。在两相流中,界面的移动性和界面处流量变量的不连续性带来了额外的困难。界面的演变通常是未知的,因此它必须是直接数值解的一部分。

基于以上原因,有必要对局部瞬时方程进行平均。宏观方程是从对第 2 章导出的微观方程运用平均算子得到的。下面介绍了不同类型的平均算子(3.2 节),然后将推导出经典两流体模型(3.3 节)和混合两流体模型(3.4 节)的方程。经典的两流体模型非常普遍,但混合两流体模型仅用于离散(气泡或液滴)两相流。

3.2 平均运算的分类和性质

通常有三组最主要的平均算子:

(1) 集总(或统计)平均算子;

(2) 时间平均算子;

(3) 空间平均算子。

每种平均算子的性质都可以在大量的研究工作或科学教科书中找到[1-9]。这里将总结不同类型平均算子的主要定义和属性。

3.2.1 集总平均算子

集总平均是对大量的流动参数取算术平均的方法(理论上是一种流动参数无穷大的情况)。它是最基本的平均算子,不会改变平均数的时间和空间依赖性,而时间和空间平均算子则不然。为了解释集总平均算子的概念,有必要引入叠加到物理空间的概率空间[6](称为样本空间或相空间)。实际流动(但不一定是湍流)通常涉及许多随机变量。随机变量由于其波动的本质而无法预测。可预测的是在给定区间内找到该变量值的概率,如速度 U 在 1~2m/s 之间的概率是多少。

为了能够处理比 $1\text{m/s}<U<2\text{m/s}$ 更多的一般情况,引入了第二个速度变量 V。V 是与 U 相关的空间变量样本。事件如图 3-1 中的事件 A 所示,对应于样本空间中的给定区域。

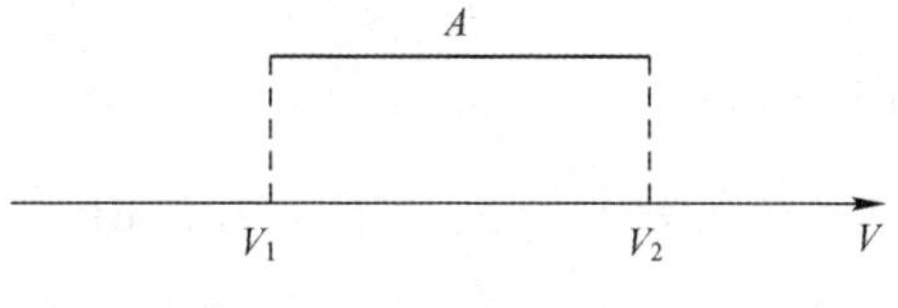

图 3-1　显示对应于事件 A 的区域 U 的样本空间草图

$$A\equiv\{V_1\leqslant U<V_2\}\quad V_1<V_2 \tag{3-1}$$

式(3-1)定义的事件 A 的概率由下式给出:

$$P(A)\equiv P\{V_1\leqslant U<V_2\}=P\{U<V_2\}-P\{U<V_1\}\equiv F(V_2)-F(V_1) \tag{3-2}$$

式(3-2)中定义的函数 F 称为累积分布函数(cumulative distribution function, CDF)。CDF 的三个基本特征由下式给出:

$$F(-\infty)=0, \quad F(\infty)=1$$
$$当 V_1<V_2 时, \quad F(V_1)<F(V_2) \tag{3-3}$$

因此 F 为一个单调递增的函数。F 的导数称为概率密度函数(probability density function,PDF):

$$f(V)=\frac{\mathrm{d}F(V)}{\mathrm{d}V} \tag{3-4}$$

PDF 具有非负(因为 F 单调递增)和归一化(在样本空间中它的积分值为 1)的性质,即

$$\int_{-\infty}^{\infty} f(V)\mathrm{d}V = 1 \tag{3-5}$$

此外,有

$$f(-\infty)=f(\infty)=0 \tag{3-6}$$

事件 A 发生的概率(式(3-2))可以利用 PDF 重新写为

$$P(A) \equiv P\{V_1 \leqslant U < V_2\} = \int_{V_1}^{V_2} f(V)\mathrm{d}V \tag{3-7}$$

对于一个微元间隔 $\mathrm{d}V$,式(3-7)变为

$$P\{V \leqslant U < V+\mathrm{d}V\} = f(V)\mathrm{d}V \tag{3-8}$$

这解释了为何将 $f(V)$ 称为 PDF。

速度 U 的平均值(或期望值或平均值)定义为 PDF 的一阶矩,有

$$\langle U \rangle \equiv \int_{-\infty}^{\infty} Vf(V)\mathrm{d}V \tag{3-9}$$

取决于速度 U 的物理量 $Q(U)$ 的平均值由下式定义:

$$\langle Q(U) \rangle \equiv \int_{-\infty}^{\infty} Q(V)f(V)\mathrm{d}V \tag{3-10}$$

U 的波动表示为 u',其定义为

$$u' \equiv U-\langle U \rangle \tag{3-11}$$

第 k 阶中心矩的定义为

$$\langle u'^k \rangle \equiv \int_{-\infty}^{\infty} (V-\langle U \rangle)^k f(V)\mathrm{d}V \tag{3-12}$$

第 2 阶中心矩($k=2$)称为方差,方差的平方根是标准差。

集总平均算子的属性称为雷诺规则,由以下方程给出:

$$\langle \phi+\psi \rangle = \langle \phi \rangle + \langle \psi \rangle \tag{3-13}$$

$$\langle a\phi \rangle = a\langle \phi \rangle, \quad a 为常数 \tag{3-14}$$

$$\langle \langle \phi \rangle \psi \rangle = \langle \phi \rangle \langle \psi \rangle \tag{3-15}$$

$$\left\langle \frac{\partial \phi}{\partial s} \right\rangle = \frac{\partial \langle \phi \rangle}{\partial s}, \quad s=\underline{x},t \tag{3-16}$$

$$\langle\langle\phi\rangle\rangle=\langle\phi\rangle \tag{3-17}$$

$$\langle\phi'\rangle=0,\quad \phi'\triangleq\phi-\langle\phi\rangle \tag{3-18}$$

在上述6个方程中,ϕ 和 ψ 是随机场。根据式(3-15)和式(3-18),可以导出以下额外的性质:

$$\langle\phi\psi\rangle=\langle\phi\rangle\langle\psi\rangle+\langle\phi'\psi'\rangle \tag{3-19}$$

乘积的平均值等于平均值的乘积加上波动乘积的平均值。

3.2.2 时间平均算子

时间平均是将时间相关信号在时间间隔大小为 T 内的积分,即从 $t_0\sim t_0+T$ 积分[1-3],有

$$\langle\phi\rangle_T(\underline{x},t_0)\equiv\frac{1}{T}\int_{t_0}^{t_0+T}\phi(\underline{x},t)\,\mathrm{d}t \tag{3-20}$$

时间平均算子对于分析来自放置在流体中的点式探针(如用于测量相的间歇性的光学探针或用于测量速度的热膜探针)获得的实验信号非常有用。有一个有趣且重要的问题需要考虑,即各态历经假说(ergodicity hypothesis)。我们必须知道在什么条件下时间平均和集总平均相同。在 Tennekes 和 Lumley[10] 关于湍流的研究中采用了 T 趋于之前定义的无穷大的极限,即

$$\overline{\phi}(\underline{x})\equiv\lim_{T\to\infty}\frac{1}{T}\int_{t_0}^{t_0+T}\phi(\underline{x},t)\,\mathrm{d}t \tag{3-21}$$

因此,获得的平均流场 $\overline{\phi}(\underline{x})$ 不依赖于时间 t_0,因此其变得稳定,即

$$\frac{\partial\overline{\phi}}{\partial t_0}=0 \tag{3-22}$$

时间平均(式(3-21))的运用适合于典型的实验室情况,即通过固定位置进行测量在统计上稳定但通常不均匀的流动中。因为流量是不均匀的,并且时间平均变量(如式(3-21))与位置有关,因此使用空间平均是不合适的。各态历经假说在于假设在统计稳定流动的情况下,时间平均算子可以有利替换集总平均算子。统计稳定信号与统计不稳定信号之间的差异如图3-2所示。

对于统计稳定的流动,如果选择时间间隔的幅度 T 足够大(大于流中存在的最长时间尺度),则式(3-20)与式(3-21)将得到相同的结果。最棘手的问题是式(3-20)在统计不稳定流动上的应用。Delhaye 和 Achard[2-3] 详细研究了这个问题。在瞬态流动的情况下,时间 T 应该选择为大于波动消失的时间,但小于信号保持的时间。这只有在变量关注的部分(称为信号)和不想要的波动(称为噪声)在频域中明显分开的特殊情况下才有可能。如果信号占据频率范围为 $[0,w_s]$(w_s 为想在信号中保存的最高频率),噪声占据频率范围为 $[w_n,\infty]$(w_n

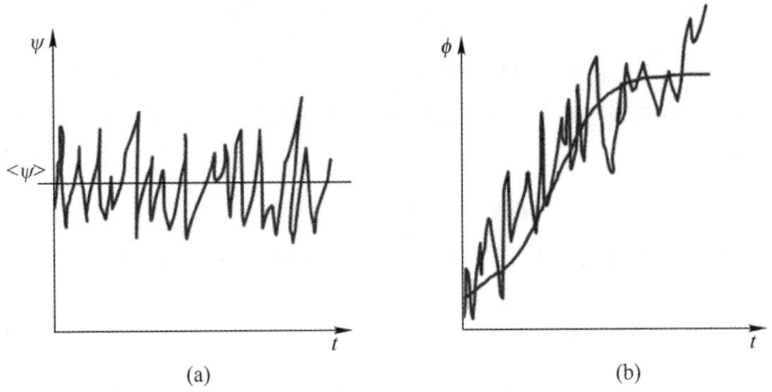

图 3-2　统计稳定与不稳定信号的差异
(a) 统计稳定的信号 ψ;(b) 统计不稳定的信号 ϕ。

为想要消除的最低频率),如果满足式(3-23),则可以选择幅值 T,有

$$\frac{w_n}{w_s} \gg 1 \tag{3-23}$$

在这种特殊情况下,各态历经假说和雷诺规则式(3-13)~式(3-19)都可以使用。

3.2.3 空间平均算子

体积平均的想法是通过对包含许多粒子(或多孔介质的孔隙,或流动中的任何小细节)的区域上微观量的积分得到的局部平均量来代替逐点微观量,但该区域仍然与系统中点到点的宏观变化规模相比较小[4]。例如,可以通过下式定义体积平均值,即

$$\langle \phi \rangle_V(\underline{x}_0, t) \equiv \frac{1}{V} \int_V \phi(\underline{x}, t) \, \mathrm{d}^3 x \tag{3-24}$$

式中:$\underline{x}_0$ 为体积 V 的中心。

定义

$$\underline{r} \equiv \underline{x} - \underline{x}_0 \tag{3-25}$$

然后式(3-24)可以改写为

$$\langle \phi \rangle_V(\underline{x}_0, t) \equiv \frac{1}{V} \int_V \phi(\underline{x}_0 + \underline{r}, t) \, \mathrm{d}^3 r \tag{3-26}$$

Anderson 和 Jackson[11]、Lhuillier 和 Nozières[12] 及 Jackson[13] 给出了更为一般的定义。更一般的定义基于在任何地方都是正的,具有有限范围的阶数 L 的平滑加权函数 g。函数 g 在该范围外迅速减小并且满足许多特性,如

$$
\begin{cases}
\int g(\underline{r})\,\mathrm{d}^3 r = 4\pi\int_0^{\infty} g(r)r^2\mathrm{d}r = 1 \\
4\pi\int_0^{L} g(r)r^2\mathrm{d}r = 4\pi\int_L^{\infty} g(r)r^2\mathrm{d}r = \dfrac{1}{2}
\end{cases}
\tag{3-27}
$$

式中：L 为加权函数半径。

根据此加权函数，体积平均定义为

$$
\overline{\phi}(\underline{x},t) \equiv \int \phi(\underline{x}+\underline{r},t)\,g(\underline{r})\,\mathrm{d}^3 r
\tag{3-28}
$$

应当注意到，式(3-26)可以通过选择特定的函数 g 从式(3-28)中重新得到。

3.2.4 轻度非均匀流动的多级展开

多极展开是经典两流体模型和混合两流体模型之间的关键链接。它们可以通过集总平均[14-17]或体积平均的方法[11-13]从轻度非均匀的情况中推导出。设 a 是流动中最小细节的尺寸（如气泡或液滴的大小或两个相邻粒子之间的间距），L 是在感兴趣量平均值变化很显著下的尺寸。轻度非均匀流动的假设为

$$
a \ll L
\tag{3-29}
$$

式(3-29)是空间类似于频率条件式(3-23)的时间平均。如果满足上述条件，则可以在给定粒子的中心与内部（或表面）之间进行泰勒展开。这些泰勒展开通过两个多极展开来概括，这些展开将在这里展示但不进行证明。

经典的两流体模型通过如 $\langle \chi_{\mathrm{d}} A\rangle$ 和 $\langle \chi_{\mathrm{d}} B\rangle$ 的平均量来描述，其中 A 定义在粒子内部，B 定义在粒子表面。在混合两流体模型中，将发现如 $\left\langle \delta_{\mathrm{d}}\int_V A\mathrm{d}V\right\rangle$ 和 $\left\langle \delta_{\mathrm{d}}\oint_S B\mathrm{d}S\right\rangle$ 的量，其中 V 和 S 分别表示粒子的体积和表面积。应该注意的是，平均算子在两个模型中是相同的，只有待平均的量不同。它们在经典两流体模型中是局部量，但是在混合两流体模型中是整个粒子体积或表面上的积分量。多极展开为

$$
\begin{cases}
\langle \chi_{\mathrm{d}} A\rangle = \left\langle \delta_{\mathrm{d}}\int A\mathrm{d}v\right\rangle - \nabla\cdot\left\langle \delta_{\mathrm{d}}\int \underline{r}A\mathrm{d}v\right\rangle + \dfrac{1}{2}\nabla\nabla : \left\langle \delta_{\mathrm{d}}\int \underline{r}\,\underline{r}A\mathrm{d}v\right\rangle - \cdots \\
\langle \delta_{\mathrm{I}} B\rangle = \left\langle \delta_{\mathrm{d}}\oint B\mathrm{d}S\right\rangle - \nabla\cdot\left\langle \delta_{\mathrm{d}}\oint \underline{r}B\mathrm{d}S\right\rangle + \dfrac{1}{2}\nabla\nabla : \left\langle \delta_{\mathrm{d}}\oint \underline{r}\,\underline{r}B\mathrm{d}S\right\rangle - \cdots
\end{cases}
\tag{3-30}
$$

式中：$\underline{r}$为相对于粒子中心的当前点内部（或表面处）的位置矢量。

3.3 经典两流体模型

3.3.1 经典两流体模型方程

首先取 2.6 节中导出的方程的平均值。由于平均算子对空间和时间导数的可交换性(式(3-16)),可以很容易得到以下平均方程。

(1) k 相的质量守恒方程(根据平均方程(2-55))为

$$\frac{\partial}{\partial t}\langle \chi_k \rho_k \rangle + \nabla \cdot \langle \chi_k \rho_k \underline{v}_k \rangle = \langle \dot{m}_k \delta_\mathrm{I} \rangle \tag{3-31}$$

(2) k 相的质量守恒方程(根据平均方程(2-56))为

$$\frac{\partial}{\partial t}\langle \chi_k \rho_k \underline{v}_k \rangle + \nabla \cdot \langle \chi_k \rho_k \underline{v}_k \underline{v}_k \rangle = -\nabla \langle \chi_k p_k \rangle + \nabla \cdot \langle \chi_k \underline{\underline{\tau}}_k \rangle + \langle \chi_k \rho_k \rangle \underline{g} + \langle \dot{m}_k \underline{v}_k \delta_\mathrm{I} \rangle - \langle p_k \underline{n}_k \delta_\mathrm{I} \rangle + \langle \underline{\underline{\tau}}_k \cdot \underline{n}_k \delta_\mathrm{I} \rangle \tag{3-32}$$

(3) k 相的总能量守恒方程(根据平均方程(2-57))为

$$\frac{\partial}{\partial t}\left\langle \chi_k \rho_k \left(e_k + \frac{v_k^2}{2}\right)\right\rangle + \nabla \cdot \left\langle \chi_k \rho_k \left(e_k + \frac{v_k^2}{2}\right)\underline{v}_k \right\rangle$$
$$= -\nabla \langle \chi_k \underline{q}_k \rangle - \nabla \cdot \langle \chi_k p_k \underline{v}_k \rangle + \nabla \cdot \langle \chi_k \underline{\underline{\tau}}_k \cdot \underline{v}_k \rangle + \langle \chi_k \rho_k \underline{v}_k \rangle \cdot \underline{g} + \left\langle \dot{m}_k \left(e_k + \frac{v_k^2}{2}\right)\delta_\mathrm{I}\right\rangle - \langle \underline{q}_k \cdot \underline{n}_k \delta_\mathrm{I} \rangle - \langle p_k \underline{v}_k \cdot \underline{n}_k \delta_\mathrm{I} \rangle + \langle \underline{\underline{\tau}}_k \cdot \underline{v}_k \cdot \underline{n}_k \delta_\mathrm{I} \rangle \tag{3-33}$$

(4) k 相的熵平衡方程(根据平均方程(2-58))为

$$\frac{\partial}{\partial t}\langle \chi_k \rho_k s_k \rangle + \nabla \cdot \langle \chi_k \rho_k s_k \underline{v}_k \rangle + \nabla \cdot \left\langle \chi_k \frac{\underline{q}_k}{T_k} \right\rangle - \langle \dot{m}_k s_k \delta_\mathrm{I} \rangle + \left\langle \frac{\underline{q}_k \cdot \underline{n}_k}{T_k} \delta_\mathrm{I} \right\rangle = \langle \chi_k \Delta_k \rangle \geqslant 0 \tag{3-34}$$

式(3-31)~式(3-34)必须通过跳跃条件的平均值来补充,其中跳跃条件是第 2 章中得到的界面平衡。

(1) 质量跳跃条件(根据平均方程(2-18))为

$$\sum_{k=1}^{2} \langle \dot{m}_k \delta_\mathrm{I} \rangle = -\left\langle \left(\frac{\mathrm{D}_\mathrm{I} \rho_\mathrm{I}}{\mathrm{D}t} + \rho_\mathrm{I} \nabla_\mathrm{s} \cdot \underline{v}_\mathrm{I}\right)\delta_\mathrm{I}\right\rangle \tag{3-35}$$

(2) 动量跳跃条件(根据平均方程(2-23))为

$$\sum_{k=1,2} \langle (\dot{m}_k \underline{v}_k + \underline{\underline{\sigma}}_k \cdot \underline{n}_k)\delta_\mathrm{I} \rangle = -\left\langle \left(\frac{\mathrm{D}_\mathrm{I} \rho_\mathrm{I} \underline{v}_\mathrm{I}}{\mathrm{D}t} + \rho_\mathrm{I} \underline{v}_\mathrm{I} \nabla_\mathrm{s} \cdot \underline{v}_\mathrm{I} - \rho_\mathrm{I} \underline{g} - \nabla_\mathrm{s} \sigma + \sigma \underline{n} \nabla_\mathrm{s} \cdot \underline{n}\right)\delta_\mathrm{I}\right\rangle \tag{3-36}$$

(3) 总能量跳跃条件(根据平均方程(2-33))为

$$\sum_{k=1}^{2}\left\langle\left[\underline{q}_k \cdot \underline{n}_k-(\underline{\underline{\sigma}}_k \cdot \underline{n}_k) \cdot \underline{v}_k-\dot{m}_k\left(e_k+\frac{v_k^2}{2}\right)\right]\delta_{\mathrm{I}}\right\rangle$$

$$=\left\langle\left(\frac{\mathrm{D}_{\mathrm{I}}\rho_{\mathrm{I}}\left(e_{\mathrm{I}}+\dfrac{v_{\mathrm{I}}^2}{2}\right)}{\mathrm{D}t}+\rho_{\mathrm{I}}\left(e_{\mathrm{I}}+\frac{v_{\mathrm{I}}^2}{2}\right)\nabla_{\mathrm{s}} \cdot \underline{v}_{\mathrm{I}}-\rho_{\mathrm{I}}\underline{v}_{\mathrm{I}} \cdot \underline{g}+\nabla_{\mathrm{s}} \cdot \underline{q}_{\mathrm{I}}-\nabla_{\mathrm{s}} \cdot (\sigma\underline{v}_{i,t})\right)\delta_{\mathrm{I}}\right\rangle \quad (3-37)$$

(4) 熵跳跃条件(根据平均方程(2-37))为

$$\left\langle\left[\frac{\mathrm{D}_{\mathrm{I}}\rho_{\mathrm{I}}s_{\mathrm{I}}}{\mathrm{D}t}+\rho_{\mathrm{I}}s_{\mathrm{I}}\nabla_{\mathrm{s}} \cdot \underline{v}_{\mathrm{I}}+\nabla_{\mathrm{s}} \cdot \left(\frac{q_{\mathrm{I}}}{T_{\mathrm{I}}}\right)\right]\delta_{\mathrm{I}}\right\rangle+\sum_{k=1}^{2}\left\langle\left(\dot{m}_k s_k-\frac{q_k}{T_k} \cdot \underline{n}_k\right)\delta_{\mathrm{I}}\right\rangle=\langle\delta_{\mathrm{I}}\Delta_{\mathrm{I}}\rangle \geqslant 0$$

(3-38)

应该注意的是,式(2-18)、式(2-23)、式(2-33)和式(2-37)在求它们的平均之前已经乘了界面指示函数 δ_{I},因为所有这些方程在界面处才是有效的。

式(3-31)~式(3-38)在它们的现状下还不能被运用,因为它们涉及许多微观量的乘积平均值。下一步是定义各种宏观量,以便将微观量的乘积平均值转换为宏观量的乘积[1,5,8]。对于很多复杂量,将简单地给出一个新的符号来指定。

通过取 PIF 的平均值获得 k 相的平均存在分数(有时称为空泡份额或相含率),即

$$\alpha_k \equiv \langle \chi_k \rangle \quad (3-39)$$

包含 k 相的量可以分为单位体积下定义的量(如相密度)和单位质量下定义的量(如速度,即每单位质量的动量)。对于单位体积定义的量,定义以下相平均值,即

$$\overline{\langle \psi_k \rangle}^k \equiv \frac{\langle \chi_k \psi_k \rangle}{\langle \chi_k \rangle}=\frac{\langle \chi_k \psi_k \rangle}{\alpha_k} \quad (3-40)$$

对于单位质量定义的量,定义所谓的 Favre 平均值,即

$$\overline{\overline{\phi_k}}^k \equiv \frac{\langle \chi_k \rho_k \phi_k \rangle}{\langle \chi_k \rho_k \rangle}=\frac{\langle \chi_k \rho_k \phi_k \rangle}{\alpha_k \overline{\rho_k}^k} \quad (3-41)$$

式(3-39)~式(3-41)涉及式(3-31)~式(3-34)中的相项。对于界面相互作用项,首先通过以下关系定义界面面积浓度(interfacial area concentration, IAC),即

$$a_{\mathrm{I}} \equiv \langle \delta_{\mathrm{I}} \rangle \quad (3-42)$$

根据是否涉及界面质量 $\dot{m}_k$ 传递,界面相互作用项也可以分为两组。对于不涉及界面质量传递的量,将表面平均值定义为

$$\overline{\psi}^{\mathrm{I}} \equiv \frac{\langle \psi\delta_{\mathrm{I}} \rangle}{\langle \delta_{\mathrm{I}} \rangle} \equiv \frac{\langle \psi\delta_{\mathrm{I}} \rangle}{a_{\mathrm{I}}} \tag{3-43}$$

对于涉及界面质量传递的项,定义了第二个通过相变的加权表面平均值,即

$$\overline{\overline{\phi_k}}^{\mathrm{I}} \equiv \frac{\langle \phi_k \dot{m}_k \delta_{\mathrm{I}} \rangle}{\langle \dot{m}_k \delta_{\mathrm{I}} \rangle} \equiv \frac{\langle \phi_k\ \dot{m}_k \delta_{\mathrm{I}} \rangle}{\overline{\dot{m}_k}^{\mathrm{I}} a_{\mathrm{I}}} \tag{3-44}$$

由式(3-42)定义的 IAC 表示流体中单位体积的表面数量。由于这个量的重要性,第 4 章将推导它的输运方程。

3.3.1.1 质量守恒

首先给式(3-31)~式(3-34)中每个界面传递项一个符号。界面平均传递的质量定义为

$$\Gamma_k \equiv \langle \dot{m}_k \delta_{\mathrm{I}} \rangle = \overline{\dot{m}_k}^{\mathrm{I}} a_{\mathrm{I}} \tag{3-45}$$

式中:Γ_k 的单位为 $\mathrm{kg/(m^3 \cdot s)}$,因为 $\overline{\dot{m}_k}^{\mathrm{I}}$ 用 $\mathrm{kg/(m^2 \cdot s)}$ 表示并且 a_{I} 的量纲为长度的倒数。

下面,我们将始终忽略界面处可能的质量积累。因此,式(3-35)简化为

$$\sum_{k=1}^{2} \Gamma_k = 0 \tag{3-46}$$

根据式(3-39)~式(3-41)以及式(3-45),质量守恒方程式(3-31)可以改写为

$$\frac{\partial}{\partial t}(\alpha_k \overline{\rho_k}^k) + \nabla \cdot (\alpha_k \overline{\rho_k}^k \overline{\overline{\underline{v}_k}}^k) = \Gamma_k \tag{3-47}$$

3.3.1.2 动量守恒

动量界面传递相可表示为[1]

$$\begin{aligned} \underline{M}_k &\equiv \langle \dot{m}_k \underline{v}_k \delta_{\mathrm{I}} \rangle - \langle p_k\ \underline{n}_k \delta_{\mathrm{I}} \rangle + \langle \underline{\underline{\tau}}_k \cdot \underline{n}_k \delta_{\mathrm{I}} \rangle \\ &= \langle \dot{m}_k \underline{v}_k \delta_{\mathrm{I}} \rangle + \langle \underline{\underline{\sigma}}_k \cdot \underline{n}_k \delta_{\mathrm{I}} \rangle \end{aligned} \tag{3-48}$$

式中:$\underline{\underline{\sigma}}_k$ 为重组压力和黏性应力的总应力张量(式(2-25))。

忽略与式(3-36)中表面密度 ρ_{I} 成比例的项,Ishii[1]通过以下等式定义了由于表面张力效应引起的混合动量源,即

$$\underline{M}_{\mathrm{m}} \equiv -\langle (\sigma \underline{n} \nabla_{\mathrm{s}} \cdot \underline{n} - \nabla_{\mathrm{s}} \sigma) \delta_{\mathrm{I}} \rangle \tag{3-49}$$

因此,Ishii[1]得到以下简化形式的动量跳跃条件(式(3-36),当 $\rho_{\mathrm{I}}=0$),即

$$\sum_{k=1,2} \underline{M}_k = \underline{M}_{\mathrm{m}} \tag{3-50}$$

使用式(3-39)~式(3-41)以及上述定义,式(3-32)可以改写为

$$\frac{\partial}{\partial t}(\alpha_k \overline{\rho_k}^k \overline{\overline{\underline{v}_k}}^k) + \nabla \cdot (\alpha_k \overline{\rho_k}^k \overline{\overline{\underline{v}_k \underline{v}_k}}^k) = -\nabla(\alpha_k \overline{p_k}^k) + \nabla \cdot (\alpha_k \overline{\underline{\underline{\tau}}_k}^k) + \alpha_k \overline{\rho_k}^k \underline{g} + \underline{M}_k \tag{3-51}$$

式(3-51)中的第二项包含相速度自身$\overline{\overline{\underline{v}_k\underline{v}_k}}^k$ 的并矢的平均值。通过下式定义波动速度为

$$\underline{v}_k' \equiv \underline{v}_k - \overline{\overline{\underline{v}_k}}^k \tag{3-52}$$

除了波动速度乘积的平均外,乘积的平均也可以改写为平均速度的乘积(式(3-19)),即

$$\overline{\overline{\underline{v}_k\underline{v}_k}}^k = \overline{\overline{\underline{v}_k}}^k\ \overline{\overline{\underline{v}_k}}^k + \overline{\overline{\underline{v}_k'\ \underline{v}_k'}}^k \tag{3-53}$$

现在可以通过类比于单相流中应用的定义来定义雷诺应力张量[6],即

$$\underline{\underline{\tau}}_k^{\mathrm{T}} \equiv -\overline{\rho_k}^k\ \overline{\overline{\underline{v}_k'\ \underline{v}_k'}}^k \tag{3-54}$$

运用式(3-53)和式(3-54),动量守恒方程式(3-51)变为

$$\frac{\partial}{\partial t}(\alpha_k\overline{\rho_k}^k\overline{\overline{\underline{v}_k}}^k) + \nabla\cdot(\alpha_k\overline{\rho_k}^k\overline{\overline{\underline{v}_k}}^k\overline{\overline{\underline{v}_k}}^k) = -\nabla(\alpha_k\overline{p_k}^k) + \nabla\cdot(\alpha_k(\overline{\underline{\underline{\tau}}_k}^k + \underline{\underline{\tau}}_k^{\mathrm{T}})) + \alpha_k\overline{\rho_k}^k\underline{g} + \underline{M}_k \tag{3-55}$$

3.3.1.3 总能量守恒

总能量守恒方程中的界面传递项可以表示为

$$\begin{aligned} Q_k &\equiv \left\langle \dot{m}_k\left(e_k + \frac{v_k^2}{2}\right)\delta_{\mathrm{I}}\right\rangle - \langle \underline{q}_k\cdot\underline{n}_k\delta_{\mathrm{I}}\rangle - \langle p_k\underline{v}_k\cdot\underline{n}_k\delta_{\mathrm{I}}\rangle + \langle \underline{\underline{\tau}}_k\cdot\underline{v}_k\cdot\underline{n}_k\delta_{\mathrm{I}}\rangle \\ &= \left\langle \dot{m}_k\left(e_k + \frac{v_k^2}{2}\right)\delta_{\mathrm{I}}\right\rangle - \langle \underline{q}_k\cdot\underline{n}_k\delta_{\mathrm{I}}\rangle + \langle \underline{\underline{\sigma}}_k\cdot\underline{v}_k\cdot\underline{n}_k\delta_{\mathrm{I}}\rangle \end{aligned} \tag{3-56}$$

其中,在推导式(3-56)时,使用了式(2-25)。

通过下式定义混合能源:

$$Q_{\mathrm{m}} = -\left\langle\left[\frac{\mathrm{D_I}\rho_{\mathrm{I}}\left(e_{\mathrm{I}} + \frac{v_{\mathrm{I}}^2}{2}\right)}{\mathrm{D}t} + \rho_{\mathrm{I}}\left(e_{\mathrm{I}} + \frac{v_{\mathrm{I}}^2}{2}\right)\nabla_{\mathrm{s}}\cdot\underline{v}_{\mathrm{I}} - \rho_{\mathrm{I}}\underline{v}_{\mathrm{I}}\cdot\underline{g} + \nabla_{\mathrm{s}}\cdot\underline{q}_{\mathrm{I}} - \nabla_{\mathrm{s}}\cdot(\sigma\underline{v}_{i,t})\right]\delta_{\mathrm{I}}\right\rangle \tag{3-57}$$

跳跃条件式(3-37)可以改写为

$$\sum_{k=1}^{2} Q_k = Q_{\mathrm{m}} \tag{3-58}$$

根据式(3-39)~式(3-41)以及式(3-56),总能量守恒方程式(3-33)变为

$$\begin{aligned} &\frac{\partial}{\partial t}\left[\alpha_k\overline{\rho_k}^k\left(\overline{\overline{e_k}}^k + \frac{\overline{\overline{v_k^2}}^k}{2}\right)\right] + \nabla\cdot\left(\alpha_k\overline{\rho_k}^k\overline{\overline{\left(e_k + \frac{v_k^2}{2}\right)\underline{v}_k}}^k\right) \\ &= -\nabla\cdot(\alpha_k\overline{\underline{q}_k}^k) - \nabla\cdot(\alpha_k\overline{p_k\underline{v}_k}^k) + \nabla\cdot(\alpha_k\overline{\underline{\underline{\tau}}_k\cdot\underline{v}_k}^k) + \alpha_k\overline{\rho_k}^k\overline{\overline{\underline{v}_k}}^k\cdot\underline{g} + Q_k \end{aligned} \tag{3-59}$$

式(3-59)仍然包含乘积的平均值。因此,Ishii[1]定义了以下湍流能量通量,即

$$\underline{q}_k^{\mathrm{T}} \equiv \overline{\rho_k}^k \overline{\overline{\left(e_k+\frac{v_k^2}{2}\right)' \underline{v}_k'}}^k - \overline{\underline{\underline{\tau}}_k \cdot \underline{v}_k'}^k + \overline{p_k \underline{v}_k'}^k \tag{3-60}$$

也可以追溯式(3-53)并将结果除以2,得到

$$\frac{\overline{\overline{v_k^2}}^k}{2} = \frac{\overline{\overline{v_k}}^{k2}}{2} + \frac{\overline{\overline{v_k'^2}}^k}{2} \tag{3-61}$$

式(3-61)的等式右侧是与平均运动$\frac{\overline{\overline{v_k}}^{k2}}{2}$动能和平均湍流动能(TKE)相关的动能总和,平均湍流动能定义为

$$K_k \equiv \frac{\overline{\overline{v_k'^2}}^k}{2} \tag{3-62}$$

作为式(3-60)~式(3-62)的结果,总能量方程(3-59)变为

$$\frac{\partial}{\partial t}\left[\alpha_k \overline{\rho_k}^k \left(\overline{\overline{e_k}}^k + \frac{\overline{\overline{v_k}}^{k2}}{2} + K_k\right)\right] + \nabla \cdot \left[\alpha_k \overline{\rho_k}^k \left(\overline{\overline{e_k}}^k + \frac{\overline{\overline{v_k}}^{k2}}{2} + K_k\right) \overline{\overline{\underline{v}_k}}^k\right]$$
$$= -\nabla \cdot [\alpha_k (\overline{\underline{q}_k}^k + \underline{q}_k^{\mathrm{T}})] - \nabla \cdot (\alpha_k \overline{p_k}^k \overline{\overline{\underline{v}_k}}^k) + \nabla \cdot (\alpha_k \overline{\underline{\underline{\tau}}_k}^k \cdot \overline{\overline{\underline{v}_k}}^k) + \alpha_k \overline{\rho_k}^k \overline{\overline{\underline{v}_k}}^k \cdot \underline{g} + Q_k \tag{3-63}$$

3.3.2 经典两流体模型封闭问题分析

综上所述,经典两流体模型的质量、动量和总能量方程为

$$\begin{cases} \frac{\partial}{\partial t}(\alpha_k \overline{\rho_k}^k) + \nabla \cdot (\alpha_k \overline{\rho_k}^k \overline{\overline{\underline{v}_k}}^k) = \Gamma_k \\ \frac{\partial}{\partial t}(\alpha_k \overline{\rho_k}^k \overline{\overline{\underline{v}_k}}^k) + \nabla \cdot (\alpha_k \overline{\rho_k}^k \overline{\overline{\underline{v}_k}}^k \overline{\overline{\underline{v}_k}}^k) = -\nabla(\alpha_k \overline{p_k}^k) + \\ \nabla \cdot [\alpha_k (\overline{\underline{\underline{\tau}}_k}^k + \underline{\underline{\tau}}_k^{\mathrm{T}})] + \alpha_k \overline{\rho_k}^k \underline{g} + \underline{M}_k \\ \frac{\partial}{\partial t}\left[\alpha_k \overline{\rho_k}^k \left(\overline{\overline{e_k}}^k + \frac{\overline{\overline{v_k}}^{k2}}{2} + K_k\right)\right] + \nabla \cdot \left[\alpha_k \overline{\rho_k}^k \left(\overline{\overline{e_k}}^k + \frac{\overline{\overline{v_k}}^{k2}}{2} + K_k\right) \overline{\overline{\underline{v}_k}}^k\right] \\ = -\nabla \cdot [\alpha_k (\overline{\underline{q}_k}^k + \underline{q}_k^{\mathrm{T}})] - \nabla \cdot (\alpha_k \overline{p_k}^k \overline{\overline{\underline{v}_k}}^k) + \nabla \cdot (\alpha_k \overline{\underline{\underline{\tau}}_k}^k \cdot \overline{\overline{\underline{v}_k}}^k) + \\ \alpha_k \overline{\rho_k}^k \overline{\overline{\underline{v}_k}}^k \cdot \underline{g} + Q_k \end{cases} \tag{3-64}$$

相关的跳跃条件为

$$\begin{cases} \sum_{k=1}^{2} \Gamma_k = 0 \\ \sum_{k=1}^{2} \underline{M}_k = \underline{M}_{\mathrm{m}} \\ \sum_{k=1}^{2} Q_k = Q_{\mathrm{m}} \end{cases} \tag{3-65}$$

很明显,宏观场方程(3-64)和宏观跳跃条件方程(3-65)不足以描述任何特定的系统,因为变量的数量超过了可用方程的数量。确定性原理指出未知数的数量必须与方程的数量相同。式(3-64)和式(3-65)包含以下未知量。

(1) 质量守恒:α_k、$\overline{\rho_k}^k$、$\overline{\overline{\underline{v}_k}}^k$、$\Gamma_k(k=1,2)$。

(2) 动力守恒:$\overline{p_k}^k$、$\overline{\underline{\underline{\tau}}_k}^k$、$\underline{\underline{\tau}}_k^{\mathrm{T}}$、$\underline{M}_k$、$\underline{M}_{\mathrm{m}}(k=1,2)$。

(3) 总能量守恒:$\overline{\overline{e_k}}^k$、$K_k$、$\overline{\underline{q}_k}^k$、$\underline{q}_k^{\mathrm{T}}$、$Q_k$、$Q_{\mathrm{m}}(k=1,2)$。

因此,我们仅有 9 个方程:6 个平衡方程(式(3-64)($k=1,2$))和 3 个跳跃条件方程(式(3-65)),却需要求解 28 个未知量。因此,我们需要 19 个额外的关系式,这些关系式为封闭关系。

由于两个相之间共享流体域的总体积(界面没有厚度),所以有

$$\sum_{k=1}^{2} \alpha_k = 1 \tag{3-66}$$

因此,必要的封闭关系式数量减少到 18 个。

热力学第二定律可以作为找到封闭关系一般形式的指南[1,8,18,19]。为了对经典的两流体模型进行分析,需要用到以下关系:

(1) 熵平衡方程式(3-34);

(2) 不同热力学量的状态方程(equations of state,EOS);

(3) 吉布斯关系。

最后两个关系的微观量已在第 2 章中介绍过(式(2-44)~式(2-48))。为了实现目标,假设混合物中每个相的宏观热力学量与微观量相同,因此,式(2-44)~式(2-47)被直接转换为平均量:

$$\begin{cases} \overline{\overline{e_k}}^k = e_k\left(\overline{\overline{s_k}}^k, \overline{\rho_k}^k\right) \\ \overline{T_k}^k \equiv \dfrac{\partial \overline{\overline{e_k}}^k}{\partial \overline{\overline{s_k}}^k} \\ \overline{p_k}^k \equiv \dfrac{\partial \overline{\overline{e_k}}^k}{\partial \left(\dfrac{1}{\overline{\rho_k}^k}\right)} \\ \mathrm{d}\,\overline{\overline{e_k}}^k = \dfrac{\partial \overline{\overline{e_k}}^k}{\partial \overline{\overline{s_k}}^k}\mathrm{d}\,\overline{\overline{s_k}}^k + \dfrac{\partial \overline{\overline{e_k}}^k}{\partial \overline{\rho_k}^k}\mathrm{d}\,\overline{\rho_k}^k = \overline{T_k}^k\,\mathrm{d}\,\overline{\overline{s_k}}^k + \dfrac{\overline{p_k}^k}{\overline{\rho_k}^{k2}}\mathrm{d}\,\overline{\rho_k}^k \\ \overline{\overline{g_k}}^k \equiv \overline{\overline{e_k}}^k - \overline{T_k}^k\,\overline{\overline{s_k}}^k + \dfrac{\overline{p_k}^k}{\overline{\rho_k}^k} \end{cases} \tag{3-67}$$

式(3-67)的第一个公式给出了宏观量的 EOS,第二个和第三个公式是平均温度和压力的定义,第四个公式是宏观量的吉布斯方程,最后一个公式是平均吉

布斯自由能的定义。吉布斯关系可以用物质导数改写为

$$\frac{\overline{\mathrm{D}_k \overline{e_k}^k}}{\mathrm{D}t}=\overline{T_k}^k\frac{\overline{\mathrm{D}_k \overline{s_k}^k}}{\mathrm{D}t}+\frac{\overline{p_k}^k}{\overline{\rho_k}^{k2}}\frac{\overline{\mathrm{D}_k \overline{\rho_k}^k}}{\mathrm{D}t} \tag{3-68}$$

其中,平均物质导数由下式定义,即

$$\frac{\overline{\mathrm{D}_k}}{\mathrm{D}t}\equiv\frac{\partial}{\partial t}+\overline{\overline{\underline{v}_k}}^k\cdot\nabla \tag{3-69}$$

下一步是根据宏观量改写熵的不等式(3-34)。使用式(3-39)~式(3-41),式(3-69)变为

$$\frac{\partial}{\partial t}(\alpha_k\overline{\rho_k}^k\overline{\overline{s_k}}^k)+\nabla\cdot(\alpha_k\overline{\rho_k}^k\overline{\overline{s_k\underline{v}_k}}^k)+\nabla\cdot\left(\alpha_k\overline{\left(\frac{\underline{q}_k}{T_k}\right)}^k\right)-\left\langle\left(\dot{m}_k s_k-\frac{\underline{q}_k\cdot\underline{n}_k}{T_k}\right)\delta_{\mathrm{I}}\right\rangle=\alpha_k\overline{\Delta_k}^k\geqslant 0 \tag{3-70}$$

式(3-70)中的第二项仍然包含微观的熵和速度乘积的平均值。通过下式定义波动熵:

$$s_k'\equiv s_k-\overline{\overline{s_k}}^k \tag{3-71}$$

式(3-70)可以改写为

$$\frac{\partial}{\partial t}(\alpha_k\overline{\rho_k}^k\overline{\overline{s_k}}^k)+\nabla\cdot(\alpha_k\overline{\rho_k}^k\overline{\overline{s_k}}^k\overline{\overline{\underline{v}_k}}^k)+\nabla\cdot\left[\alpha_k\left(\overline{\left(\frac{\underline{q}_k}{T_k}\right)}^k+\overline{\rho_k}^k\overline{\overline{s_k'\underline{v}_k'}}^k\right)\right]-$$

$$\left\langle\left(\dot{m}_k s_k-\frac{\underline{q}_k\cdot\underline{n}_k}{T_k}\right)\delta_{\mathrm{I}}\right\rangle=\alpha_k\overline{\Delta_k}^k\geqslant 0 \tag{3-72}$$

式(3-72)已经由 Ishii[1] 获得,可以将该式改写为 Lhuillier 等[19] 采用的以下非守恒形式,即

$$\alpha_k\overline{\rho_k}^k\frac{\overline{\mathrm{D}_k\overline{s_k}}^k}{\mathrm{D}t}+\nabla\cdot\underline{\zeta}_k+\Gamma_k(\overline{\overline{s_k}}^k-\overline{\overline{s_k}}^{\mathrm{I}})-\Sigma_k=\alpha_k\overline{\Delta_k}^k\geqslant 0 \tag{3-73}$$

其中,平均熵的总(分子和湍流)扩散通量和通过传导的界面熵源由下式定义:

$$\begin{cases}\underline{\zeta}_k\equiv\alpha_k\left(\overline{\left(\frac{\underline{q}_k}{T_k}\right)}^k+\overline{\rho_k}^k\overline{\overline{s_k'\underline{v}_k'}}^k\right)\\ \Sigma_k\equiv-\left\langle\frac{\underline{q}_k\cdot\underline{n}_k}{T_k}\delta_{\mathrm{I}}\right\rangle\end{cases} \tag{3-74}$$

在式(3-73)的求导中,使用了质量守恒方程(3-64)和算子方程(3-69)。以相同的方式,动量守恒方程(3-64)可以改写为非守恒形式,即

$$\alpha_k\overline{\rho_k}^k\frac{\overline{\mathrm{D}_k\overline{\overline{\underline{v}_k}}^k}}{\mathrm{D}t}=-\nabla(\alpha_k\overline{p_k}^k)+\nabla\cdot(\alpha_k(\overline{\underline{\underline{\tau}}_k}^k+\underline{\underline{\tau}}_k^{\mathrm{T}}))+\alpha_k\overline{\rho_k}^k\underline{g}+\underline{M}_k-\Gamma_k\overline{\overline{\underline{v}_k}}^k \tag{3-75}$$

定义

$$\underline{M}_k' \equiv \underline{M}_k - \langle \dot{m}_k \underline{v}_k \delta_I \rangle = \underline{M}_k - \Gamma_k \overline{\overline{\underline{v}_k}}^{I} \tag{3-76}$$

式(3-75)可以改写为

$$\alpha_k \overline{\rho_k}^k \frac{\overline{D_k \overline{\overline{\underline{v}_k}}^k}}{Dt} = -\nabla(\alpha_k \overline{p_k}^k) + \nabla \cdot [\alpha_k(\overline{\underline{\underline{\tau}}_k}^k + \underline{\underline{\tau}}_k^{T})] + \alpha_k \overline{\rho_k}^k \underline{g} + \underline{M}_k' + \Gamma_k(\overline{\overline{\underline{v}_k}}^{I} - \overline{\overline{\underline{v}_k}}^k) \tag{3-77}$$

现在可以在总能量方程(3-64)和熵不等式(3-73)之间建立联系。从熵不等式开始,并使用吉布斯方程(3-68)将内能代替熵,有

$$\frac{\partial}{\partial t}(\alpha_k \overline{\rho_k}^k \overline{\overline{e_k}}^k) + \nabla \cdot (\alpha_k \overline{\rho_k}^k \overline{\overline{e_k}}^k \overline{\overline{\underline{v}_k}}^k + \underline{\zeta}_k \overline{T_k}^k) = \Gamma_k \left[\overline{\overline{e_k}}^k + \frac{\overline{p_k}^k}{\overline{\rho_k}^k} + \overline{T_k}^k (\overline{\overline{s_k}}^{I} - \overline{\overline{s_k}}^k) \right] +$$

$$\alpha_k \overline{T_k}^k \overline{\Delta_k}^k - \overline{p_k}^k \left[\frac{\partial \alpha_k}{\partial t} + \nabla \cdot (\alpha_k \overline{\overline{\underline{v}_k}}^k) \right] +$$

$$\underline{\zeta}_k \cdot \nabla \overline{T_k}^k + \Sigma_k \overline{T_k}^k \tag{3-78}$$

平均运动的动能方程可以根据式(3-77)通过其标量乘以平均速度推导出来,可以获得以下方程,即

$$\frac{\partial}{\partial t}\left(\alpha_k \overline{\rho_k}^k \frac{\overline{\overline{\underline{v}_k}}^{k2}}{2}\right) + \nabla \cdot \left[\alpha_k \overline{\rho_k}^k \frac{\overline{\overline{\underline{v}_k}}^{k2}}{2} \overline{\overline{\underline{v}_k}}^k + \alpha_k \overline{p_k}^k \overline{\overline{\underline{v}_k}}^k - \alpha_k (\overline{\underline{\underline{\tau}}_k}^k + \underline{\underline{\tau}}_k^{T}) \cdot \overline{\overline{\underline{v}_k}}^k \right]$$

$$= \alpha_k \overline{p_k}^k \nabla \cdot \overline{\overline{\underline{v}_k}}^k - \alpha_k (\overline{\underline{\underline{\tau}}_k}^k + \underline{\underline{\tau}}_k^{T}) : \underline{\underline{\nabla}} \overline{\overline{\underline{v}_k}}^k + \alpha_k \overline{\rho_k}^k \overline{\overline{\underline{v}_k}}^k \cdot \underline{g} + \underline{M}_k' \cdot \overline{\overline{\underline{v}_k}}^k + \Gamma_k \left(\overline{\overline{\underline{v}_k}}^{I} \cdot \overline{\overline{\underline{v}_k}}^k - \frac{\overline{\overline{\underline{v}_k}}^{k2}}{2} \right) \tag{3-79}$$

现在为平均总能量(包含湍流动能(TKE))引入一个变量:

$$E_k \equiv \overline{\overline{e_k}}^k + \frac{\overline{\overline{\underline{v}_k}}^{k2}}{2} + K_k \tag{3-80}$$

加上式(3-78)和式(3-79),可以得到以下平均总能量方程:

$$\frac{\partial}{\partial t}(\alpha_k \overline{\rho_k}^k E_k) + \nabla \cdot [\alpha_k \overline{\rho_k}^k E_k \overline{\overline{\underline{v}_k}}^k + \underline{\zeta}_k \overline{T_k}^k + \alpha_k \overline{p_k}^k \overline{\overline{\underline{v}_k}}^k - \alpha_k (\overline{\underline{\underline{\tau}}_k}^k + \underline{\underline{\tau}}_k^{T}) \cdot \overline{\overline{\underline{v}_k}}^k]$$

$$= \Gamma_k \left(\overline{\overline{g_k}}^k + \overline{T_k}^k \overline{\overline{s_k}}^{I} + \overline{\overline{\underline{v}_k}}^{I} \cdot \overline{\overline{\underline{v}_k}}^k - \frac{\overline{\overline{\underline{v}_k}}^{k2}}{2} \right) - \alpha_k (\overline{\underline{\underline{\tau}}_k}^k - \overline{p_k}^k \underline{\underline{I}} + \underline{\underline{\tau}}_k^{T}) : \underline{\underline{\nabla}} \overline{\overline{\underline{v}_k}}^k +$$

$$\alpha_k \overline{T_k}^k \overline{\Delta_k}^k - \overline{p_k}^k \left[\frac{\partial \alpha_k}{\partial t} + \nabla \cdot (\alpha_k \overline{\overline{\underline{v}_k}}^k) \right] + \underline{\zeta}_k \cdot \nabla \overline{T_k}^k + \Sigma_k \overline{T_k}^k +$$

$$\alpha_k \overline{\rho_k}^k \overline{\overline{\underline{v}_k}}^k \cdot \underline{g} + \underline{M}_k' \cdot \overline{\overline{\underline{v}_k}}^k + \frac{\partial}{\partial t}(\alpha_k \overline{\rho_k}^k K_k) + \nabla \cdot (\alpha_k \overline{\rho_k}^k K_k \overline{\overline{\underline{v}_k}}^k) \tag{3-81}$$

因为目前尚未导出湍功能(TKE)的方程,TKE 的时间导数和空间输运被置于式(3-81)的等号右侧。关于此方程的构建,将在第 6 章中进一步讨论,我们

已经引入了由式(3-67)最后一个关系式定义的吉布斯自由能$\overline{\overline{g_k}}^k$。如果忽略所有的界面性质,则方程(3-65)可以简写为

$$\begin{cases}\sum_{k=1}^{2}\Gamma_k=0\\ \sum_{k=1}^{2}\underline{M}_k=0\\ \sum_{k=1}^{2}Q_k=0\end{cases}\tag{3-82}$$

通过式(3-76),式(3-82)的第二个公式可以被替换为

$$\sum_{k=1}^{2}(\underline{M}'_k+\Gamma_k\overline{\overline{\underline{v}_k}}^{\mathrm{I}})=0\tag{3-83}$$

下面假设两个速度$\overline{\overline{\underline{v}_k}}^{\mathrm{I}}(k=1,2)$相等并将表示为$\underline{V}_\Gamma$,因此使用式(3-82)的第一个公式,可以将动量跳跃条件方程(3-83)简化为

$$\sum_{k=1}^{2}\underline{M}'_k=0\tag{3-84}$$

以同样的方式,通过忽略界面性质以及界面熵源,式(3-83)简化为

$$\sum_{k=1}^{2}(\Gamma_k\overline{\overline{s_k}}^{\mathrm{I}}+\Sigma_k)=0\tag{3-85}$$

50 同样做出两个熵$\overline{\overline{s_k}}^{\mathrm{I}}(k=1,2)$相等的简化假设,并且用$S_\Gamma$表示,因此式(3-85)简化为

$$\sum_{k=1}^{2}\Sigma_k=0\tag{3-86}$$

现在通过以下3个公式定义混合物密度、混合速度(此处为质心速度)和单位质量平均,即

$$\begin{cases}\rho_{\mathrm{m}}\equiv\sum_{k=1}^{2}\alpha_k\overline{\rho_k}^k\\ \underline{V}_{\mathrm{m}}\equiv\dfrac{\sum_{k=1}^{2}\alpha_k\overline{\rho_k}^k\overline{\overline{\underline{v}_k}}^k}{\rho_{\mathrm{m}}}\\ E_{\mathrm{m}}\equiv\dfrac{\sum_{k=1}^{2}\alpha_k\overline{\rho_k}^kE_k}{\rho_{\mathrm{m}}}\end{cases}\tag{3-87}$$

对式(3-81)的两个相求和,得到以下混合方程:

$$\frac{\partial}{\partial t}(\rho_{\mathrm{m}}E_{\mathrm{m}})+\nabla\cdot(\rho_{\mathrm{m}}E_{\mathrm{m}}\underline{V}_{\mathrm{m}}+\underline{q}_{\mathrm{m}})-\rho_{\mathrm{m}}\underline{V}_{\mathrm{m}}\cdot\underline{g}$$

$$
=\Gamma_{\mathrm{d}}\left[\overline{\overline{g}}_{\mathrm{d}}^{\mathrm{d}}-\overline{\overline{g}}_{\mathrm{c}}^{\mathrm{c}}+S_{\Gamma}(\overline{T}_{\mathrm{d}}^{\mathrm{d}}-\overline{T}_{\mathrm{c}}^{\mathrm{c}})+\frac{(\overline{\overline{\underline{v}}}_{\mathrm{c}}^{\mathrm{c}}-\underline{V}_{\Gamma})^{2}}{2}-\frac{(\overline{\overline{\underline{v}}}_{\mathrm{d}}^{\mathrm{d}}-\underline{V}_{\Gamma})^{2}}{2}\right]+
$$

$$
\Sigma_{\mathrm{d}}(\overline{T}_{\mathrm{d}}^{\mathrm{d}}-\overline{T}_{\mathrm{c}}^{\mathrm{c}})+\underline{M}'_{\mathrm{d}}\cdot(\overline{\overline{\underline{v}}}_{\mathrm{d}}^{\mathrm{d}}-\overline{\overline{\underline{v}}}_{\mathrm{c}}^{\mathrm{c}})+
$$

$$
\sum_{k=1}^{2}\left(\begin{array}{l}-\alpha_{k}(\overline{\underline{\underline{\tau}}}_{k}^{k}-\overline{p}_{k}^{k}\underline{\underline{I}}+\underline{\underline{\tau}}_{k}^{\mathrm{T}}):\underline{\underline{\nabla}}\overline{\overline{\underline{v}}}_{k}^{k}+\alpha_{k}\overline{T}_{k}^{k}\overline{\Delta}_{k}^{k}-\overline{p}_{k}^{k}\left[\dfrac{\partial\alpha_{k}}{\partial t}+\nabla\cdot(\alpha_{k}\overline{\overline{\underline{v}}}_{k}^{k})\right]+\\ \underline{\zeta}_{k}\cdot\nabla\overline{T}_{k}^{k}+\dfrac{\partial}{\partial t}(\alpha_{k}\overline{\rho}_{k}^{k}K_{k})+\nabla\cdot(\alpha_{k}\overline{\rho}_{k}^{k}K_{k}\overline{\overline{\underline{v}}}_{k}^{k})\end{array}\right) \tag{3-88}
$$

其中,通量$\underline{q}_{\mathrm{m}}$通过下式定义:

$$
\underline{q}_{\mathrm{m}}\equiv\sum_{k=1}^{2}\left[\underline{\zeta}_{k}\overline{T}_{k}^{k}+\alpha_{k}\overline{p}_{k}^{k}\overline{\overline{\underline{v}}}_{k}^{k}-\alpha_{k}(\overline{\underline{\underline{\tau}}}_{k}^{k}+\underline{\underline{\tau}}_{k}^{\mathrm{T}})\cdot\overline{\overline{\underline{v}}}_{k}^{k}+\alpha_{k}\overline{\rho}_{k}^{k}E_{k}(\overline{\overline{\underline{v}}}_{k}^{k}-\underline{V}_{\mathrm{m}})\right] \tag{3-89}
$$

混合物的总能量方程也可以通过对式(3-64)的最后一个公式的两相求和并考虑到式(3-82)的最后一个公式:

$$
\frac{\partial}{\partial t}(\rho_{\mathrm{m}}E_{\mathrm{m}})+\nabla\cdot(\rho_{\mathrm{m}}E_{\mathrm{m}}\underline{V}_{\mathrm{m}}+\underline{q}_{\mathrm{m}})-\rho_{\mathrm{m}}\underline{V}_{\mathrm{m}}\cdot\underline{g}=0 \tag{3-90}
$$

伴随的通量$\underline{q}_{\mathrm{m}}$的定义略有不同,由下式给出:

$$
\underline{q}_{\mathrm{m}}\equiv\sum_{k=1}^{2}\left[\alpha_{k}(\overline{\underline{q}}_{k}^{k}+\underline{q}_{k}^{\mathrm{T}})+\alpha_{k}\overline{p}_{k}^{k}\overline{\overline{\underline{v}}}_{k}^{k}-\alpha_{k}\overline{\underline{\underline{\tau}}}_{k}^{k}\cdot\overline{\overline{\underline{v}}}_{k}^{k}+\alpha_{k}\overline{\rho}_{k}^{k}E_{k}(\overline{\overline{\underline{v}}}_{k}^{k}-\underline{V}_{\mathrm{m}})\right] \tag{3-91}
$$

由式(3-89)和式(3-91)定义的两个通量的相等性,给出了熵扩散通量作为每个相的总能量扩散通量和雷诺应力张量的函数,即

$$
\underline{\zeta}_{k}=\frac{\alpha_{k}(\overline{\underline{q}}_{k}^{k}+\underline{q}_{k}^{\mathrm{T}})+\alpha_{k}\overline{\underline{\underline{\tau}}}_{k}^{\mathrm{T}}\cdot\overline{\overline{\underline{v}}}_{k}^{k}}{\overline{T}_{k}^{k}} \tag{3-92}
$$

式(3-88)和式(3-90)之间比较的主要结果是式(3-88)的等式右侧应该等于0。因此,混合物能量守恒的必要条件为

$$
\begin{aligned}
\sum_{k=1}^{2}\alpha_{k}\overline{T}_{k}^{k}\overline{\Delta}_{k}^{k}=&-\Gamma_{\mathrm{d}}\left[\overline{\overline{g}}_{\mathrm{d}}^{\mathrm{d}}-\overline{\overline{g}}_{\mathrm{c}}^{\mathrm{c}}+S_{\Gamma}(\overline{T}_{\mathrm{d}}^{\mathrm{d}}-\overline{T}_{\mathrm{c}}^{\mathrm{c}})+\frac{(\overline{\overline{\underline{v}}}_{\mathrm{c}}^{\mathrm{c}}-\underline{V}_{\Gamma})^{2}}{2}-\frac{(\overline{\overline{\underline{v}}}_{\mathrm{d}}^{\mathrm{d}}-\underline{V}_{\Gamma})^{2}}{2}\right]-\\
&\Sigma_{\mathrm{d}}(\overline{T}_{\mathrm{d}}^{\mathrm{d}}-\overline{T}_{\mathrm{c}}^{\mathrm{c}})-\underline{M}'_{\mathrm{d}}\cdot(\overline{\overline{\underline{v}}}_{\mathrm{d}}^{\mathrm{d}}-\overline{\overline{\underline{v}}}_{\mathrm{c}}^{\mathrm{c}})-\\
&\sum_{k=1}^{2}\left(\begin{array}{l}-\alpha_{k}(\overline{\underline{\underline{\tau}}}_{k}^{k}-\overline{p}_{k}^{k}\underline{\underline{I}}+\underline{\underline{\tau}}_{k}^{\mathrm{T}}):\underline{\underline{\nabla}}\overline{\overline{\underline{v}}}_{k}^{k}-\overline{p}_{k}^{k}\left[\dfrac{\partial\alpha_{k}}{\partial t}+\nabla\cdot(\alpha_{k}\overline{\overline{\underline{v}}}_{k}^{k})\right]+\\ \underline{\zeta}_{k}\cdot\nabla\overline{T}_{k}^{k}+\dfrac{\partial}{\partial t}(\alpha_{k}\overline{\rho}_{k}^{k}K_{k})+\nabla\cdot(\alpha_{k}\overline{\rho}_{k}^{k}K_{k}\overline{\overline{\underline{v}}}_{k}^{k})\end{array}\right)\geqslant 0
\end{aligned} \tag{3-93}
$$

根据热力学第二定律($\overline{\Delta}_{k}^{k}\geqslant 0$),$\overline{\Delta}_{k}^{k}$(Lhuillier 等[19]称为总耗散率)必须是非负的。这对封闭关系施加了一些可以写进封闭两流体模型方程组中的限制。保证耗散率(式(3-93))为正的最简单方法是选择一些封闭关系,使得式(3-93)

的等式右侧的每项都为正。例如，可以选择

$$
\begin{cases}
-\Sigma_{\mathrm{d}} \propto \left(\overline{T_{\mathrm{d}}}^{\mathrm{d}}-\overline{T_{\mathrm{c}}}^{\mathrm{c}}\right) \\
-\underline{M}'_{\mathrm{d}} \propto \left(\overline{\overline{\underline{v}_{\mathrm{d}}}}^{\mathrm{d}}-\overline{\overline{\underline{v}_{\mathrm{c}}}}^{\mathrm{c}}\right) \\
-\underline{\zeta}_k \propto \nabla \overline{T_k}^k \\
\alpha_k\left(\overline{\underline{\underline{\tau}}_k}^k-\overline{p_k}^k \underline{\underline{I}}+\underline{\underline{\tau}}_k^{\mathrm{T}}\right) \propto \underline{\nabla} \overline{\overline{\underline{v}_k}}^k \\
-\Gamma_{\mathrm{d}} \propto\left[\overline{\overline{g_{\mathrm{d}}}}^{\mathrm{d}}-\overline{\overline{g_{\mathrm{c}}}}^{\mathrm{c}}+S_\Gamma\left(\overline{T_{\mathrm{d}}}^{\mathrm{d}}-\overline{T_{\mathrm{c}}}^{\mathrm{c}}\right)+\frac{\left(\overline{\overline{\underline{v}_{\mathrm{c}}}}^{\mathrm{c}}-\underline{V}_\Gamma\right)^2}{2}-\frac{\left(\overline{\overline{\underline{v}_{\mathrm{d}}}}^{\mathrm{d}}-\underline{V}_\Gamma\right)^2}{2}\right]
\end{cases}
\tag{3-94}
$$

式中，$A \propto B$ 形式的意义是假设 A 与 B 成正比，且具有正的比例系数。回忆一下直观的事实，即相之间的热量（或熵）交换应该与温度差成正比，动量交换应该与速度差成正比（对于阻力是正确的，见第 8 章），熵（或能量）扩散通量应与温度梯度成正比，应力（压力除外）应与速度梯度成正比。相变强度 Γ_{d} 的最终表达式更复杂。Lhuillier 等[18-19]假设速度差不应出现在 Γ_{d} 的驱动力中。实现这一条件的唯一方法是选择

$$
\underline{V}_\Gamma=\frac{\overline{\overline{\underline{v}_{\mathrm{d}}}}^{\mathrm{d}}+\overline{\overline{\underline{v}_{\mathrm{c}}}}^{\mathrm{c}}}{2}
\tag{3-95}
$$

作为这种选择的结果，式(3-94)的最后一个表达式可简化为

$$
-\Gamma_{\mathrm{d}} \propto \overline{\overline{g_{\mathrm{d}}}}^{\mathrm{d}}-\overline{\overline{g_{\mathrm{c}}}}^{\mathrm{c}}+S_\Gamma\left(\overline{T_{\mathrm{d}}}^{\mathrm{d}}-\overline{T_{\mathrm{c}}}^{\mathrm{c}}\right)
\tag{3-96}
$$

3.4 离散两相流的混合两流体模型

混合两流体模型与经典模型的不同之处在于，混合两流体模型为离散相的方程式。我们不对离散相的局部瞬时方程求平均，而是对控制整个流体粒子的方程平均（见 2.8 节）。这里列出如下几个优点。

（1）打破了连续和离散相方程之间的对称性，从而反映了相之间的真实不对称性。

（2）离散相的控制方程更全面，因为它们与单个粒子的控制方程有相似之处。

（3）离散相的所有方程都可以从基于介观尺度（介于微观尺度和宏观尺度之间的中间尺度）上的单个方程导出。该式类似于气体动力学理论中的玻尔兹曼方程，因此可以类比流体粒子，如被连续相包围的气泡或液滴和动力学理论中的分子。通过这种方式，可以引入流体（或固体）粒子之间的碰撞。碰撞项对流体粒子的合并和分解（见第 5 章）问题，或者仅仅是对颗粒材料研究中的固体粒子之间的碰撞（见第 7 章）问题非常适用。

(4) 不需要的细节,如粒子内部流动可以从公式中除去,因此每个粒子的自由度数大大减少,给出了一个更简单的描述相。

混合模型已经被许多学者推导过了[12-17,19-30]。在这里,我们将总结混合两流体模型的主要特征。

3.4.1 混合两流体模型方程

从平均方程(2-80)开始,有

$$\begin{cases}\dfrac{\partial}{\partial t}\langle\delta_{\mathrm{d}}m\rangle+\nabla\cdot\langle\delta_{\mathrm{d}}m\underline{w}\rangle=\left\langle\delta_{\mathrm{d}}\oint_S\dot{m}_{\mathrm{d}}\mathrm{d}S\right\rangle\\ \dfrac{\partial}{\partial t}\langle\delta_{\mathrm{d}}m\underline{w}\rangle+\nabla\cdot\langle\delta_{\mathrm{d}}m\underline{w}\,\underline{w}\rangle=\langle\delta_{\mathrm{d}}m\rangle\underline{g}+\left\langle\delta_{\mathrm{d}}\oint_S\dot{m}_{\mathrm{d}}\underline{v}_{\mathrm{c}}\mathrm{d}S\right\rangle+\left\langle\delta_{\mathrm{d}}\oint_S\underline{\underline{\sigma}}_{\mathrm{c}}\cdot\underline{n}_{\mathrm{d}}\mathrm{d}S\right\rangle\\ \dfrac{\partial}{\partial t}\langle\delta_{\mathrm{d}}mE\rangle+\nabla\cdot\langle\delta_{\mathrm{d}}mE\underline{w}\rangle=\langle\delta_{\mathrm{d}}m\underline{w}\rangle\cdot\underline{g}+\left\langle\delta_{\mathrm{d}}\oint_S\dot{m}_{\mathrm{d}}\left(e_{\mathrm{c}}+\dfrac{v_{\mathrm{c}}^2}{2}\right)\mathrm{d}S\right\rangle-\\ \qquad\left\langle\delta_{\mathrm{d}}\oint_S\underline{q}_{\mathrm{c}}\cdot\underline{n}_{\mathrm{d}}\mathrm{d}S\right\rangle+\left\langle\delta_{\mathrm{d}}\oint_S\underline{\underline{\sigma}}_{\mathrm{c}}\cdot\underline{v}_{\mathrm{c}}\cdot\underline{n}_{\mathrm{d}}\mathrm{d}S\right\rangle\\ \dfrac{\partial}{\partial t}\langle\delta_{\mathrm{d}}ms\rangle+\nabla\cdot\langle\delta_{\mathrm{d}}ms\underline{w}\rangle=\langle\delta_{\mathrm{d}}\Delta_{\mathrm{d}}\rangle+\left\langle\delta_{\mathrm{d}}\oint_S\left(\dot{m}_{\mathrm{d}}s_{\mathrm{c}}-\dfrac{\underline{q}_{\mathrm{c}}}{T_{\mathrm{c}}}\cdot\underline{n}_{\mathrm{d}}\right)\mathrm{d}S\right\rangle\end{cases}\tag{3-97}$$

式(3-97)控制着离散相的演变。连续相的方程由这些经典的两流体模型(式(3-31)~式(3-34))给出,其中使 $k=c$,则

$$\begin{cases}\dfrac{\partial}{\partial t}\langle\chi_{\mathrm{c}}\rho_{\mathrm{c}}\rangle+\nabla\cdot\langle\chi_{\mathrm{c}}\rho_{\mathrm{c}}\underline{v}_{\mathrm{c}}\rangle=\langle\dot{m}_{\mathrm{d}}\delta_{\mathrm{I}}\rangle\\ \dfrac{\partial}{\partial t}\langle\chi_{\mathrm{c}}\rho_{\mathrm{c}}\underline{v}_{\mathrm{c}}\rangle+\nabla\cdot\langle\chi_{\mathrm{c}}\rho_{\mathrm{c}}\underline{v}_{\mathrm{c}}\underline{v}_{\mathrm{c}}\rangle=\nabla\cdot\langle\chi_{\mathrm{c}}\underline{\underline{\sigma}}_{\mathrm{c}}\rangle+\langle\chi_{\mathrm{c}}\rho_{\mathrm{c}}\rangle\underline{g}+\langle\dot{m}_{\mathrm{d}}\underline{v}_{\mathrm{c}}\delta_{\mathrm{I}}\rangle-\langle\underline{\underline{\sigma}}_{\mathrm{c}}\cdot\underline{n}_{\mathrm{d}}\delta_{\mathrm{I}}\rangle\\ \dfrac{\partial}{\partial t}\left\langle\chi_{\mathrm{c}}\rho_{\mathrm{c}}\left(e_{\mathrm{c}}+\dfrac{v_{\mathrm{c}}^2}{2}\right)\right\rangle+\nabla\cdot\left\langle\chi_{\mathrm{c}}\rho_{\mathrm{c}}\left(e_{\mathrm{c}}+\dfrac{v_{\mathrm{c}}^2}{2}\right)\underline{v}_{\mathrm{c}}\right\rangle\\ =-\nabla\langle\chi_{\mathrm{c}}\,\underline{q}_{\mathrm{c}}\rangle+\nabla\cdot\langle\chi_{\mathrm{c}}\underline{\underline{\sigma}}_{\mathrm{c}}\cdot\underline{v}_{\mathrm{c}}\rangle+\langle\chi_{\mathrm{c}}\rho_{\mathrm{c}}\underline{v}_{\mathrm{c}}\rangle\cdot\underline{g}-\\ \qquad\left\langle\dot{m}_{\mathrm{d}}\left(e_{\mathrm{c}}+\dfrac{v_{\mathrm{c}}^2}{2}\right)\delta_{\mathrm{I}}\right\rangle-\langle\underline{q}_{\mathrm{c}}\cdot\underline{n}_{\mathrm{d}}\delta_{\mathrm{I}}\rangle-\langle\underline{\underline{\sigma}}_{\mathrm{c}}\cdot\underline{v}_{\mathrm{c}}\cdot\underline{n}_{\mathrm{d}}\delta_{\mathrm{I}}\rangle\\ \dfrac{\partial}{\partial t}\langle\chi_{\mathrm{c}}\rho_{\mathrm{c}}s_{\mathrm{c}}\rangle+\nabla\cdot\langle\chi_{\mathrm{c}}\rho_{\mathrm{c}}s_{\mathrm{c}}\underline{v}_{\mathrm{c}}\rangle=-\nabla\cdot\left\langle\chi_{\mathrm{c}}\dfrac{\underline{q}_{\mathrm{c}}}{T_{\mathrm{c}}}\right\rangle+\langle\chi_{\mathrm{c}}\Delta_{\mathrm{c}}\rangle-\langle\dot{m}_{\mathrm{d}}s_{\mathrm{c}}\delta_{\mathrm{I}}\rangle+\left\langle\dfrac{\underline{q}_{\mathrm{c}}\cdot\underline{n}_{\mathrm{d}}}{T_{\mathrm{c}}}\delta_{\mathrm{I}}\right\rangle\end{cases}\tag{3-98}$$

正如对经典的两流体模型所做的那样,需要引入宏观量。第一个是粒子数密度,由下式定义:

$$n(\underline{x},t)\equiv\langle\delta_{\mathrm{d}}(\underline{x},t)\rangle \tag{3-99}$$

与离散相有关的任何量 ψ 的数加权平均值定义为

$$\overline{\psi}\equiv\frac{\langle\delta_{\mathrm{d}}\psi\rangle}{n} \tag{3-100}$$

还可以通过下式定义质量加权平均值（或 Favre 平均值），即

$$\overline{\overline{\psi}}\equiv\frac{\langle\delta_{\mathrm{d}}m\psi\rangle}{\langle\delta_{\mathrm{d}}m\rangle}=\frac{\langle\delta_{\mathrm{d}}m\psi\rangle}{n\overline{m}} \tag{3-101}$$

对于轻度非均匀的悬浮液，可以使用式（3-30）的多极展开。在式（3-30）的第一个公式子中使 $A=1$，并且在第二个公式子中使 $B=1$，对于空泡份额（存在的粒子分数）和界面面积浓度，可以获得以下公式，即

$$\begin{cases}\alpha_{\mathrm{d}}=\langle\delta_{\mathrm{d}}V\rangle-\nabla\cdot\left\langle\delta_{\mathrm{d}}\int\underline{r}\mathrm{d}v\right\rangle+\dfrac{1}{2}\nabla\nabla:\left\langle\delta_{\mathrm{d}}\int\underline{r}\,\underline{r}\mathrm{d}v\right\rangle-\cdots\\ a_{\mathrm{I}}=\langle\delta_{\mathrm{d}}S\rangle-\nabla\cdot\left\langle\delta_{\mathrm{d}}\oint\underline{r}\mathrm{d}S\right\rangle+\dfrac{1}{2}\nabla\nabla:\left\langle\delta_{\mathrm{d}}\oint\underline{r}\,\underline{r}\mathrm{d}S\right\rangle-\cdots\end{cases} \tag{3-102}$$

式中：V 为粒子体积；S 为粒子表面积。

式（3-102）的等式右侧的第二项是 0，并且对半径为 a 的球形粒子的第三项计算得到[16,31]

$$\begin{cases}\alpha_{\mathrm{d}}=\overline{V}\left[n+\dfrac{a^2}{10}\nabla^2 n+O(a^4)\right]\\ a_{\mathrm{I}}=\overline{S}\left[n+\dfrac{a^2}{6}\nabla^2 n+O(a^4)\right]\end{cases} \tag{3-103}$$

式（3-103）给出了使用广泛的主要顺序修正项近似，有

$$\begin{cases}\alpha_{\mathrm{d}}\approx n\overline{V}\\ a_{\mathrm{I}}\approx n\overline{S}\end{cases} \tag{3-104}$$

将式（3-104）的第一个关系式乘以离散相密度，还得到以下单位体积混合物的离散相质量的近似值，即

$$\alpha_{\mathrm{d}}\overline{\rho_{\mathrm{d}}}^{\mathrm{d}}\approx n\overline{m} \tag{3-105}$$

在对球形固体粒子的研究中，Zhang 和 Prosperetti[16] 提出刚性粒子的速度场由下式给出：

$$\underline{v}_{\mathrm{d}}(\underline{x},t)=\underline{w}(t)+\underline{\Omega}(t)\wedge(\underline{x}-\underline{X}(t)) \tag{3-106}$$

式中：$\underline{\Omega}(t)$ 为围绕通过粒子中心 $\underline{X}(t)$ 的瞬时旋转轴周围粒子的角速度。

式（3-106）对应场的平均离散相速度为

$$\overline{\overline{\underline{v}_{\mathrm{d}}}}^{\mathrm{d}}(\underline{x},t)=\overline{\overline{\underline{w}}}(\underline{x},t)+\frac{a^2}{10}\left[\nabla^2\overline{\overline{\underline{w}}}+\nabla\wedge\overline{\overline{\underline{\Omega}}}+\frac{1}{n}(\nabla n\cdot\underline{\nabla}\overline{\overline{\underline{w}}}+\nabla n\wedge\overline{\overline{\underline{\Omega}}})+O(a^2)\right] \tag{3-107}$$

方括号中校正项的评估需要平均角速度$\overline{\overline{\underline{\Omega}}}$的动力学方程，这样的方程可以在文献[26]中找到。然而，就离散相的平均线性动量而言，平均角速度是与其无关的量[16]。

忽略粒子旋转以及粒子尺度上平均速度$\overline{\overline{\underline{w}}}$的微小变化，式(3-107)简化为

$$\overline{\overline{\underline{v}_{\mathrm{d}}}}^{\mathrm{d}}(\underline{x},t)\approx\overline{\overline{\underline{w}}}(\underline{x},t) \tag{3-108}$$

根据同样的思路，假设[30]：

$$\begin{cases}\alpha_{\mathrm{d}}\overline{\rho_{\mathrm{d}}}^{\mathrm{d}}\overline{\overline{\left(e_{\mathrm{d}}+\dfrac{v_{\mathrm{d}}^{2}}{2}\right)}}^{\mathrm{d}}\approx n\overline{m}\overline{\overline{E}}\\ \alpha_{\mathrm{d}}\overline{\rho_{\mathrm{d}}}^{\mathrm{d}}\overline{\overline{s_{\mathrm{d}}}}^{\mathrm{d}}\approx n\overline{m}\overline{\overline{s}}\end{cases} \tag{3-109}$$

由于式(3-105)和式(3-108)的近似处理，当$k=\mathrm{d}$时，质量守恒方程(3-47)的等式左侧与方程(3-97)的第一项没有差别。因此，其等式右侧应该在相同的近似水平上相等，即

$$\Gamma_{\mathrm{d}}\approx\left\langle\delta_{\mathrm{d}}\oint_{S}\dot{m}_{\mathrm{d}}\mathrm{d}S\right\rangle=n\overline{\oint_{S}\dot{m}_{\mathrm{d}}\mathrm{d}S} \tag{3-110}$$

混合两流体模型的动量守恒方程的推导是相当长的[19,30]。因此，将这一推导放到附录C中。连续相的动量守恒方程由式(C-11)给出，将此方程转换为非守恒形式，得到

$$\begin{aligned}\alpha_{\mathrm{c}}\overline{\rho_{\mathrm{c}}}^{\mathrm{c}}\overline{\frac{\mathrm{D}_{\mathrm{c}}\overline{\overline{\underline{v}_{\mathrm{c}}}}^{\mathrm{c}}}{\mathrm{D}t}}=&-\nabla\cdot(\alpha_{\mathrm{c}}\overline{\rho_{\mathrm{c}}}^{\mathrm{c}}\overline{\overline{\underline{v}_{\mathrm{c}}'\underline{v}_{\mathrm{c}}'}}^{\mathrm{c}})-\alpha_{\mathrm{c}}\nabla\overline{p_{\mathrm{c}}}^{\mathrm{c}}+\alpha_{\mathrm{c}}\overline{\rho_{\mathrm{c}}}^{\mathrm{c}}\underline{g}+\\&\nabla\cdot(\alpha_{\mathrm{c}}\overline{\underline{\underline{\tau}}_{\mathrm{c}}}^{\mathrm{c}}+\underline{\underline{\sigma}}_{\mathrm{c}}^{*})-\underline{M}^{*}-\Gamma_{\mathrm{d}}(\overline{\overline{\underline{v}_{\mathrm{c}}}}^{\mathrm{I}}-\overline{\overline{\underline{v}_{\mathrm{c}}}}^{\mathrm{c}})\end{aligned} \tag{3-111}$$

其中定义

$$\underline{M}^{*}+\Gamma_{\mathrm{d}}\overline{\overline{\underline{v}_{\mathrm{c}}}}^{\mathrm{I}}\equiv\left\langle\delta_{\mathrm{d}}\oint(\underline{\underline{\sigma}}_{\mathrm{c}}+\overline{p_{\mathrm{c}}}^{\mathrm{c}}\underline{\underline{I}})\cdot\underline{n}_{\mathrm{d}}\mathrm{d}S\right\rangle+\left\langle\delta_{\mathrm{d}}\oint\dot{m}_{\mathrm{d}}\underline{v}_{\mathrm{c}}\mathrm{d}S\right\rangle \tag{3-112}$$

和

$$\underline{\underline{\sigma}}_{\mathrm{c}}^{*}\equiv\left\langle\delta_{\mathrm{d}}\oint\underline{r}(\underline{\underline{\sigma}}_{\mathrm{c}}+\overline{p_{\mathrm{c}}}^{\mathrm{c}}\underline{\underline{I}})\cdot\underline{n}_{\mathrm{d}}\mathrm{d}S\right\rangle+\left\langle\delta_{\mathrm{d}}\oint\underline{r}\dot{m}_{\mathrm{d}}\underline{v}_{\mathrm{c}}\mathrm{d}S\right\rangle \tag{3-113}$$

通过式(3-112)，离散相的动量守恒方程(C-17)可以改写为

$$\alpha_{\mathrm{d}}\overline{\rho_{\mathrm{d}}}^{\mathrm{d}}\overline{\frac{\mathrm{D}_{\mathrm{d}}\overline{\overline{\underline{v}_{\mathrm{d}}}}}{\mathrm{D}t}}^{\mathrm{d}}=-\nabla\cdot(\alpha_{\mathrm{d}}\overline{\rho_{\mathrm{d}}}^{\mathrm{d}}\overline{\overline{\underline{v}_{\mathrm{d}}'\underline{v}_{\mathrm{d}}'}}^{\mathrm{d}})+\alpha_{\mathrm{d}}\overline{\rho_{\mathrm{d}}}^{\mathrm{d}}\underline{g}-\alpha_{\mathrm{d}}\nabla\overline{p_{\mathrm{c}}}^{\mathrm{c}}+\underline{M}^{*}+\Gamma_{\mathrm{d}}(\overline{\overline{\underline{v}_{\mathrm{c}}}}^{\mathrm{I}}-\overline{\overline{\underline{v}_{\mathrm{d}}}}^{\mathrm{d}}) \tag{3-114}$$

将式(3-111)、式(3-114)和式(3-64)的第二个公式相比，可以看到动量方程(3-64)的对称性(当$k=\mathrm{c},\mathrm{d}$)在式(3-111)～式(3-114)中被破坏。首先，连续相$\overline{p_{\mathrm{c}}}^{\mathrm{c}}$中的平均压力是在两个动量守恒方程中出现的唯一压力；其次，连续相动量$\alpha_{\mathrm{c}}\overline{\underline{\underline{\tau}}_{\mathrm{c}}}^{\mathrm{c}}+\underline{\underline{\sigma}}_{\mathrm{c}}^{*}$的分子扩散通量在离散相动量方程中没有等价项。式(3-114)中

唯一的扩散性通量是湍流项$\overline{\overline{v'_d v'_d}}^{d}$,称为动态应力张量(第 7 章)。由式(3-113)定义的额外应力张量$\underline{\underline{\sigma}}_c^*$ 来自式(3-30)的第二项多极展开,有时称为应力释放[19]。还应该注意的是,由于相变引起的动量传递中出现的平均速度对于两相是相同的,并且由连续速度$\overline{\underline{v}_c}^{I}$ 的表面平均值给出。

对熵平衡方程(3-97)的第四项和方程(3-98)的第四项进行相同的近似,可以得到以下混合模型的熵方程[19]:

$$
\begin{cases}
\dfrac{\partial}{\partial t}(n\overline{m}\overline{\overline{s}})+\nabla\cdot(n\overline{m}\overline{\overline{s}}\overline{\overline{\underline{w}}})=-\nabla\cdot(n\overline{m}\overline{\overline{s'\underline{w}'}})+n\overline{\Delta}_d+\left\langle\delta_d\oint_S\left(\dot{m}_d s_c-\dfrac{\underline{q}_c}{T_c}\cdot\underline{n}_d\right)dS\right\rangle \\
\dfrac{\partial(\alpha_c\overline{\rho_c}^{c}\overline{\overline{s_c}}^{c})}{\partial t}+\nabla\cdot(\alpha_c\overline{\rho_c}^{c}\overline{\overline{s_c}}^{c}\overline{\overline{\underline{v}_c}}^{c})=-\nabla\cdot\left[\alpha_c\left(\overline{\dfrac{\underline{q}_c}{T_c}}^{c}+\overline{\rho_c}^{c}\overline{\overline{s'_c\underline{v}'_c}}^{c}\right)\right]+ \\
\qquad\alpha_c\overline{\Delta_c}^{c}-\langle\dot{m}_d s_c\delta_I\rangle+\left\langle\dfrac{\underline{q}_c\cdot\underline{n}_d}{T_c}\delta_I\right\rangle
\end{cases}
\tag{3-115}
$$

使用近似式(3-105)、式(3-108)和式(3-109),可以为离散相重新引入$\alpha_d\overline{\rho_d}^{d}$、$\overline{\overline{\underline{v}_d}}^{d}$ 和$\overline{\overline{s_d}}^{d}$ 符号,并使用第二个多极展开式(3-30)来建立连续相中的界面相互作用项,其结果为

$$
\begin{cases}
\dfrac{\partial}{\partial t}(\alpha_d\overline{\rho_d}^{d}\overline{\overline{s_d}}^{d})+\nabla\cdot(\alpha_d\overline{\rho_d}^{d}\overline{\overline{s_d}}^{d}\overline{\overline{\underline{v}_d}}^{d})=-\nabla\cdot\underline{\zeta}_d+n\overline{\Delta}_d+\Gamma_d\overline{\overline{s_c}}^{I}+\Sigma_d \\
\dfrac{\partial(\alpha_c\overline{\rho_c}^{c}\overline{\overline{s_c}}^{c})}{\partial t}+\nabla\cdot(\alpha_c\overline{\rho_c}^{c}\overline{\overline{s_c}}^{c}\overline{\overline{\underline{v}_c}}^{c})=-\nabla\cdot\underline{\zeta}_c+\alpha_c\overline{\Delta_c}^{c}-\Gamma_d\overline{\overline{s_c}}^{I}-\Sigma_d
\end{cases}
\tag{3-116}
$$

其中,各物理量定义如下:

$$
\begin{cases}
\Gamma_d\overline{\overline{s_c}}^{I}+\Sigma_d\equiv\left\langle\delta_d\oint_S\left(\dot{m}_d s_c-\dfrac{\underline{q}_c}{T_c}\cdot\underline{n}_d\right)dS\right\rangle \\
\underline{\zeta}_c\equiv\alpha_c\left(\overline{\dfrac{\underline{q}_c}{T_c}}^{c}+\overline{\rho_c}^{c}\overline{\overline{s'_c\underline{v}'_c}}^{c}\right)-\left\langle\delta_d\oint_S\underline{r}\left(\dot{m}_d s_c-\dfrac{\underline{q}_c}{T_c}\cdot\underline{n}_d\right)dS\right\rangle \\
\underline{\zeta}_d\equiv n\overline{m}\overline{\overline{s'\underline{w}'}}\approx\alpha_d\overline{\rho_d}^{d}\overline{s'_d\underline{v}'_d}^{d}
\end{cases}
\tag{3-117}
$$

使用质量守恒方程(3-47),熵平衡方程(3-116)可以表示为以下非守恒形式,即

$$
\begin{cases}
\alpha_d\overline{\rho_d}^{d}\overline{\dfrac{D_d\overline{s_d}}{Dt}}^{d}=-\nabla\cdot\underline{\zeta}_d+n\overline{\Delta}_d+\Gamma_d(\overline{\overline{s_c}}^{I}-\overline{\overline{s_d}}^{d})+\Sigma_d \\
\alpha_c\overline{\rho_c}^{c}\overline{\dfrac{D_c\overline{s_c}}{Dt}}^{c}=-\nabla\cdot\underline{\zeta}_c+\alpha_c\overline{\Delta_c}^{c}-\Gamma_d(\overline{\overline{s_c}}^{I}-\overline{\overline{s_c}}^{c})-\Sigma_d
\end{cases}
\tag{3-118}
$$

3.4.2 混合两流体模型的封闭问题

可以将混合两流体模型的方程总结为以下 6 个平衡方程，即

$$
\begin{cases}
\dfrac{\partial}{\partial t}(\alpha_{d}\rho_{d})+\nabla\cdot(\alpha_{d}\rho_{d}\underline{V}_{d})=\Gamma_{d}\\
\dfrac{\partial}{\partial t}(\alpha_{c}\rho_{c})+\nabla\cdot(\alpha_{c}\rho_{c}\underline{V}_{c})=-\Gamma_{d}\\
\alpha_{d}\rho_{d}\dfrac{D_{d}\underline{V}_{d}}{Dt}=-\nabla\cdot(\alpha_{d}\rho_{d}\overline{\overline{\underline{v}'_{d}\underline{v}'_{d}}}^{d})+\alpha_{d}\rho_{d}\underline{g}-\alpha_{d}\nabla P_{c}+\underline{M}^{*}+\Gamma_{d}(\underline{V}_{\Gamma}-\underline{V}_{d})\\
\alpha_{c}\rho_{c}\dfrac{D_{c}\underline{V}_{c}}{Dt}=-\nabla\cdot(\alpha_{c}\rho_{c}\overline{\overline{\underline{v}'_{c}\underline{v}'_{c}}}^{c})+\alpha_{c}\rho_{c}\underline{g}-\alpha_{c}\nabla P_{c}+\nabla\cdot(\alpha_{c}\overline{\underline{\underline{\tau}}_{c}}^{c}+\underline{\underline{\sigma}}_{c}^{*})\\
-\underline{M}^{*}-\Gamma_{d}(\underline{V}_{\Gamma}-\underline{V}_{d})\\
\alpha_{d}\rho_{d}\dfrac{D_{d}S_{d}}{Dt}=-\nabla\cdot\underline{\zeta}_{d}+n\Delta_{d}+\Gamma_{d}(S_{\Gamma}-S_{d})+\Sigma_{d}\\
\alpha_{c}\rho_{c}\dfrac{D_{c}S_{c}}{Dt}=-\nabla\cdot\underline{\zeta}_{c}+\alpha_{c}\Delta_{c}-\Gamma_{d}(S_{\Gamma}-S_{c})-\Sigma_{d}
\end{cases}
\tag{3-119}
$$

为了简化符号体系，方程中省略了时均化算子符号。经平均处理的物理量采用大写字母表示，如$\underline{V}_{d}$ 和 S_{c}。同时引入了$\underline{V}_{\Gamma}$代替$\overline{\underline{v}_{c}}^{I}$、$S_{\Gamma}$ 代替$\overline{s_{c}}^{I}$。

式(3-119)中的 6 个方程含有以下未知变量。

(1) 质量守恒：α_{k}、ρ_{k}、$\underline{V}_{k}(k=c,d)$、Γ_{d}。

(2) 动力守恒：P_{c}、$\overline{\overline{\underline{v}'_{d}\underline{v}'_{d}}}^{d}$、$\overline{\overline{\underline{v}'_{c}\underline{v}'_{c}}}^{c}$、$\overline{\underline{\underline{\tau}}_{c}}^{c}$、$\underline{\underline{\sigma}}_{c}^{*}$、$\underline{M}^{*}$、$\underline{V}_{\Gamma}$。

(3) 熵平衡：S_{d}、S_{c}、$\underline{\zeta}_{d}$、$\underline{\zeta}_{c}$、$n\Delta_{d}$、Δ_{c}、S_{Γ}、Σ_{d}。

综上所述，有 6 个平衡方程和 22 个变量，因此需要 16 个封闭关系式。当式(3-66)仍然成立时，封闭关系式的数量减少到 15 个。

为封闭方程组(3-119)，Lhuillier 等[19]也假设用微观变量表示的状态方程和吉布斯关系(式(2-44)~式(2-48))在用宏观变量表示时仍然成立。将 k 相的平均总能量定义为平均内能，平均运动的动能和湍流动能之和(式(3-80))为

$$E_{k}\equiv e_{k}+\frac{V_{k}^{2}}{2}+K_{k} \tag{3-120}$$

Lhuillier 等[19]获得了以下的两个平均总能量方程，即

$$
\begin{cases}
\dfrac{\partial(\alpha_d\rho_d E_d)}{\partial t}+\nabla\cdot(\alpha_d\rho_d E_d\underline{V}_d+P_c\alpha_d\underline{V}_d+\underline{\underline{\Sigma}}_d\cdot\underline{V}_d+T_d\underline{\zeta}_d)-\alpha_d\rho_d\underline{V}_d\cdot\underline{g}\\
=-P_c\dfrac{\partial\alpha_d}{\partial t}+T_d n\Delta_d+\underline{\underline{\Sigma}}_d:\underline{\nabla}\underline{V}_d+T_d\Sigma_d+\underline{\zeta}_d\cdot\nabla T_d+\underline{M}^*\cdot\underline{V}_d+\\
\Gamma_d\left(g_d+T_d S_\Gamma+\underline{V}_d\cdot\underline{V}_\Gamma-\dfrac{V_d^2}{2}\right)-(P_d-P_c)\left(\dfrac{\partial\alpha_d}{\partial t}+\nabla\cdot(\alpha_d\underline{V}_d)\right)+\\
\dfrac{\partial(\alpha_d\rho_d K_d)}{\partial t}+\nabla\cdot(\alpha_d\rho_d K_d\underline{V}_d)\\
\dfrac{\partial(\alpha_c\rho_c E_c)}{\partial t}+\nabla\cdot(\alpha_c\rho_c E_c\underline{V}_c+P_c\alpha_c\underline{V}_c+\underline{\underline{\Sigma}}_c\cdot\underline{V}_c+T_c\underline{\zeta}_c)-\alpha_c\rho_c\underline{V}_c\cdot\underline{g}\\
=-P_c\dfrac{\partial\alpha_c}{\partial t}+T_c\alpha_c\Delta_c+\underline{\underline{\Sigma}}_c:\underline{\nabla}\underline{V}_c-T_c\Sigma_d+\underline{\zeta}_c\cdot\nabla T_c-\underline{M}^*\cdot\underline{V}_c+\\
\Gamma_c\left(g_c+T_c S_\Gamma+\underline{V}_c\cdot\underline{V}_\Gamma-\dfrac{V_c^2}{2}\right)+\dfrac{\partial(\alpha_c\rho_c K_c)}{\partial t}+\nabla\cdot(\alpha_c\rho_c K_c\underline{V}_c)
\end{cases}
\tag{3-121}
$$

其中,定义了以下简化方程:

$$
\begin{cases}
\underline{\underline{\Sigma}}_d\equiv\alpha_d\rho_d\overline{\overline{\underline{v}'_d\underline{v}'_d}}^d\\
\underline{\underline{\Sigma}}_c\equiv\alpha_c\rho_c\overline{\overline{\underline{v}'_c\underline{v}'_c}}^c-\alpha_c\overline{\underline{\underline{\tau}}_c}^c-\underline{\underline{\sigma}}_c^*\\
g_k\equiv e_k-T_kS_k+\dfrac{P_k}{\rho_k},\quad k=c,d
\end{cases}
\tag{3-122}
$$

Lhuillier 等[19]获得式(3-121)的方法与第 3.2 节中获得式(3-81)的方法相同。注意,工况压差(P_d-P_c)的不对称性仅体现在离散相的方程中。

式(3-121)的等式左侧仅包含瞬态项、运输项及重力功率项。等式左侧的总和足以获得混合物总能量的守恒方程(热力学第一定律),因此等式右侧代表界面交换项,其应该加到 0 或一个伽利略不变性的能量通量$\underline{Q}$的差异上[19]。因此,可以推导出混合物中总耗散的表达式为

$$
\begin{aligned}
T_d n\Delta_d+T_c\alpha_c\Delta_c=&-\sum_{k=c,d}\left[\underline{\underline{\Sigma}}_k:\underline{\nabla}\underline{V}_k+\frac{\partial(\alpha_k\rho_k K_k)}{\partial t}+\nabla\cdot(\alpha_k\rho_k K_k\underline{V}_k)+\underline{\zeta}_k\cdot\nabla T_k\right]-\\
&(T_d-T_c)\Sigma_d-\underline{M}^*\cdot(\underline{V}_d-\underline{V}_c)+(P_d-P_c)\left(\frac{\partial\alpha_d}{\partial t}+\nabla\cdot(\alpha_d\underline{V}_d)\right)-\\
&\Gamma_d\left(g_d-g_c+(T_d-T_c)S_\Gamma+\frac{(\underline{V}_c-\underline{V}_\Gamma)^2}{2}-\frac{(\underline{V}_d-\underline{V}_\Gamma)^2}{2}\right)-\nabla\cdot\underline{Q}\geqslant 0
\end{aligned}
\tag{3-123}
$$

如果流体假设是非耗散的，则式(3-123)给出的表达式应等于0;否则对于所有提出的封闭关系式它都应该是正确的。封闭关系将在本书后面部分介绍;然而，我们可以立即从式(3-123)得到一些趋势。确保式(3-123)的等式右侧为正的最简单方法是假设其每项都为正。如果假设不同的通量采用以下的表达式，那么对于最简单的项为

$$\begin{cases}-\underline{\underline{\Sigma}}_k \propto \underline{\underline{\nabla V}}_k \\ \underline{\zeta}_k \propto \nabla T_k \\ -\Sigma_{\mathrm{d}} \propto (T_{\mathrm{d}}-T_{\mathrm{c}}) \\ -\underline{M}^* \propto (\underline{V}_{\mathrm{d}}-\underline{V}_{\mathrm{c}}) \\ \dfrac{\partial \alpha_{\mathrm{d}}}{\partial t}+\nabla \cdot (\alpha_{\mathrm{d}}\underline{V}_{\mathrm{d}}) \propto (P_{\mathrm{d}}-P_{\mathrm{c}})\end{cases} \tag{3-124}$$

式中，表达式 $A \propto B$ 的意义是假设 A 与 B 成比例，且具有正的比例系数。

为了避免相之间的相对速度出现在相变项中(假设仅由于与饱和条件的偏差导致)，平均界面速度的一个选择为[18]

$$\underline{V}_{\Gamma}=\frac{\underline{V}_{\mathrm{d}}+\underline{V}_{\mathrm{c}}}{2} \tag{3-125}$$

这使得速度从与式(3-123)的等式右侧与 Γ_{d} 成比例的项中消失。

参考文献

[1] Ishii M (1975) Thermo-fluid dynamic theory of two-phase flow. Eyrolles, Paris.

[2] Delhaye J M, Achard JL (1976) On the averaging operators introduced in two-phase flow modeling. In: Banerjee S, Weaver KR (eds) Transient two-phase flow. Proceedings of CSNI Specialist's meeting, vol. 1, AECL, 1978, Toronto, pp 5-84, 3, 4 Aug 1976.

[3] Delhaye J M, Achard JL (1977) On the use of averaging operators in two-phase flow modeling, thermal and hydraulic aspects of nuclear reactor safety. In: Jones OC, Bankoff SG (eds) Light water reactors, vol 1. ASME, New-York, pp 289-332.

[4] Nigmatulin R I (1991) Dynamics of multiphase media, vol 1. Hemisphere Publishing Corporation, New-York, Washington, Philadelphia, London.

[5] Drew D A, Passman S L (1999) Theory of multicomponent fluids. Applied mathematical sciences, vol 135. Springer, Berlin.

[6] Pope S B (2000) Turbulent flows. Cambridge University Press, Cambridge.

[7] Kolev N I (2002) Multiphase flow dynamics 1: fundamentals. Springer, Berlin.

[8] Ishii M, Hibiki T (2006) Thermo-fluid dynamics of two-phase flow. Springer, Berlin.

[9] Jakobsen H A (2008) Chemical reactor modelling, multiphase reacting flows. Springer, Berlin.

[10] Tennekes H, Lumley JL (1987) A first course in turbulence. MIT Press, Cambridge.

[11] Anderson T B, Jackson R (1967) A fluid mechanical description of fluidized beds. I & EC Fundam 6(4): 527-539.

[12] Lhuillier D, Nozières P (1992) Volume averaging of slightly non homogeneous suspensions. Phys A 181:427-440.

[13] Jackson R (1997) Locally averaged equations of motion for a mixture of identical spherical particles and a Newtonian fluid. Chem Eng Sci 52(15):2457-2469.

[14] Buyevich YA, Schelchkova IN (1978) Flow of dense suspensions. Prog Aerosp Sci 18:121-150.

[15] Lhuillier D (1992) Ensemble averaging in slightly non uniform suspensions. Eur J Mech B/Fluids 11(6):649-661

[16] Zhang D Z, Prosperetti A (1994a) Averaged equations for inviscid disperse two-phase flow. J Fluid Mech 267:185-219.

[17] Lhuillier D, Nadim A (1998) Fluid dynamics of particulate suspensions: selected topics. In: Inan E, Markov KZ(eds) Continuum models and discrete systems(CMDS9). World Scientific Publishing Co., Singapore, pp 180-197.

[18] Lhuillier D (2003) A mean field description of two-phase flows with phase changes. Int J Multiph Flow 29:511-525.

[19] Lhuillier D, Theofanous T G, Liou M S (2010) Multiphase flows: compressible multi-hydrodynamics (Part 1: effective field formulation of multiphase flows). In: Cacuci DG(ed) Handbook of Nuclear Engineering. Springer, Berlin.

[20] Lhuillier D (1995) Equations of motion and boundary conditions for the creeping flow of a dilute suspension of spheres. Int J Fluid Mech Res 22(3-4):9-20.

[21] Zhang D Z, Prosperetti A (1994b) Ensemble phase-averaged equations for bubbly flows. Phys Fluids 6(9):2956-2970.

[22] Zhang D Z, Prosperetti A (1997) Momentum and energy equations for disperse two-phase flows and their closure for dilute suspensions. Int J Multiph Flow 23(3):425-453.

[23] Prosperetti A, Marchioro M (1997) Averaging methods for non-uniform disperse flows. The 1997 ASME fluids engineering division summer meeting, Vancouver, 22-28 June 1997.

[24] Simonin O (1999) Continuum modeling of dispersed turbulent two-phase flow, Modélisation statistique des écoulements gaz-particules, modélisation physique et numérique des écoulements diphasiques, Cours de l'X(Collège de Polytechnique) du 2-3 juin.

[25] Marchioro M, Tanksley M, Prosperetti A (1999) Mixture pressure and stress in disperse two-phase flow. Int J Multiph Flow 25:1395-1429.

[26] Achard J L, Cartellier A (2000a) Laminar dispersed two-phase flow at low concentration, I: generalized system of equations. Arch Mech 52(1):25-53.

[27] Achard J L, Cartellier A (2000b) Laminar dispersed two-phase flow at low concentration, II: disturbance equations. Arch Mech 52(1):275-302.

[28] Achard J L, Cartellier A (2001) Laminar dispersed two-phase flow at low concentration, III: pseudo-turbulence. Arch Mech 53(2):123-150.

[29] Crispel S (2002) Modélisation statistique appliquée aux écoulements dispersés laminaires, mise en œuvre et simulation. Thèse de Doctorat, Institut National Polytechnique Grenoble.

[30] Zaepffel D, Morel C, Lhuillier D (2012) A multi-size model for boiling bubbly flows. Multiph Sci Technol 24(2):105-179.

[31] Lhuillier D, Morel C, Delhaye JM (2000) Bilan d'aire interfaciale dans un mélange diphasique: approche locale vs approche particulaire. C. R. Acad Sci Paris, Série IIb, vol 328. Elsevier, Amsterdam, pp 143-149.

第 4 章
两相流的相界面方程

摘要 本章主要介绍界面的基本控制方程。从回顾不同类型的界面面积的定义开始,包括全局面积和局部面积以及它们之间存在的联系。首先通过介绍一个面不同形式的莱布尼兹规则(或雷诺输运定理)来表达。界面面积平衡方程可以理解为莱布尼兹规则的一个特例,只是为了完整性必须加入的不连续现象,如合并和破裂。然后导出空泡份额和界面面积的平均方程,并检验了它们的封闭性问题。对于强非球形界面(如对于强变形气泡或液滴)引入了面积张量,这是处理非球形界面张量方面问题的新工具。界面面积平衡通过一个附加的关于二阶面积张量或其偏差的输运方程完备,该张量称为界面各向异性张量。

4.1 概　述

两相流的一个特殊特征在于存在分隔两相(如气体和液体)的界面。这些界面可以被认为是嵌入在三维欧几里得空间中的二维表面。在经典两流体模型方法中(见第 3 章),为每个相写出质量、动量和能量的平衡方程组。然而,这两个相并不是独立演化的,因为它们通过质量、动量和能量交换而强烈耦合。这些交换中的大多数与单位体积混合物的两相之间的接触面积成比例。因此,单位体积的界面面积(通常称为界面面积浓度)是两相流研究中的基本量。

说明表面方程很重要的另一个例子是单相流的反应[1-2]。在某些气体燃烧问题中,火焰非常类似于将一侧的新鲜气体与另一侧的燃烧产物分开的表面。在这样的条件下,可以定义火焰表面密度,其类似于两相流中的界面面积浓度。这两个量遵循非常相似的输运方程,从而可以研究其中一个领域而在另一个研究领域取得进展。

在两相流的研究中,可以采用两种不同的方法。对于颗粒悬浮液的特殊情况(两相中的某一相均匀地分散在另一相中的流动),通过与气体动力学理论类比,可以推导出界面面积浓度输运方程作为数量平衡方程的特定统计矩。第一种方法仅限于离散流情况(气泡或滴状流),将在第 5 章对其详细讨论。第二种方法适用于所有界面情况,即所有可能的两相流。第二种方法是基于对嵌入流场中的多个表面演变的研究,而不管这些表面是什么。在物理上,它们可以代表界面或火焰表面。在几何上,它们可以是开放的或封闭的。

本章安排如下。第 4.2 节总结了不同学者引入的不同界面面积浓度的定义,并在一些简单的例子中清楚地展示了它们之间的联系。在第 4.3 节中回顾表面的所谓莱布尼兹规则(或雷诺输运定理)的不同形式。全局瞬时(即在固定体积上的定义)表面积的输运方程是作为该一般输运定理的特定情况获得的,正如 Candel 和 Poinsot[1] 先前对火焰表面和 Delhaye[3] 对界面表面所展示的那样。相应的局部(逐点)输运方程在 4.4 节中给出,并与之前的文献[4-5]进行了比较。4.5 节介绍了各向异性(非球形)但闭合界面的分析,引入了表面方程的全张量处理,并与文献中先前已有的理论进行比较。4.6 节结束总结了与平均拓扑方程相关的封闭性问题。

4.2 两相流相界面面积浓度的不同定义

4.2.1 局部瞬时相界面面积浓度

空间中的表面有两种表示方法[6]。令$\underline{x}=(x,y,z)$为三维欧几里得空间中的位置向量,t 为时间。

在第一种表示方法中,表面可以通过下式定义,即

$$F(\underline{x},t)=0 \tag{4-1}$$

第二个表示方法由下式给出,即

$$\underline{x}=\underline{x}(u^1,u^2,t) \tag{4-2}$$

式中:u^1 和 u^2 为表面坐标。

表面点(u^1,u^2)的速度定义为

$$\underline{v}_{\mathrm{I}}\equiv\left.\frac{\partial\underline{x}}{\partial t}\right|_{u^1,u^2} \tag{4-3}$$

在第 2 章中已经看到,局部瞬时 IAC(界面面积浓度)可以在广义函数的意义上定义为(式(2-10)):

$$\delta_{\mathrm{I}}\equiv\delta(F)\,|\nabla F| \tag{4-4}$$

式中:δ_{I} 为具有不同界面作为特征量的狄拉克广义函数。它已被 Marle[4]、

Kataoka 等[7-9]、Drew[5]、Soria 和 De Lasa[10]及 Lhuillier 等[11,12-14]使用。

4.2.2 总体瞬时相界面面积浓度

设 $V(\underline{x})$ 是以给定点$\underline{x}$为中心的空间中的固定体积。固定的意思是体积的尺寸和形状都不取决于特定的点$\underline{x}$。体积 V 上的全局瞬时界面面积浓度定义为

$$S_V(\underline{x},t) \equiv \frac{1}{V}\int_V \delta_{\mathrm{I}} \mathrm{d}V = \frac{1}{V}\int_{S\subset V} \mathrm{d}a = \frac{A(\underline{x},t)}{V} \tag{4-5}$$

式中:S 为 t 时刻体积 V 内的界面表面;$A(\underline{x},t)$ 为界面表面积。

因此,全局瞬时界面面积浓度 S_V 可以看作局部瞬时面积浓度的体积平均值,其由 δ_{I} 给出,或等效地表示为体积 V 内的表面积除以其大小的比率。从式(4-4)和式(4-5)的定义可以清楚地看出,δ_{I} 和 S_V 具有长度倒数的量纲。

4.2.3 局部或时间平均相界面面积浓度

Ishii[15]和 Delhaye[16]引入了时间间隔为$[t-T/2,t+T/2]$的局部界面面积浓度,其定义为

$$S_T(\underline{x},t) \equiv \frac{1}{T}\sum_j \frac{1}{|\underline{v}_{\mathrm{I}} \cdot \underline{n}|_j} \tag{4-6}$$

其中,总和适用于在时间间隔$[t-T/2,t+T/2]$内通过点$\underline{x}$的不同界面。由于式(4-6)分母中的绝对值原因,准确地确定法向量$\underline{n}$的意义是没用的。由式(4-6)定义的局部时间平均界面面积浓度与由式(4-4)定义的局部瞬时界面浓度之间的联系由 Kataoka[7-8]和 Riou[17]等进行了详细说明。

更简单地说,可以在时域中引入以下的狄拉克分布[11]:

$$\delta_{\mathrm{I}} = \sum_j \frac{\delta(t-t_j)}{|\underline{v}_{\mathrm{I}} \cdot \underline{n}|_j} \Rightarrow S_T = \frac{1}{T}\int_{[T]} \delta_{\mathrm{I}} \mathrm{d}t \tag{4-7}$$

可以看到 S_T 同样具有长度倒数的量纲。

4.2.4 总体和局部瞬时相界面面积浓度的联系

由于体积 V 在时间上是固定的,因此积分的顺序无关紧要。它等价于首先在 V 上取 δ_{I} 的体积平均值,然后再取$[T]$上的时间平均值,或者首先取其时间平均值,然后取体积平均值。因此,获得

$$\frac{1}{V}\int_V \frac{1}{T}\int_{[T]} \delta_{\mathrm{I}} \mathrm{d}t\mathrm{d}v = \frac{1}{V}\int_V S_T \mathrm{d}v = \frac{1}{T}\int_{[T]} \frac{1}{V}\int_V \delta_{\mathrm{I}} \mathrm{d}v\mathrm{d}t = \frac{1}{T}\int_T S_V \mathrm{d}t \tag{4-8}$$

式(4-8)首先由 Delhaye[16]通过积分定理证明。δ_{I} 的这个双重平均是其统计平均值 $a_{\mathrm{I}} = \langle \delta_{\mathrm{I}} \rangle$的一个可能近似值。将式(4-8)的两边乘以 VT 并使用式(4-5)

和式(4-6),可以得到

$$\int_V \sum_j \frac{1}{|\underline{v}_\mathrm{I} \cdot \underline{n}|_j} \mathrm{d}v = \int_{[T]} A\mathrm{d}t \tag{4-9}$$

下面用 3 个简单的例子说明了式(4-9)的物理意义。

4.2.4.1 固定气泡在时间上的线性增长

首先考虑中心位于笛卡儿坐标系原点的球形气泡的情况。气泡的半径以径向速度 W 不断增长,因此该气泡可定义为

$$F(\underline{x},t) = x^2+y^2+z^2-R(t)^2=0 \tag{4-10}$$

式中:$R(t)=Wt$ 为气泡的瞬时半径。

在时间间隔[0,T]结束时,气泡半径为 $R(T)=WT$,因此在[0,T]期间由气泡表面扫过的体积是半径为 $R(T)$ 的球形体积。将此球形体积视为控制体积 V。瞬时气泡表面 $A(t)$ 等于 $4\pi R(t)^2=4\pi W^2t^2$,可以立即得到一个简单积分,即

$$\int_0^T A(t)\,\mathrm{d}t = \frac{4\pi}{3}W^2T^2 \tag{4-11}$$

现在考虑式(4-9)的等式左侧。很容易验证 $v_\mathrm{I} \cdot \underline{n} = W$,其中$\underline{n}$指向气泡的外部。根据式(4-11)可以获得:

$$\int_V \sum_j \frac{1}{|\underline{v}_\mathrm{I} \cdot \underline{n}|_j} \mathrm{d}v = \int_V \frac{1}{|\underline{v}_\mathrm{I} \cdot \underline{n}|} \mathrm{d}v = \frac{1}{W}\int_V \mathrm{d}v = \frac{4\pi}{3}W^2T^3 \tag{4-12}$$

4.2.4.2 在扇形区中移动的平面

考虑平面在扇形区域中垂直于自身移动(图 4-1)。该表面的法向速度等于 U,孔径角等于 α。在给定的时刻 t,被表面从扇形区原点覆盖的距离等于 Ut。在时间间隔[0,T]结束时,该距离等于 UT,并且认为扇形区内的平面扫过的体积为控制体积 V。

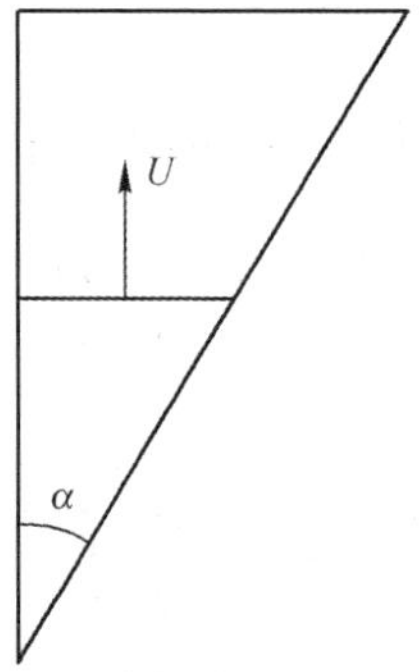

图 4-1 平面在扇形区域中移动的示意图

该问题在图 4-1 中可以看到是一个二维问题。因此可以看出，瞬时包含在体积 V 内的表面的“面积”是 $A(t)=Ut\tan\alpha\times1=Ut\tan\alpha$。可以得到以下积分：

$$\int_0^T A(t)\,\mathrm{d}t=U\tan\alpha\,\frac{T^2}{2} \tag{4-13}$$

该表面的法向速度为 U，因此根据式(4-13)可以得到

$$\int_V\sum_j\frac{1}{|\underline{v}_\mathrm{I}\cdot\underline{n}|_j}\mathrm{d}v=\int_V\frac{1}{|\underline{v}_\mathrm{I}\cdot\underline{n}|}\mathrm{d}v=\frac{1}{U}\int_V\mathrm{d}v=U\tan\alpha\,\frac{T^2}{2} \tag{4-14}$$

4.2.4.3 移动气泡进入立方体积

现在考虑一种更困难的情况，即移动的球形气泡进入立方体箱子的情况(图4-2)。气泡速度与笛卡儿参考系的 z 方向平行，并且该方向平行于箱子的侧面。在初始时刻，气泡完全在箱子外面，但气泡的顶部位于箱子的下面(图 4-2(a))。在一给定时刻 t，气泡进入箱子的高度 $h(t)$ 等于 Ut(图 4-2(b))，时间 T 对应于气泡第一次完全位于箱子的内部(图 4-2(c))。因此，有 $2R=UT$，其中 U 和 R 分别是气泡的速度和半径。

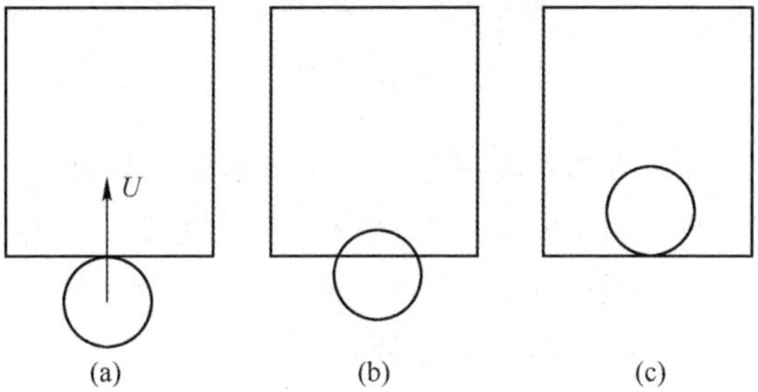

图 4-2 球形气泡进入立方体箱子示意图

(a) $t=0$；(b) $0<t<T$；(c) $t=T$。

式(4-1)可改写为

$$F(\underline{x},t)=x^2+y^2+(z-Ut)^2-R^2=0 \tag{4-15}$$

对于小于 T 的时刻 t 而言，进入箱子体积 V 内的球冠表面积为 $A(t)=2\pi Rh(t)=2\pi RUt$，其积分为

$$\int_0^T A(t)\,\mathrm{d}t=2\pi R^2T \tag{4-16}$$

式(4-9)的等式左侧的计算稍微有点困难，因为必须在立方体积 V 内分别考虑 3 个不同的区域，即对应于在时间间隔[T]内由气泡界面扫过两次的点、扫过一次和根本没有被气泡扫过的点，没有扫过的点对式(4-9)的等式左侧没有贡献。图 4-3 说明了在过程结束时($t=T$)气泡相对于箱子下表面的位置。

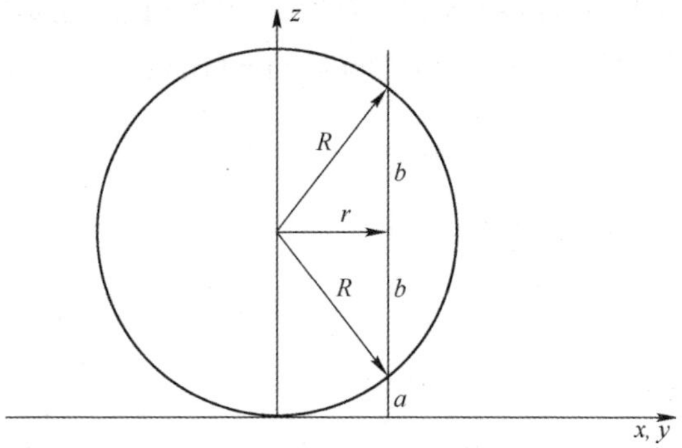

图 4-3　气泡完成进入箱子时的距离定义($t=T$)

使用柱坐标系(r,ϕ,z),其中 r 为到对称轴的水平距离(图 4-3)。使用毕达哥拉斯定理(勾股定理),很容易验证图 4-3 所示的距离 a 和 b 是由 $a=R-\sqrt{R^2-r^2}$ 和 $b=\sqrt{R^2-r^2}$ 给出的。位于高度小于 a 的 z 点,该点在时间间隔$[0,T]$内被两个界面扫过,这两个界面的法向速度由下式给出:

$$\underline{v}_1\cdot\underline{n}=\pm\frac{U}{R}\sqrt{R^2-r^2} \tag{4-17}$$

式中:+号对应于气泡的顶部界面;-号对应于气泡底部界面。

位于 $a\sim a+2b$ 之间的高度为 z 的点仅在$[T]$内被第一个界面扫过,位移速度由具有+号的式(4-17)给出。位于高度 $z>a+2b$ 的点在$[T]$内不被任何界面扫过,因此没有贡献。式(4-9)的等式左侧可表示为

$$\int_V\sum_j\frac{1}{|\underline{v}_1\cdot\underline{n}|_j}\mathrm{d}v=\int_0^R\int_0^{2\pi}\int_0^{R-\sqrt{R^2-r^2}}\frac{2R}{U\sqrt{R^2-r^2}}r\mathrm{d}z\mathrm{d}\phi\mathrm{d}r+\int_0^R\int_0^{2\pi}\int_{R-\sqrt{R^2-r^2}}^{R+\sqrt{R^2-r^2}}\frac{R}{U\sqrt{R^2-r^2}}r\mathrm{d}z\mathrm{d}\phi\mathrm{d}r \tag{4-18}$$

式(4-18)的等式右侧的两个积分中的每个都为 $2\pi R^3U$。因此,它们的总和等于 $4\pi R^3U$ 或者 $2\pi R^2T$,因为 $2R=UT$,总和结果由式(4-16)给出。

4.3 界面的莱布尼兹规则的不同形式(或雷诺输运定理)

4.3.1 空间自由演化的开放表面

首先考虑一个开放表面在空间中的自由演化,如图 4-4 所示。

开放表面 S 的边界是闭合曲线 C。用$\underline{n}$表示垂直于表面的单位向量,用$\underline{v}$表

示垂直于边界曲线 C 的单位向量,其位于与表面相切的平面中。

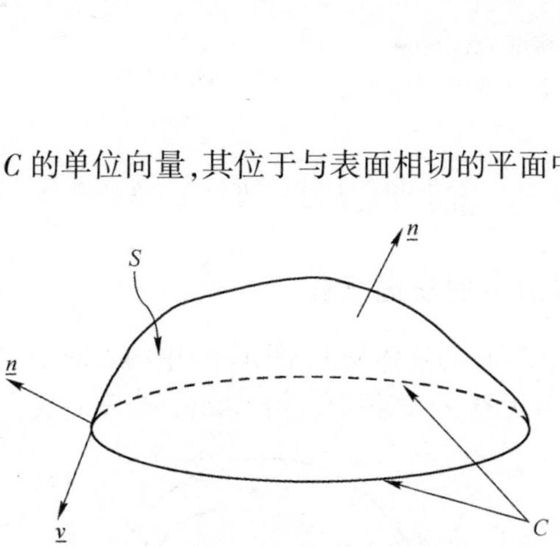

图 4-4　开放表面在空间中自由演化示意图

可以将表面速度向量$\underline{v}_{\mathrm{I}}$分解为其垂直于切向分量,有

$$\underline{v}_{\mathrm{I}}=(\underline{v}_{\mathrm{I}}\cdot\underline{n})\underline{n}+(\underline{\underline{I}}-\underline{n}\,\underline{n})\cdot\underline{v}_{\mathrm{I}}=\underline{v}_{\mathrm{I},n}+\underline{v}_{\mathrm{I},t} \tag{4-19}$$

式中:$\underline{\underline{I}}$为三维空间中的等同张量;$\underline{\underline{I}}-\underline{n}\,\underline{n}$为表面投影算子,可以认为是二维表面中的等同张量[18]。

式(4-19)可以清楚地看出,$\underline{v}_{\mathrm{I},t}$是向量$\underline{v}_{\mathrm{I}}$在与表面相切的平面中的投影。可以计算向量$\underline{v}_{\mathrm{I}}$的表面散度,即

$$\nabla_{\mathrm{s}}\cdot\underline{v}_{\mathrm{I}}=\nabla_{\mathrm{s}}\cdot\underline{v}_{\mathrm{I},t}+(\underline{v}_{\mathrm{I}}\cdot\underline{n})\nabla_{\mathrm{s}}\cdot\underline{n}=\nabla_{\mathrm{s}}\cdot\underline{v}_{\mathrm{I},t}+(\underline{v}_{\mathrm{I}}\cdot\underline{n})\nabla\cdot\underline{n} \tag{4-20}$$

应该注意的是,完整的向量$\underline{v}_{\mathrm{I}}$和它的投影$\underline{v}_{\mathrm{I},t}$之间的表面散度的差值等于由式(2-6)定义的法向位移速度与$\underline{n}$的表面散度的乘积[18],则有

$$\nabla_{\mathrm{s}}\cdot\underline{n}=(\underline{\underline{I}}-\underline{n}\,\underline{n}):\underline{\underline{\nabla n}}=\underline{\underline{I}}:\underline{\underline{\nabla n}}=\nabla\cdot\underline{n} \tag{4-21}$$

由于 $n_i n_i=1$,所以$-\underline{n}\,\underline{n}:\underline{\underline{\nabla n}}=-n_i n_j n_{i,j}=-n_j\,(n_i n_i/2)_j=0$。

表面上的莱布尼兹规则或雷诺输运定理由 Aris[6] 给出:

$$\frac{\mathrm{d}}{\mathrm{d}t}\int_S f\mathrm{d}a=\int_S\left[\frac{\partial f}{\partial t}+f(\underline{v}_{\mathrm{I}}\cdot\underline{n})(\nabla\cdot\underline{n})\right]\mathrm{d}a+\int_C f\underline{v}_{\mathrm{I},t}\cdot\underline{v}\mathrm{d}C \tag{4-22}$$

式(4-22)是一般定理的一个特例,更一般的定理为[18]:

$$\frac{\mathrm{d}}{\mathrm{d}t}\int_S\underline{\Psi}\cdot\underline{n}\mathrm{d}a=\int_S\left(\frac{\mathrm{d}\underline{\Psi}}{\mathrm{d}t}+\underline{\Psi}\nabla\cdot\underline{v}_{\mathrm{I}}-\underline{\underline{\nabla}}^{\mathrm{T}}\underline{v}_{\mathrm{I}}\cdot\underline{\Psi}\right)\cdot\underline{n}\mathrm{d}a \tag{4-23}$$

式中:$\underline{\Psi}$为任意阶的张量场,以向量$\underline{\Psi}=\underline{n}f$ 的特定情况为例,又可以得到由式(4-22)给出的莱布尼兹规则。

令式(4-22)中$f=1$,并且考虑一个特定的闭合曲面的情况,可以得到以下的简化结果,即

$$\frac{\mathrm{d}}{\mathrm{d}t}\int_S \mathrm{d}a = \int_S (\underline{v}_{\mathrm{I}} \cdot \underline{n})(\nabla \cdot \underline{n})\mathrm{d}a \tag{4-24}$$

4.3.2 固定体积内的表面演化

当仅考虑瞬时包含在固定体积 V(图 4-5)中的表面 $S(t)$时,由式(4-22)给出的定理的扩展并非无意义,该扩展已由 Gurtin 等[19]完成。

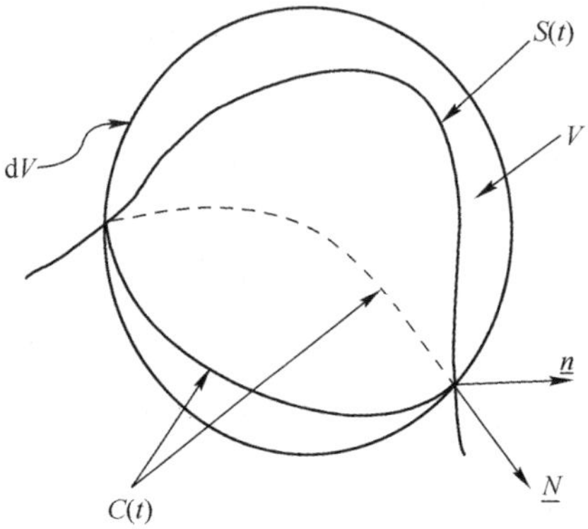

图 4-5　包含在固定体积 V 中的表面 $S(t)$

用 $S(t)$表示瞬时包含在固定体积 V 内的表面部分,$C(t)$为两个表面 $S(t)$和∂V之间的交叉曲线。在曲线 $C(t)$的每个点上,可以同时定义垂直于表面 $S(t)$的单位向量$\underline{n}$和垂直于边界面∂V的单位向量$\underline{N}$,方向均为向外指向。Gurtin 等[19]表明,由于部分 $S(t)$跨越∂V而传输,由式(4-22)给出的导数的一部分必须用于平衡f的流出。扩展定理为

$$\frac{\mathrm{d}}{\mathrm{d}t}\int_{S(t)} f\mathrm{d}a = \int_{S(t)} (\dot{f} + f(\underline{v}_{\mathrm{I}} \cdot \underline{n})(\nabla \cdot \underline{n}))\mathrm{d}a - \int_{C(t)} f(\underline{v}_{\mathrm{I}} \cdot \underline{n})\frac{\underline{n} \cdot \underline{N}}{\sqrt{1-(\underline{n} \cdot \underline{N})^2}}\mathrm{d}C \tag{4-25}$$

式中:$\dot{f}$为f的垂直时间导数。

可以注意到,因为 Gurtin 等[19]假设$\underline{v}_{\mathrm{I},t}=0$,所以式(4-22)中涉及$\underline{v}_{\mathrm{I},t}$的项不存在于式(4-25)中(在式(4-22)和式(4-25)的边界曲线 C 上的两个项不一致,它们具有不同的意义)。当速度$\underline{v}_{\mathrm{I}}$不垂直于表面时,给出了式(4-25)的扩展,即

$$\frac{\mathrm{d}}{\mathrm{d}t}\int_{S(t)} f\mathrm{d}a = \int_{S(t)} (\dot{f} + f\nabla_{\mathrm{s}} \cdot \underline{v}_{\mathrm{I},t})\mathrm{d}a - \int_{C(t)} f\frac{\underline{v}_{\mathrm{I}} \cdot \underline{N}}{\sqrt{1-(\underline{n} \cdot \underline{N})^2}}\mathrm{d}C \tag{4-26}$$

但 Gurtin 等没有给出式(4-26)的证明。后来,Jaric[20]将式(4-25)给出的结果

扩展到非固定体积内的移动表面的一部分，并重新得到由式(4-25)给出的对于某一固定体积的结果。将$f=1$代入式(4-25)得到

$$\frac{\mathrm{d}}{\mathrm{d}t}\int_{S(t)}\mathrm{d}a=\int_{S(t)}(\underline{v}_{\mathrm{I}}\cdot\underline{n})(\nabla\cdot\underline{n})\mathrm{d}a-\int_{C(t)}(\underline{v}_{\mathrm{I}}\cdot\underline{n})\frac{\underline{n}\cdot\underline{N}}{\sqrt{1-(\underline{n}\cdot\underline{N})^{2}}}\mathrm{d}C \quad (4-27)$$

其中，这两个表面积分涉及V内的所有表面，而线积分位于边界∂V与表面的交叉点上。

4.3.3 界面面积计算的应用

当希望得到全局瞬时界面面积浓度S_V时，相当于确定包含在体积V中的表面积A，因为这两者通过式(4-5)相关。A的时间导数简单地由式(4-27)给出：

$$\frac{\mathrm{d}A}{\mathrm{d}t}=\int_{S(t)}(\underline{v}_{\mathrm{I}}\cdot\underline{n})(\nabla\cdot\underline{n})\mathrm{d}a-\int_{C(t)}(\underline{v}_{\mathrm{I}}\cdot\underline{n})\frac{\underline{n}\cdot\underline{N}}{\sqrt{1-(\underline{n}\cdot\underline{N})^{2}}}\mathrm{d}C \quad (4-28)$$

式(4-28)是由 Lhuillier 等[11]假设的，并由 Morel 等[21]将其证明为稍微不同(但等价)的形式。在 Morel 等[21]的论文中，式(4-27)与式(4-28)之间的唯一区别在于，没有给出式(4-28)的等式右侧中第一项的表达式，该项被替换为通过单位体积和单位时间表示的一般源项γ。式(4-28)的创新之处在于，在等式右侧中添加了由于气泡/液滴合并和破碎现象导致的体积源项γ[11]。可以证明式(4-28)不包含合并和破碎现象，而实际上应该添加这些现象，正如 Lance[22]在离散流情况下所证明的那样以及 Junqua[23]在分层流动情况下证明的那样。

Candel 和 Poinsot[1]从式(4-23)出发，推导了它们在单相反应流中的火焰表面面积的平衡方程。将$\underline{\Psi}=\underline{n}$代入式(4-23)得到

$$\frac{\mathrm{d}A}{\mathrm{d}t}=\int_{S(t)}(-\underline{n}\,\underline{n}:\underline{\underline{\nabla v}}_{\mathrm{I}}+\nabla\cdot\underline{v}_{\mathrm{I}})\mathrm{d}a=\int_{S(t)}\nabla_{\mathrm{s}}\cdot\underline{v}_{\mathrm{I}}\mathrm{d}a \quad (4-29)$$

如果使$\underline{v}_{\mathrm{I},t}=0$，如式(4-25)给出的定理那样，则通过使用式(4-20)，式(4-29)变为

$$\frac{\mathrm{d}A}{\mathrm{d}t}=\int_{S}(\underline{v}_{\mathrm{I}}\cdot\underline{n})(\nabla\cdot\underline{n})\mathrm{d}a \quad (4-30)$$

并且式(4-24)也被重新改写。

式(4-28)和式(4-30)的比较表明，Candel 和 Poinsot[1]推导出的方程中缺少流出项。这是由于他们是从式(4-23)给出的适用于空间自由演化表面的定理出发导致的结果，而不是从更适合于研究包含在固定体积V中的部分表面方程(4-25)给出的定理出发。

4.4 空泡份额和相界面面积浓度的局部输运方程

4.4.1 局部瞬时输运方程

第一个局部瞬时输运方程是由式(2-9)给出的相指示函数χ_k的所谓拓扑方程。使用式(2-10),此方程可以改写为

$$\frac{\partial \chi_k}{\partial t}+\nabla\cdot(\chi_k\underline{v}_k)=\chi_k\nabla\cdot\underline{v}_k+(\underline{v}_{\mathrm{I}}-\underline{v}_k)\cdot\underline{n}_k\delta_{\mathrm{I}} \tag{4-31}$$

使用质量守恒方程(2-15)和定义式(2-17),式(4-31)可以改写为

$$\frac{\partial \chi_k}{\partial t}+\nabla\cdot(\chi_k\underline{v}_k)=-\frac{\chi_k}{\rho_k}\frac{\mathrm{D}_k\rho_k}{\mathrm{D}t}+\frac{\dot{m}_k}{\rho_k}\delta_{\mathrm{I}} \tag{4-32}$$

第二个局部瞬时运输方程是关于δ_{I}的,它可以直接从式(2-9)和式(2-10)或式(4-28)导出[5,22-23],式(4-32)也可以改写为[11]:

$$\frac{\mathrm{d}}{\mathrm{d}t}\int_V\delta_{\mathrm{I}}\mathrm{d}v=\int_V(\underline{v}_{\mathrm{I}}\cdot\underline{n})(\nabla\cdot\underline{n})\delta_{\mathrm{I}}\mathrm{d}v-\int_{\partial V}(\underline{v}_{\mathrm{I}}\cdot\underline{n})(\underline{n}\cdot\underline{N})\delta_{\mathrm{I}}\mathrm{d}a \tag{4-33}$$

对式(4-33)的最后一项使用高斯定理,并且假设体积V无限小,则式(4-33)变为

$$\frac{\partial \delta_{\mathrm{I}}}{\partial t}+\nabla\cdot(\delta_{\mathrm{I}}(\underline{v}_{\mathrm{I}}\cdot\underline{n})\underline{n})=\delta_{\mathrm{I}}(\underline{v}_{\mathrm{I}}\cdot\underline{n})\nabla\cdot\underline{n} \tag{4-34}$$

其中,无须特别指明法向量n的方向,因为它在式(4-34)的每个项中出现了两次。可以证明[4]:

$$\nabla\cdot(\delta_{\mathrm{I}}\underline{v}_{\mathrm{I},t})=\delta_{\mathrm{I}}\nabla_{\mathrm{s}}\cdot\underline{v}_{\mathrm{I},t} \tag{4-35}$$

将式(4-35)加到式(4-34)上,并且考虑到式(4-19)和式(4-20),得到

$$\frac{\partial \delta_{\mathrm{I}}}{\partial t}+\nabla\cdot(\delta_{\mathrm{I}}\underline{v}_{\mathrm{I}})=\delta_{\mathrm{I}}\nabla_{\mathrm{s}}\cdot\underline{v}_{\mathrm{I}} \tag{4-36}$$

将$\nabla\cdot(\delta_{\mathrm{I}}\underline{v}_{\mathrm{I}})$拆分为$\underline{v}_{\mathrm{I}}\cdot\nabla\delta_{\mathrm{I}}+\delta_{\mathrm{I}}\nabla\cdot\underline{v}_{\mathrm{I}}$,并且考虑到$\nabla_{\mathrm{s}}\cdot\underline{v}_{\mathrm{I}}=(\underline{\underline{I}}-\underline{n}\,\underline{n}):\underline{\underline{\nabla v}}_{\mathrm{I}}$,从式(4-36)的两项中减去$\delta_{\mathrm{I}}\nabla\cdot\underline{v}_{\mathrm{I}}$,得到[12]:

$$\frac{\partial \delta_{\mathrm{I}}}{\partial t}+\underline{v}_{\mathrm{I}}\cdot\nabla\delta_{\mathrm{I}}=-\delta_{\mathrm{I}}\underline{n}\,\underline{n}:\underline{\underline{\nabla v}}_{\mathrm{I}} \tag{4-37}$$

式(4-37)是许多表示表面局部瞬时运输的等效方程,而式(4-34)、式(4-36)和式(4-37)只是3个例子。其中优先的表述方式为式(4-36),因为它看起来像传统的输运方程式,并与很久以前由Ishii[15]提出的宏观输运方程有许多相似之处。式(4-36)的等式右侧表示界面拉伸。上面得出的方程没有考虑不连续

的现象，如合并、破碎、成核或湮灭。为了在离散粒子流动情况下考虑这些现象，Lance[22]补充了式(4-32)和式(4-36)的附加项，即

$$
\begin{cases}
\dfrac{\partial \chi_k}{\partial t}+\nabla\cdot(\chi_k \underline{v}_k)=-\dfrac{\chi_k}{\rho_k}\dfrac{\mathrm{D}_k\rho_k}{\mathrm{D}t}+\dfrac{\dot{m}_k}{\rho_k}\delta_\mathrm{I}+\sum\limits_{j=1}^{N}\dot{\psi}_j(t)\chi_{k,j}(\underline{x},t) \\
\dfrac{\partial \delta_\mathrm{I}}{\partial t}+\nabla\cdot(\delta_\mathrm{I}\underline{v}_\mathrm{I})=\delta_\mathrm{I}\nabla_\mathrm{s}\cdot\underline{v}_\mathrm{I}+\sum\limits_{j=1}^{N}\dot{\psi}_j(t)\delta_{\mathrm{I},j}(\underline{x},t)
\end{cases}
\tag{4-38}
$$

式中：N 为流体中粒子数的最大值；$\chi_{k,j}(\underline{x},t)$ 和 $\delta_{\mathrm{I},j}(\underline{x},t)$ 为流体中第 j 个粒子的相和界面指示函数；$\dot{\psi}_j(t)$ 为由下式定义的广义函数的时间导数，且有

$$
\psi_j(t)=\begin{cases}
1, & \text{如果粒子 } j \text{ 一直在流体中} \\
H(t-t_0), & \text{粒子在 } t_0 \text{ 时刻出现} \\
H(t_0-t), & \text{粒子在 } t_0 \text{ 时刻消失}
\end{cases}
\tag{4-39}
$$

4.4.2 平均输运方程

实际的物理情况通常会形成非常复杂的界面，因此有必要进行统计处理(第 3 章)。Drew[5]和 Drew、Passman[24]采用拓扑方程(2-9)和方程(4-34)的整体平均，其获得了以下的体积分数方程：

$$
\frac{\partial \alpha_k}{\partial t}=-\langle \underline{v}_\mathrm{I}\cdot\nabla\chi_k\rangle=+\langle \underline{v}_\mathrm{I}\cdot\underline{n}_k\delta_\mathrm{I}\rangle
\tag{4-40}
$$

以及以下的 IAC 方程，即

$$
\frac{\partial a_\mathrm{I}}{\partial t}+\nabla\cdot\langle\delta_\mathrm{I}(\underline{v}_\mathrm{I}\cdot\underline{n})\underline{n}\rangle=\langle\delta_\mathrm{I}(\underline{v}_\mathrm{I}\cdot\underline{n})\nabla\cdot\underline{n}\rangle
\tag{4-41}
$$

第 3 章中，体积分数 α_k 和界面面积浓度(IAC)a_I已由式(3-39)和式(3-42)定义。Drew[5]引入了两个不同的平均速度，即标量速度和向量速度。标量平均速度是式(4-40)提出的速度，其定义为

$$
W_k\equiv\frac{\langle \underline{v}_\mathrm{I}\cdot\underline{n}_k\delta_\mathrm{I}\rangle}{\langle\delta_\mathrm{I}\rangle}=\frac{\langle \underline{v}_\mathrm{I}\cdot\underline{n}_k\delta_\mathrm{I}\rangle}{a_\mathrm{I}}
\tag{4-42}
$$

因此，式(4-40)可以改写为

$$
\frac{\partial \alpha_k}{\partial t}=a_\mathrm{I}W_k
\tag{4-43}
$$

Drew[5]将式(4-42)定义的数称为平均界面法向速度。可以看到它对应于 k 相通过“吞噬”另一相而扩大自身的速度。式(4-41)提出的向量平均速度定义为

$$
\underline{W}_\mathrm{I}\equiv\frac{\langle\delta_\mathrm{I}(\underline{v}_\mathrm{I}\cdot\underline{n})\underline{n}\rangle}{\langle\delta_\mathrm{I}\rangle}=\frac{\langle\delta_\mathrm{I}(\underline{v}_\mathrm{I}\cdot\underline{n})\underline{n}\rangle}{a_\mathrm{I}}
\tag{4-44}
$$

将$\nabla \cdot \underline{n}$表示为$2H$,其中$H$为平均曲率[6],并且通过下式定义平均均值曲率,即

$$\overline{H} \equiv \frac{1}{2}\frac{\langle \delta_{\mathrm{I}} \nabla \cdot \underline{n} \rangle}{\langle \delta_{\mathrm{I}} \rangle} = \frac{\langle \delta_{\mathrm{I}} H \rangle}{a_{\mathrm{I}}} \tag{4-45}$$

Drew[5]得出以下形式的界面面积浓度输运方程,即

$$\frac{\partial a_{\mathrm{I}}}{\partial t} + \nabla \cdot (a_{\mathrm{I}} \underline{W}_{\mathrm{I}}) = 2\overline{H}\frac{\partial \alpha_k}{\partial t} + 2\langle \delta_{\mathrm{I}}(\underline{v}_{\mathrm{I}} \cdot \underline{n})(H - \overline{H}) \rangle \tag{4-46}$$

式(4-46)中的最后一项由Drew归因于合并和破碎现象。正如之前所看到的那样,式(4-34)中包含的如合并和破碎之类的不连续效应是不明显的,因此在式(4-46)中也应该加入[22-23]。Drew[5]用平均均值和高斯曲率(对于一般非球面界面)的两个附加方程完成了方程(4-46)。为了避免这种复杂性,倾向于采用式(4-38)的平均值。这两个方程构成一个最小的足以满足球形界面的模型。对于一般的非球形界面,这些方程将由4.5节中的附加方程补充。

取式(4-38)中的两个方程的平均,可以得到

$$\begin{cases} \dfrac{\partial \alpha_k}{\partial t} + \nabla \cdot (\alpha_k \overline{\underline{v}_k}^k) = -\left\langle \dfrac{\chi_k}{\rho_k}\dfrac{\mathrm{D}_k \rho_k}{\mathrm{D}t} \right\rangle + \left\langle \dfrac{\dot{m}_k}{\rho_k}\delta_{\mathrm{I}} \right\rangle + \left\langle \sum_{j=1}^{N} \dot{\psi}_j(t) \chi_{k,j}(\underline{x}, t) \right\rangle \\ \dfrac{\partial a_{\mathrm{I}}}{\partial t} + \nabla \cdot (a_{\mathrm{I}} \overline{\underline{v}_{\mathrm{I}}}^{\mathrm{I}}) = \langle \delta_{\mathrm{I}} \nabla_{\mathrm{s}} \cdot \underline{v}_{\mathrm{I}} \rangle + \left\langle \sum_{j=1}^{N} \dot{\psi}_j(t) \delta_{\mathrm{I},j}(\underline{x}, t) \right\rangle \end{cases} \tag{4-47}$$

其中,平均速度是根据式(3-40)和式(3-43)定义的。速度$\overline{\underline{v}_k}^k$是$k$相体积速度的中心,$\overline{\underline{v}_{\mathrm{I}}}^{\mathrm{I}}$是面积速度的中心。除了非常特殊的情况(如单离散粒子,见第5章),这两个速度是不同的,也不同于两流体方程(3-64)中出现的质心速度$\overline{\overline{\underline{v}_k}}^k$。

4.5 各向异性界面理论简介

在气-液界面为各向异性(非球形)的情况下,界面面积浓度不足以准确地描述它们,因为这是个标量。各向异性表面具有张量特征,可以通过引入以下面积张量来描述[12,25]:

$$\underline{\underline{A}} \equiv \langle \underline{n}\,\underline{n}\delta_{\mathrm{I}} \rangle \quad \Leftrightarrow \quad \underline{A}_{ij} \equiv \langle \underline{n}_i\, \underline{n}_j \delta_{\mathrm{I}} \rangle \tag{4-48}$$

对应2阶面积张量。

$$\underline{\underline{\underline{A}}} \equiv \langle \underline{n}\,\underline{n}\,\underline{n}\,\underline{n}\delta_{\mathrm{I}} \rangle \quad \Leftrightarrow \quad \underline{A}_{ijkl} \equiv \langle \underline{n}_i\, \underline{n}_j\, \underline{n}_k \underline{n}_l \delta_{\mathrm{I}} \rangle \tag{4-49}$$

对应4阶面积张量等。

当所有界面都是闭合曲面时，只有偶数阶面积张量是有用的，奇数阶面积张量是没用的。下面不区分给定的张量（如$\underline{\underline{A}}$）或其典型的分量$\underline{\underline{A}}_{ij}$。由于法向量$\underline{n}$是单位向量，因此可以得到面积张量以下重要性质：

$$\begin{cases}\underline{\underline{A}}_{ii}=\mathrm{tr}(\underline{\underline{A}})=\langle\delta_{\mathrm{I}}\rangle=a_{\mathrm{I}}\\ \underline{\underline{A}}_{ijkk}=\langle n_i n_j\delta_{\mathrm{I}}\rangle=A_{ij}\end{cases}\tag{4-50}$$

特别地，2阶面积张量的轨迹等于界面面积浓度a_{I}，并且可以通过除以a_{I}来归一化一个任何阶的面积张量。还可以引入面积张量的偏差，即

$$\underline{\underline{q}}_{ij}\equiv\left\langle\left(n_i n_j-\frac{1}{3}\delta_{ij}\right)\delta_{\mathrm{I}}\right\rangle=A_{ij}-\frac{1}{3}a_{\mathrm{I}}\delta_{ij}\tag{4-51}$$

式中：δ_{ij}为克罗内克（Kronecker）符号。

式(4-51)中定义的量称为界面各向异性张量。

2阶面积张量的输运方程可以从式(4-36)和法向量$\underline{n}$的演化方程推导出来[12,25]，即

$$\frac{\partial n_i}{\partial t}+\underline{v}_{\mathrm{I}}\cdot\nabla n_i=-L_{ji}n_j+L_{jk}n_j n_k n_i\tag{4-52}$$

式中：L_{ji}为表面速度梯度$\dfrac{\partial v_{\mathrm{I},i}}{\partial x_j}$的简化表示。

结合式(4-36)和式(4-52)，然后平均得到：

$$\frac{\partial A_{ij}}{\partial t}+\nabla\cdot\langle\underline{v}_{\mathrm{I}}n_i n_j\delta_{\mathrm{I}}\rangle=\langle\delta_{\mathrm{I}}(n_i n_j n_k n_l+n_i n_j\delta_{kl}-n_i n_k\delta_{jl}-n_j n_k\delta_{il})L_{kl}\rangle\tag{4-53}$$

式(4-53)由Lhuillier[13]获得。

另外，通过平均方程式(4-36)或者采用式(4-53)的轨迹，可以得到：

$$\frac{\partial a_{\mathrm{I}}}{\partial t}+\nabla\cdot\langle\delta_{\mathrm{I}}\underline{v}_{\mathrm{I}}\rangle=\langle\delta_{\mathrm{I}}(\underline{\underline{I}}-\underline{n}\,\underline{n}):\underline{\underline{L}}\rangle\tag{4-54}$$

在没有出现产生和湮灭项的情况下，这相当于式(4-47)的第二个方程。

结合式(4-53)和式(4-54)，可以得到界面各向异性张量的输运方程，即

$$\frac{\partial\underline{\underline{q}}_{ij}}{\partial t}+\left\langle\underline{v}_{\mathrm{I}}\cdot\nabla\left[\left(n_i n_j-\frac{\delta_{ij}}{3}\right)\delta_{\mathrm{I}}\right]\right\rangle=\left\langle\delta_{\mathrm{I}}\left[\left(n_i n_j+\frac{\delta_{ij}}{3}\right)n_k n_l-n_i n_k\delta_{jl}-n_j n_k\delta_{il}\right]L_{kl}\right\rangle\tag{4-55}$$

4.6 平均拓扑方程的封闭问题

这里通过对提出的平均拓扑方程的封闭问题进行讨论。从与体积分数方程相关的封闭问题开始（式(4-47)的第一个公式）。该方程不应与两流体模型的

质量守恒方程(3-47)相混淆。下面将证明它仅在不可压缩相的特定情况下与质量守恒方程一致。

两流体模型的质量守恒方程(3-47)可以改写为

$$\frac{\partial \alpha_k}{\partial t}+\nabla \cdot (\alpha_k \overline{\overline{\underline{v}_k}}^k)=-\frac{\alpha_k}{\overline{\rho_k}^k}\frac{\overline{\mathrm{D}_k \overline{\rho_k}^k}}{\mathrm{D}t}+\frac{\Gamma_k}{\overline{\rho_k}^k} \tag{4-56}$$

质量守恒方程与式(4-47)的第一个方程的比较(其中省略了产生和湮灭现象,如粒子成核或湮灭,因为它们可以包含在相变项中),有

$$\frac{\partial \alpha_k}{\partial t}+\nabla \cdot (\alpha_k \overline{\underline{v}_k}^k)=-\left\langle \frac{\chi_k}{\rho_k}\frac{\mathrm{D}_k \rho_k}{\mathrm{D}t}\right\rangle+\left\langle \frac{\dot{m}_k}{\rho_k}\delta_{\mathrm{I}}\right\rangle \tag{4-57}$$

当 ρ_k 为常数时,式(4-56)和式(4-57)一致,此时 $\overline{\overline{\underline{v}_k}}^k$ 与 $\overline{\underline{v}_k}^k$ 相等(式(3-40)与式(3-41))。在更一般的情况下,即密度不是常数时,于是有

$$\left\langle \frac{\chi_k}{\rho_k}\frac{\mathrm{D}_k \rho_k}{\mathrm{D}t}\right\rangle \neq \frac{\alpha_k}{\overline{\rho_k}^k}\frac{\overline{\mathrm{D}_k \overline{\rho_k}}}{\mathrm{D}t},\quad \left\langle \frac{\dot{m}_k}{\rho_k}\delta_{\mathrm{I}}\right\rangle \neq \frac{\Gamma_k}{\overline{\rho_k}^k},\quad \overline{\underline{v}_k}^k \neq \overline{\overline{\underline{v}_k}}^k \tag{4-58}$$

在这种情况下,式(4-57)可以解释为与质量守恒方程(4-56)具有不同的体积守恒,并且应该为式(4-58)的 3 个量写出特定的封闭条件。体积守恒方程(4-57)在两压力模型的背景下非常有用。在这种情况下,为满足热力学第二定律,压缩项(式(4-57)的等式右侧的第一项)应该与两个相压力的差值成比例(式(3-124)的最后一个方程)。

式(4-47)的第二个方程是界面面积运输方程(IATE),它包含 3 个未知量。第一个是中心的面积速度 $\overline{\underline{v}_{\mathrm{I}}}^{\mathrm{I}}$,它不同于空泡份额方程中出现的 $\overline{\underline{v}_k}^k$ 和质量及动量守恒方程中出现的 $\overline{\overline{\underline{v}_k}}^k$。一种可能的方法是以下列形式改写 IAC 的方程:

$$\frac{\partial a_{\mathrm{I}}}{\partial t}+\nabla \cdot (a_{\mathrm{I}}\overline{\overline{\underline{v}_k}}^k)=\nabla \cdot [a_{\mathrm{I}}(\overline{\overline{\underline{v}_k}}^k-\overline{\underline{v}_{\mathrm{I}}}^{\mathrm{I}})]+\langle \delta_{\mathrm{I}}\nabla_{\mathrm{s}} \cdot \underline{v}_{\mathrm{I}}\rangle+\left\langle \sum_{j=1}^{N}\dot{\psi}_j(t)\delta_{\mathrm{I},j}(\underline{x},t)\right\rangle \tag{4-59}$$

因为速度 $\overline{\overline{\underline{v}_k}}^k$ 通过求解动量守恒方程给出。通过这种选择,由于速度差 $a_{\mathrm{I}}(\overline{\overline{\underline{v}_k}}^k-\overline{\underline{v}_{\mathrm{I}}}^{\mathrm{I}})$ 而不是速度 $\overline{\underline{v}_{\mathrm{I}}}^{\mathrm{I}}$ 本身,有必要对通量进行建模。为了在式(4-59)中引入扩散项,一阶的方法可以通过梯度定律来建立这最后一个通量的模型,但是这种可能的选择需要仔细检查。

同时还需要封闭:

(1) 由于界面变形引起的拉伸项 $\langle \delta_{\mathrm{I}}\nabla_{\mathrm{s}} \cdot \underline{v}_{\mathrm{I}}\rangle$;

(2) 由于气泡或液滴合并、破裂、成核或湮灭等不连续现象导致的表面产生和湮灭项 $\left\langle \sum_{j=1}^{N}\dot{\psi}_j(t)\delta_{\mathrm{I},j}(\underline{x},t)\right\rangle$。

有关这些特定项的更多信息将在第 5 章中给出。

对于各向异性界面的情况,IAC 平衡方程(4-59)可以通过 2 阶面积张量方程(4-53)或界面各向异性张量方程(4-55)进行完善。对这些方程的封闭是一项艰巨的任务,因为它们涉及是否在表面存在(通过 δ_I)取向(通过组合,如 $n_i n_k \cdots$)和微观速度$\underline{v}_I$及梯度 L_{kl}之间的多个相关项。应当注意,由式(4-49)定义的 4 阶面积张量涉及 2 阶张量方程(4-53)和方程(4-55)的等式右侧。可以为这个 4 阶张量写出另一个方程,但是这个方程将涉及 6 阶张量和更高阶张量。因为是湍流的情况,其中雷诺应力张量方程涉及 3 阶张量及更高阶张量,所以面临着连续矩无限阶的输运方程问题。一个可能的选择是封闭系统的 2 阶表面方程组,那么 4 阶张量将由涉及界面面积和 2 阶面积张量的代数表达式封闭[26]。

参考文献

[1] Candel S M, Poinsot TJ (1990) Flame stretch and the balance equation for the flame area. Combust Sci Tech 70:1-15.

[2] Trouvé A, Poinsot T (1994) The evolution equation for the flame surface density in turbulent premixed combustion. J Fluid Mech 278:1-31.

[3] Delhaye J M (2001) Some issues related to the modeling of interfacial areas in gas-liquid flows, Part I: the conceptual issues, CR Acad Sci Paris, t. 329, Série II b, pp 397-410.

[4] Marle C M (1982) On macroscopic equations governing multiphase flows with diffusion and chemical reactions in porous media. , Int J Eng Sci 20(5):643-662.

[5] Drew D A (1990) Evolution of geometric statistics. SIAM J Applied Mathematics 50(3):649-666.

[6] Aris R (1962) Vectors, tensors and the basic equations of fluid mechanics, Prentice Hall Inc., Englewood Cliffs N. J.

[7] Kataoka I, Ishii M, Serizawa A (1984) Local formulation of interfacial area concentration and its measurements in two-phase flow, NUREG/CR-4029, ANL 84-68.

[8] Kataoka I, Ishii M, Serizawa A (1986) Local formulation and measurements of interfacial area concentration in two-phase flow. Int J Multiphase Flow 12(4):505-529.

[9] Kataoka I (1986) Local instant formulation of two-phase flow. Int J Multiphase Flow 12(5):745-758.

[10] Soria A, de Lasa HI (1991) Averaged transport equations for multiphase systems with interfacial effects. Chem Eng Sci 46(8):2093-2111.

[11] Lhuillier D, Morel C, Delhaye JM (2000) Bilan d'aire interfaciale dans un mélange diphasique: approche locale vs approche particulaire, CR Acad Sci Paris t. 328, Série IIb, pp 143-149.

[12] Lhuillier D (2003) Dynamics of interfaces and the rheology of immiscible liquid-liquid mixtures, CR Acad Sci Paris, t. 331, Série IIb, pp 113-118.

[13] Lhuillier D (2004a) Small-scale and coarse-grained dynamics of interfaces: the modeling of volumetric interfacial area in two-phase flows, 3rd Int. Symposium on two-phase flow modelling and experimentation,

Pisa, Italy, Sept 22-24.

[14] Lhuillier D (2004b) Evolution de la densité d'aire interfaciale dans les mélanges liquide-vapeur, CR Mécanique 332:103-108.

[15] Ishii M (1975) Thermo-fluid dynamic theory of two-phase flow. Eyrolles, Paris.

[16] Delhaye JM (1976) Sur les surfaces volumiques locale et intégrale en écoulement diphasique, CR Acad Sci Paris, t. 282, SÈrie A, pp 243-246.

[17] Riou X (2003) Contribution ù la modélisation de l'aire interfaciale en écoulement gaz-liquide enconduite, Thèse de Doctorat, Institut National Polytechnique de Toulouse.

[18] Nadim A. A concise introduction to surface rheology with application to dilute emulsions of viscous drops[J]. Chemical Engineering Communications, 1996, 148(1):391-407.

[19] Gurtin M E, Struthers A, Williams WO (1989) A transport theorem for moving interfaces. Q Appl Math XLVII(4):773-777.

[20] Jaric JP (1992) On a transport theorem for moving interface. Int J Eng Sci 30(10):1535-1542.

[21] Morel C, Goreaud N, Delhaye JM (1999) The local volumetric interfacial area transport equation: derivation and physical significance. Int J Multiphase Flow 25:1099-1128.

[22] Lance M (1986) Etude de la turbulence dans les écoulements diphasiques dispersés Thèse d'Etat. Université Claude Bernard, Lyon.

[23] Junqua-Moullet A (2003) Détermination expérimentale et modélisation de la concentration d'aire interfaciale en écoulement stratifié horizontal, Thèse de Doctorat, Institut National Polytechnique Grenoble.

[24] Drew D A, Passman SL (1999) Theory of multicomponent fluids, applied mathematical sciences 135, Ed. Springer

[25] Wetzel E D, Tucker CL (1999) Area tensors for modeling microstructure during laminar liquid-liquid mixing. Int J Multiphase Flow 25:35-61.

[26] Morel C (2007) On the surface equations in two-phase flows and reacting single-phase flows. Int J Multiph Flow 33:1045-1073.

第5章
离散两相流的数量平衡和动量输运方程

摘要 本章推导了在第4章中得出的界面面积输运方程和离散流的总体平衡方程之间的联系,正式提出粒子的产生或湮灭现象。这些现象属于机械现象(合并和分裂),进而由于相变导致成核和湮灭。本章也推导了粒子尺寸分布函数的矩输运方程。这些矩方程是未封闭的,我们简要回顾两种正交矩的方法来封闭并求解方程组。同时也在等温泡状流的背景下介绍了基于气泡尺寸分布函数离散化的完全不同的方法。

5.1 概　　述

在第4章中已经得到如何在一般情况下的任意表面获得IAC的演化方程,这里将介绍在离散流的特定情况下可采用的不同技巧,如当界面由大量封闭的表面构成时的处理。最简单的情况是界面由球形粒子组成,其中粒子的尺寸完全由单个参数(粒子的半径、直径、表面积或体积)确定。当发生下列物理现象时,粒子尺寸会发生变化:

(1) 通过流动输送粒子;

(2) 由于离散相的可压缩性导致的粒子尺寸变化;

(3) 由于相变(汽化或冷凝)引起的粒子尺寸变化;

(4) 粒子由于合并或破裂而产生或湮灭;

(5) 粒子由于成核或湮灭而产生或湮灭。

本章的安排如下。在5.2节中推导出在第4章中导出的一般IAC输运方程与在本章中获得的IAC传输方程之间存在的联系。这打开了所谓的数量平衡方程(population balance equations,PBE)的大门,该方程在5.3节中得到。5.4节专门讨论了合并或破裂现象的形成。5.5节给出了标准矩量法(standard method of moments,SMM)。接下来是两个近似矩的方法,这些方法在5.6节中给出,包括矩求积法(quadrature method of moments,QMOM)和直接矩求积法(direct quadrature method of moments,DQMOM)。5.7 节给出了用于气泡流动的多尺寸组(multi-size group,MUSIG)模型的多场质量守恒方程的推导。最后 5.8 节通过总结先前得到的 3 种方法的封闭性得出结论。

5.2 基于动力学理论的相界面面积浓度

第 4 章针对在二维表面嵌入于流动所占据的三维空间的一般情况下推导界面面积浓度(IAC)的输运方程。本章将把注意力放在开发离散两相流情况下的混合模型(第 3 章)。为了得出控制离散相的方程,使用了气体动力学理论进行了类比,气体分子被类比为连续相包围的流体或固体粒子。该方法可以用于界面面积输运方程(IATE)的推导[1,2]。本节有两个不同的目标:第一个是给出 4.4 节中导出的经典 IATE 与动力学理论方法背景下的相应方程之间的联系;第二个目标是在动力学理论的背景下精确定义 IAC 和相关量。我们证明 IATE 可以作为 PBE 的特定统计矩而获得,从而引入 PBE 的概念,PBE 是本章的中心主题。

在第 4 章中,我们知道 IAC 的输运方程可以写为(通过平均方程(4-38)的第二个方程)

$$\frac{\partial\langle\delta_{\mathrm{I}}\rangle}{\partial t}+\nabla\cdot\langle\delta_{\mathrm{I}}\underline{v}_{\mathrm{I}}\rangle=\langle\delta_{\mathrm{I}}\nabla_{\mathrm{s}}\cdot\underline{v}_{\mathrm{I}}\rangle+\langle\gamma\rangle \tag{5-1}$$

式中,$\langle\gamma\rangle$表明考虑了产生或者摧毁新的粒子(如合并、分裂、成核或湮灭)。根据第 4 章的表述,于是有[3]

$$\gamma\equiv\sum_{j=1}^{N}\dot{\psi}_j(t)\delta_{\mathrm{I},j}(\underline{x},t) \tag{5-2}$$

式(5-1)可以和 Lhuillier 等[2]提出的以下方程进行对比,即

$$\frac{\partial}{\partial t}\left\langle\delta_{\mathrm{d}}\oint\mathrm{d}S\right\rangle+\nabla\cdot\left\langle\delta_{\mathrm{d}}\underline{w}\oint\mathrm{d}S\right\rangle=\left\langle\delta_{\mathrm{d}}\frac{\mathrm{d}}{\mathrm{d}t}\oint\mathrm{d}S\right\rangle+\langle\Gamma\rangle \tag{5-3}$$

其中,$\langle\Gamma\rangle$也是由于合并、分裂、成核或湮灭现象所导致的,并将在 5.3 节中进行精确处理。式(5-1)和式(5-3)控制着两个不同的量。假设在 t 时刻,流体中的 N 个粒子(应该注意 N 随时间而变化)是以位置$\underline{X}_j(t)$为中心并且具有半径$R_j(t)$的球形粒子。

在式(5-1)中,广义函数 δ_{I} 由下式给出:

$$\delta_{\mathrm{I}}(\underline{x},t)=\sum_{j=1}^{N}\delta(|\underline{x}-\underline{X}_j(t)|-R_j(t)) \tag{5-4}$$

它位于球面上，但在式(5-3)中，未平均的输运量由下式给出：

$$\delta_{\mathrm{d}}\oint \mathrm{d}S=\sum_{j=1}^{N}4\pi R_j^2\delta(\underline{x}-\underline{X}_j(t)) \tag{5-5}$$

它位于球体的中心。

动力学理论（式(5-5)）是实际量（式(5-4)）的一个近似，其中每个粒子表面区域被集中并且任意地位于粒子的中心。

对于轻度不均匀流动，可以使用多极展开，这是来自粒子表面上的当前点和粒子中心之间的泰勒展开（式(3-30)）。通过下式回顾这一展开，即

$$\langle\delta_{\mathrm{I}}B\rangle=\left\langle\delta_{\mathrm{d}}\oint B\mathrm{d}S\right\rangle-\nabla\cdot\left\langle\delta_{\mathrm{d}}\oint \underline{r}B\mathrm{d}S\right\rangle+\frac{1}{2}\nabla\nabla:\left\langle\delta_{\mathrm{d}}\oint \underline{r}\,\underline{r}B\mathrm{d}S\right\rangle-\cdots \tag{5-6}$$

对于式(5-6)中的 B 做不同的选择，可以展开式(5-1)中的每一项，即

$$\begin{cases}\dfrac{\partial\langle\delta_{\mathrm{I}}\rangle}{\partial t}=\dfrac{\partial}{\partial t}\left(\left\langle\delta_{\mathrm{d}}\oint \mathrm{d}S\right\rangle-\nabla\cdot\left\langle\delta_{\mathrm{d}}\oint \underline{r}\mathrm{d}S\right\rangle+\dfrac{1}{2}\nabla\nabla:\left\langle\delta_{\mathrm{d}}\oint \underline{r}\,\underline{r}\mathrm{d}S\right\rangle-\cdots\right)\\ \nabla\cdot\langle\delta_{\mathrm{I}}\underline{v}_{\mathrm{I}}\rangle=\nabla\cdot\left(\left\langle\delta_{\mathrm{d}}\oint \underline{v}_{\mathrm{I}}\mathrm{d}S\right\rangle-\nabla\cdot\left\langle\delta_{\mathrm{d}}\oint \underline{r}\,\underline{v}_{\mathrm{I}}\mathrm{d}S\right\rangle+\dfrac{1}{2}\nabla\nabla:\left\langle\delta_{\mathrm{d}}\oint \underline{r}\,\underline{r}\,\underline{v}_{\mathrm{I}}\mathrm{d}S\right\rangle-\cdots\right)\\ \langle\delta_{\mathrm{I}}\nabla_{\mathrm{s}}\cdot\underline{v}_{\mathrm{I}}\rangle=\left\langle\delta_{\mathrm{d}}\oint \nabla_{\mathrm{s}}\cdot\underline{v}_{\mathrm{I}}\mathrm{d}S\right\rangle-\nabla\cdot\left\langle\delta_{\mathrm{d}}\oint \underline{r}\nabla_{\mathrm{s}}\cdot\underline{v}_{\mathrm{I}}\mathrm{d}S\right\rangle+\dfrac{1}{2}\nabla\nabla:\left\langle\delta_{\mathrm{d}}\oint \underline{r}\,\underline{r}\nabla_{\mathrm{s}}\cdot\underline{v}_{\mathrm{I}}\mathrm{d}S\right\rangle-\cdots\end{cases} \tag{5-7}$$

现在将假设微观界面速度$\underline{v}_{\mathrm{I}}$在每个粒子表面上是均匀的，并且近似由粒子质心速度$\underline{w}$给出。因此，只对输运的粒子感兴趣，既不考虑它们的旋转，也不考虑它们的变形。

在这两个假设下，式(5-7)的展开可以得到简化，式(5-1)变为

$$\begin{aligned}0=&\frac{\partial}{\partial t}\left\langle\delta_{\mathrm{d}}\oint \mathrm{d}S\right\rangle+\nabla\cdot\left\langle\delta_{\mathrm{d}}\underline{w}\oint \mathrm{d}S\right\rangle-\left\langle\delta_{\mathrm{d}}\oint(\underline{v}_{\mathrm{I}}\cdot\underline{n})\nabla\cdot\underline{n}\mathrm{d}S\right\rangle+\\ &\frac{1}{2}\nabla\nabla:\left[\frac{\partial}{\partial t}\left\langle\delta_{\mathrm{d}}\oint \underline{r}\,\underline{r}\mathrm{d}S\right\rangle+\nabla\cdot\left\langle\delta_{\mathrm{d}}\underline{w}\oint \underline{r}\,\underline{r}\mathrm{d}S\right\rangle-\left\langle\delta_{\mathrm{d}}\oint \underline{r}\,\underline{r}(\underline{v}_{\mathrm{I}}\cdot\underline{n})\nabla\cdot\underline{n}\mathrm{d}S\right\rangle\right]+\cdots\end{aligned} \tag{5-8}$$

通过使用闭合曲面的有效方程(4-24)，有

$$\frac{\mathrm{d}}{\mathrm{d}t}\oint \mathrm{d}S=\int_S(\underline{v}_{\mathrm{I}}\cdot\underline{n})(\nabla\cdot\underline{n})\mathrm{d}S \tag{5-9}$$

式(5-8)可以改写为

$$0=\frac{\partial}{\partial t}\left\langle\delta_{\mathrm{d}}\oint \mathrm{d}S\right\rangle+\nabla\cdot\left\langle\delta_{\mathrm{d}}\underline{w}\oint \mathrm{d}S\right\rangle-\left\langle\delta_{\mathrm{d}}\frac{\mathrm{d}}{\mathrm{d}t}\oint \mathrm{d}S\right\rangle+$$

$$\frac{1}{2}\nabla\nabla:\left[\frac{\partial}{\partial t}\left\langle\delta_{\mathrm{d}}\oint \underline{\underline{rr}}\mathrm{d}S\right\rangle+\nabla\cdot\left\langle\delta_{\mathrm{d}}\underline{w}\oint \underline{\underline{rr}}\mathrm{d}S\right\rangle-\left\langle\delta_{\mathrm{d}}\frac{\mathrm{d}}{\mathrm{d}t}\oint \underline{\underline{rr}}\mathrm{d}S\right\rangle\right]+\cdots \tag{5-10}$$

这表明两流体方程式(5-1)的 IATE 是动力学理论公式(5-3)的 IATE，式(5-11)以及其他高阶矩(如 $\left\langle\delta_{\mathrm{d}}\oint \underline{\underline{rrrr}}\mathrm{d}S\right\rangle$)的组合为

$$\frac{\partial}{\partial t}\left\langle\delta_{\mathrm{d}}\oint \underline{\underline{rr}}\mathrm{d}S\right\rangle+\nabla\cdot\left\langle\delta_{\mathrm{d}}\underline{w}\oint \underline{\underline{rr}}\mathrm{d}S\right\rangle=\left\langle\delta_{\mathrm{d}}\frac{\mathrm{d}}{\mathrm{d}t}\oint \underline{\underline{rr}}\mathrm{d}S\right\rangle+\langle\underline{\underline{rr}}\varGamma\rangle \tag{5-11}$$

现在将展示 Lhuillier 等[2]获得的颗粒流界面面积方程与统计方法框架下得到的经典方程之间的联系[1,4]。为此考虑一下两相流的集合，其中每个集合在 t 时刻包含 N 个粒子，这 N 个粒子以时间相关配置 C_N 排列。使用配置一词和符号 C_N 作为粒子中心位置向量集合、半径和平移速度的简写[5-6]，即

$$C_N\equiv\{\underline{X}_j,R_j,\underline{w}_j;j=1,2,\cdots,N\} \tag{5-12}$$

使 $P(N;t)$ 为 t 时刻某一特定配置 C_N 的概率密度函数(PDF)的定义为

$$P(N;t)\mathrm{d}C_N \tag{5-13}$$

这是在 $C_N \sim C_N+\mathrm{d}C_N$ 之间具有 N 个粒子配置的概率。因为 $P(N;t)$ 是一个密度，可以写为

$$\int P(N;t)\mathrm{d}C_N=1 \tag{5-14}$$

其中，积分遍历所有可能的粒子配置空间，称为状态空间(或样本空间)。对于配置规定好的 K 个粒子，其边际概率密度函数(PDF)可通过 $P(N;t)$ 对所有其他 $N-k$ 个粒子的可能配置进行积分得到，即

$$P(K;t)\equiv\int P(N;t)\mathrm{d}C_{N-K} \tag{5-15}$$

样本空间元素 $\mathrm{d}C_N$ 通过乘积 $\mathrm{d}C_k\mathrm{d}C_{N-K}$ 确定。所以，根据式(5-14)和式(5-15)可以得到 $P(K;t)$ 也是归一化的，即

$$\int P(K;t)\mathrm{d}C_k=1 \tag{5-16}$$

假设 K 个粒子的配置是固定的，条件 PDF$P(N-K|K;t)$ 通过下面的关系式定义：

$$P(N-K|K;t)\equiv\frac{P(N;t)}{P(K;t)} \tag{5-17}$$

结合式(5-14)~式(5-17)可以得到条件 PDF 也是归一化的，即

$$\int P(N-K|K;t)\mathrm{d}C_{N-K}=1 \tag{5-18}$$

现在可以更精确地定义式(5-3)中使用的整体平均算子。取决于 N 个粒子配置

的场量整体平均值，由下式定义：

$$\langle\psi\rangle(\underline{x},t)\equiv\int\psi(\underline{x},t;C_N)P(N;t)\mathrm{d}C_N \tag{5-19}$$

K 个粒子固定的相同量的条件整体平均值（conditional ensemble average，CEA）由下式定义：

$$\langle\psi|K\rangle(\underline{x},t,C_K)\equiv\int\psi(\underline{x},t;C_N)P(N-K|K;t)\mathrm{d}C_{N-K} \tag{5-20}$$

使用定义式(5-17)、式(5-19)和式(5-20)，可以很容易得到：

$$\langle\psi\rangle(\underline{x},t)\equiv\int\langle\psi|K\rangle(\underline{x},t,C_K)P(K;t)\mathrm{d}C_K \tag{5-21}$$

下面只研究一个粒子($K=1$)时的特定情况。整体平均方程式(5-21)变为

$$\langle\psi\rangle(\underline{x},t)=\int\langle\psi|1\rangle P(1;t)\mathrm{d}C_1=\int\langle\psi|\underline{X}_1,\underline{w}_1,R_1\rangle P(\underline{X}_1,\underline{w}_1,R_1;t)d^3X_1d^3w_1\mathrm{d}R_1 \tag{5-22}$$

式中：$\langle\psi|\underline{X}_1,\underline{w}_1,R_1;t\rangle$ 为 $N-1$ 个粒子的所有可能配置的 ψ 的平均值，其由一个粒子以点 $\underline{X}_1$ 为中心并且具有平移速度 $\underline{w}_1$ 和半径 R_1 来调节。

现在可以展开式(5-3)的每一项，但最后一项将在 5.3 节中研究。使用式(5-5)和前面的定义，可以得到：

$$\begin{aligned}\left\langle\delta_{\mathrm{d}}\int\mathrm{d}S\right\rangle&=\int\sum_{j=1}^{N}4\pi R_j^2\delta(\underline{x}-\underline{X}_j(t))P(N;t)\mathrm{d}C_N\\&=N\iiint4\pi R_1^2\delta(\underline{x}-\underline{X}_1)P(N-1|1,t)P(\underline{X}_1,\underline{w}_1,R_1,t)\mathrm{d}C_{N-1}\mathrm{d}^3X_1\mathrm{d}^3w_1\mathrm{d}R_1\\&=\int4\pi R_1^2\int P(N-1|1,t)\mathrm{d}C_{N-1}f_1(\underline{x},\underline{w}_1,R_1,t)\mathrm{d}^3w_1\mathrm{d}R_1\\&=\int4\pi R_1^2f_1(\underline{x},R_1,t)\mathrm{d}R_1\end{aligned} \tag{5-23}$$

式(5-23)的第一行来自整体平均定义式(5-19)。在式(5-23)第二行中详细说明了标记为 1 的粒子的作用，并且由于 N 个粒子在统计上是等价的，因此在式(5-23)的第一行中的 N 个粒子总和被粒子 1 的 N 倍替换。还使用了条件概率的定义式(5-17)。在式(5-23)第三行中，应用了位置上的狄拉克函数，消掉了 $\underline{X}_1$ 上的积分，并且引入了由以下方程定义的单粒子数密度函数（number density function，NDF），即

$$f_1(\underline{x},\underline{w}_1,R_1,t)\equiv NP(\underline{x},\underline{w}_1,R_1,t) \tag{5-24}$$

式(5-23)的第 4 行是通过应用归一化条件式(5-18)和基于单粒子半径的 NDF 定义获得的，即

$$f_1(\underline{x},R_1,t)\equiv\int f_1(\underline{x},\underline{w}_1,R_1,t)\,\mathrm{d}^3w_1 \tag{5-25}$$

类似地，可以写出式(5-3)中的对流通量，即

$$\begin{aligned}\left\langle\delta_{\mathrm{d}}\underline{w}\int\mathrm{d}S\right\rangle&=\int\sum_{j=1}^{N}4\pi R_j^2\,\underline{w}_j\delta(\underline{x}-\underline{X}_j)P(N;t)\,\mathrm{d}C_N\\&=N\iiint4\pi R_1^2\,\underline{w}_1\delta(\underline{x}-\underline{X}_1)P(N-1|1,t)P(\underline{X}_1,\underline{w}_1,R_1,t)\,\mathrm{d}C_{N-1}\mathrm{d}^3X_1\mathrm{d}^3w_1\mathrm{d}R_1\\&=\int4\pi R_1^2\int P(N-1|1,t)\,\mathrm{d}C_{N-1}\underline{w}_1f_1(\underline{x},\underline{w}_1,R_1,t)\,d^3w_1\mathrm{d}R_1\\&=\int4\pi R_1^2\int\underline{w}_1f_1(\underline{x},\underline{w}_1,R_1,t)\,d^3w_1\mathrm{d}R_1\\&=\int4\pi R_1^2\langle\underline{w}|R_1\rangle f_1(\underline{x},R_1,t)\,\mathrm{d}R_1\end{aligned} \tag{5-26}$$

式中，半径等于 R_1 的粒子的平均速度由下式定义：

$$\langle\underline{w}|R_1\rangle\equiv\frac{\int\underline{w}_1f_1(\underline{x},\underline{w}_1,R_1,t)\,\mathrm{d}^3w_1}{f_1(\underline{x},R_1,t)} \tag{5-27}$$

式(5-3)的等号右边的第一项可以展开为下面的形式：

$$\begin{aligned}\left\langle\delta_{\mathrm{d}}\frac{\mathrm{d}}{\mathrm{d}t}\int\mathrm{d}S\right\rangle&=\int\sum_{j=1}^{N}8\pi R_j\,\dot{R}_j\delta(\underline{x}-\underline{X}_j)P(N;t)\,\mathrm{d}C_N\\&=N\iiint8\pi R_j\,\dot{R}_j\delta(\underline{x}-\underline{X}_j)P(N-1|1,t)P(\underline{X}_1,\underline{w}_1,R_1,t)\,\mathrm{d}C_{N-1}\mathrm{d}^3X_1\mathrm{d}^3w_1\mathrm{d}R_1\\&=\int8\pi R_1\int\dot{R}_1P(N-1|1,t)\,\mathrm{d}C_{N-1}f_1(\underline{x},\underline{w}_1,R_1,t)\,d^3w_1\mathrm{d}R_1\\&=\int8\pi R_1\int\langle\dot{R}|\underline{w}_1,R_1\rangle f_1(\underline{x},\underline{w}_1,R_1,t)\,\mathrm{d}^3w_1\mathrm{d}R_1\\&=\int8\pi R_1\langle\dot{R}|R_1\rangle f_1(\underline{x},R_1,t)\,\mathrm{d}R_1\end{aligned} \tag{5-28}$$

式中：$\langle\dot{R}|R_1\rangle$ 表示在粒子半径 R 取定值条件下，其时间变化率的平均值。

通过使用式(5-23)、式(5-26)和式(5-28)，式(5-3)最终可以写为以下形式：

$$\begin{aligned}&\frac{\partial}{\partial t}\int4\pi R^2f_1(\underline{x},R,t)\,\mathrm{d}R+\nabla\cdot\left(\int4\pi R^2\langle\underline{w}|R\rangle f_1(\underline{x},R,t)\,\mathrm{d}R\right)\\&=\int8\pi R\langle\dot{R}|R\rangle f_1(\underline{x},R,t)\,\mathrm{d}R+\langle\Gamma\rangle\end{aligned} \tag{5-29}$$

其中,半径 R 已去除特定下标 1(即该半径参数不再特指某单一粒子)。

式(5-29)显示 IAC 的定义为

$$a_{\mathrm{I}}(\underline{x},t)\equiv\int 4\pi R^2 f_1(\underline{x},R,t)\,\mathrm{d}R \tag{5-30}$$

并且 a_{I} 的方程可以从基于单粒子半径的 NDF 方程中导出。NDF 方程为 PBE,将在 5.3 节推导。

5.3 数量平衡方程

在 5.2 节中,已经看到具有半径 $Rf_1(\underline{x},R,t)$ 的粒子数密度涉及球形粒子的界面面积输运方程(式(5-29))。现在将得出这样一个方程——PBE。为了通用性,首先将粒子半径 R 替换为一个内部属性$\underline{\xi}$的向量,即

$$f_1=f_1(\underline{\xi};\underline{x},t) \tag{5-31}$$

其中,分号(;)用于将内部相坐标向量$\underline{\xi}$与外部相坐标分开,外部相坐标是欧拉位置$\underline{x}$和时间 t。定义 $f_1(\underline{\xi};\underline{x},t)\,\mathrm{d}\underline{\xi}$表示单位体积内的可能粒子数,其内部属性向量包括在$\underline{\xi}\sim\underline{\xi}+\mathrm{d}\underline{\xi}$之间。状态向量包含表征单个粒子的属性,如大小、速度、形状和温度等,但也可以包含表征粒子连续相的其他属性[7]。

Marchisio 和 Fox[8-9]在 PBE 和广义 PBE(generalized population balance equation,GPBE)之间做出了(非常随意的)区分。他们通过当粒子速度仍然为内部坐标时重新标记粒子速度的特殊状态来进行区分。当粒子速度定义为粒子位置的时间导数时,其是外部坐标(至少在离散相的欧拉描述中)。欧拉和拉格朗日描述之间的联系已在 5.2 节中使用狄拉克函数 $\delta(\underline{x}-\underline{X}_1)$给出。由于这个特殊的特征,当假定粒子速度已知时(如对于非常小的粒子的情况可以通过连续相的速度给出),他们将 PBE 称为f_1 的一个方程,当粒子速度被当作内部坐标(随机变量)时,则 GPBE 是f_1 的一个方程。

可以在物理空间 Ω_X 和相(样本)空间 Ω_ξ 中通过乘积定义一个有限区域[10],即

$$\Omega\equiv\Omega_X\times\Omega_\xi \tag{5-32}$$

PBE 只是在物理和样本空间组合的连续性表述(式(5-32))。它可以用以下积分的形式给出[9-10],即

$$\begin{aligned}\frac{\partial}{\partial t}\int_{\Omega_X}\int_{\Omega_\xi} f_1\,\mathrm{d}V_X\mathrm{d}V_\xi = &\int_{\Omega_X}\int_{\Omega_\xi} h\,\mathrm{d}V_X\mathrm{d}V_\xi-\int_{\Omega_\xi}\oint_{\partial\Omega_X} f_1\underline{v}\cdot\underline{n}_X\mathrm{d}A_X\mathrm{d}V_\xi-\\ &\int_{\Omega_X}\oint_{\partial\Omega_\xi} f_1\dot{\underline{\xi}}\cdot\underline{n}_\xi\mathrm{d}A_\xi\mathrm{d}V_X\end{aligned} \tag{5-33}$$

式中：$\underline{v}$为物理空间中的粒子速度。

在5.2节的例子中，通过半径 R 和粒子速度$\underline{v}$描述的粒子通过$\langle \underline{w} | R\rangle$（式(5-29)）给出。需要注意的是，PBE（式(5-33)）、局部 PBE（式(5-35)）和 GPBE（式(5-36)）是在介观尺度上建立的方程，因为影响流体中每个粒子的物理参数的最大部分已经通过应用条件平均被积分出来了（见第5.2节）。介观尺度被定义为在包含所有流动细节的微观尺度与仅包含平均量的宏观尺度之间的中间尺度。PBE 和 GPBE 通常是在介观尺度上推导的[9]。式(5-33)中的4项是 f_1 在式(5-32)上的积分的一个时间变化率，$h(\underline{\xi},\underline{x},t)$表示不连续事件的一般源项，以及两个通量项对应于通过边界面$\partial\Omega_X$ 和$\partial\Omega_\xi$ 从区域式(5-32)出去（或进入）的粒子。对式(5-33)的最后两项使用高斯输运定理，该方程变为

$$\int_{\Omega_X}\int_{\Omega_\xi}\left[\frac{\partial}{\partial t}(f_1)+\nabla_X\cdot(f_1\underline{v})+\nabla_\xi\cdot(f_1\dot{\underline{\xi}})-h\right]\mathrm{d}v_X\mathrm{d}V_\xi=0 \tag{5-34}$$

积分域的任意性以及被积函数的连续性意味着被积函数必须在任何地方为0，即

$$\frac{\partial}{\partial t}(f_1)+\nabla_X\cdot(f_1\underline{v})+\nabla_\xi\cdot(f_1\dot{\underline{\xi}})=h \tag{5-35}$$

式(5-35)便是 PBE。在 GPBE 中，速度$\underline{v}$作为一个附加的内部坐标被保留。因此，GPBE 包含一个额外的项，如下所示[9]：

$$\frac{\partial}{\partial t}(f_1)+\nabla_X\cdot(f_1\underline{v})+\nabla_V\cdot(f_1\underline{A})+\nabla_\xi\cdot(f_1\dot{\underline{\xi}})=h \tag{5-36}$$

式中：∇_V 为速度空间的散度；$\underline{A}$为（条件平均）粒子加速度。

式(5-35)和式(5-36)应该由初始和边界条件完善。初始条件由在初始时刻 $t=0$ 时作为$\underline{x}$和$\underline{\xi}$的函数 NDF f_1 简单地给出。对于边界条件，区分内部坐标的边界$\partial\Omega_\xi$ 和外部坐标的边界$\partial\Omega_X$。通常，无穷远处的边界既不代表源也不代表汇，因此粒子通量在那里消失，有

$$\begin{cases} f_1\underline{v}\to 0, & |x|\to\infty \\ f_1\dot{\underline{\xi}}\to 0, & |\underline{\xi}|\to\infty \end{cases} \tag{5-37}$$

对于起源于部分边界$\partial\Omega_\xi$ 的粒子，这里用$\partial\Omega_\xi^0$ 表示，存在一个特殊的特征。在处理粒子成核或湮灭现象时就是这种情况。在这个特定的边界上，粒子通量假设由下式给出：

$$\begin{cases} -f_1\dot{\underline{\xi}}\cdot\underline{n}_\xi=\dot{n}_0 \\ \underline{\xi}\in\partial\Omega_\xi^0 \end{cases} \tag{5-38}$$

其中，$\dot{n}_0$ 从物理模型中确定[10]。

5.4 颗粒产生与湮灭现象介绍

本节将介绍不同粒子产生或湮灭现象的形式,如合并、破裂、成核或湮灭。基本上保留了 Ramkrishna[10]引入的符号。

5.4.1 粒子破碎

改写式(5-35)的等式右侧作为粒子源项 h^+ 和粒子汇项 h^- 之间的差异,有

$$h(\underline{x},\underline{\xi},\underline{Y}_c,t) \equiv h^+(\underline{x},\underline{\xi},\underline{Y}_c,t) - h^-(\underline{x},\underline{\xi},\underline{Y}_c,t) \tag{5-39}$$

式中,向量$\underline{Y}_c$ 将连续相的性质组合在一起。

设 $b(\underline{x},\underline{\xi},\underline{Y}_c,t)$ 是流体环境$\underline{Y}_c$ 中单位时间内状态$(\underline{x},\underline{\xi})$破碎的比例,则有

$$h^-(\underline{x},\underline{\xi},\underline{Y}_c,t) = b(\underline{x},\underline{\xi},\underline{Y}_c,t) f_1(\underline{x},\underline{\xi},t) \tag{5-40}$$

现在定义在$\underline{Y}_c$ 的环境中由状态$(\underline{x}',\underline{\xi}')$的粒子破碎产生的碎片平均数量为

$$\nu(\underline{x}',\underline{\xi}',\underline{Y}_c,t) = \text{碎片平均数量} \tag{5-41}$$

以及碎片 PDF,或者粒子子代分布函数(particle daughter distribution function, PDDF),即

$$P(\underline{x},\underline{\xi}\,|\,\underline{x}',\underline{\xi}',\underline{Y}_c,t) = \text{粒子子代分布函数} \tag{5-42}$$

式(5-40)中的函数 b 拥有时间倒数的量纲,称为破碎频率。碎片的平均数量 ν 具有最小值 2,但是由于是统计平均值,不要求为整数[10]。作为一个 PDF,粒子子代分布函数必须验证以下归一化条件,即

$$\int_{\Omega_\xi} P(\underline{x},\underline{\xi}\,|\,\underline{x}',\underline{\xi}',\underline{Y}_c,t)\,\mathrm{d}V_\xi = 1 \tag{5-43}$$

设 $m(\xi)$ 为状态为$\underline{\xi}$的粒子质量。质量守恒意味着以下方程成立:

$$\begin{cases} P(\underline{x},\underline{\xi}\,|\,\underline{x}',\underline{\xi}',\underline{Y}_c,t) = 0, \quad m(\underline{\xi}) \geqslant m(\xi') \\ m(\underline{\xi}') = \nu(\underline{x}',\underline{\xi}',\underline{Y}_c,t) \displaystyle\int_{\Omega_\xi} m(\underline{\xi}) P(\underline{x},\underline{\xi}\,|\,\underline{x}',\underline{\xi}',\underline{Y}_c,t)\,\mathrm{d}V_\xi \end{cases} \tag{5-44}$$

式(5-44)的第一个方程意味着碎片质量不能比父代粒子的质量大,式(5-44)的第二个方程意味着父代粒子的质量必须与碎片质量之和相等。

最后,状态$(\underline{x}',\underline{\xi}')$的粒子破碎的源项写为

$$h^+(\underline{x},\underline{\xi},\underline{Y}_c,t) = \int_{\Omega_\xi}\int_{\Omega_X} \nu(\underline{x}',\underline{\xi}',\underline{Y}_c,t) b(\underline{x}',\underline{\xi}',\underline{Y}_c,t) P(\underline{x},\underline{\xi}\,|\,\underline{x}',\underline{\xi}',\underline{Y}_c,t) f_1(\underline{x}',\underline{\xi}',t)\,\mathrm{d}V_{X'}\,\mathrm{d}V_{\xi'} \tag{5-45}$$

作为一个例子,研究破碎粒子的质量分布的演变。假设粒子根据它们的质量 m 分布,并且假定该过程是均匀的(不依赖于$\underline{x}$)。在该示例中没有考虑连续

相的变量,因此也省略了连续相向量$\underline{Y}_c$ 的影响。假设破碎函数 b、ν 和 P 也是时间无关的。在这种简化的情况下,P 的约束条件式(5-43)和式(5-44)变为

$$\begin{cases} \int_0^{m'} P(m \mid m')\,\mathrm{d}m = 1 \\ P(m \mid m') = 0 \quad 当\ m \geqslant m' \\ m' = \nu(m') \int_0^{m'} mP(m \mid m')\,\mathrm{d}m \end{cases} \tag{5-46}$$

如果粒子改变其质量的方式只有破碎这一种方式,则式(5-35)化简为

$$\frac{\partial f_1(m,t)}{\partial t} = \int_m^{\infty} \nu(m')b(m')P(m \mid m')f_1(m';t)\,\mathrm{d}m' - b(m)f_1(m;t) \tag{5-47}$$

系统中的粒子质量密度定义为 NDF$f_1(m;t)$的一阶矩,即

$$M_1(t) \equiv \int_0^{\infty} mf_1(m,t)\,\mathrm{d}m \tag{5-48}$$

因为在碎裂期间质量是守恒的,系统中存在的总粒子质量必须是守恒的,因此可以得到

$$\frac{\mathrm{d}M_1}{\mathrm{d}t} = \int_0^{\infty} m\int_m^{\infty} \nu(m')b(m')P(m \mid m')f_1(m';t)\,\mathrm{d}m'\mathrm{d}m - \int_0^{\infty} mb(m)f_1(m;t)\,\mathrm{d}m = 0 \tag{5-49}$$

在式(5-49)的等式右侧的第一项中,第一个积分意味着在(m,m')的积分区域,即$\{m<m'<\infty;0<m<\infty\}$,也可以写为$\{0<m<m';0<m'<\infty\}$。因此,式(5-49)变为

$$\frac{\mathrm{d}M_1}{\mathrm{d}t} = \int_0^{\infty} \nu(m')b(m')f_1(m';t)\int_0^{m'} mP(m \mid m')\,\mathrm{d}m\mathrm{d}m' - \int_0^{\infty} mb(m)f_1(m;t)\,\mathrm{d}m = 0 \tag{5-50}$$

将式(5-46)的第三个方程式代入式(5-50)的等式右侧的第一项,结果表明情况确实如此,因此质量分布的一阶矩是时间不变量。

5.4.2 粒子聚合

我们的关注将仅限于足够稀释的,以至于只能使两个粒子聚合有意义的系统。考虑处于$(\underline{x},\underline{\xi})$和$(\underline{x}',\underline{\xi}')$状态的一对(父代)粒子,它们将按照给定的频率合并,即

$$a(\underline{x},\underline{\xi};\underline{x}',\underline{\xi}';\underline{Y}_c,t) = a(\underline{x}',\underline{\xi}';\underline{x},\underline{\xi};\underline{Y}_c,t) = 合并频率 \tag{5-51}$$

在式(5-51)中已经阐明了合并频率相对于两个粒子的对称性。确定通过合并形成的新粒子的状态是非常必要的。此外,假设给出一个粒子以及新

合并的粒子状态,可以求出合并对中另一个的粒子状态。因此,给定新粒子的状态$(\underline{x},\underline{\xi})$和两个合并粒子之一的状态$(\underline{x}',\underline{\xi}')$,另一个合并粒子的状态由$[\hat{\underline{x}}(\underline{x},\underline{\xi}|\underline{x}',\underline{\xi}'),\hat{\underline{\xi}}(\underline{x},\underline{\xi}|\underline{x}',\underline{\xi}')]$表示。

接下来,将t时刻确定状态的粒子平均对数记为$f_2(\underline{x},\underline{\xi};\underline{x}',\underline{\xi}';t)$。将状态$(\underline{x},\underline{\xi})$的粒子生成速率的源项表示为$h^+(\underline{x},\underline{\xi},\underline{Y}_c,t)$。必须考虑到这样的事实,即相对于坐标$[\hat{\underline{x}}(\underline{x},\underline{\xi}|\underline{x}',\underline{\xi}'),\hat{\underline{\xi}}(\underline{x},\underline{\xi}|\underline{x}',\underline{\xi}')]$的密度必须通过使用适当的雅可比变换成为$(\underline{x},\underline{\xi})$中的一个,因此可以写为[10]

$$h^+(\underline{x},\underline{\xi},\underline{Y}_c,t)=\frac{1}{\delta}\int\limits_{\Omega_X}\int\limits_{\Omega_\xi}a(\hat{\underline{x}},\hat{\underline{\xi}};\underline{x}',\underline{\xi}';\underline{Y}_c)f_2(\hat{\underline{x}},\hat{\underline{\xi}};\underline{x}',\underline{\xi}';t)\frac{\partial(\hat{\underline{x}},\hat{\underline{\xi}})}{\partial(\underline{x},\underline{\xi})}\mathrm{d}v_{\xi'}\mathrm{d}V_{X'}\tag{5-52}$$

其中,$\dfrac{\partial(\hat{\underline{x}},\hat{\underline{\xi}})}{\partial(\underline{x},\underline{\xi})}$表示为行列式形式如下:

$$\frac{\partial(\hat{\underline{x}},\hat{\underline{\xi}})}{\partial(\underline{x},\underline{\xi})}\equiv\begin{vmatrix}\dfrac{\partial\hat{x}_1}{\partial x_1} & \cdots & \dfrac{\partial\hat{x}_1}{\partial x_3} & \dfrac{\partial\hat{x}_1}{\partial\xi_1} & \cdots & \dfrac{\partial\hat{x}_1}{\partial\xi_n}\\ \vdots & \ddots & \vdots & \vdots & \ddots & \vdots\\ \dfrac{\partial\hat{x}_3}{\partial x_1} & \cdots & \dfrac{\partial\hat{x}_3}{\partial x_3} & \dfrac{\partial\hat{x}_3}{\partial\xi_1} & \cdots & \dfrac{\partial\hat{x}_3}{\partial\xi_n}\\ \dfrac{\partial\hat{\xi}_1}{\partial x_1} & \cdots & \dfrac{\partial\hat{\xi}_1}{\partial x_3} & \dfrac{\partial\hat{\xi}_1}{\partial\xi_1} & \cdots & \dfrac{\partial\hat{\xi}_1}{\partial\xi_n}\\ \vdots & \ddots & \vdots & \vdots & \ddots & \vdots\\ \dfrac{\partial\hat{\xi}_n}{\partial x_1} & \cdots & \dfrac{\partial\hat{\xi}_n}{\partial x_3} & \dfrac{\partial\hat{\xi}_n}{\partial\xi_1} & \cdots & \dfrac{\partial\hat{\xi}_n}{\partial\xi_n}\end{vmatrix}\tag{5-53}$$

式(5-52)中的δ表示在积分区间中相同粒子对被重复计算的次数,$1/\delta$的作用是校正这种重复性误差。

汇项相对更加容易得到:

$$h^-(\underline{x},\underline{\xi},\underline{Y}_c,t)=\int\limits_{\Omega_X}\int\limits_{\Omega_\xi}a(\underline{x},\underline{\xi};\underline{x}',\underline{\xi}';\underline{Y}_c)f_2(\underline{x},\underline{\xi};\underline{x}',\underline{\xi}';t)\mathrm{d}V_{\xi'}\mathrm{d}V_{X'}\tag{5-54}$$

最后,应该将对密度函数$f_2(\underline{x},\underline{\xi};\underline{x}',\underline{\xi}';t)$进行封闭处理。$f_2$的精确方程式将涉及$f_3$等。以这种方式将获得无限多的方程组,并且除非进行某种形式的封闭近似;否则不能封闭数量密度。通常做出以下最粗略的封闭假设形式,即

$$f_2(\underline{x},\underline{\xi};\underline{x}',\underline{\xi}';t)=f_1(\underline{x},\underline{\xi};t)f_1(\underline{x}',\underline{\xi}';t)\tag{5-55}$$

至于破碎情况,以在合并情况下粒子质量分布演变为例进行简单分析。为简单起见,忽略对连续相$\underline{Y}_c$的依赖性并假设流动是均匀的,然后通过以下关系定义体积平均合并频率来消除对$\underline{x}$的依赖性[10],即

$$a(m,m')\equiv\frac{\int_{\Omega_X}\int_{\Omega_X}a(\underline{x},m;\underline{x}',m')\,\mathrm{d}V_X\mathrm{d}V_{X'}}{V(\Omega_X)}\tag{5-56}$$

在式(5-56)的两边使用相同的符号(a),以避免符号太多。应该注意的是,a在流域$V(\Omega_X)$的体积上被积分两次,但结果仅被$V(\Omega_X)$除了一次。结果是a:$a(\underline{x},m;\underline{x}',m')$的物理量纲变为具有时间倒数的量纲,而$a(m,m')$具有单位时间内的空间体积的量纲。

源项式(5-52)的计算如下。根据质量守恒,通过质量$m'<m$的粒子与质量为$\hat{m}=m-m'$的另一粒子的合并产生新的质量为m的粒子。当m'在$0\sim m$之间变化时,$\hat{m}$也是如此,因此集合$\{(\hat{m},m'),0<m'<m\}$中的每一对粒子都被考虑了两次($\delta=2$),根据式(5-52),有

$$h^+(m,t)=\frac{1}{2}\int_0^m a(m',m-m')f_1(m';t)f_1(m-m';t)\,\mathrm{d}m'\tag{5-57}$$

因此,如果粒子质量分布仅受到合并的影响,则式(5-35)可简化为

$$\frac{\partial f_1(m,t)}{\partial t}=\frac{1}{2}\int_0^m a(m',m-m')f_1(m';t)f_1(m-m';t)\,\mathrm{d}m'-f_1(m;t)\int_0^\infty a(m',m)f_1(m';t)\,\mathrm{d}m'\tag{5-58}$$

因为在每次合并期间质量都是守恒的,系统中存在的总粒子质量必须是守恒的,因此可以得到

$$\frac{\mathrm{d}M_1}{\mathrm{d}t}=\frac{1}{2}\int_0^\infty m\int_0^m a(m',m-m')f_1(m';t)f_1(m-m';t)\,\mathrm{d}m'\mathrm{d}m-\int_0^\infty mf_1(m;t)\int_0^\infty a(m',m)f_1(m';t)\,\mathrm{d}m'\mathrm{d}m=0\tag{5-59}$$

在式(5-59)的等式右侧的第一项中,第一个积分意味着在(m,m')的积分区域,即$\{0<m<m';0<m'<\infty\}$,也可以写为$\{m<m'<\infty;0<m<\infty\}$。因此,式(5-59)变为

$$\frac{\mathrm{d}M_1}{\mathrm{d}t}=\frac{1}{2}\int_0^\infty\int_{m'}^\infty ma(m',m-m')f_1(m';t)f_1(m-m';t)\,\mathrm{d}m\mathrm{d}m'-\int_0^\infty mf_1(m;t)\int_0^\infty a(m',m)f_1(m';t)\,\mathrm{d}m'\mathrm{d}m=0\tag{5-60}$$

将$m''=m-m'$代入式(5-60),有

$$\frac{\mathrm{d}M_1}{\mathrm{d}t}=\frac{1}{2}\int_0^{\infty}\int_0^{\infty}(m'+m'')a(m',m'')f_1(m';t)f_1(m'';t)\mathrm{d}m''\mathrm{d}m'-\int_0^{\infty}mf_1(m;t)\int_0^{\infty}a(m',m)f_1(m';t)\mathrm{d}m'\mathrm{d}m=0 \tag{5-61}$$

因为式(5-61)第一项中的被积函数在积分的平方域上是对称的,它的等式右侧中的两项被消去,因此总质量密度 M_1 是守恒的。

5.4.3 粒子成核或湮灭

当处理流动中新粒子的成核或达到最小尺寸的粒子湮灭时,式(5-38)中类型的边界条件是很重要的。让我们回想一下之前的通过质量 m 且在空间中均匀分布粒子的例子。在这种简单情况下,一般边界条件式(5-38)简化为

$$f_1(0,t)\dot{m}(0,Y_c,t)=\dot{n}_0[\dot{m}(m,Y_c,t),f_1(m,t)],\quad m=0 \tag{5-62}$$

5.5 标准矩量法

标准矩量法(standard method of moments,SMM)是首先由 Hulburt 和 Katz[11] 在粒子技术研究中引入的方法。后来 Kamp 等[12] 在他们关于微重力条件下气泡合并的研究中使用了它,Ruyer 等[13]、Ruyer 和 Seiler[14] 及 Zaepffel 等[15] 在他们关于沸腾气泡流动的研究中也使用了它。本节将推导出这种方法的基本方程,并说明为什么它的应用范围非常有限。

本节假设粒子的特征仅取决于它们的大小。对于球形粒子,该尺寸可由粒子质量、体积、表面积或长度(半径或直径)给出。为简单起见,假设粒子始终保持球形并具有特征长度 L。本节假设粒子的速度由离散相平均速度 $\underline{V}_{\mathrm{d}}$ 给出,而该速度不依赖于粒子的尺寸,因此,式(5-35)足以导出矩输运方程。第 k 阶矩定义为

$$M_k(\underline{x},t)\equiv\int_0^{\infty}L^k f_L(L;\underline{x},t)\mathrm{d}L \tag{5-63}$$

式中:$f_L(L;\underline{x},t)$ 为基于长度的 NDF。

矩的阶数 0~3 是非常有用的,因为它们代表粒子数密度、平均粒子尺寸、表面面积浓度和体积分数,即

$$\begin{cases}M_0=n\\ M_1=nL_{10}\\ M_2=\dfrac{a_{\mathrm{I}}}{k_a}\\ M_3=\dfrac{\alpha_{\mathrm{d}}}{k_v}\end{cases} \tag{5-64}$$

式中：k_a 和 k_v 为常数。

例如，如果选择 L 为球形粒子的直径，则 $k_a=\pi$、$k_v=\pi/6$。式(5-64)的第二个式子定义了(数量加权的)平均粒子 L_{10}。其他平均粒子尺寸可以定义为如 Sauter 平均尺寸 L_{32}。对于 p 与 q 不同的每一对整数(p,q)允许通过下式定义平均粒子尺寸[12]：

$$L_{pq}\equiv\left(\frac{M_p}{M_q}\right)^{\frac{1}{p-q}} \tag{5-65}$$

在 Sauter 平均长度的示例中得到：

$$L_{32}\equiv\frac{M_3}{M_2}=\frac{k_a}{k_v}\frac{\alpha_{\mathrm{d}}}{a_{\mathrm{I}}} \tag{5-66}$$

其中，如果 L 为直径，则$\dfrac{k_a}{k_v}=6$；如果 L 为半径，则$\dfrac{k_a}{k_v}=3$。

在通过平均速度$\underline{V}_{\mathrm{d}}$ 输运基于长度的 NDF 的情况下，式(5-35)变为

$$\frac{\partial}{\partial t}(f_L)+\nabla\cdot(f_L\underline{V}_{\mathrm{d}})+\frac{\partial(f_L\dot{L})}{\partial L}=h(L;\underline{x},t) \tag{5-67}$$

对式(5-67)使用矩变换方程(5-63)，得到以下的矩输运方程，即

$$\frac{\partial M_k}{\partial t}+\nabla\cdot(M_k\underline{V}_{\mathrm{d}})=k\int_0^{\infty}L^{k-1}\dot{L}f_L\mathrm{d}L+C(L^k) \tag{5-68}$$

其中，部分积分已经被执行以获得式(5-68)的等式右侧中的第一项。式(5-68)的最后一项 $C(L^k)$ 定义为源项 h 的第 k 阶矩，即

$$C(L^k)\equiv\int_0^{\infty}L^k h(L;\underline{x},t)\mathrm{d}L \tag{5-69}$$

为了进一步发展，应该给出沿着粒子路径测量的粒子长度$\dot{L}(L;\underline{x},t)$的时间变化率以及大小为 L：$h(L;\underline{x},t)$的粒子的一般源项的一些封闭表达式。我们暂且注意到，式(5-68)的等式右侧的第一项将在仅当$\dot{L}$是 L 的线性函数的特定情况下封闭[11]，有

$$\dot{L}(L)=AL+B \tag{5-70}$$

在这种(非常)特殊的情况下，式(5-68)变为

$$\frac{\partial M_k}{\partial t}+\nabla\cdot(M_k\underline{V}_{\mathrm{d}})=k(AM_k+BM_{k-1})+C(L^k) \tag{5-71}$$

除了式(5-68)的最后一项，式(5-71)的集合从零阶矩($k=0,1,2,\cdots$)开始在任何阶都是封闭的。

现在，如果粒子生长函数的尺寸依赖部分不能以式(5-70)的形式实现，那

么就不能开发出如式(5-71)那样简单的模型方程。以二次表达式为例,有

$$\dot{L}(L)=AL^2+BL+D \tag{5-72}$$

式(5-68)变为

$$\frac{\partial M_k}{\partial t}+\nabla\cdot(M_k\underline{V}_{\mathrm{d}})=k(AM_{k+1}+BM_k+DM_{k-1})+C(L^k) \tag{5-73}$$

式(5-73)的系统($k=0,1,2,\cdots$)在任何阶上都不封闭,因为对于 M_k 方程涉及未知矩 M_{k+1}。

现在给出源项 $C(L^k)$ 的一般形式。由合并或破碎(5.4 节)引起的源项可以基于长度的 NDF 重新表述[16]。最后,由于产生或湮灭现象 $h(L)$ 的源项为

$$h(L)=J_0\delta(L-L_0)+\frac{L^2}{2}\int_0^L a(L',\sqrt[3]{L^3-L'^3})f_L(L')\frac{f_L(\sqrt[3]{L^3-L'^3})}{(L^3-L'^3)^{2/3}}\mathrm{d}L'-f_L(L)\int_0^\infty a(L,L')f_L(L')\mathrm{d}L'+$$
$$\int_L^\infty b(L')\nu(L')P(L|L')f_L(L')\mathrm{d}L'-b(L)f_L(L) \tag{5-74}$$

式(5-74)的等式右侧的第一行对应于具有大小为 L_0 的粒子的成核(如果该项为负则湮灭)。第二行对应于合并,第三行对应于破碎。为简便起见,忽略了不同量对$\underline{x}$和 t 的依赖可能性。采用式(5-74)给出的源项的矩变换式(5-69),可以得到以下表达式,即

$$C(L^k)=J_0L_0^k+\frac{1}{2}\int_0^\infty\int_0^\infty[(L^3+L'^3)^{\frac{k}{3}}-L^k-L'^k]a(L,L')f_L(L)f_L(L')\mathrm{d}L'\mathrm{d}L+$$
$$\int_0^\infty L^k\int_0^\infty b(L'+L)\nu(L'+L)P(L|L'+L)f_L(L'+L)\mathrm{d}L'\mathrm{d}L-\int_0^\infty L^k b(L)f_L(L)\mathrm{d}L \tag{5-75}$$

式(5-75)表明,由于合并或破碎引起的 k 阶矩的源项包括涉及粒子尺寸和核函数 a、b、ν 和 P 的复杂函数的简单和双重积分。在求解式(5-75)中的多个积分之前,为这些核函数和基于长度的 NDF 选择特定物理模型是前提性工作。这可能是一项非常困难的任务[12,15,17-18],它是标准矩量法的主要限制。5.6 节提出了一种系统方法来解决 SMM 中获得方程的积分。

5.6 矩求积法

5.6.1 矩求积法

如 5.5 节所示,SMM 的适用性受到严格的限制。为了规避这些限制,McGraw[19]

提出通过使用 N 点高斯积分来近似积分。在这个近似中,k 阶矩(式(5-63))近似为

$$M_k(\underline{x},t) \approx \sum_{i=1}^{N} L_i(\underline{x},t)^k w_i(\underline{x},t) \tag{5-76}$$

在式(5-76)中,场 $L_i(\underline{x},t)$ 和 $w_i(\underline{x},t)$ 称为横坐标和积分权重。一般来说,如果 $g(L)$ 是 L 的任何函数,则 N 点积分近似由下式给出:

$$\int_0^\infty g(L) f_L(L;\underline{x},t)\,\mathrm{d}L \approx \sum_{i=1}^{N} g(L_i(\underline{x},t))\, w_i(\underline{x},t) \tag{5-77}$$

为了一般性,在式(5-67)中加入一个扩散项,以获得 Marchisio 和 Fox[8] 提出的以下方程,即

$$\frac{\partial f_L}{\partial t} + \nabla \cdot (f_L \underline{U}) = \nabla \cdot (\mathrm{D} \nabla f_L) + S(L) \tag{5-78}$$

式中:$\underline{U}(\underline{x},t)$ 和 $D(\underline{x},t)$ 为速度和扩散率场,它们假设与 L 无关;源项 $S(L)$ 涵盖了式(5-67)的最后两项,即

$$S(L;\underline{x},t) \equiv h(L;\underline{x},t) - \frac{\partial (f_L \dot{L}(L;\underline{x},t))}{\partial L} \tag{5-79}$$

NDF 水平的扩散可代表非常小的粒子(如胶体颗粒[20]或纳米粒子[21])的布朗扩散或湍流中的湍流扩散。

方程(5-78)的矩变换方程(5-63)可表示为

$$\frac{\partial M_k}{\partial t} + \nabla \cdot (M_k \underline{U}) = \nabla \cdot (\mathrm{D} \nabla M_k) + \overline{S}_k \tag{5-80}$$

其中,源项 $\overline{S}_k$ 根据下式定义:

$$\overline{S}_k \equiv \int_0^\infty L^k S(L)\,\mathrm{d}L \tag{5-81}$$

使用式(5-68)和式(5-75)可以得到一般源项的 k 阶矩表达式,即

$$\overline{S}_k \equiv k\int_0^\infty L^{k-1} \dot{L} f_L(L)\,\mathrm{d}L + J_0 L_0^k + \frac{1}{2}\int_0^\infty \int_0^\infty [(L^3+L'^3)^{\frac{k}{3}} - L^k - L'^k]\, a(L,L') f_L(L) f_L(L')\,\mathrm{d}L'\mathrm{d}L + \int_0^\infty L^k \int_0^\infty b(L'+L)\nu(L'+L) P(L|L'+L) f_L(L'+L)\,\mathrm{d}L'\mathrm{d}L - \int_0^\infty L^k b(L) f_L(L)\,\mathrm{d}L \tag{5-82}$$

现在将使用 N 点积分近似式(5-77)来给出源项式(5-82)的近似形式,可以写为

$$
\begin{aligned}
\overline{S}_k^N \equiv & k\sum_{i=1}^{N} L_i^{k-1}\dot{L}(L_i)w_i + J_0 L_0^k + \\
& \frac{1}{2}\sum_{i=1}^{N}\sum_{j=1}^{N}\left[(L_i^3+L_j^3)^{\frac{k}{3}} - L_i^k - L_j^k\right]a(L_i,L_j)w_i w_j + \\
& \sum_{i=1}^{N} I_i^k b(L_i)w_i - \sum_{i=1}^{N} L_i^k b(L_i)w_i
\end{aligned}
\tag{5-83}
$$

其中,破碎积分 I_i^k 由下式定义:

$$
I_i^k \equiv \int_0^{\infty} L^k \nu(L_i+L)P(L|L_i+L)\,\mathrm{d}L \tag{5-84}
$$

如果为碎片数量和碎片分布函数选择了适当的表达式,则可以计算积分 I_i^k。

QMOM 致力于求解矩方程(5-80),其中一般源项由式(5-83)给出。由于对于 N 点积分具有 $2N$ 个未知数(N 个横坐标和 N 个权重),因此需要 $2N$ 个如式(5-80)一样的输运方程。式(5-76)表明,通过知道权重和横坐标可以简单地确定矩,但是反问题(从矩确定权重和横坐标)并不容易。有几种算法可以完成这项任务。在这里,将总结 McGraw[19] 提出的乘积差异算法(product difference algorithm,PDA)。其他可用的算法由 Gimbun 等[22] 和 Yu、Lin[23] 给出。

对于一个 N 点的积分,PDA 的第一步包括构造具有尺寸 $(2N+1)(2N+1)$ 的矩阵 $\boldsymbol{P}$。矩阵 $\boldsymbol{P}$ 的第一列和第二列由下式给出:

$$
\begin{cases}
P_{i,1} = \delta_{i1}, \quad i=1,2,\cdots,2N+1 \\
P_{i,2} = (-1)^{i-1}M_{i-1}, \quad i=1,2,\cdots,2N \\
P_{2N+1,2} = 0
\end{cases}
\tag{5-85}
$$

从第三列到 $2N+1$,乘积差异算法的使用方法为

$$
P_{i,j} = P_{1,j-1}P_{i+1,j-2} - P_{1,j-2}P_{i+1,j-1}, \quad j=3,\cdots,2N+1, \quad i=1,\cdots,2N+2-j \tag{5-86}
$$

由于最终权重可以通过乘以真实的 M_0 来校正,因此在 PDA 中可以将零阶矩阵替换为 1,因此矩阵 $\boldsymbol{P}$ 可表示为

$$
\boldsymbol{P} = \begin{pmatrix}
1 & 1 & P_{13} & \cdots & \cdots & P_{1,2n+1} \\
0 & -M_1 & P_{23} & \cdots & P_{2,2n} & 0 \\
\cdots & M_2 & \cdots & \cdots & 0 & 0 \\
0 & (-1)^{i-1}M_{i-1} & P_{2n-1,3} & 0 & 0 & 0 \\
0 & -M_{2n-1} & 0 & 0 & 0 & 0 \\
0 & 0 & 0 & 0 & 0 & 0
\end{pmatrix} \tag{5-87}
$$

矩阵 $\boldsymbol{P}$ 的第一行允许确定以下系数:

$$c_i=\begin{cases}M_0, & i=1\\ \dfrac{P_{1,i+1}}{P_{1,i}P_{1,i-1}}, & i=2,\cdots,2N\end{cases} \tag{5-88}$$

从系数 c_i 出发，通过使用以下关系构造对角对称矩阵 $\boldsymbol{A}$：

$$\begin{cases}\boldsymbol{A}=\begin{pmatrix}\beta_0 & \alpha_1 & 0 & 0\\ \alpha_1 & \beta_1 & \cdots & 0\\ 0 & \cdots & \ddots & \alpha_{N-1}\\ 0 & 0 & \alpha_{N-1} & \beta_{N-1}\end{pmatrix}\\ \beta_{i-1}=\begin{cases}c_2, & i=1\\ c_{2i}+c_{2i-1}, & i=2,\cdots,N\end{cases}\\ \alpha_i=-\sqrt{c_{2i}c_{2i+1}}, \quad i=1,\cdots,N-1\end{cases} \tag{5-89}$$

横坐标 L_i 和权重 w_i 分别为矩阵 $\boldsymbol{A}$ 的特征值和相应特征向量的第一个分量，且有

$$w_i=M_0 v_{i,1}^2 \tag{5-90}$$

式中：$v_{i,1}$ 为特征向量 $\underline{v}_i$ 的第一个分量。

5.6.2 直接矩求积法

5.6.1 小节中介绍的 QMOM 基本上仅限于涉及一个内部相坐标的问题(5.6.1小节中的长度 L)。为克服这一局限性，Marchisio 和 Fox[24] 提出了 DQMOM。DQMOM 是 QMOM 的变体，采用权重和横坐标的输运方程代替方程(5-80)。这里用一个内部相位坐标 L 来总结 DQMOM，有两个内部相坐标的情况可以参阅 Marchisio 和 Fox[24] 的研究。

为了获得权重和横坐标的方程，对于讨论涉及狄拉克函数的基于长度的 NDF，从下式开始：

$$f_L(L;\underline{x},t)=\sum_{i=1}^{N} w_i(\underline{x},t)\delta(L-L_i(\underline{x},t)) \tag{5-91}$$

将式(5-91)代入式(5-78)，得

$$\begin{aligned}&\sum_{i=1}^{N}\delta(L-L_i(\underline{x},t))\left[\frac{\partial w_i}{\partial t}+\nabla\cdot(w_i\underline{U}_i)-\nabla D\cdot\nabla w_i-D\nabla^2 w_i\right]-\\ &\sum_{i=1}^{N}\delta'(L-L_i(\underline{x},t))\left[\begin{matrix}w_i\dfrac{\partial L_i}{\partial t}+w_i\nabla\cdot(L_i\underline{U}_i)-w_i\nabla D\cdot\nabla L_i\\ -2D\nabla w_i\cdot\nabla L_i-w_iD\nabla^2 L_i\end{matrix}\right]-\\ &\sum_{i=1}^{N}\delta''(L-L_i(\underline{x},t))D(\nabla L_i)^2 w_i=S(L_i)\end{aligned} \tag{5-92}$$

式中：δ'和δ''为狄拉克δ函数的一阶导数和二阶导数。

速度场$\underline{U}_i$与尺寸L_i是相关联的，这为多离散流提供了更准确的描述，而不是假设所有尺寸的粒子速度都相同。引入加权横坐标的定义：

$$\Lambda_i \equiv w_i L_i \tag{5-93}$$

则式(5-92)可以改写为

$$\begin{aligned}&\sum_{i=1}^{N}\delta(L-L_i(\underline{x},t))\left[\frac{\partial w_i}{\partial t}+\nabla\cdot(w_i\underline{U}_i)-\nabla\cdot(D\nabla w_i)\right]-\\&\sum_{i=1}^{N}\delta'(L-L_i(\underline{x},t))\left[\begin{array}{l}\dfrac{\partial \Lambda_i}{\partial t}+\nabla\cdot(\Lambda_i\underline{U}_i)-\nabla\cdot(D\nabla\Lambda_i)\\-L_i\left(\dfrac{\partial w_i}{\partial t}+\nabla\cdot(w_i\underline{U}_i)-\nabla\cdot(D\nabla w_i)\right)\end{array}\right]-\\&\sum_{i=1}^{N}\delta''(L-L_i(\underline{x},t))D(\nabla L_i)^2 w_i=S(L_i)\end{aligned}\tag{5-94}$$

Marchisio 和 Fox[24]通过以下等式定义了权重和加权横坐标的源项：

$$\begin{cases}\dfrac{\partial w_i}{\partial t}+\nabla\cdot(w_i\underline{U}_i)-\nabla\cdot(D\nabla w_i)\equiv a_i\\\dfrac{\partial \Lambda_i}{\partial t}+\nabla\cdot(\Lambda_i\underline{U}_i)-\nabla\cdot(D\nabla\Lambda_i)\equiv b_i\end{cases}\tag{5-95}$$

此外，还定义了以下量：

$$C_i \equiv w_i D(\nabla L_i)^2 \tag{5-96}$$

使用式(5-95)和式(5-96)，式(5-94)可以改写为

$$\begin{aligned}&\sum_{i=1}^{N}\delta(L-L_i(\underline{x},t))a_i-\sum_{i=1}^{N}\delta'(L-L_i(\underline{x},t))(b_i-a_iL_i)-\sum_{i=1}^{N}\delta''(L-L_i(\underline{x},t))C_i\\&=S(L_i)\end{aligned}\tag{5-97}$$

注意：

$$\begin{cases}\displaystyle\int_0^\infty L^k\delta(L-L_i(\underline{x},t))\,\mathrm{d}L=L_i^k\\\displaystyle\int_0^\infty L^k\delta'(L-L_i(\underline{x},t))\,\mathrm{d}L=-kL_i^{k-1}\\\displaystyle\int_0^\infty L^k\delta''(L-L_i(\underline{x},t))\,\mathrm{d}L=k(k-1)L_i^{k-2}\end{cases}\tag{5-98}$$

在已进行分部积分的情况下，对式(5-97)进行矩变换可得如下关系式：

$$(1-k)\sum_{i=1}^{N}L_i^k a_i+k\sum_{i=1}^{N}L_i^{k-1}b_i=\overline{S}_k^N+\overline{C}_k^N \tag{5-99}$$

其中,式(5-99)的最后一项根据下式定义:

$$\overline{C}_k^N \equiv k(k-1)\sum_{i=1}^{N} L_i^{k-2} C_i \tag{5-100}$$

可以对式(5-99)和式(5-100)做出两点讨论:

(1) 如果 NDF 是非扩散的($D=0$),则 $\overline{C}_k^N$ 项为 0;

(2) 式(5-99)给出了权重和横坐标方程(5-95)中的源项与矩方程 $\overline{S}_k^N$ 中源项之间的联系。源项 $\overline{S}_k^N$ 由积分近似中的式(5-83)给出,源项 a_i 和 b_i 从式(5-99)导出,其中 k 值取 0~$2N-1$。这些方程可以用以下矩阵形式写出:

$$\begin{pmatrix} 1 & & 1 & 0 & \cdots & 0 \\ 0 & \cdots & 0 & 1 & \cdots & 1 \\ -L_1^2 & \cdots & -L_N^2 & 2L_1 & \cdots & 2L_N \\ \vdots & \ddots & \vdots & \vdots & \ddots & \vdots \\ (2-2N)L_1^{2N-1} & \cdots & (2-2N)L_N^{2N-1} & (2N-1)L_1^{2N-2} & \cdots & (2N-1)L_N^{2N-2} \end{pmatrix} \begin{pmatrix} a_1 \\ a_N \\ b_1 \\ \vdots \\ b_N \end{pmatrix}$$

$$= \begin{pmatrix} \overline{S}_0^N \\ \overline{S}_1^N \\ \overline{S}_2^N + \overline{C}_2^N \\ \vdots \\ \overline{S}_{2N-1}^N + \overline{C}_{2N-1}^N \end{pmatrix} \tag{5-101}$$

上述方程中方阵的反演给出了在式(5-95)的等式右侧中使用的源项数值。当获得权重和横坐标的解时,矩可以从它们的近似式(5-76)简单地推导出。

5.7 泡状流的多域方法

多尺寸群(multi-size-group,MUSIG)模型有时也称为多域或多类方法[25],可能是计算具有多个气泡尺寸的气泡流的最常见方法[26-34]。该方法包括确定气泡直径的一个最小值 d_{min} 和一个最大值 d_{max}(不同气泡直径位于区间[d_{min}, d_{max}]),并将该区间分成 N 个子区间[$d_{i-1/2}$, $d_{i+1/2}$],每个子区间以气泡直径 d_i 的离散值为中心。第 i 类或域定义为其直径介于 $d_{i-1/2}$ ~ $d_{i+1/2}$之间的气泡集合。

第 i 类中气泡的气泡数密度定义为

$$n_i(\underline{x},t) \equiv \int_{d_{i-1/2}}^{d_{i+1/2}} f_L(L;\underline{x},t)\,\mathrm{d}L \tag{5-102}$$

与相同类别 α_i 相关的平均体积分数(空泡份额)定义为

$$\alpha_i(\underline{x},t) \equiv \int_{d_{i-1/2}}^{d_{i+1/2}} \frac{\pi L^3}{6} f_L(L;\underline{x},t)\,\mathrm{d}L \approx n_i \frac{\pi d_i^3}{6} \tag{5-103}$$

由于离散直径 d_i 是已知的(它们由程序用户在计算开始时选择并且在所有计算期间被假定为常数),它等同于求解诸如气泡数密度 n_i 或部分空泡份额 α_i 变量的问题。第 i 类气泡的平均气体密度和速度由下式定义:

$$\begin{cases} \alpha_i \rho_{\mathrm{d},i} \equiv \displaystyle\int_{d_{i-1/2}}^{d_{i+1/2}} \rho_\mathrm{d}(L;\underline{x},t) \frac{\pi L^3}{6} f_L(L;\underline{x},t)\,\mathrm{d}L \\ \alpha_i \rho_{\mathrm{d},i}\, \underline{V}_{\mathrm{d},i} \equiv \displaystyle\int_{d_{i-1/2}}^{d_{i+1/2}} \rho_\mathrm{d}(L;\underline{x},t)\, \overline{\underline{w}}(L;\underline{x},t) \frac{\pi L^3}{6} f_L(L;\underline{x},t)\,\mathrm{d}L \end{cases} \tag{5-104}$$

式中:$\overline{\underline{w}}(L;\underline{x},t)$ 为由直径 L 决定的气泡平均平移速度。

在等温流动的情况下,多域方法包括求解对应于 N 个尺寸的 N 个不同气相域的 $2N$ 个质量和动量守恒方程,以及液相的两个质量和动量守恒方程。由于直径是已知的,并且对于所有气泡类别始终为恒定值,因此界面面积输运方程的求解不是必需的。在等温流动中,气泡合并、气泡破裂和气体压缩现象意味着不同气泡类别之间的质量(和可能的动量)交换项。下面推导出标记为 i 的一般气泡的质量守恒方程。出发点是基于直径的 NDF 的 PBE(式(5-67)),可以改写为

$$\frac{\partial f_L}{\partial t} + \nabla\cdot\left(f_L\, \overline{\underline{w}}(L;\underline{x},t)\right) + \frac{\partial f_L G(L;\underline{x},t)}{\partial L} = B^+(L;\underline{x},t) - B^-(L;\underline{x},t) + C^+(L;\underline{x},t) - C^-(L;\underline{x},t) \tag{5-105}$$

在式(5-105)中,直径随着气泡路径的时间变化率由 $G(L;\underline{x},t)$(生长速率)表示,$B^+(L;\underline{x},t)$、$B^-(L;\underline{x},t)$、$C^+(L;\underline{x},t)$ 和 $C^-(L;\underline{x},t)$ 是由于气泡破碎(B)和合并(C)的源项(+)和汇项(-)。这些项的表达式已经在前面给出了。

通过将 PBE 的式(5-105)乘以气泡质量 $\rho_\mathrm{d} \dfrac{\pi L^3}{6}$,并将得到的方程在区间 $d_{i-1/2} \sim d_{i+1/2}$ 积分,可以获得第 i 类气泡的质量守恒方程。为此,假设气体密度不依赖于所考虑的类别,即气泡直径。积分前两项得到:

$$\begin{cases} \displaystyle\int_{d_{i-1/2}}^{d_{i+1/2}} \rho_\mathrm{d} \frac{\pi L^3}{6} \frac{\partial f_L}{\partial t}\mathrm{d}L = \frac{\partial \alpha_i \rho_\mathrm{d}}{\partial t} - \int_{d_{i-1/2}}^{d_{i+1/2}} f_L \frac{\pi L^3}{6} \frac{\partial \rho_\mathrm{d}}{\partial t}\mathrm{d}L \\ \displaystyle\int_{d_{i-1/2}}^{d_{i+1/2}} \rho_\mathrm{d} \frac{\pi L^3}{6} \nabla\cdot\left[f_L\, \overline{\underline{w}}(L;\underline{x},t)\right]\mathrm{d}L = \nabla\cdot\left(\alpha_i \rho_\mathrm{d} \underline{V}_{\mathrm{d},i}\right) - \int_{d_{i-1/2}}^{d_{i+1/2}} f_L \frac{\pi L^3}{6} \overline{\underline{w}}\cdot\nabla\rho_\mathrm{d}\,\mathrm{d}L \end{cases} \tag{5-106}$$

积分式(5-105)的等式左侧的第三项,可以得到:

$$\int_{d_{i-1/2}}^{d_{i+1/2}} \rho_{\mathrm{d}} \frac{\pi L^3}{6} \frac{\partial f_L G(L;\underline{x},t)}{\partial L} \mathrm{d}L = \rho_{\mathrm{d}} \frac{\pi d_{i+1/2}^3}{6} f_{\mathrm{d}}(d_{i+1/2}) G(d_{i+1/2}) - \rho_{\mathrm{d}} \frac{\pi d_{i-1/2}^3}{6} f_{\mathrm{d}}(d_{i-1/2}) G(d_{i-1/2}) - \int_{d_{i-1/2}}^{d_{i+1/2}} \rho_{\mathrm{d}} \frac{\pi L^2}{6} f_L G(L;\underline{x},t) \mathrm{d}L \tag{5-107}$$

生长速度 G 可以通过单个气泡的质量守恒方程式(2-67)得到:

$$\frac{\mathrm{D}m}{\mathrm{D}t} = \frac{D(\rho_{\mathrm{d}} \pi d^3/6)}{\mathrm{D}t} = \rho_{\mathrm{d}} \frac{\pi d^2}{2} \dot{d} + \frac{\pi d^3}{6} \dot{\rho}_{\mathrm{d}} = \dot{m}_{\mathrm{d}} \pi d^2$$

$$\Rightarrow G(d) \equiv \dot{d} = -\frac{d}{3\rho_{\mathrm{d}}} \left(\frac{\partial \rho_{\mathrm{d}}}{\partial t} + \underline{\overline{w}} \cdot \nabla \rho_{\mathrm{d}} \right) + 2 \frac{\dot{m}_{\mathrm{d}}}{\rho_{\mathrm{d}}} \tag{5-108}$$

在没有相变的情况下,$\dot{m}_{\mathrm{d}}=0$。将上述 G 的表达式代入式(5-107)的等式右侧的最后一项,并将得到的方程加到式(5-106)上,可以得到

$$\int_{d_{i-1/2}}^{d_{i+1/2}} \rho_{\mathrm{d}} \frac{\pi L^3}{6} \left[\frac{\partial f_L}{\partial t} + \nabla \cdot (f_L \underline{\overline{w}}) + \frac{\partial f_L G}{\partial L} \right] \mathrm{d}L = \frac{\partial \alpha_i \rho_{\mathrm{d}}}{\partial t} + \nabla \cdot (\alpha_i \rho_{\mathrm{d}} \underline{V}_{\mathrm{d},i}) + \rho_{\mathrm{d}} \frac{\pi d_{i+1/2}^3}{6} f_L(d_{i+1/2}) G(d_{i+1/2}) - \rho_{\mathrm{d}} \frac{\pi d_{i-1/2}^3}{6} f_L(d_{i-1/2}) G(d_{i-1/2}) \tag{5-109}$$

最后,对式(5-105)进行积分得到第 i 类的质量守恒方程:

$$\frac{\partial \alpha_i \rho_{\mathrm{d}}}{\partial t} + \nabla \cdot (\alpha_i \rho_{\mathrm{d}} \underline{V}_{\mathrm{d},i}) = \rho_{\mathrm{d}} \frac{\pi d_{i-1/2}^3}{6} f_L(d_{i-1/2}) G(d_{i-1/2}) - \rho_{\mathrm{d}} \frac{\pi d_{i+1/2}^3}{6} f_L(d_{i+1/2}) G(d_{i+1/2}) + B_i^+ - B_i^- + C_i^+ - C_i^- \tag{5-110}$$

其中,B_i^+ 项的定义为

$$B_i^+(\underline{x},t) \equiv \int_{d_{i-1/2}}^{d_{i+1/2}} \rho_{\mathrm{d}} \frac{\pi L^3}{6} B^+(L;\underline{x},t) \mathrm{d}L \tag{5-111}$$

其中,对于 B_i^-、C_i^+ 和 C_i^- 也是相似的定义。

式(5-110)的等式右侧的前两项表示进入 i 类的气泡和从中流出的质量通量。这些通量是由于气体密度变化引起的气泡尺寸的增大或减小所导致的。在得出这些通量的近似封闭的表达式之前,必须建立满足总气体质量守恒方程的条件。式(5-111)可以通过对 N 个式(5-110)求和得到,其中 N 个方程参数如下:

$$
\begin{cases}
\alpha_{\mathrm{d}} = \sum_{i=1}^{N} \alpha_i \\
\alpha_{\mathrm{d}} \underline{V}_{\mathrm{d}} = \sum_{i=1}^{N} \alpha_i \underline{V}_{\mathrm{d},i}
\end{cases}
\tag{5-112}
$$

式(5-112)的第一个式子表明,总空隙率是 N 个类别中部分空隙率的总和,第二个式子定义了平均气体速度为所有气泡体积中心的速度(当气体密度不依赖于气泡尺寸时,这与质心重合,如这里所假设的那样)。获得的总气体质量守恒方程为

$$
\begin{aligned}
\frac{\partial \alpha_{\mathrm{d}} \rho_{\mathrm{d}}}{\partial t} + \nabla \cdot (\alpha_{\mathrm{d}} \rho_{\mathrm{d}} \underline{V}_{\mathrm{d}}) &= -\rho_{\mathrm{d}} \sum_{i=1}^{N} \left[\frac{\pi d_{i+1/2}^3}{6} f_L(d_{i+1/2}) G(d_{i+1/2}) - \frac{\pi d_{i-1/2}^3}{6} f_L(d_{i-1/2}) G(d_{i-1/2}) \right] \\
&= -\rho_{\mathrm{d}} \left[\frac{\pi d_{N+1/2}^3}{6} f_L(d_{N+1/2}) G(d_{N+1/2}) - \frac{\pi d_{1/2}^3}{6} f_L(d_{1/2}) G(d_{1/2}) \right]
\end{aligned}
\tag{5-113}
$$

考虑到合并和破碎现象不会改变气体的总量。关于 G 的边界条件是通过将式(5-113)与式(5-47)(无相变项时)等同而推导得出的,则有

$$
G(d_{1/2}) = G(d_{N+1/2}) = 0 \tag{5-114}
$$

式(5-114)没有物理基础。然而,它们与这里描述的方法一致,该方法仅考虑直径在 $d_{\min} = d_{1/2}$ 和 $d_{\max} = d_{N+1/2}$ 之间的气泡。由于这种方法假设气泡直径小于 $d_{1/2}$ 或大于 $d_{N+1/2}$ 时不存在气体,式(5-114)只是 G 上的边界条件,保证气体不能超过指定的气泡直径范围。现在必须对式(5-110)的等式右侧的前两项建立近似表达式。当索引 $i+\frac{1}{2}$ 不同于 $\frac{1}{2}$ 或 $N+\frac{1}{2}$ 时,G 通过式(5-108)的形式近似计算:

$$
G(d_{i+1/2}) = -\frac{d_{i+1/2}}{3\rho_{\mathrm{d}}} \left(\frac{\partial \rho_{\mathrm{d}}}{\partial t} + \underline{V}_{\mathrm{d},i+1/2} \cdot \nabla \rho_{\mathrm{d}} \right)
$$

其中

$$
d_{i+1/2} = \frac{d_i + d_{i+1}}{2}, \quad \underline{V}_{\mathrm{d},i+1/2} = \frac{\underline{V}_{\mathrm{d},i} + \underline{V}_{\mathrm{d},i+1}}{2} \tag{5-115}
$$

半径为 $d_{i+1/2}$ 时的分布函数通过下式近似:

$$
\begin{aligned}
&\int_{d_i}^{d_{i+1}} \frac{\pi L^3}{6} f_L(L)\,\mathrm{d}L \approx \frac{\pi d_{i+1/2}^3}{6} f_L(d_{i+1/2}) [d_{i+1} - d_i] \equiv \alpha_{i+1/2} \\
&\Rightarrow \frac{\pi d_{i+1/2}^3}{6} f_L(d_{i+1/2}) = \frac{\alpha_{i+1/2}}{[d_{i+1} - d_i]}
\end{aligned}
\tag{5-116}
$$

为了计算 $\alpha_{i+1/2}$ 的值,根据函数 G 的符号使用迎风格式,即

$$\alpha_{i+1/2}G(d_{i+1/2})=\alpha_i\mathrm{Max}(G(d_{i+1/2}),0)+\alpha_{i+1}\mathrm{Min}(G(d_{i+1/2}),0) \tag{5-117}$$

最终,i 类气泡的质量守恒方程(5-110)可以改写为

$$\frac{\partial\alpha_i\rho_\mathrm{d}}{\partial t}+\nabla\cdot(\alpha_i\rho_\mathrm{d}\underline{V}_{\mathrm{d},i})=\rho_\mathrm{d}\frac{\alpha_{i-1/2}}{[d_i-d_{i-1}]}G(d_{i-1/2})-\rho_\mathrm{d}\frac{\alpha_{i+1/2}}{[d_{i+1}-d_i]}G(d_{i+1/2})+B_i^+-B_i^-+C_i^+-C_i^- \tag{5-118}$$

现在必须提出一些出现在质量守恒方程(5-118)中的类间传质项 B_i^+、B_i^-、C_i^+ 和 C_i^- 的表达式。采用了 Carrica 等[27]提出的离散表达式,其形式为

$$\begin{cases}B_i^+=\sum\limits_{j=i+1}^{N}b_j\alpha_{\mathrm{d},j}\rho_\mathrm{d}\boldsymbol{X}_{i,j}\\ B_i^-=b_i\alpha_{\mathrm{d},i}\rho_\mathrm{d}\\ C_i^+=\dfrac{\rho_\mathrm{d}}{2}\sum\limits_{j=1}^{i-1}c_{j,i-j}\alpha_{\mathrm{d},j}\alpha_{\mathrm{d},i-j}\boldsymbol{X}_{i,j,i-j}\\ C_i^-=\rho_\mathrm{d}\sum\limits_{j=1}^{N-i}c_{i,j}\alpha_{\mathrm{d},i}\alpha_{\mathrm{d},j}\end{cases} \tag{5-119}$$

式中:根据 Carrica 等[27]的研究,$\alpha_{\mathrm{d},i}$ 和 $\rho_{\mathrm{d},i}$ 为空泡份额和表征 i 类气泡的密度;b_i 和 $c_{i,j}$ 为破碎和合并频率;$\boldsymbol{X}_{i,j}$ 和 $\boldsymbol{X}_{i,j,k}$ 为无量纲矩阵,其保证了合并、破碎不会改变气体的总量。

5.8 关于动量输运方程封闭问题的讨论

得益于积分近似式(5-76)和式(5-77),出现在矩输运方程中的合并和破碎积分被 N 个积分点上的和取代(式(5-83))。在 QMOM 中,PDA 允许从矩集合计算权重 w_i 和横坐标 L_i,并且这些权重和横坐标允许计算每个时刻的源项 $\overline{S}_k^N$。如果在矩输运方程式(5-80)中出现的速度和扩散率场 $\underline{U}(\underline{x},t)$ 和 $D(\underline{x},t)$ 由其他方式提供,则 QMOM 中剩余的封闭问题涉及以下量:

(1) 粒子生长速度 $\dot{L}(L_i,\underline{x},t)$;

(2) 新粒子成核速率 $J_0(\underline{x},t)$ 和新的粒子直径 $L_0(\underline{x},t)$;

(3) 合并内核 $a(L_i,L_j)$;

(4) 破碎频率 $b(L_i)$;

(5) 平均碎片数 $\nu(L_i)$;

(6) 碎片分布函数 $P(L|L_i)$。

在 DQMOM 中,矩输运方程(5-80)由权重和加权横坐标方程式(5-95)所

替代。这些方程的等式右侧由$\overline{S}_k^N$通过系统的反演计算得到(式(5-101))。因此,在这种方法中 PDA 并不适用,除非是在初始矩是已知量的情况下,可以用于初始化权重和加权横坐标。DQMOM 具有表示离散粒子尺寸的每个积分节点是被其自身速度$\underline{U}_i$输运的优点。该速度可以通过求解与第 3 章中得到的离散相动量守恒非常相似的动量守恒来获得,则

$$\frac{\partial \alpha_i \rho_i \underline{U}_i}{\partial t}+\nabla \cdot (\alpha_i \rho_i \underline{U}_i \underline{U}_i)=\nabla \cdot \underline{\underline{\Sigma}}_i+\underline{M}_{d,i}+\alpha_i \rho_i \underline{g}, \quad i=1,2,\cdots,N \tag{5-120}$$

一个积分节点 α_i 的体积分数由下式定义,即

$$\alpha_i \equiv k_v L_i^3 w_i \tag{5-121}$$

具有动量守恒方程(5-120)的 DQMOM 需要对以下量进行封闭:

(1) 应力张量$\underline{\underline{\Sigma}}_i(\underline{x},t)$,包括动能应力和碰撞应力;

(2) 界面动量传递$\underline{M}_{d,i}$,包括连续相中的压力梯度。

在用于泡状流的 MUSIG 方法中,必须针对 N 个气相域求解质量守恒方程(5-118)。需要以下封闭的量:

(1) 离散直径下的气泡生长速度 $G(d_{i+1/2})$;

(2) 合并频率 $c_{i,j}$;

(3) 破碎频率 b_j;

(4) 破碎矩阵 $\boldsymbol{X}_{i,j}$和合并矩阵 $\boldsymbol{X}_{i,j,i-j}$。

通过求解与式(5-120)非常相似的动量方程,可以得到给定类中气泡的离散相速度$\underline{V}_{d,i}$。

参考文献

[1] Kocamustafaogullari G, Ishii M (1995) Foundation of the interfacial area transport equation and its closure relations. Int J Heat Mass Transf 38(3):481-493.

[2] Lhuillier D, Morel C, Delhaye JM (2000) Bilan d'aire interfaciale dans un mélange diphasique: approche locale vs approche particulaire. C R Acad Sci Paris t. 328, Série IIb:143-149.

[3] Lance M. Etude de la turbulence dans les écoulements diphasiques dispersés[D]. Lyon:Universitée Claude Bernard, 1986.

[4] Delhaye JM (2001) Some issues related to the modeling of interfacial areas in gas-liquid flows, part I:the conceptual issues. C R Acad Sci Paris t. 329, Série IIb:397-410.

[5] Lhuillier D (1992) Ensemble averaging in slightly non uniform suspensions. Eur J Mech B/Fluids 11(6):649-661.

[6] Zhang DZ, Prosperetti A (1994) Ensemble phase-averaged equations for bubbly flows. Phys Fluids 6(9):2956-2970.

[7] Minier JP, Peirano E (2001) The PDF approach to turbulent polydispersed two-phase flows. Phys Rep 352:1-214.

[8] Marchisio DL, Fox RO (2007) Multiphase reacting flows: modelling and simulation. CISM courses and lectures no. 492. International Center for Mechanical Sciences, Springer, Wien, New-York.

[9] Marchisio DL, Fox RO (2013) Computational models for polydisperse particulate and multiphase systems. Cambridge University Press, Cambridge.

[10] Ramkrishna D (2000) Population balances: theory and applications to particulate systems in engineering. Academic Press, Waltham.

[11] Hulburt HM, Katz S (1964) Some problems in particle technology: a statistical mechanical formulation. Chem Eng Sci 19:555-574.

[12] Kamp AM, Chesters AK, Colin C, Fabre J (2001) Bubble coalescence in turbulent flows: a mechanistic model for turbulence induced coalescence applied to microgravity bubbly pipe flow. Int J Multiphase Flow 27:1363-1396.

[13] Ruyer P, Seiler N, Beyer M, Weiss FP (2007) A bubble size distribution model for the numerical simulation of bubbly flows. In: 6th international conference multiphase flow, ICMF2007, Leipzig, Germany, July 9-13.

[14] Ruyer P, Seiler N (2009) Advanced models for polydispersion in size in boiling flows. La Houille Blanche, Revue Internationale de l'Eau, no. 4, pp. 65-71. ISSN 0018-6368.

[15] Zaepffel D, Morel C, Lhuillier D (2012) A multi-size model for boiling bubbly flows. Multiphase Science & Technology 24(2):105-179.

[16] Marchisio DL, Vigil RD, Fox RO (2003) Quadrature method of moments for aggregation-breakage processes. J Colloid Interface Sci 258:322-334.

[17] Riou X (2003) Contribution à la modélisation de l'aire interfaciale en écoulement gaz-liquide en conduite. Thèse de Doctorat, Institut National Polytechnique de Toulouse.

[18] Zaepffel D (2011) Modélisation des écoulements bouillants à bulles polydispersées. Thèse de Doctorat, Institut National Polytechnique Grenoble.

[19] McGraw R (1997) Description of aerosol dynamics by the quadrature method of moments. Aerosol Sci Technol 27(2):255-265.

[20] Martineau C (2013) Modélisation stochastique du dépôt de particules colloïdales transportées par des écoulements turbulent isothermes et non isothermes. Thèse de Doctorat, Université de Lorraine.

[21] Guichard R (2013) Dynamique d'un aérosol de nanoparticules—modélisation de la coagulation et du transport d'agrégats. Thèse de Doctorat, Université de Lorraine.

[22] Gimbun J, Nagy ZK, Rielly CD (2009) Simultaneous quadrature method of moments for the solution of population balance equations, using a differential algebraic equation framework. Ind Eng Chem Res 48:7798-7812.

[23] Yu M, Lin J (2009) Taylor expansion moment method for agglomerate coagulation due to Brownian motion in the entire size regime. Aerosol Sci 40:549-562.

[24] Marchisio DL, Fox RO (2005) Solving of population balance equations using the direct quadrature method of moments. Aerosol Sci 36:43-73.

[25] Oesterlé B (2006) Ecoulements multiphasiques. Hermès, Lavoisier.

[26] Tomiyama A, Shimada N (1998) Numerical simulations of bubble columns using a 3D multi-fluid model. In: 3rd international conference multiphase flow, ICMF'98, Lyon, France, 8-12 June.

[27] Carrica PM, Drew D, Bonetto F, Lahey RT Jr (1999) A polydisperse model for bubbly two-phase flow around a surface ship. Int J Multiphase Flow 25: 257-305.

[28] Lucas D, Krepper E, Prasser HM (2001) Modeling of radial gas fraction profiles for bubble flow in vertical pipes. In: 9th international conference on nuclear engineering (ICONE-9), Nice, France, Avril 2001.

[29] Jones IP, Guilbert PW, Owens MP, Hamill IS, Montavon CA, Penrose JMT, Prast B (2003) The use of coupled solvers for complex multi-phase and reacting flows. In: 3rd international conference on CFD in the minerals and process industries, CSIRO, Melbourne, Australia, 10-12 December.

[30] Chen P, Dudukovic MP, Sanyal J (2005) Three-dimensional simulation of bubble column flows with bubble coalescence and break-up. AIChE J 51(3): 696-712.

[31] Krepper E, Lucas D, Shi JM, Prasser HM (2006) Simulations of FZR adiabatic air-water data with CFX-10. Nuresim European project, D. 2. 2. 3. 1.

[32] Sha Z, Laari A, Turunen I (2006) Multi-phase-multi-size-group model for the inclusion of population balances into the CFD simulation of gas-liquid bubbly flows. Chem Eng Technol 29(5).

[33] Lucas D, Krepper E (2007) CFD models for polydispersed bubbly flows. Tech. report FZD-486.

[34] Morel C, Ruyer P, Seiler N, Laviéville J (2010) Comparison of several models for multi-size bubbly flows on an adiabatic experiment. Int J Multiphase Flow 36: 25-39.

第6章

连续相的湍流方程

摘要 本章将给出连续相湍流方程的完整推导过程。首先回顾单相流湍流方程的推导,然后将这些方程推广到两相流动连续相。因为雷诺应力张量、湍流动能、湍流耗散率和湍流方程和温度或物质浓度一样是被动标量控制方程,所以上述过程推导的方程是平均运动形式的方程(质量方程和动量方程)。最后总结了单相情况和两相情况的封闭性问题。

6.1 概　　述

在第3章中引入雷诺应力张量和湍流动能作为描述两相流动湍流问题的前提。以上提到的湍流量是未知的,可以根据湍流量附加平衡方程的数量对它们之中不同的封闭问题进行分类。如第3章所述,单相问题可以根据其连续性或分散性进行不同的处理。在第3章中引入了混合两流体模型来反映分散流中两相之间的不对称性。根据同样的思想,本书将会根据相的连续或离散状态对湍流方程进行不同形式的处理,相应的离散相方程将会在第7章讨论。本章首先回顾单相流的湍流方程(6.2节);6.3节推导两相流的湍流方程,6.2节和6.3节得到的方程是完全平行的;6.4节总结单相流和两相流的模型封闭问题。

6.2 单相流的湍流方程

可以根据涉及的偏微分方程的数量对雷诺平均N-S(Reynolds averaged Navier-Stokes)湍流模型进行分类。这些偏微分方程是从N-S平衡方程中推导出来的,这样可得到不可压缩流体的方程。本书对下面几种模型做以下区分。

(1) 雷诺应力模型是由雷诺应力张量的6个相互独立的分量组成的完整方

程组。这一方程组通常可以再加入一个湍流耗散率的方程，因此共可给出 7 个平衡方程。由于雷诺应力张量的不同分量被独立的平衡方程控制，因此可以保证湍流的各向异性。

(2) 两方程模型，如 $K-\varepsilon$ 模型。使用两个平衡方程来描述湍动能和湍流耗散率。在这种模型中，用另一个封闭方程将雷诺应力张量表示为平均速度梯度的函数，因此可以使用平均速度梯度的各向异性来代替湍流的各向异性。

(3) 零方程或一方程模型。在一方程模型中，通常用这个方程来描述湍动能。

上面提到的所有方程是由质量和动量守恒方程推导出来的，因此只能反映力学问题。为了使方程能够描述热工问题，本书将引入另一个标量场平衡方程，来表现温度的演变过程、污染物的浓度和基于流体对流和扩散而变化的标量。

6.2.1 局部瞬时方程

附录 A 中给出了牛顿流体的质量和动量守恒方程。下面回顾不可压缩流体的特殊表达式，即

$$\begin{cases}\nabla\cdot\underline{v}=0\\ \dfrac{\partial\rho\underline{v}}{\partial t}+\nabla\cdot(\rho\underline{v}\underline{v})=-\nabla p+\mu\,\nabla^2\underline{v}+\rho\underline{g}\end{cases}\tag{6-1}$$

式(6-1)中，第一个式子表明速度场是螺线管型的或散度自由型的。压力在(恒定密度)N-S 方程中的作用需要进一步说明[1]。首先，重力起着类似于压力梯度的作用，因为重力矢量来自势，即

$$\underline{g}=-\nabla(gz)\tag{6-2}$$

其中，z 在坐标系中方向竖直向上。

式(6-1)的第二个式子可以通过在修改后的压力表达式中省略重力项重写为

$$p\leftarrow p+\rho gz\tag{6-3}$$

其中，符号←表示修改 p 值，但不改变其符号，以避免符号的扩散。

当没有重力时，应该注意它包含在修改的压力梯度中。其次，对于密度恒定的流动，压力和密度之间没有联系，这是与变密度流动相比的基本差异，变密度流动中浮力有可能很重要。因此，需要对压力作用有完全不同的理解[1]。为此，这里用以下非保守形式重写动量守恒方程(6-1)：

$$\frac{\mathrm{D}\underline{v}}{\mathrm{D}t}=-\frac{1}{\rho}\nabla p+\nu\,\nabla^2\underline{v}\tag{6-4}$$

利用式(6-4)的散度，得到压力的泊松方程为

$$\nabla^2 p = -\rho \frac{\partial v_i}{\partial x_j} \frac{\partial v_j}{\partial x_i} \tag{6-5}$$

该泊松方程满足保持螺线管型初始螺线管速度场的充要条件。在固定的平面壁面，N-S 方程（式(6-4)）简化为以下边界条件：

$$\frac{\partial p}{\partial n} = \mu \frac{\partial^2 v_n}{\partial n^2} \tag{6-6}$$

式中，n 为垂直于壁面方向的坐标；v_n 为同一方向的速度分量。式(6-6)为式(6-5)提供了一个诺伊曼边界条件。利用格林函数可求得压力方程(6-5)和边界条件式(6-6)的解，其结果为[1]：

$$p(\underline{x}, t) = p^h(\underline{x}, t) + \frac{\rho}{4\pi} \int_V \left(\frac{\partial v_i}{\partial x_j} \frac{\partial v_j}{\partial x_i} \right) (\underline{y}, t) \frac{d^3 y}{|\underline{x} - \underline{y}|} \tag{6-7}$$

式中：$p^h(\underline{x}, t)$ 为取决于体积 V 边界的边界条件的谐波场。

除速度场和压力场外，书中考虑了一个守恒的被动标量 $\phi(x, t)$。在恒定密度流量中，这个量由下式控制：

$$\frac{D\phi}{Dt} = D \nabla^2 \phi \tag{6-8}$$

标量场 ϕ 是守恒的，因为在式(6-8)中没有源项或汇项。它是被动量，因为根据假设，其值对材料特性 ρ、μ 和 D 没有影响，因此对流动没有影响。

6.2.2 平均流动方程

3.1 节中引入了集总平均算子，现在将这个平均算子应用于 6.2.1 小节中导出的局部瞬时平衡方程。从而引入脉动速度场（式(3-11)），即

$$\underline{v}' \equiv \underline{v} - \langle \underline{v} \rangle \tag{6-9}$$

将速度分解为平均分量和脉动分量的方式称为雷诺分解。速度场是螺线管型的，能通过取式(6-1)中第一个公式的平均值得到

$$\nabla \cdot \langle \underline{v} \rangle = 0 \tag{6-10}$$

这是因为平均算子随空间导数（式(3-16)）变化。为了区分式(6-1)的第一个式子和式(6-10)，得到下式：

$$\nabla \cdot \underline{v}' = 0 \tag{6-11}$$

可以说，如果局部瞬时速度场是螺线管型的，则平均速度场和波动速度场也具有这种特性。这对于不可压缩单相流是正确的，但在 6.3 节中会看到这个特性不适用于两相流动，对于两相不可压缩流体也是不适用的。

现在取动量方程(6-4)的平均值。通过使用物质导数（式(A-21)）的定义并考虑速度场是螺线管型的，可以得到

$$\frac{\mathrm{D}\underline{v}}{\mathrm{D}t}=\frac{\partial\underline{v}}{\partial t}+\nabla\cdot(\underline{v}\underline{v}) \tag{6-12}$$

取式(6-12)的平均值,得

$$\left\langle\frac{\mathrm{D}\underline{v}}{\mathrm{D}t}\right\rangle=\frac{\partial\langle\underline{v}\rangle}{\partial t}+\nabla\cdot(\underline{v}\underline{v}) \tag{6-13}$$

回顾式(3-19),乘积的平均值除了等于脉动乘积的平均值外,还等于平均值的乘积,即

$$\langle\underline{v}\underline{v}\rangle=\langle\underline{v}\rangle\langle\underline{v}\rangle+\langle\underline{v}'\underline{v}'\rangle \tag{6-14}$$

将式(6-14)代入式(6-13),考虑式(6-10),得

$$\left\langle\frac{\mathrm{D}\underline{v}}{\mathrm{D}t}\right\rangle=\frac{\partial\underline{v}}{\partial t}+(\langle\underline{v}\rangle\cdot\nabla)\langle\underline{v}\rangle+\nabla\cdot\langle\underline{v}'\underline{v}'\rangle \tag{6-15}$$

引入下面的符号来表示物质导数沿着平均速度的变化:

$$\frac{\overline{\mathrm{D}}}{\mathrm{D}t}\equiv\frac{\partial}{\partial t}+\langle\underline{v}\rangle\cdot\nabla \tag{6-16}$$

动量方程(6-16)右边的平均值最终可以写为

$$\left\langle\frac{\mathrm{D}\underline{v}}{\mathrm{D}t}\right\rangle=\frac{\overline{\mathrm{D}}\langle\underline{v}\rangle}{\mathrm{D}t}+\nabla\cdot\langle\underline{v}'\underline{v}'\rangle \tag{6-17}$$

对动量方程右侧进行平均处理时,因其线性特性更为简化,最后得到平均运动的动量方程为

$$\frac{\overline{\mathrm{D}}\langle\underline{v}\rangle}{\mathrm{D}t}+\nabla\cdot\langle\underline{v}'\underline{v}'\rangle=-\frac{1}{\rho}\nabla\langle p\rangle+\nu\nabla^2\langle\underline{v}\rangle \tag{6-18}$$

平均压力场 $\langle p\rangle$ 也验证了泊松方程,该方程可以通过对泊松方程式(6-5)进行平均得到,即

$$-\frac{1}{\rho}\nabla\langle p\rangle=\frac{\partial\langle v_i\rangle}{\partial x_j}\frac{\partial\langle v_j\rangle}{\partial x_i}+\frac{\partial^2\langle v_i'v_j'\rangle}{\partial x_i\,\partial x_j} \tag{6-19}$$

同样,标量场式(6-8)的平均值为

$$\frac{\overline{\mathrm{D}}\langle\phi\rangle}{\mathrm{D}t}+\nabla\cdot\langle\phi'\underline{v}'\rangle=D\nabla^2\langle\phi\rangle \tag{6-20}$$

式中,矢量$\langle\phi'\underline{v}'\rangle$为标量湍流通量。

有时称双速度相关张量$\langle\underline{v}'\underline{v}'\rangle$为雷诺应力张量[2],尽管式(3-54)给出了雷诺应力张量的真实定义,在没有考虑相折射率的情况下重写为

$$\underline{\underline{\tau}}^{\mathrm{T}}\equiv-\rho\langle\underline{v}'\underline{v}'\rangle \tag{6-21}$$

$-\rho$ 是由于雷诺应力张量写在动量方程(6-18)的等式右侧,将它解释为一个应力。为了区分由式(6-21)定义的雷诺应力张量和双速度相关张量$\langle\underline{v}'\underline{v}'\rangle$,

此处引入了该量的另一种符号,即

$$\underline{\underline{R}}=\langle \underline{v}'\underline{v}'\rangle \tag{6-22}$$

书中还定义了各向异性张量 $\underline{\underline{A}}$ 和 $\underline{\underline{B}}$,平均湍流动能由式(6-22)迹的一半定义,即

$$K=\frac{1}{2}\mathrm{tr}\,\underline{\underline{R}}=\frac{\langle \underline{v}'\cdot\underline{v}'\rangle}{2} \tag{6-23}$$

各向同性的部分是$\frac{2}{3}K\delta_{ij}$,各向异性的部分由式(6-22)偏置的部分给出,即

$$\underline{\underline{A}}\equiv\underline{\underline{R}}-\frac{2}{3}K\,\underline{\underline{I}} \tag{6-24}$$

归一化各向异性张量定义为

$$\underline{\underline{B}}\equiv\frac{\underline{\underline{A}}}{2K}\equiv\frac{\underline{\underline{R}}}{2K}-\frac{1}{3}\underline{\underline{I}} \tag{6-25}$$

最简单的湍流模型使用涡黏度假设作为雷诺应力张量(偏置部分)的封闭方程,有

$$-\rho\,\underline{\underline{R}}+\frac{2}{3}\rho K\underline{\underline{I}}=\underline{\underline{\tau}}^{\mathrm{T}}+\frac{2}{3}\rho K\underline{\underline{I}}=\rho\nu_{\mathrm{T}}(\underline{\underline{\nabla}}\langle \underline{v}\rangle+\underline{\underline{\nabla}}^{\mathrm{T}}\langle \underline{v}\rangle) \tag{6-26}$$

 式中:$\underline{\underline{\nabla}}^{\mathrm{T}}\langle \underline{v}\rangle$为转置的速度梯度;$\nu_{\mathrm{T}}$(首次引入)为未知的湍流涡黏度。

应该注意的是,ν_{T} 是“流动性能”而运动黏度 ν 是流体的属性。雷诺应力张量的 6 个分量的附加平衡方程或湍流动能 K 和湍流黏度的附加方程可以使平均动量方程(6-18)封闭。

6.2.3 雷诺应力演化方程

通过对局部瞬时速度方程(6-4)与平均速度方程(6-18)进行差分,得到脉动速度演化方程。利用式(6-12),并根据式(6-16)的定义,得到

$$\frac{\partial \underline{v}'}{\partial t}+\nabla\cdot(\underline{v}\underline{v}-\langle \underline{v}\rangle\langle \underline{v}\rangle)=-\frac{1}{\rho}\underline{\nabla}p'+\nu\,\nabla^2 v'+\nabla\cdot\langle \underline{v}'\underline{v}'\rangle \tag{6-27}$$

运用雷诺分解式(6-9),得

$$\underline{v}\underline{v}-\langle \underline{v}\rangle\langle \underline{v}\rangle=\underline{v}'\langle \underline{v}\rangle+\langle \underline{v}\rangle\underline{v}'+\underline{v}'\underline{v}' \tag{6-28}$$

因此式(6-27)可写为

$$\frac{\partial \underline{v}'}{\partial t}+\langle \underline{v}\rangle\cdot\nabla\underline{v}'=-\underline{v}'\cdot\nabla\langle \underline{v}\rangle-\underline{v}'\cdot\nabla\underline{v}'-\frac{1}{\rho}\underline{\nabla}p'+\nabla\cdot(\nu\,\underline{\underline{\nabla}}\underline{v}'+\langle \underline{v}'\underline{v}'\rangle) \tag{6-29}$$

式(6-29)的第 i 个分量为

$$\frac{\partial v_i'}{\partial t}+\langle v_j\rangle\frac{\partial v_i'}{\partial x_j}=-v_j'\frac{\partial\langle v_i\rangle}{\partial x_j}-v_j'\frac{\partial v_i'}{\partial x_j}-\frac{1}{\rho}\frac{\partial p'}{\partial x_i}+\frac{\partial}{\partial x_j}\left(\nu\frac{\partial v_i'}{\partial x_j}+\langle v_i'v_j'\rangle\right) \tag{6-30}$$

式中:p'为脉动压力,其定义与脉动速度相似,即

$$p'\equiv p-\langle p\rangle \tag{6-31}$$

由于式(6-22)的定义,通过以下操作得到张量 $\underline{\underline{R}}$ 的演化方程为

$$\langle v_i'\times\text{Eq.}(v_j')+v_j'\times\text{Eq.}(v_i')\rangle \tag{6-32}$$

其中,Eq. (v_i')是从式(6-30)中得来的,结果为

$$\begin{aligned}\frac{\partial\langle v_i'v_i'\rangle}{\partial t}+\langle v_k\rangle\frac{\partial\langle v_i'v_i'\rangle}{\partial x_k}=&-\langle v_i'v_k'\rangle\frac{\partial\langle v_i\rangle}{\partial x_k}-\langle v_i'v_k'\rangle\frac{\partial\langle v_j\rangle}{\partial x_k}-\frac{\partial\langle v_i'v_i'v_k'\rangle}{\partial x_k}\\&-\frac{1}{\rho}\frac{\partial\langle p'v_i'\rangle}{\partial x_i}-\frac{1}{\rho}\frac{\partial\langle p'v_i'\rangle}{\partial x_j}+\left\langle\frac{\rho'}{\rho}\left(\frac{\partial v_i'}{\partial x_j}+\frac{\partial v_j'}{\partial x_i}\right)\right\rangle\\&+\nu\frac{\partial^2\langle v_i'v_j'\rangle}{\partial x_k^2}-2\nu\left\langle\frac{\partial v_i'}{\partial x_k}\frac{\partial v_j'}{\partial x_k}\right\rangle\end{aligned} \tag{6-33}$$

将式(6-33)中的第二行中涉及压强的项和第三行中涉及黏度的项进行分组。根据式(6-22),式(6-33)可改写为

$$\frac{\overline{\mathrm{D}}\underline{\underline{R}}_{ij}}{\mathrm{D}t}=\nu\nabla^2\underline{\underline{R}}_{ij}+\underline{\underline{P}}_{ij}-\frac{\partial\underline{\underline{T}}_{ijk}}{\partial x_k}+\underline{\underline{F}}^p_{ij}+\underline{\underline{\Phi}}_{ij}-\underline{\underline{\varepsilon}}_{ij} \tag{6-34}$$

在此引入下列定义,即

$$\begin{cases}\underline{\underline{P}}_{ij}\equiv-R_{jk}\dfrac{\partial\langle v_i\rangle}{\partial x_k}-R_{ik}\dfrac{\partial\langle v_j\rangle}{\partial x_k}\\\underline{\underline{T}}_{ijk}\equiv\langle v_i'v_j'v_k'\rangle\\\underline{\underline{\Phi}}_{ij}\equiv\left\langle\dfrac{p'}{\rho}\left(\dfrac{\partial v_i'}{\partial x_j}+\dfrac{\partial v_j'}{\partial x_i}\right)\right\rangle\\\underline{\underline{F}}^p_{ij}\equiv-\dfrac{1}{\rho}\dfrac{\partial\langle p'v_j'\rangle}{\partial x_i}-\dfrac{1}{\rho}\dfrac{\partial\langle p'v_i'\rangle}{\partial x_j}\\\underline{\underline{\varepsilon}}_{ij}\equiv2\nu\left\langle\dfrac{\partial v_i'}{\partial x_k}\dfrac{\partial v_j'}{\partial x_k}\right\rangle\end{cases} \tag{6-35}$$

式中:$\underline{\underline{P}}_{ij}$为由平均速度梯度相关的 R_{ij},不需要额外的建模;$\underline{\underline{T}}_{ijk}$为三阶速度相关张量,由于该量以散度的形式出现,它只负责通过脉动速度场传输相关的 $\underline{\underline{R}}_{ij}$,输运方程也可以用这个量来表示[2],还可以用梯度假设来更简单地建模;$\underline{\underline{F}}^p_{ij}$为由速度和压力之间的相关性决定的,这一项可以重写为通量的散度,因此只对输运

负责；$\underline{\underline{\Phi}}_{ij}$、$\underline{\underline{\varepsilon}}_{ij}$为压力应变相关张量和耗散张量。

对于高雷诺数流动，局部各向同性的一个结果为[1]：

$$\underline{\underline{\varepsilon}}_{ij}=\frac{2}{3}\varepsilon\delta_{ij} \tag{6-36}$$

标量耗散的定义为

$$\varepsilon\equiv\nu\left\langle\frac{\partial v_i'}{\partial x_j}\frac{\partial v_i'}{\partial x_j}\right\rangle \tag{6-37}$$

6.2.4 湍动能演化方程

湍动能 K 的演化方程在大多数涉及湍流涡黏度的模型中都是有用的。从式(6-23)中可以很容易地得到 K 的平衡方程，只需对雷诺应力张量式(6-34)求解。其结果为

$$\frac{\overline{\mathrm{D}}K}{\mathrm{D}t}=\nu\nabla^2K+P_K-\frac{1}{2}\frac{\partial T_{iik}}{\partial x_k}+\frac{F_{ii}^p}{2}-\varepsilon \tag{6-38}$$

式中，K 的产量定义为

$$P_K\equiv\frac{P_{ii}}{2} \tag{6-39}$$

6.2.5 湍流耗散率演化方程

湍流耗散率 ε 是湍流能量由于黏滞耗散的汇。黏性作用只存在于湍流的最小(耗散)尺度上。然而，随着湍流能量来自湍流和平均运动之间的交换意味着运动最大的尺度，ε 也是能量通量从大尺度的湍流通过能量级联到最小的尺度的湍流的过程。这里提出 ε 的平衡方程对于雷诺应力输运方程式(6-34)或湍动能输运方程式(6-38)的封闭是有用的。

ε 的演化方程通过下式(式(6-37))获得，即

$$\varepsilon_{ij}\equiv\left\langle 2\nu\frac{\partial v_i'}{\partial x_j}\times\frac{\partial\,\mathrm{Eq.}\,(v_i')}{\partial x_j}\right\rangle \tag{6-40}$$

其结果为[2]

$$\begin{aligned}\frac{\overline{\mathrm{D}}\varepsilon}{\mathrm{D}t}=&\nu\nabla^2\varepsilon-2\nu\left\langle\frac{\partial v_k'}{\partial x_j}\frac{\partial v_\mathrm{m}'}{\partial x_j}\right\rangle\frac{\partial\langle v_\mathrm{m}\rangle}{\partial x_k}-2\nu\left\langle\frac{\partial v_j'}{\partial x_k}\frac{\partial v_j'}{\partial x_\mathrm{m}}\right\rangle\frac{\partial\langle v_\mathrm{m}\rangle}{\partial x_k}-\\&2\nu\left\langle v_k'\frac{\partial v_j'}{\partial x_\mathrm{m}}\right\rangle\frac{\partial^2\langle v_j\rangle}{\partial x_k\,\partial x_\mathrm{m}}-2\nu\left\langle\frac{\partial v_j'}{\partial x_\mathrm{m}}\frac{\partial v_k'}{\partial x_\mathrm{m}}\frac{\partial v_j'}{\partial x_k}\right\rangle-\nu\frac{\partial}{\partial x_k}\left\langle v_k'\left(\frac{\partial v_j'}{\partial x_\mathrm{m}}\right)^2\right\rangle-\\&2\frac{\nu}{\rho}\left\langle\frac{\partial v_j'}{\partial x_\mathrm{m}}\frac{\partial^2p'}{\partial x_j\,\partial x_\mathrm{m}}\right\rangle-2\nu^2\left\langle\left(\frac{\partial^2v_j'}{\partial x_k\,\partial x_\mathrm{m}}\right)^2\right\rangle\end{aligned} \tag{6-41}$$

6.2.6 被动波动标量演化方程

被动守恒张量的涨落方程可通过将式(6-8)与式(6-20)作差求得,最终得到:

$$\frac{\partial \phi'}{\partial t}+\langle \underline{v}\rangle \cdot \nabla \phi' = -\underline{v}' \cdot \nabla\langle \phi\rangle - \underline{v}' \cdot \nabla \phi' + \nabla \cdot (\mathrm{D} \nabla \phi' + \langle \phi' \underline{v}' \rangle) \quad (6-42)$$

湍流通量定义为

$$\underline{J}^{\mathrm{T}} = \langle \phi' \underline{v}' \rangle \quad (6-43)$$

由定义式(6-43)可得湍流通量方程,计算如下:

$$\langle v_i' \times \mathrm{Eq} \cdot (\phi') + \phi' \times \mathrm{Eq} \cdot (v_i') \rangle \quad (6-44)$$

其结果为

$$\frac{\overline{\mathrm{D}}\underline{J}_i^{\mathrm{T}}}{\mathrm{D}t} = -J_j^{\mathrm{T}} \frac{\partial \langle v_i \rangle}{\partial x_j} - R_{ij}\frac{\partial \langle \phi \rangle}{\partial x_j} - \frac{\partial \langle \phi' v_i' v_j' \rangle}{\partial x_j} - \left\langle \frac{\phi'}{\rho} \frac{\partial p'}{\partial x_i} \right\rangle + \nu \langle \phi' \nabla^2 v_i' \rangle + D \langle v_i' \nabla^2 \phi' \rangle \quad (6-45)$$

本节还可以推导出无源标量的方差方程,方差定义为[2]:

$$q_\phi = \left\langle \frac{\phi'^2}{2} \right\rangle \quad (6-46)$$

因此,方差方程可以通过以下操作得到:

$$\langle \phi' \times \mathrm{Eq} \cdot (\phi') \rangle \quad (6-47)$$

其结果为

$$\frac{\overline{\mathrm{D}} q_\phi}{\mathrm{D}t} = -\underline{J}^{\mathrm{T}} \nabla \langle \phi \rangle - \nabla \cdot \left\langle \frac{\phi'^2}{2\underline{v}'} \right\rangle + \mathrm{D} \nabla^2 q_\phi - \mathrm{D} \langle \nabla \phi' \cdot \nabla \phi' \rangle \quad (6-48)$$

式(6-48)中的最后一项可认为是无源标量的方差耗散率,有

$$\varepsilon_\phi = \mathrm{D} \langle \nabla \phi' \cdot \nabla \phi' \rangle \quad (6-49)$$

ε_ϕ 的一个方程可以用类似于 ε 方程的方式推导出[2],即

$$\frac{\overline{\mathrm{D}}\varepsilon_\phi}{\mathrm{D}t} = \mathrm{D} \nabla^2 \varepsilon_\phi - 2\mathrm{D} \left\langle \frac{\partial \phi'}{\partial x_j} \frac{\partial v_i'}{\partial x_j} \right\rangle \frac{\partial \langle \phi \rangle}{\partial x_i} - 2\mathrm{D} \left\langle \frac{\partial \phi'}{\partial x_i} \frac{\partial \phi'}{\partial x_j} \right\rangle \frac{\partial \langle v_i \rangle}{\partial x_j} - 2 \left\langle \phi' v_i' \frac{\partial \phi'}{\partial x_j} \right\rangle \frac{\partial^2 \langle \phi \rangle}{\partial x_i \partial x_j} - 2\mathrm{D} \left\langle \frac{\partial \phi'}{\partial x_j} \frac{\partial v_i'}{\partial x_j} \frac{\partial \phi'}{\partial x_i} \right\rangle - 2\mathrm{D}^2 \left\langle \left(\frac{\partial^2 \phi'}{\partial x_i \partial x_j} \right)^2 \right\rangle - \mathrm{D} \frac{\partial}{\partial x_i} \left\langle v_i' \left(\frac{\partial \phi'}{\partial x_j} \right)^2 \right\rangle \quad (6-50)$$

6.3 两相流的湍流方程

Lance 严格推导了两相流的湍流方程[3-5]。本节研究了泡状流中的液相湍流。Lance 的推导是通过以下两个简化假设完成的。

假设 1:常物性不可压缩流体。

假设 2:无相变。

后来,Kataoka 和 Serizawa[6]在相同的假设 1 和假设 2 下做了同样的推导。Simonin[7]推导了一般情况下的 K 方程(没有假设 1 和假设 2),但是,他没有给出湍流耗散率的方程。Morel[8]做了一个两相 $K-\varepsilon$ 模型的数量级分析,并将分析应用于泡状流。在目前的工作中,将考虑相变,但假设相是具有不可压缩性的。

6.3.1 平均流动方程

对于给定的相 k,在该相所占的流域中,2.1 节中给出的方程仍然成立。把这些方程乘以(相位指示函数)χ_k 给出的方程在任何地方都是有效的。然后,可以应用平均算子,对式(6-1)的第一个公式做以下操作,即

$$\langle \chi_k \nabla \cdot \underline{v}_k \rangle = 0 \tag{6-51}$$

通过式(2-9)、式(2-10)和式(2-17),式(6-51)可改写为

$$\nabla \cdot \langle \chi_k \underline{v}_k \rangle + \frac{\partial \langle \chi_k \rangle}{\partial t} = \left\langle \frac{\dot{m}_k}{\rho_k} \delta_{\mathrm{I}} \right\rangle \tag{6-52}$$

现在,利用定义式(3-39)、式(3-40)和式(3-45),式(6-52)可改写为

$$\frac{\partial \langle \alpha_k \rangle}{\partial t} + \nabla \cdot \langle \alpha_k \overline{\underline{v}_k}^k \rangle = \frac{\Gamma_k}{\rho_k} \tag{6-53}$$

式(6-53)只是不可压缩相的质量守恒方程式(3-47),可改写为

$$\nabla \cdot \overline{\underline{v}_k}^k = -\frac{1}{\alpha_k} \frac{\overline{\mathrm{D}}_k \alpha_k}{\mathrm{D}t} + \frac{\Gamma_k}{\alpha_k \rho_k} \tag{6-54}$$

其中,物质导数 $\overline{\mathrm{D}}_k/\mathrm{D}t$ 可定义为

$$\frac{\overline{\mathrm{D}}_k}{\mathrm{D}t} \equiv \frac{\partial}{\partial t} + \overline{\underline{v}_k}^k \cdot \nabla \tag{6-55}$$

需要注意的是,对于不可压缩相,相平均 $\overline{\underline{v}_k}^k$ 和 Favre 平均 $\overline{\overline{\underline{v}_k}}^k$ 是相同的。式(6-54)表明,即使没有相变,对不可压缩相进行平均时,速度场的无散性特性也会丢失。平均速度场的散度必须平衡截面含汽率的时空变化,因此不可忽略。散度自由平均(和脉动)速度场的有趣性质在推导单相流时很有用,但在两相流

中却不能以同样的方式使用。然而，平均速度散度与脉动速度散度相反，这对于下一步的计算很有用。

第3章推导了一般相 k 的动量守恒方程（见式(3-64)的第二个公式）。对于不可压缩相 k，该方程退化为

$$\frac{\partial}{\partial t}(\alpha_k \overline{\underline{v}_k}^k)+\nabla\cdot(\alpha_k \overline{\underline{v}_k}^k\ \overline{\underline{v}_k}^k)=-\frac{1}{\rho_k}\nabla(\alpha_k \overline{p_k}^k)+\frac{1}{\rho_k}\nabla\cdot[\alpha_k(\overline{\underline{\underline{\tau}}_k}^k+\underline{\underline{\tau}}_k^{\mathrm{T}})]+\alpha_k \underline{g}+\frac{\underline{M}_k}{\rho_k} \tag{6-56}$$

雷诺应力张量式(3-54)的定义为

$$\underline{\underline{\tau}}_k^{\mathrm{T}}\equiv-\rho_k\ \overline{\underline{v}_k'\underline{v}_k'}^k \tag{6-57}$$

与单相定义式(6-22)类似，雷诺应力张量$\underline{\underline{R}}_k$定义为

$$\underline{\underline{R}}_k\equiv\overline{\underline{v}_k'\underline{v}_k'}^k \tag{6-58}$$

现在，对 k 相的被动标量式(6-8)的方程求平均值，有

$$\left\langle \chi_k\left(\frac{\mathrm{D}_k\phi_k}{\mathrm{D}t}=\mathrm{D}_k\nabla^2\phi_k\right)\right\rangle \tag{6-59}$$

为了处理扩散通量，假设分子扩散系数 D_k 为常数，定义分子扩散通量为

$$\underline{J}_k\equiv D_k\nabla\phi_k \tag{6-60}$$

因此，式(6-59)可改写为

$$\left\langle \chi_k\left(\frac{\mathrm{D}_k\phi_k}{\mathrm{D}t}=\nabla\cdot\underline{J}_k\right)\right\rangle \tag{6-61}$$

按照与质量动量守恒方程相同的方法进行，很容易将式(6-61)改写为

$$\frac{\partial}{\partial t}(\alpha_k\overline{\phi_k}^k)+\nabla\cdot(\alpha_k\overline{\phi_k}^k\ \overline{\underline{v}_k}^k)=\nabla\cdot[\alpha_k(\overline{\underline{J}_k}^k-\underline{J}_k^{\mathrm{T}})]+\frac{\Gamma_k}{\rho_k}\overline{\overline{\phi_k}}^{\mathrm{I}}+\langle\underline{J}_k\cdot\underline{n}_k\delta_{\mathrm{I}}\rangle \tag{6-62}$$

其中，湍流通量定义为

$$\underline{J}_k^{\mathrm{T}}\equiv\overline{\phi_k'\underline{v}_k'}^k \tag{6-63}$$

6.3.2 雷诺应力演化方程

第一步是推导脉动速度的演化方程，类似于单相流的情况（式(6-30)）。为了完成这项任务，有必要回到第2章的方程式上来。当处理不可压缩相时，可以写为

$$\chi_k\nabla\cdot\underline{v}_k=0 \tag{6-64}$$

动量守恒方程式(2-27)可以除以（常数）密度 ρ_k，再乘以 PIF χ_k，并对黏滞应力张量（式(A-13)和式(A-14)）应用本构关系，可以得到

$$\chi_k \frac{\mathrm{D}_k \underline{v}_k}{\mathrm{D}t}=\chi_k \nabla \cdot \left(-\frac{p_k}{\rho_k}\underline{\underline{I}}+\nu_k \underline{\underline{\nabla v}}_k\right)+\chi_k \underline{g} \tag{6-65}$$

式(6-65)可以用式(2-9)及式(2-10)进行修正,然后取平均值。质量守恒方程(6-64)的平均值为

$$\nabla \cdot \overline{\underline{v}_k}^k=-\frac{1}{\alpha_k}\langle \underline{v}_k' \cdot \underline{n}_k \delta_{\mathrm{I}}\rangle \tag{6-66}$$

本节在其中介绍了脉动速度。当 k 相是不可压缩的时候,相平均$\overline{\underline{v}_k}^k$ 和 Favre 平均$\overline{\overline{\underline{v}_k}}^k$ 是一样的,因此式(3-52)可改写为

$$\underline{v}_k' \equiv \underline{v}_k-\overline{\underline{v}_k}^k \tag{6-67}$$

式(6-66)是式(6-54)的另一种形式。动量守恒方程的平均形式为[3]:

$$\frac{\partial \alpha_k \overline{\underline{v}_k}^k}{\partial t}+\nabla \cdot (\alpha_k \overline{\underline{v}_k}^k\, \overline{\underline{v}_k}^k)=-\frac{1}{\rho_k}\nabla(\alpha_k \overline{p_k}^k)+\underline{\nu}_k \nabla^2(\alpha_k \overline{\underline{v}_k}^k)-\nabla \cdot (\alpha_k \overline{\underline{v}_k'\underline{v}_k'}^k)+\alpha_k \underline{g}+\langle \underline{L}_k\rangle \tag{6-68}$$

其中,向量$\underline{L}_k$定义为

$$\underline{L}_k \equiv \left(-\frac{p_k}{\rho_k}\underline{\underline{I}}+\underline{\nu}_k \underline{\underline{\nabla v}}_k\right) \cdot \underline{n}_k \delta_{\mathrm{I}}+\underline{\nu}_k \nabla \cdot \langle \underline{v}_k \underline{n}_k \delta_{\mathrm{I}}\rangle \tag{6-69}$$

在没有相变的情况下,界面上没有$\underline{v}_k$和$\underline{v}_{\mathrm{I}}$ 的区别。然而,相变效应可以包含在$\langle \underline{L}_k\rangle$中,无须修改以下计算。

将式(6-66)乘以χ_k,再减去式(6-64)得到的方程为[6]:

$$\nabla \cdot \underline{v}_k'=\frac{1}{\alpha_k}\langle \underline{v}_k' \cdot \underline{n}_k \delta_{\mathrm{I}}\rangle \tag{6-70}$$

由式(6-66)和式(6-70)可知,平均速度的散度与脉动速度的散度值相反,但不等于零,这与单相流的情况有根本区别。

将式(6-68)乘以χ_k,然后减去式(6-65),得到控制脉动速度的方程为

$$\begin{aligned}
&\chi_k\left[\frac{\partial \underline{v}_k'}{\partial t}+(\overline{\underline{v}_k}^k \cdot \nabla)\underline{v}_k'+(\underline{v}_k' \cdot \nabla)\overline{\underline{v}_k}^k+(\underline{v}_k' \cdot \nabla)\underline{v}_k'-\nabla \cdot \overline{\underline{v}_k'\underline{v}_k'}^k\right]\\
&=\chi_k\left[-\frac{1}{\rho_k}\nabla p_k'+\underline{\nu}_k \nabla^2 \underline{v}_k'-\frac{\langle \underline{L}_k\rangle}{\alpha_k}-\frac{\langle \underline{Q}_k\rangle}{\alpha_k}\right],\\
&\langle \underline{Q}_k\rangle \equiv \left(-\frac{\overline{p_k}^k}{\rho_k}\underline{\underline{I}}+2\,\underline{\nu}_k \underline{\underline{\nabla}}\, \overline{\underline{v}_k}^k-\overline{\underline{v}_k'\underline{v}_k'}^k\right) \cdot \nabla \alpha_k+\underline{\nu}_k \overline{\underline{v}_k}^k\, \nabla^2 \alpha_k
\end{aligned} \tag{6-71}$$

向量方程(6-71)在第 i 个空间方向的分量可表示为

$$\chi_k\left[\frac{\partial v'_{k,i}}{\partial t}+\overline{v_{k,j}}^k\frac{\partial v'_{k,i}}{\partial x_j}+v'_{k,j}\frac{\partial \overline{v_{k,i}}^k}{\partial x_j}+v'_{k,j}\frac{\partial v'_{k,i}}{\partial x_j}-\frac{\partial}{\partial x_j}\overline{v'_{k,i}v'_{k,j}}^k\right]$$

$$=\chi_k\left[-\frac{1}{\rho_k}\frac{\partial p'_k}{\partial x_i}+\nu_k\frac{\partial^2 v'_{k,i}}{\partial x_j^2}-\frac{\langle L_{k,i}\rangle}{\alpha_k}-\frac{\langle Q_{k,i}\rangle}{\alpha_k}\right],$$

$$\langle Q_{k,i}\rangle\equiv\left(-\frac{\overline{p_k}^k}{\rho_k}\delta_{ij}+2\nu_k\frac{\partial\overline{v_{k,i}}^k}{\partial x_j}-\overline{v'_{k,i}v'_{k,j}}^k\right)\frac{\partial\alpha_k}{\partial x_j}+\nu_k\overline{v_{k,i}}^k\frac{\partial^2\alpha_k}{\partial x_j^2}$$

(6-72)

式(6-72)是单相流方程式(6-30)的对应项。为了得到 $\overline{V'_{k,i}V'_{k,j}}^k$ 的方程,采用式(6-32),其结果为(附录 D):

$$\frac{\partial}{\partial t}(\alpha_k\overline{v'_{k,i}v'_{k,\mathrm{m}}}^k)+\frac{\partial}{\partial x_j}(\alpha_k\overline{v_{k,j}}^k\,\overline{v'_{k,i}v'_{k,\mathrm{m}}}^k)=-\alpha_k\overline{v'_{k,\mathrm{m}}v'_{k,j}}^k\frac{\partial\overline{v_{k,i}}^k}{\partial x_j}-\alpha_k\overline{v'_{k,i}v'_{k,j}}^k\frac{\partial\overline{v_{k,\mathrm{m}}}^k}{\partial x_j}-$$

$$2\alpha_k\nu_k\overline{\frac{\partial v'_{k,i}}{\partial x_j}\frac{\partial v'_{k,\mathrm{m}}}{\partial x_j}}^k+\alpha_k\overline{\frac{p'_k}{\rho_k}\left(\frac{\partial v'_{k,i}}{\partial x_\mathrm{m}}\frac{\partial v'_{k,\mathrm{m}}}{\partial x_i}\right)}^k-$$

$$\frac{\partial}{\partial x_j}\left[\alpha_k\overline{v'_{k,i}v'_{k,\mathrm{m}}v'_{k,j}}^k-\nu_k\frac{\partial}{\partial x_j}(\alpha_k\overline{v'_{k,i}v'_{k,\mathrm{m}}}^k)+\frac{\alpha_k}{\rho_k}(\overline{p'_kv'_{k,i}}^k\delta_{j\mathrm{m}}+\overline{p'_kv'_{k,\mathrm{m}}}^k\delta_{ij})\right]-$$

$$\left\langle\left(\frac{p'_k}{\rho_k}v'_{k,\mathrm{m}}n_{k,i}+\frac{p'_k}{\rho_k}v'_{k,i}n_{k,\mathrm{m}}\right)\delta_\mathrm{I}\right\rangle+\nu_k\left[\frac{\partial}{\partial x_j}\langle v'_{k,i}v'_{k,\mathrm{m}}n_{k,j}\delta_\mathrm{I}\rangle+\left\langle\frac{\partial}{\partial x_j}(v'_{k,i}v'_{k,\mathrm{m}})n_{k,j}\delta_\mathrm{I}\right\rangle\right]+$$

$$\frac{1}{\rho_k}\langle\dot m_kv'_{k,i}v'_{k,\mathrm{m}}\delta_\mathrm{I}\rangle$$

(6-73)

式(6-37)作为单相流中式(6-33)的对应方程而存在。基于定义式(6-58),并参照式(6-35)的构建方法,可类似地定义以下物理量:

$$\begin{cases}P_{k,ij}\equiv-\overline{v'_{k,i}v'_{k,\mathrm{m}}}^k\dfrac{\partial\overline{v_{k,j}}^k}{\partial x_\mathrm{m}}-\overline{v'_{k,j}v'_{k,\mathrm{m}}}^k\dfrac{\partial\overline{v_{k,i}}^k}{\partial x_\mathrm{m}}\\ T_{k,ij\mathrm{m}}\equiv\overline{v'_{k,i}v'_{k,j}v'_{k,\mathrm{m}}}^k\\ \Phi_{k,ij}\equiv\overline{\dfrac{p'_k}{\rho_k}\left(\dfrac{\partial v'_{k,j}}{\partial x_i}+\dfrac{\partial v'_{k,i}}{\partial x_j}\right)}^k\\ \varepsilon_{k,ij}\equiv2\nu_k\overline{\dfrac{\partial v'_{k,i}}{\partial x_\mathrm{m}}\dfrac{\partial v'_{k,j}}{\partial x_\mathrm{m}}}^k\end{cases}\qquad(6-74)$$

式(6-73)可重写为

$$\frac{\partial}{\partial t}(\alpha_k R_{k,im}) + \frac{\partial}{\partial x_j}(\alpha_k R_{k,im}\overline{v_{k,j}}^k) = \alpha_k P_{k,im} - \alpha_k \varepsilon_{k,im} + \alpha_k \Phi_{k,im} - \frac{\partial}{\partial x_j}\left[\alpha_k T_{k,ijm} - \nu_k \frac{\partial}{\partial x_j}(\alpha_k R_{k,im}) + \frac{\alpha_k}{\rho_k}(\overline{p_k' v_{k,i}'}^k \delta_{jm} + \overline{p_k' v_{k,m}'}^k \delta_{ij})\right] - \left\langle\left(\frac{p_k'}{\rho_k}v_{k,m}' n_{k,i} + \frac{p_k'}{\rho_k}v_{k,i}' n_{k,m}\right)\delta_I\right\rangle + \nu_k\left[\frac{\partial}{\partial x_j}\langle v_{k,i}' v_{k,m}' n_{k,j}\delta_I\rangle + \left\langle\frac{\partial}{\partial x_j}(v_{k,i}' v_{k,m}') n_{k,j}\delta_I\right\rangle\right] + \frac{1}{\rho_k}\langle \dot{m}_k v_{k,i}' v_{k,m}'\delta_I\rangle \tag{6-75}$$

式(6-75)与单相方程类似,除了存在因子 α_k 和最后表示界面项的两行,该方程最早由 Lance[3] 推导。

6.3.3 湍动能演化方程

雷诺应力张量迹的 $\frac{1}{2}$ 定义为相 k 的单位质量湍动能(另见式(3-62)),即

$$\begin{cases} K_k \equiv \dfrac{\overline{v_k'^2}^k}{2} \equiv \dfrac{R_{k,ii}}{2} \equiv \overline{K_k'}^k \\ K_k' \equiv \dfrac{v_k'^2}{2} \end{cases} \tag{6-76}$$

因此,取式(6-73)轨迹的 $\frac{1}{2}$ 即可得到 K_k 的方程,即

$$\frac{\partial}{\partial t}(\alpha_k K_k) + \frac{\partial}{\partial x_j}(\alpha_k K_k \overline{v_{k,j}}^k) = -\alpha_k \overline{v_{k,i}' v_{k,j}'}^k \frac{\partial \overline{v_{k,i}}^k}{\partial x_j} - \alpha_k \nu_k \overline{\frac{\partial v_{k,i}'}{\partial x_j}\frac{\partial v_{k,i}'}{\partial x_j}}^k - \frac{\partial}{\partial x_j}\left[\alpha_k \overline{K_k' v_{k,j}'}^k - \nu_k \frac{\partial}{\partial x_j}(\alpha_k K_k) + \frac{\alpha_k}{\rho_k}\overline{p_k' v_{k,i}'}^k \delta_{ij}\right] - \left\langle\frac{p_k'}{\rho_k}v_{k,i}' n_{k,i}\delta_I\right\rangle + \nu_k\left[\frac{\partial}{\partial x_j}\langle K_k' n_{k,j}\delta_I\rangle + \left\langle\frac{\partial K_k'}{\partial x_j}n_{k,j}\delta_I\right\rangle\right] + \frac{1}{\rho_k}(\dot{m}_k K'\delta_I) \tag{6-77}$$

6.3.4 湍流耗散率演化方程

若耗散率张量是各向同性的(式(6-36)),雷诺应力方程(式(6-75))和湍流动能方程(式(6-77))均涉及标量耗散率,有

$$\varepsilon_k=\frac{1}{2}\mathrm{tr}(\varepsilon_{k,im})=\nu_k\overline{\frac{\partial v'_{k,i}}{\partial x_j}\frac{\partial v'_{k,i}}{\partial x_j}}^k \tag{6-78}$$

Lance[3]推导出了控制湍流耗散率的方程,此处给出了计算结果(计算结果见附录D):

$$\begin{aligned}
&\frac{\partial}{\partial t}(\alpha_k\varepsilon_k)+\frac{\partial}{\partial x_j}(\alpha_k\varepsilon_k\overline{v_{k,j}}^k)+2\alpha_k\nu_k\left(\frac{\partial\overline{v_{k,j}}^k}{\partial x_m}\overline{\frac{\partial v'_{k,i}}{\partial x_m}\frac{\partial v'_{k,i}}{\partial x_j}}^k+\overline{\frac{\partial v'_{k,i}}{\partial x_m}\frac{\partial v'_{k,j}}{\partial x_m}}^k\frac{\partial\overline{v'_{k,i}}^k}{\partial x_j}\right)+\\
&2\alpha_k\nu_k\overline{v'_{k,j}\frac{\partial v'_{k,i}}{\partial x_m}}^k\frac{\partial^2\overline{v_{k,i}}^k}{\partial x_j\partial x_m}+2\alpha_k\nu_k\overline{\frac{\partial v'_{k,i}}{\partial x_m}\frac{\partial v'_{k,j}}{\partial x_m}\frac{\partial v'_{k,i}}{\partial x_j}}^k+\frac{\partial}{\partial x_j}(\alpha_k\overline{\varepsilon'_kv'_{k,j}}^k)\\
&=-2\alpha_k\frac{\nu_k}{\rho_k}\overline{\frac{\partial v'_{k,i}}{\partial x_m}\frac{\partial^2p'_k}{\partial x_i\partial x_m}}^k-2\alpha_k\nu_k^2\overline{\frac{\partial^2v'_{k,i}}{\partial x_j\partial x_m}\frac{\partial^2v'_{k,i}}{\partial x_j\partial x_m}}^k+\\
&2\nu_k\langle v'_{k,i}n_{k,m}\delta_{\mathrm{I}}\rangle\frac{\partial}{\partial x_m}\left(\frac{\partial\overline{v'_{k,i}v'_{k,j}}^k}{\partial x_j}-\frac{\langle L_{k,i}\rangle+\langle Q_{k,i}\rangle}{\alpha_k}\right)+\left\langle\frac{\dot{m}_k}{\rho_k}\nu_k\left(\frac{\partial v'_{k,i}}{\partial x_j}\right)\delta_{\mathrm{I}}\right\rangle+\\
&\nu_k\frac{\partial^2}{\partial x_j^2}(\alpha_k\varepsilon_k)+\nu_k\left(\frac{\partial}{\partial x_j}\langle\varepsilon'_kn_{k,j}\delta_{\mathrm{I}}\rangle+\left\langle\frac{\partial\varepsilon'_k}{\partial x_j}n_{k,j}\delta_{\mathrm{I}}\right\rangle\right)
\end{aligned}\tag{6-79}$$

其中,脉动耗散率定义为

$$\varepsilon'_k\equiv\nu_k\left(\frac{\partial v'_{k,i}}{\partial x_m}\right)^2 \tag{6-80}$$

对于单相流动,式(6-79)与式(6-41)很相似,除了存在因子 α_k 和界面项。

6.3.5 被动波动标量演化方程

通过对相 k 的式(6-8)和 χ_k 的关系式与同样乘以 χ_k 和 α_k 的关系式(6-62)作差,得到被动守恒标量的涨落方程。式(6-62)变为

$$\begin{aligned}
\chi_k\left(\frac{\partial\overline{\phi_k}^k}{\partial t}+\overline{\underline{v}_k}^k\cdot\nabla\overline{\phi_k}^k\right)=&\chi_k\nabla\cdot(\overline{\underline{J}_k}^k+\underline{J}_k^{\mathrm{T}})+\chi_k(\overline{\underline{J}_k}^k+\underline{J}_k^{\mathrm{T}})\cdot\frac{\nabla\alpha_k}{\alpha_k}+\\
&\frac{\chi_k\Gamma_k}{\alpha_k\rho_k}(\overline{\overline{\phi_k}}^{\mathrm{I}}-\overline{\phi_k}^k)+\frac{\chi_k}{\alpha_k}\langle\underline{J}_k\cdot\underline{n}_k\delta_{\mathrm{I}}\rangle
\end{aligned}\tag{6-81}$$

式(6-8)可重写为

$$\chi_k\left(\frac{\partial \phi_k}{\partial t}+\underline{v}_k \cdot \nabla \phi_k\right)=\chi_k \nabla \cdot \underline{J}_k \tag{6-82}$$

对式(6-81)和式(6-82)作差,可得

$$\chi_k\left[\frac{\partial \phi_k'}{\partial t}+\nabla \cdot (\phi_k' \overline{\underline{v}_k}^k+\overline{\phi_k}^k \underline{v}_k'+\phi_k' \underline{v}_k')+\overline{\phi_k}^k \nabla \cdot \overline{\underline{v}_k}^k\right]=\chi_k \nabla \cdot (\underline{J}_k'+\underline{J}_k^{\mathrm{T}})-$$
$$\chi_k(\overline{\underline{J}_k}^k+\underline{J}_k^{\mathrm{T}}) \cdot \frac{\nabla\alpha_k}{\alpha_k}-\frac{\chi_k \Gamma_k}{\alpha_k\rho_k}(\overline{\overline{\phi_k}}^{\mathrm{I}}-\overline{\phi_k}^k)-\frac{\chi_k}{\alpha_k}\langle \underline{J}_k \cdot \underline{n}_k\delta_{\mathrm{I}}\rangle \tag{6-83}$$

由式(6-64)可得湍流通量方程为

$$\langle v_{k,i}' \times \mathrm{Eq} \cdot (\phi_k')+\phi_k' \times \mathrm{Eq} \cdot (v_{k,i}')\rangle \tag{6-84}$$

其结果为

$$\left\langle \chi_k \left[\begin{aligned}&\frac{\partial \phi_k' v_{k,i}'}{\partial t}+\overline{v_{k,j}}^k \frac{\partial \phi_k' v_{k,i}'}{\partial x_j}+\phi_k' v_{k,i}' \frac{\partial \overline{v_{k,j}}^k}{\partial x_j}+\phi_k' v_{k,j}' \frac{\partial \overline{v_{k,j}}^k}{\partial x_j}+v_{k,i}' v_{k,j}' \frac{\partial \overline{\phi_k}^k}{\partial x_j}+\\&\overline{\phi_k}^k v_{k,i}' \frac{\partial v_{k,j}'}{\partial x_j}+v_{k,j}' \frac{\partial \phi_k' v_{k,i}'}{\partial x_j}+\phi_k' v_{k,i}' \frac{\partial v_{k,j}'}{\partial x_j}-\phi_k' \frac{\partial}{\partial x_j}\overline{v_{k,i}' v_{k,j}'}^k+v_{k,i}' \overline{\phi_k}^k \frac{\partial \overline{v_{k,j}}^k}{\partial x_j}\end{aligned}\right]\right\rangle$$
$$=\left\langle \chi_k \left[\begin{aligned}&-\frac{\phi_k'}{\rho_k}\frac{\partial p_k'}{\partial x_i}+\nu_k \phi_k' \frac{\partial^2 v_{k,i}'}{\partial x_j^2}-\phi_k'\left(\frac{\langle L_{k,i}\rangle}{\alpha_k}+\frac{\langle Q_{k,i}\rangle}{\alpha_k}\right)+v_{k,i}' \nabla \cdot (\underline{J}_k'-\underline{J}_k^{\mathrm{T}})-\\&v_{k,i}'(\overline{\underline{J}_k}^k+\underline{J}_k^{\mathrm{T}}) \cdot \frac{\nabla\alpha_k}{\alpha_k}-\frac{v_{k,i}'\Gamma_k}{\alpha_k\rho_k}(\overline{\overline{\phi_k}}^{\mathrm{I}}-\overline{\phi_k}^k)-\frac{v_{k,i}'}{\alpha_k}\langle \underline{J}_k \cdot \underline{n}_k\delta_{\mathrm{I}}\rangle\end{aligned}\right]\right\rangle \tag{6-85}$$

所有的平均量都可以从平均算符中导出,引入以下关系可以大大简化式(6-85):

$$\langle \chi_k v_{k,i}'\rangle=\langle \chi_k \phi_k'\rangle=0 \tag{6-86}$$

因此,式(6-85)可简化为

$$\left\langle \chi_k\left[\frac{\partial \phi_k' v_{k,i}'}{\partial t}+\frac{\partial \phi_k' v_{k,i}' \overline{v_{k,j}}^k}{\partial x_j}+\phi_k' v_{k,j}' \frac{\partial \overline{v_{k,i}}^k}{\partial x_j}+v_{k,i}' v_{k,j}' \frac{\partial \overline{\phi_k}^k}{\partial x_j}+v_{k,i}' v_{k,j}' \frac{\partial \phi_k' v_{k,i}' v_{k,j}'}{\partial x_j}\right]\right\rangle$$
$$=\left\langle \chi_k\left[-\frac{\phi_k'}{\rho_k}\frac{\partial p_k'}{\partial x_i}+\nu_k \phi_k' \frac{\partial^2 v_{k,i}'}{\partial x_j^2}+v_{k,i}' \frac{\partial J_{k,j}'}{\partial x_j}\right]\right\rangle \tag{6-87}$$

利用拓扑式(2-9)和界面质量通量式(2-17)的定义,可以将式(6-87)改写为

$$\frac{\partial\alpha_k\overline{\phi'_k v'_{k,i}}^k}{\partial t}+\frac{\partial\alpha_k\overline{\phi'_k v'_{k,i}}^k\overline{v_{k,j}}^k}{\partial x_j}=-\alpha_k\overline{\phi'_k v'_{k,j}}^k\frac{\partial\overline{v_{k,i}}^k}{\partial x_j}-\alpha_k\overline{v'_{k,i}v'_{k,j}}^k\frac{\partial\overline{\phi_k}^k}{\partial x_j}-\frac{\partial\alpha_k\overline{\phi'_k v'_{k,i}v'_{k,j}}^k}{\partial x_j}-$$

$$\alpha_k\overline{\frac{\phi'_k}{\rho_k}\frac{\partial p'_k}{\partial x_i}}^k+\alpha_k\nu_k\overline{\phi'_k\frac{\partial^2 v'_{k,i}}{\partial x_j^2}}^k+\alpha_k\overline{v'_{k,i}\frac{\partial J'_{k,j}}{\partial x_j}}^k+\frac{1}{\rho_k}\langle\phi'_k v'_{k,i}\dot{m}_k\delta_{\mathrm{I}}\rangle$$

(6-88)

式中,项 $\alpha_k\overline{v'_{k,i}\frac{\partial J'_{k,j}}{\partial x_j}}^k$ 可以通过定义式(6-60)得到。假设分子扩散系数 D_k 为常数,则脉动扩散通量为

$$\underline{J'}_k\equiv\underline{J}_k-\overline{\underline{J}_k}^k=D_k(\nabla\phi_k-\overline{\nabla\phi_k}^k)=D_k\left\{\nabla\phi_k-\frac{1}{\alpha_k}[\nabla(\alpha_k\overline{\phi_k}^k)-\langle\phi_k\nabla\chi_k\rangle]\right\}$$

$$=D_k\left[\nabla\phi_k-\left(\nabla\overline{\phi_k}^k+\frac{1}{\alpha_k}\langle\phi'_k\underline{n}_k\delta_{\mathrm{I}}\rangle\right)\right]=D_k\left(\nabla\phi'_k-\frac{1}{\alpha_k}\langle\phi'_k\underline{n}_k\delta_{\mathrm{I}}\rangle\right)$$

(6-89)

将式(6-89)代入式(6-88),得到湍流通量的最终结果为

$$\frac{\partial\alpha_k J^{\mathrm{T}}_{k,i}}{\partial t}+\frac{\partial\alpha_k J^{\mathrm{T}}_{k,i}\overline{v_{k,j}}^k}{\partial x_j}=-\alpha_k J^{\mathrm{T}}_{k,i}\frac{\partial\overline{v'_{k,i}}^k}{\partial x_j}-\alpha_k R_{k,ij}\frac{\partial\overline{\phi_k}^k}{\partial x_j}-\frac{\partial\alpha_k\overline{\phi'_k v'_{k,i}v'_{k,j}}^k}{\partial x_j}-$$

$$\alpha_k\overline{\frac{\phi'_k}{\rho_k}\frac{\partial p'_k}{\partial x_i}}^k+\alpha_k\nu_k\overline{\phi'_k\frac{\partial^2 v'_{k,i}}{\partial x_j^2}}^k+\alpha_k D_k\overline{v'_{k,i}\frac{\partial^2\phi'_k}{\partial x_j^2}}^k+\frac{1}{\rho_k}\langle\phi'_k v'_{k,i}\dot{m}_k\delta_{\mathrm{I}}\rangle\qquad(6\text{-}90)$$

式(6-90)除存在因子和最后一项因相变而存在外,与对应的单相式(6-45)完全相似。无源标量的方差定义为(式(6-46)):

$$q_{k,\phi}\equiv\frac{\overline{\phi'^2_k}^k}{2}\qquad(6\text{-}91)$$

因此,方差方程可以通过以下运算得到:

$$\langle\phi'_k\times\mathrm{Eq}\cdot(\phi'_k)\rangle\qquad(6\text{-}92)$$

由此可得

$$\left\langle\chi_k\begin{pmatrix}\frac{\partial}{\partial t}\left(\frac{\phi'^2_k}{2}\right)+\overline{\underline{v}_k}^k\cdot\nabla\left(\frac{\phi'^2_k}{2}\right)+\phi'_{\underline{v}'_k}\cdot\nabla\overline{\phi_k}^k\\ \underline{v}'_k\cdot\nabla\left(\frac{\phi'^2_k}{2}\right)\end{pmatrix}\right\rangle=\langle\chi_k\phi'_k\nabla\cdot\underline{J}'_k\rangle\qquad(6\text{-}93)$$

与湍流通量方程相同,式(6-93)可改写为

$$\frac{\partial}{\partial t}(\alpha_k q_{k,\phi}) + \nabla(\alpha_k q_{k,\phi} \overline{\underline{v}_k}^k) = -\alpha_k \underline{J}_k^{\mathrm{T}} \cdot \nabla\overline{\phi_k}^k - \nabla \cdot \left(\alpha_k \overline{\frac{\phi_k'^2}{2} \underline{v}'_k}^k\right) + \langle \chi_k D_k \phi_k' \nabla^2 \phi_k' \rangle + \left\langle \frac{\dot{m}_k}{\rho_k} \frac{\phi_k'^2}{2} \delta_{\mathrm{I}} \right\rangle \tag{6-94}$$

对扩散项的处理由下式给出：

$$\begin{aligned}\langle \chi_k D_k \phi_k' \nabla^2 \phi_k' \rangle &= \langle \chi_k \nabla \cdot (D_k \phi_k' \nabla \phi_k') \rangle - \langle \chi_k D_k \nabla \phi_k' \cdot \nabla \phi_k' \rangle \\ &= \nabla \cdot \left\{ D_k \left[\nabla(\alpha_k q_{k,\phi}) + \left\langle \frac{\phi_k'^2}{2} \delta_{\mathrm{I}} \right\rangle \right] \right\} + \left\langle D_k \nabla \left(\frac{\phi_k'^2}{2} \right) \cdot \underline{n}_k \delta_{\mathrm{I}} \right\rangle - \alpha_k \varepsilon_{k,\phi}\end{aligned} \tag{6-95}$$

其中,无源标量方差的耗散率定义为

$$\varepsilon_{k,\phi} \equiv D_k \overline{\nabla \phi_k' \cdot \nabla \phi_k'}^k \tag{6-96}$$

将式(6-95)代入式(6-94),得到无源标量方差方程的最终形式为

$$\begin{aligned}\frac{\partial}{\partial t}(\alpha_k q_{k,\phi}) + \nabla(\alpha_k q_{k,\phi} \overline{\underline{v}_k}^k) = &-\alpha_k \underline{J}_k^{\mathrm{T}} \cdot \nabla\overline{\phi_k}^k - \nabla \cdot \left(\alpha_k \overline{\frac{\phi_k'^2}{2} \underline{v}'_k}^k\right) + \\ &\nabla \cdot \left(D_k \left\{ \nabla(\alpha_k q_{k,\phi}) + \left\langle \frac{\phi_k'^2}{2} \underline{n}_k \delta_{\mathrm{I}} \right\rangle \right\} \right) + \left\langle D_k \nabla \left(\frac{\phi_k'^2}{2} \right) \cdot \underline{n}_k \delta_{\mathrm{I}} \right\rangle - \\ &\alpha_k \varepsilon_{k,\phi} + \left\langle \frac{\dot{m}_k}{\rho_k} \frac{\phi_k'^2}{2} \delta_{\mathrm{I}} \right\rangle\end{aligned} \tag{6-97}$$

6.4 模型封闭问题

6.4.1 单相流封闭问题

单相流的质量和动量守恒方程涉及的雷诺应力张量可以由式(6-21)或式(6-22)定义,式(6-21)表达的物理量与一个具有常数比例系数的式(6-22)(不可压缩的液体)成正比。质量和动量的耦合平衡方程(6-10)和方程(6-18)将在雷诺应力张量拟合完毕后封闭。该封闭方程可以采用式(6-26)的形式,也可以采用雷诺应力张量方程(6-34)的输运方程的形式。如果使用式(6-26),则湍流动能 K 和涡黏度 ν_{T} 方程必须封闭。如果求解雷诺应力输运方程,则式(6-34)的右侧必须提供以下量的封闭方程,即

$$
\begin{cases}
\underline{\underline{T}}_{ijk}:\text{三阶速度相关张量}\\
\underline{\underline{\Phi}}_{ij}:\text{压力-形变相关张量}\\
\langle p'\underline{v}'_i\rangle:\text{压力-速度关系}\\
\underline{\underline{\varepsilon}}_{ij}:\text{耗散率张量}
\end{cases}
\tag{6-98}
$$

若假设小耗散尺度是各向同性的[1-2]，耗散率张量可以用式(6-36)表示。因此，耗散率张量的方程封闭问题可归结为标量耗散率 ε 的封闭问题。标量耗散率通常由其输运方程(6-41)决定。除分子扩散项外，式(6-41)的等式右侧的所有项都需要一个封闭假设。应该注意的是，当使用 K-ε 模型时，会出现一个重要的简化。由于不可压缩性，压力-变形相关张量对式(6-38)不产生贡献。

如果保守的无源标量(如流体温度或物质浓度)与流动相关联，则应求解平均浓度方程(6-20)。在求解该方程之前，必须对式(6-43)所定义的无源标量湍流通量提出一个封闭关系。该湍流通量可由其输运方程式(6-45)的解法给出。在式(6-45)的等式右侧中，除前两项外，所有项都必须用附加的封闭关系表示。如果需要无源标量的方差，则需要求解一对输运方程(6-48)和方程(6-50)。在式(6-48)的等式右侧中，只有三阶关联式 $\langle \underline{v}'\phi'^2/2\rangle$ 必须通过附加关系确保封闭。除第一项外，式(6-50)的等式右侧出现的所有项都必须通过附加关系保证封闭。

6.4.2 两相流封闭问题

两相流中(连续)相 k 湍流的封闭问题与单相情况十分相似，但由于界面的存在而产生了附加的方程封闭问题。由方程定义的雷诺应力张量方程(6-57)或方程(6-58)是动量方程(6-56)或方程(6-68)封闭问题的一部分。耗散率张量也可以假设为各向同性，因此可以由标量耗散率输运方程(6-79)给出。如果使用雷诺应力传递方程(6-75)，则这些方程的等式右侧的未知项为

$$
\begin{cases}
\underline{\underline{T}}_{k,ij\mathrm{m}}:\text{三阶速度关联张量}\\
\underline{\underline{\Phi}}_{k,i\mathrm{m}}:\text{压力-形变关联张量}\\
\overline{p'_k\underline{v}'_{k,i}}^{k}:k\text{ 相中的压力-速度关联式}\\
\left\langle\left(\dfrac{p'_k}{\rho_k}\underline{v}'_{k,\mathrm{m}}n_{k,i}+\dfrac{p'_k}{\rho_k}\underline{v}'_{k,i}n_{k,\mathrm{m}}\right)\delta_{\mathrm{I}}\right\rangle:\text{交界面处的压力-速度关系}\\
\langle\underline{v}'_{k,i}\underline{v}'_{k,\mathrm{m}}n_{k,j}\delta_{\mathrm{I}}\rangle:\text{交界面处的二阶速度关联式}\\
\langle m_k\cdot\underline{v}'_{k,i}\underline{v}'_{k,\mathrm{m}}\delta_{\mathrm{I}}\rangle=\Gamma_k\,\overline{\overline{\underline{v}'_{k,i}\underline{v}'_{k,\mathrm{m}}}}^{\mathrm{I}}:\text{相变引起的界面迁移}
\end{cases}
\tag{6-99}
$$

式(6-99)中除了左边的前两项外，耗散率方程(6-79)中的所有项都需要方程

封闭假设。如果使用式(6-77),对雷诺应力张量封闭方程进行简化(类似于式(6-26)),则式(6-77)的等式右侧出现的需要额外封闭的项为

$$\begin{cases}\overline{K'_k \underline{v}'_{k,j}}^{k}:\text{三阶速度关联张量}\\ \overline{p'_k \underline{v}'_{k,i}}^{k}:\text{相 } k \text{ 中的压力-速度关联式}\\ \left\langle \dfrac{p'_k}{\rho_k}\underline{v}'_{k,i} n_{k,i}\delta_{\mathrm{I}} \right\rangle:\text{交界面处的压力-速度关联式}\\ \langle \dot{m}_k K'_k \delta_{\mathrm{I}} \rangle = \Gamma_k \overline{\overline{K'_k}}^{\mathrm{I}}:\text{相变引起的界面迁移}\end{cases} \tag{6-100}$$

在单相流动情况下,应当注意的是,当使用最简单的 $K-\varepsilon$ 模型时,压力-应变相关性张量从表达式中消失。

如果用式(6-62)表示被动标量的平均浓度,则式(6-100)的等式右侧中需要封闭的项为

$$\begin{cases}\overline{\underline{J}_k}^{k}:\text{分子扩散通量}\\ \underline{J}_k^{\mathrm{T}}:\text{涡流通量}\\ \overline{\overline{\phi_k}}^{\mathrm{I}}:\text{相变加权平均浓度}\\ \langle \underline{J}_k \cdot \underline{n}_k \delta_{\mathrm{I}} \rangle:\text{分子界面迁移}\end{cases} \tag{6-101}$$

122 平均分子通量可由式(6-89)给出,有

$$\overline{\underline{J}_k}^{k} = D_k\left(\nabla\overline{\phi_k}^{k} + \frac{1}{\alpha_k}\langle \phi'_k\ \underline{n}_k\delta_{\mathrm{I}} \rangle\right) \tag{6-102}$$

式中,$\langle \phi'_k\ \underline{n}_k\delta_{\mathrm{I}} \rangle$应当由额外的封闭关系给出。湍流通量$\underline{J}_k^{\mathrm{T}}$能够从它的输运方程的分解中得到。如果使用该方程,则需要以下量附加封闭关系:

$$\begin{cases}\overline{\phi'_k v'_{k,i} v'_{k,j}}^{k}:\text{三阶速度关联张量}\\ \overline{\dfrac{\phi'_k}{\rho_k}\dfrac{\partial p'_k}{\partial x_i}}^{k}:\text{浓度-压力梯度关联式}\\ \alpha_k \nu_k \overline{\phi'_k \dfrac{\partial^2 v'_{k,i}}{\partial x_j^2}}^{k} + \alpha_k D_k \overline{v'_{k,i}\dfrac{\partial^2 \phi'_k}{\partial x_j^2}}^{k}:\text{分子黏性和扩散系数的关系}\\ \langle \phi'_k v'_{k,i} \dot{m}_k \delta_{\mathrm{I}} \rangle = \Gamma_k \overline{\overline{\phi'_k v'_{k,i}}}^{\mathrm{I}}:\text{相变引起的界面迁移}\end{cases} \tag{6-103}$$

如果需要式(6-91)所定义的被动标量方差,则可以求解其输运方程式(6-97)。在该方程的等式右侧中,需要增加几个封闭关联式,即

$$
\left\{
\begin{aligned}
&\overline{\frac{\phi_k'^2}{2}\underline{v}_k'}^{k}\text{:三阶速度关联张量}\\
&\left\langle\frac{\phi_k'^2}{2}\underline{n}_k\delta_{\mathrm{I}}\right\rangle\text{和}\left\langle\nabla\left(\frac{\phi_k'^2}{2}\right)\cdot\underline{n}_k\delta_{\mathrm{I}}\right\rangle\text{:项乘以扩散系数}\\
&\left\langle\frac{\dot{m}_k}{\rho_k}\frac{\phi_k'^2}{2}\delta_{\mathrm{I}}\right\rangle=\frac{\Gamma_k}{\rho_k}\frac{\overline{\overline{\phi_k'^2}}^{\mathrm{I}}}{2}\text{:相变引起的界面迁移}\\
&\varepsilon_{k,\phi}\text{:标量方差耗散率}
\end{aligned}
\right.
\tag{6-104}
$$

参考文献

[1] Pope SB (2000) Turbulent flows, Cambridge Ed.

[2] Schiestel R (1993) Modélisation et simulation des écoulements turbulents, Eds Hermès.

[3] Lance M (1979) Contribution à l'étude de la turbulence dans la phase liquide des écoulements àbulles. Université Claude Bernard, Lyon, Thèse de Doctorat.

[4] Lance M. Marié JL, Bataille J (1984) Modélisation de la turbulence de la phase liquide dans un écoulement à bulles, La Houille Blanche, No. 3/4.

[5] Lance M (1986) Etude de la turbulence dans les écoulements diphasiques dispersés. Université Claude Bernard, Lyon, Thèse d'Etat.

[6] Kataoka I, Serizawa A (1989) Basic equations of turbulence in gas-liquid two-phase flow. Int J Multiph Flow 15(5):843-855.

[7] Simonin O (1991), Modélisation numérique des écoulements turbulents diphasiques à inclusions dispersés. Ecole de Printemps CNRS de Mécanique des Fluides Numérique, Aussois.

[8] Morel C (1995) An order of magnitude analysis of the two-phase K-ε model. Int J Fluid Mech Res 22(3&4):21-44.

第7章 离散相的湍流方程

摘要 本章讨论了嵌入连续相中的分散相的湍流模型。本章所说散相湍流并不是指存在于流体粒子内部的湍流(如果有的话);而是指微团本身的波动运动,每个微团都有自己的速度,这与群微团的平均速度不同。为了进行这种湍流描述,引入了一个双微团数密度函数(NDF)(一个连续的流体粒子和一个离散的微团)。用实微团取代"随机微团",而"随机微团"的统计量与实微团相同。提出了一种基于朗之万模型的微团速度模型。根据这种形式重写了两相的所有湍流方程,并指出本章方程与前几章推导方程之间的相容性关系。本章最后介绍了一些推导出的微团间碰撞方程,并总结了封闭问题。

7.1 概　　述

在第6章中推导了单相流和两相流连续相湍流的控制方程。本章推导了分散两相流(气泡、液滴或固体颗粒)中分散相的附加方程。假设流体粒子足够小,保持球形。由于湍流中微团的随机运动与气体中分子的热运动具有很强的相似性,因此许多学者将气体动力学理论与分散相的场方程进行了类比[1-5]。本章采用 Minier 和 Peirano[4] 以及 Peirano 和 Minier[6] 提出的方法,并在他们最初的工作中添加了一些成分,如微团直径的可能时间变化和微团间碰撞的影响。基本量的定义和中尺度上有效的形式在7.2节中给出。在宏观尺度上控制连续相的方程在7.3节中已经进行了推导,并在第3章和第6章中推导的方程进行了比较。7.4节推导了控制分散相的宏观方程。7.5节介绍了微团间碰撞的影响。7.6节总结了主要的封闭问题。

7.2 基本量定义和 Fokker-Planck 方程

在本章中,遵循 Minier 和 Peirano[4] 以及 Peirano 和 Minier[6] 提出的方法。

这些学者遵循 Pope[7] 对单相流 PDF 提出的方法。将原方法推广到两相分散流动中,假设每一相为连续相的流体粒子和分散相的离散微粒的集合。因此,引入双点联合概率密度函数(PDF)(流体粒子为一点,离散微粒为另一点)。这些学者介绍的另一个重要组成部分是随机微分方程(SDE)。在描述的宏观层面上有效的平均场方程是通过在描述的中观层面上有效的平均方程得到的(见第 5 章的 GPBE 以中观或中尺度上有效的方程为例)。众所周知,介观水平是介于宏观描述(平均场方程)和微观描述(所有细节由精确的局部瞬时方程控制)之间。当处理随机过程时,有两种方法来描述它,即过程轨迹的时间演化方程或其 PDF 在样本空间中所满足的方程。当然,这两种观点之间存在着对应关系。如果 $\underline{Z}(t)$ 是由漂移矢量$\underline{A}$和扩散矩阵 $\boldsymbol{B}_{ij}$表征的扩散过程的状态向量,则该过程的轨迹为 SDE 的解,即

$$\mathrm{d}Z_i(t)=A_i(t,\underline{Z}(t))\mathrm{d}t+\boldsymbol{B}_{ij}(t,\underline{Z}(t))\mathrm{d}W_j(t) \tag{7-1}$$

式中:$\mathrm{d}t$ 为时间增量;$\underline{W}(t)$ 为一组独立的 Wiener 过程。Wiener 过程是一个随机过程,增量 $\mathrm{d}W_i$ 是一个随机高斯变量,与位置和速度无关,均值为 0,方差等于 $\mathrm{d}t$[8]。

在物理学文献中,常称 SDE 为朗之万(Langevin)方程。它们在样本空间中对应于福克-普朗克(Fokker-Planck)方程,即

$$\frac{\partial p}{\partial t}=-\frac{\partial p}{\partial z_i}[pA_i(t,\underline{z})]+\frac{1}{2}\frac{\partial^2}{\partial z_i\,\partial z_j}[(\underline{\underline{B}}\cdot\underline{\underline{B}}^{\mathrm{T}})_{ij}p] \tag{7-2}$$

式中:$pA_i(t,\underline{z})$ 为使向量$\underline{Z}(t)$处于$\underline{z}$状态的 PDF。

本章将考虑流体或固体颗粒嵌入不可压缩的载体流体中。适用于这种流动的描述状态向量为

$$\underline{Z}\equiv(\underline{x}_{\mathrm{c}},\underline{v}_{\mathrm{c}},\underline{\xi}_{\mathrm{c}},\underline{x}_{\mathrm{d}},\underline{v}_{\mathrm{d}},\underline{\xi}_{\mathrm{d}}) \tag{7-3}$$

式中,下角 c 和 d 表示(连续的)流体和离散相的性质。状态$\underline{Z}$假设连续流体粒子位于$\underline{x}_{\mathrm{c}}$ 处,具有速度$\underline{v}_{\mathrm{c}}$ 和内部性质矢量$\underline{\xi}_{\mathrm{c}}$。最后一个矢量包含一些连续相的性质,如其温度、化学成分等,它可以包含一些被动标量,如第 6 章的 ϕ,也可以在它没用的时候省略。状态向量还假设一个离散微粒位于$\underline{x}_{\mathrm{d}}$ 处,具有速度$\underline{v}_{\mathrm{d}}$ 和具有内部性质$\underline{\xi}_{\mathrm{d}}$ 的向量。

目前,假设向量$\underline{\xi}_{\mathrm{d}}$ 包含两个物理量,即

$$\underline{\xi}_{\mathrm{d}}\equiv(\underline{v}_{\mathrm{s}},d) \tag{7-4}$$

式中:d 为微团直径;$\underline{v}_{\mathrm{s}}$ 为所见的(连续)流体粒子的速度。

所看到的流体速度是沿质点轨迹采样的流体速度。它不同于连续速度,因为在 t 和 t+dt 之间,位于 t 时刻附近位置的流体和离散微粒不会沿着相同的轨迹运动。这种漂移在文献中称为交叉轨迹效应(crossing trajectory effect,CTE)。

在物理空间中定义状态向量(式(7-3))。样本空间中对应的状态向量为

$$\underline{z} \equiv (\underline{X}_c, \underline{u}_c, \underline{\zeta}_c, \underline{X}_d, \underline{u}_d, \underline{\zeta}_d) \tag{7-5}$$

为了避免物理空间中的量(依赖于$\underline{x}$和 t)与样本空间中的相应量(不依赖于$\underline{x}$和 t)之间的混淆,需要对每个变量使用双重表示法表示。一个微妙的问题是在微团的拉格朗日描述和欧拉描述之间进行适当的转换,这是在推导双流体模型时常用的描述。为了做到这一点,引入上标 L 和 E 来表示拉格朗日量和欧拉量。在拉格朗日描述中,两点联合 PDF 定义为

$$p_{cd}^{L}(t; \underline{X}_c, \underline{u}_c, \underline{\zeta}_c, \underline{X}_d, \underline{u}_d, \underline{\zeta}_d)\, d\underline{X}_c d\underline{u}_c d\underline{\zeta}_c d\underline{X}_d d\underline{u}_d d\underline{\zeta}_d \tag{7-6}$$

有一定的可能性找到一对粒子(一个是流体,另一个是离散微粒),它们的位置在$[\underline{X}_k, \underline{X}_k+d\underline{X}_k]$($k$=c,d)范围内,它们的速度在$[\underline{u}_k, \underline{u}_k+d\underline{u}_k]$($k$=c,d)范围内,它们在 t 时刻的其他内部性质在$[\underline{\zeta}_k, \underline{\zeta}_k+d\underline{\zeta}_k]$($k$=c,d)范围内。应该注意参数和变量之间的区别,使用分号分隔它们。在拉格朗日描述中,两个粒子的位置信息被保留在 PDF 的参数中,而这一特性在欧拉描述中并不成立。欧拉描述中式(7-6)对应的量为

$$p_{cd}^{E}(t, \underline{x}_c, \underline{x}_d; \underline{u}_c, \underline{\zeta}_c, \underline{u}_d, \underline{\zeta}_d)\, d\underline{u}_c d\underline{\zeta}_c d\underline{u}_d d\underline{\zeta}_d \tag{7-7}$$

有一定的可能性在时间 t 和位置$\underline{x}_c$ 和$\underline{x}_d$ 处找到一个流体粒子和一个离散微粒,它们的速度在$[\underline{u}_k, \underline{u}_k+d\underline{u}_k]$($k$=c,d)范围内,其他内部性质在$[\underline{\zeta}_k, \underline{\zeta}_k+d\underline{\zeta}_k]$($k$=c,d)范围内。欧拉分布函数与拉格朗日 PDF 之间的联系可以通过以下方式使用狄拉克函数来实现,即

$$\begin{aligned} p_{cd}^{E}(t, \underline{x}_c, \underline{x}_d; \underline{u}_c, \underline{\zeta}_c, \underline{u}_d, \underline{\zeta}_d) &= p_{cd}^{L}(t; \underline{X}_c = \underline{x}_c, \underline{u}_c, \underline{\zeta}_c, \underline{X}_d = \underline{x}_d, \underline{u}_d, \underline{\zeta}_d) \\ &= \int p_{cd}^{L}(t; \underline{X}_c, \underline{u}_c, \underline{\zeta}_c, \underline{X}_d, \underline{u}_d, \underline{\zeta}_d)\, \delta(\underline{x}_c - \underline{X}_c)\, \delta(\underline{x}_d - \underline{X}_d)\, d\underline{X}_c d\underline{X}_d \end{aligned} \tag{7-8}$$

p_{cd}^{E}是一个分布函数,而不是 PDF,因为在给定的时间和两个不同的位置,在任何状态下,都不可能总是以 1 的概率找到流体和离散微粒。两个边缘 PDF 具有明确的物理意义。第一个是对离散微粒的所有变量积分得到

$$p_{c}^{L}(t; \underline{X}_c, \underline{u}_c, \underline{\zeta}_c) \equiv \int p_{cd}^{L}(t; \underline{X}_c, \underline{u}_c, \underline{\zeta}_c, \underline{X}_d, \underline{u}_d, \underline{\zeta}_d)\, d\underline{X}_d d\underline{u}_d d\underline{\zeta}_d \tag{7-9}$$

同理,可得离散相位的拉格朗日 PDF,即

$$p_{d}^{L}(t; \underline{X}_d, \underline{u}_d, \underline{\zeta}_d) \equiv \int p_{cd}^{L}(t; \underline{X}_c, \underline{u}_c, \underline{\zeta}_c, \underline{X}_d, \underline{u}_d, \underline{\zeta}_d)\, d\underline{X}_c d\underline{u}_c d\underline{\zeta}_c \tag{7-10}$$

在拉格朗日描述中,每一相的 MDF 定义为对应的 PDF 乘以该相的总质量,即

$$F_{k}^{L}(t; \underline{X}_k, \underline{u}_k, \underline{\zeta}_k) \equiv m_k p_{k}^{L}(t; \underline{X}_k, \underline{u}_k, \underline{\zeta}_k), \quad m_k \equiv \int F_{k}^{L}(t; \underline{X}_k, \underline{u}_k, \underline{\zeta}_k)\, d\underline{X}_k d\underline{u}_k d\underline{\zeta}_k \tag{7-11}$$

得到各相的欧拉 MDF,该方法与式(7-8)相似,有

$$F_k^{\mathrm{E}}(t,\underline{X}_k;\underline{u}_k,\underline{\zeta}_k)=F_k^{\mathrm{L}}(t;\underline{X}_k=\underline{x}_k,\underline{u}_k,\underline{\zeta}_k)=\int F_k^{\mathrm{L}}(t;\underline{X}_k,\underline{u}_k,\underline{\zeta}_k)\delta(\underline{x}_k-\underline{X}_k)\,\mathrm{d}\underline{X}_k \tag{7-12}$$

现在定义出现在平均场方程(宏观描述)中的量。

体积分数 α_k 可定义为欧拉边距分布函数的归一化因子:

$$\alpha_k(\underline{x}_k,t)\equiv\int p_k^{\mathrm{E}}(t,\underline{x};\underline{u}_k,\underline{\zeta}_k)\,\mathrm{d}\underline{u}_k\mathrm{d}\underline{\zeta}_k \tag{7-13}$$

其中,边距 p_k^{E} 定义为式(7-9)及式(7-10)中的拉格朗日概率密度分布函数,有

$$\begin{cases}p_{\mathrm{c}}^{\mathrm{E}}(t,\underline{x}_{\mathrm{c}};\underline{u}_{\mathrm{c}},\underline{\zeta}_{\mathrm{c}})=\int p_{\mathrm{cd}}^{\mathrm{E}}(t,\underline{x}_{\mathrm{c}},\underline{x}_{\mathrm{d}};\underline{u}_{\mathrm{c}},\underline{\zeta}_{\mathrm{c}},\underline{u}_{\mathrm{d}},\underline{\zeta}_{\mathrm{d}})\,\mathrm{d}\underline{x}_{\mathrm{d}}\mathrm{d}\underline{u}_{\mathrm{d}}\mathrm{d}\underline{\zeta}_{\mathrm{d}}\\ p_{\mathrm{d}}^{\mathrm{E}}(t,\underline{x}_{\mathrm{d}};\underline{u}_{\mathrm{d}},\underline{\zeta}_{\mathrm{d}})=\int p_{\mathrm{cd}}^{\mathrm{E}}(t,\underline{x}_{\mathrm{c}},\underline{x}_{\mathrm{d}};\underline{u}_{\mathrm{c}},\underline{\zeta}_{\mathrm{c}},\underline{u}_{\mathrm{d}},\underline{\zeta}_{\mathrm{d}})\,\mathrm{d}\underline{x}_{\mathrm{c}}\mathrm{d}\underline{u}_{\mathrm{c}}\mathrm{d}\underline{\zeta}_{\mathrm{c}}\end{cases} \tag{7-14}$$

在给定的$\underline{x}$点和给定的 t 时刻,任何状态下找到流体粒子或离散微粒的概率之和总是等于 1,因此可以写为

$$\int p_{\mathrm{c}}^{\mathrm{E}}(t,\underline{x};\underline{u}_{\mathrm{c}},\underline{\zeta}_{\mathrm{c}})\,\mathrm{d}\underline{u}_{\mathrm{c}}\mathrm{d}\underline{\zeta}_{\mathrm{c}}+\int p_{\mathrm{d}}^{\mathrm{E}}(t,\underline{x};\underline{u}_{\mathrm{d}},\underline{\zeta}_{\mathrm{d}})\,\mathrm{d}\underline{u}_{\mathrm{d}}\mathrm{d}\underline{\zeta}_{\mathrm{d}}=1 \tag{7-15}$$

因此,得到了以下已知的体积分数关系,即

$$\alpha_{\mathrm{c}}(\underline{x},t)+\alpha_{\mathrm{d}}(\underline{x},t)=1 \tag{7-16}$$

欧拉 MDF 允许定义相位平均密度,即

$$\alpha_k(\underline{x},t)\overline{\rho_k}^{k}(\underline{x},t)\equiv\int F_k^{\mathrm{E}}(t,\underline{x};\underline{u}_k,\underline{\zeta}_k)\,\mathrm{d}\underline{u}_k\mathrm{d}\underline{\zeta}_k \tag{7-17}$$

其中,欧拉 MDF 为

$$F_k^{\mathrm{E}}(t,\underline{x};\underline{u}_k,\underline{\zeta}_k)=\rho_k(\underline{\zeta}_k)p_k^{\mathrm{E}}(t,\underline{x};\underline{u}_k,\underline{\zeta}_k) \tag{7-18}$$

在不可压缩相的情况下,密度 ρ_k 是常数。现在将推导两个欧拉 MDF 的方程。假设流体粒子的运动轨迹为

$$\begin{cases}\mathrm{d}\underline{x}_{\mathrm{c}}=\underline{v}_{\mathrm{c}}\mathrm{d}t\\ \mathrm{d}\underline{v}_{\mathrm{c}}=\underline{A}_{\mathrm{c}}\mathrm{d}t+\underline{A}_{\mathrm{d}\to\mathrm{c}}\mathrm{d}t+\underline{\underline{B}}_{\mathrm{c}}\cdot\mathrm{d}\underline{W}_{\mathrm{c}}\end{cases} \tag{7-19}$$

式中,第一个公式是流体粒子速度的定义,第二个公式给出了该速度在时间增量 $\mathrm{d}t$ 时的增量,为流体粒子自身加速度$\underline{A}_{\mathrm{c}}$ 的影响之和。流体粒子存在加速度,因为存在分散相微团$\underline{A}_{\mathrm{d}\to\mathrm{c}}$以及在速度空间中由于湍流或其他形式的扰动而产生的扩散。最后一种效果由扩散张量$\underline{\underline{B}}_{\mathrm{c}}$ 和 Wiener 过程增量 $\mathrm{d}\underline{W}_{\mathrm{c}}$ 的点积表示。式(7-19)中第二个公式是一个 SDE,假设可以用具有相同统计量的随机微团代替真实的流体粒子。

流体粒子的运动轨迹可由以下方程描述,即

$$\begin{cases} \mathrm{d}\underline{x}_{\mathrm{d}} = \underline{v}_{\mathrm{d}}\mathrm{d}t \\ \mathrm{d}\underline{v}_{\mathrm{d}} = \underline{A}_{\mathrm{d}}\mathrm{d}t \\ \mathrm{d}(d) = G\mathrm{d}t \\ \mathrm{d}\underline{v}_{\mathrm{s}} = \underline{A}_{\mathrm{s}}\mathrm{d}t + \underline{A}_{\mathrm{d}\to\mathrm{s}}\mathrm{d}t + \underline{\underline{B}}_{\mathrm{s}} \cdot \mathrm{d}\underline{W}_{\mathrm{s}} \end{cases} \tag{7-20}$$

式中:$\underline{A}_{\mathrm{d}}$ 为微团加速度;G 为流体粒子直径沿轨迹的变化率(G 为生长速度);下标为 s 的量表示所见流体速度。

如式(7-1)和式(7-2)所示,式(7-19)和式(7-20)在样本空间中用福克-普朗克方程(Fokker-Planck)方程表示为

$$\begin{aligned} &\frac{\partial p_{\mathrm{cd}}^{\mathrm{L}}}{\partial t} + u_{\mathrm{c},i}\frac{\partial p_{\mathrm{cd}}^{\mathrm{L}}}{\partial X_{\mathrm{c},i}} + u_{\mathrm{d},i}\frac{\partial p_{\mathrm{cd}}^{\mathrm{L}}}{\partial X_{\mathrm{d},i}} \\ &= -\frac{\partial}{\partial u_{\mathrm{c},i}}[p_{\mathrm{cd}}^{\mathrm{L}}\langle A_{\mathrm{c},i} + A_{\mathrm{d}\to\mathrm{c},i} \mid \underline{X}_{\mathrm{c}}, \underline{u}_{\mathrm{c}}, \underline{\zeta}_{\mathrm{d}}\rangle] - \\ &\frac{\partial}{\partial u_{\mathrm{d},i}}[p_{\mathrm{cd}}^{\mathrm{L}}\langle A_{\mathrm{d},i} \mid \underline{X}_{\mathrm{d}}, \underline{u}_{\mathrm{d}}, \underline{\zeta}_{\mathrm{d}}\rangle] - \frac{\partial}{\partial D}[p_{\mathrm{cd}}^{\mathrm{L}}\langle G \mid \underline{X}_{\mathrm{d}}, \underline{u}_{\mathrm{d}}, \underline{\zeta}_{\mathrm{d}}\rangle] - \\ &\frac{\partial}{\partial u_{\mathrm{s},i}}[p_{\mathrm{cd}}^{\mathrm{L}}\langle A_{\mathrm{s},i} + A_{\mathrm{d}\to\mathrm{s},i} \mid \underline{X}_{\mathrm{d}}, \underline{u}_{\mathrm{d}}, \underline{\zeta}_{\mathrm{d}}\rangle] + \\ &\frac{1}{2}\frac{\partial^2}{\partial u_{\mathrm{c},i}\partial u_{\mathrm{c},j}}[(\underline{\underline{B}}_{\mathrm{c}} \cdot \underline{\underline{B}}_{\mathrm{c}}^{\mathrm{T}})_{ij}\, p_{\mathrm{cd}}^{\mathrm{L}}] + \frac{1}{2}\frac{\partial^2}{\partial u_{\mathrm{s},i}\partial u_{\mathrm{s},j}}[(\underline{\underline{B}}_{\mathrm{s}} \cdot \underline{\underline{B}}_{\mathrm{s}}^{\mathrm{T}})_{ij}\, p_{\mathrm{cd}}^{\mathrm{L}}] \end{aligned} \tag{7-21}$$

现在将研究重点限定于不可压缩流体输运的密度恒定但直径可变的离散微团上。因此,在物理空间相对应的向量$\underline{\zeta}_{\mathrm{d}}$ 将包含的流体速度和粒径(式(7-4)):$\underline{\zeta}_{\mathrm{d}} = (\underline{u}_{\mathrm{s}}, D)$以及向量$\underline{\zeta}_{\mathrm{c}}$ 将不再考虑。

利用式(7-9),对式(7-21)中与分散相有关的所有变量进行积分,得到

$$\begin{aligned} \frac{\partial p_{\mathrm{c}}^{\mathrm{L}}}{\partial t} + u_{\mathrm{c},i}\frac{\partial p_{\mathrm{c}}^{\mathrm{L}}}{\partial X_{\mathrm{c},i}} = -\frac{\partial}{\partial u_{\mathrm{c},i}}[p_{\mathrm{c}}^{\mathrm{L}}\langle A_{\mathrm{c},i} + A_{\mathrm{d}\to\mathrm{c},i} \mid \underline{X}_{\mathrm{c}}, \underline{u}_{\mathrm{c}}\rangle] + \\ \frac{1}{2}\frac{\partial^2}{\partial u_{\mathrm{c},i}\partial u_{\mathrm{c},j}}[(\underline{\underline{B}}_{\mathrm{c}} \cdot \underline{\underline{B}}_{\mathrm{c}}^{\mathrm{T}})_{ij} p_{\mathrm{c}}^{\mathrm{L}}] \end{aligned} \tag{7-22}$$

在推导式(7-22)时,假设联合 PDF 在无穷远处为 0。例如,当 $u_{\mathrm{d},i}$趋于无穷时项$\partial[p_{\mathrm{cd}}^{\mathrm{L}}\langle A_{\mathrm{d},i} \mid \underline{X}_{\mathrm{d}}, \underline{u}_{\mathrm{d}}, \underline{\zeta}_{\mathrm{d}}\rangle]/\partial u_{\mathrm{d},i}$对 $u_{\mathrm{d},i}$ 的积分趋于 0,$p_{\mathrm{cd}}^{\mathrm{L}}\langle A_{\mathrm{d},i} \mid \underline{X}_{\mathrm{d}}, \underline{u}_{\mathrm{d}}, \underline{\zeta}_{\mathrm{d}}\rangle \to 0$。下一步是推导出相应的欧拉分布函数方程,即

$$p_{\mathrm{c}}^{\mathrm{E}}(t, \underline{x}; \underline{u}_{\mathrm{c}}) = p_{\mathrm{c}}^{\mathrm{L}}(t; \underline{X}_{\mathrm{c}} = \underline{x}, \underline{u}_{\mathrm{c}}) = \int p_{\mathrm{c}}^{\mathrm{L}}(t; \underline{X}_{\mathrm{c}}, \underline{u}_{\mathrm{c}})\delta(\underline{x} - \underline{X}_{\mathrm{c}})\mathrm{d}\underline{X}_{\mathrm{c}} \tag{7-23}$$

式(7-23)可由式(7-22)乘以 $\delta(\underline{x} - \underline{X}_{\mathrm{c}})$得到,然后对变量$\underline{X}_{\mathrm{c}}$ 积分,其结果为

$$\frac{\partial p_c^E}{\partial t}+u_{c,i}\frac{\partial p_c^E}{\partial x_i}=-\frac{\partial}{\partial u_{c,i}}[p_c^E\langle A_{c,i}+A_{d\to c,i}\mid \underline{x},\underline{u}_c\rangle]+$$

$$\frac{1}{2}\frac{\partial^2}{\partial u_{c,i}\partial u_{c,j}}[(\underline{\underline{B}}_c\cdot\underline{\underline{B}}_c^T)_{ij}p_c^E] \tag{7-24}$$

式(7-24)与连续相密度相乘,得到连续相欧拉 MDF(式(7-18))为

$$\frac{\partial F_c^E}{\partial t}+u_{c,i}\frac{\partial F_c^E}{\partial x_i}=-\frac{\partial}{\partial u_{c,i}}[F_c^E\langle A_{c,i}+A_{d\to c,i}\mid \underline{x},\underline{u}_c\rangle]+$$

$$\frac{1}{2}\frac{\partial^2}{\partial u_{c,i}\partial u_{c,j}}[(\underline{\underline{B}}_c\cdot\underline{\underline{B}}_c^T)_{ij}F_c^E] \tag{7-25}$$

同样,对于分散相欧拉 MDF,可以将福克-普朗克方程式(7-21)简化为

$$\frac{\partial F_d^E}{\partial t}+u_{d,i}\frac{\partial F_d^E}{\partial x_i}=-\frac{\partial}{\partial u_{d,i}}(F_d^E\langle A_{d,i}\mid \underline{x},\underline{u}_d,\underline{\zeta}_d\rangle)-\frac{\partial}{\partial D}(F_d^E\langle G\mid \underline{x},\underline{u}_d,\underline{\zeta}_d\rangle)$$

$$-\frac{\partial}{\partial u_{s,i}}(F_d^E\langle A_{s,i}+A_{d\to s,i}\mid \underline{x},\underline{u}_d,\underline{\zeta}_d\rangle)+\frac{1}{2}\frac{\partial^2}{\partial u_{s,i}\partial u_{s,j}}[(\underline{\underline{B}}_s\cdot\underline{\underline{B}}_s^T)_{ij}F_d^E] \tag{7-26}$$

在下面章节中,将省略上标 E,这些量在欧拉意义上是可以理解的。

7.3 连续相的平均方程

在推导离散相的湍流方程之前,必须回到本章所采用的概率观点中的连续相。在 7.1 节中,推导了一个控制连续相欧拉 MDF 的福克-普朗克方程(式(7-25))。现在,将这个方程乘以任意数量 $\psi_c(t,\underline{x};\underline{u}_c)$,并在速度空间积分得到的方程,得到连续相的思斯科格(Enskog)一般方程,即

$$\frac{\partial}{\partial t}(\alpha_c\rho_c\langle\psi_c\rangle_c)+\frac{\partial}{\partial x_i}(\alpha_c\rho_c\langle\psi_c v_{c,i}\rangle_c)=\alpha_c\rho_c\left(\left\langle\frac{\alpha\psi_c}{\alpha t}\right\rangle_c+\left\langle v_{c,i}\frac{\alpha\psi_c}{\alpha t}\right\rangle_c\right)+$$

$$\alpha_c\rho_c\left\langle\frac{\alpha\psi_c}{\alpha u_{c,i}}\langle A_{c,i}+A_{d\to c,i}\mid \underline{x},\underline{u}_c\rangle\right\rangle_c+\frac{1}{2}\alpha_c\rho_c\left\langle\frac{\partial^2\psi_c}{\partial u_{c,i}\partial u_{c,j}}(\underline{\underline{B}}_c\cdot\underline{\underline{B}}_c^T)_{ij}\right\rangle_c$$

$$\tag{7-27}$$

其中,平均量为质量加权平均,定义为

$$\langle\psi_c\rangle_c(\underline{x},t)\equiv\frac{1}{\alpha_c\rho_c}\int\psi_c F_c^E d\underline{u}_c \tag{7-28}$$

式(7-27)是前几章用其他方法推导出的两相流连续相方程的基础。将 $\psi_c=1$ 代入式(7-27),得到

$$\frac{\partial}{\partial t}(\alpha_c\rho_c)+\frac{\partial}{\partial x_i}(\alpha_c\rho_c V_{c,i})=0 \tag{7-29}$$

式(7-29)就是双流体模型(式(3-47))中没有相变($\Gamma_c=0$)的质量守恒方程。

将$\psi_c=u_{c,i}$代入式(7-27),得到

$$\frac{\partial}{\partial t}(\alpha_c\rho_c V_{c,i})+\frac{\partial}{\partial x_j}(\alpha_c\rho_c\langle v_{c,i}v_{c,j}\rangle_c)=\alpha_c\rho_c\langle A_{c,i}+A_{d\to c,i}\rangle_c \tag{7-30}$$

将动量流分解为均值分量和脉动分量,得到

$$\frac{\partial}{\partial t}(\alpha_c\rho_c V_{c,i})+\frac{\partial}{\partial x_j}(\alpha_c\rho_c V_{c,i}V_{c,j})=-\frac{\partial}{\partial x_j}(\alpha_c\rho_c\langle v'_{c,i}v'_{c,j}\rangle_c)+\alpha_c\rho_c\langle A_{c,i}+A_{d\to c,i}\rangle_c \tag{7-31}$$

其中,$v'_{c,i}$由下式定义,即

$$v'_{c,i}(u_{c,i},\underline{x},t)\equiv u_{c,i}-V_{c,i}(\underline{x},t) \tag{7-32}$$

将$\psi_c=v'_{c,i}v'_{c,j}$代入式(7-27),得到以下雷诺应力张量方程:

$$\begin{aligned}&\frac{\partial}{\partial t}(\alpha_c\rho_c\langle v'_{c,i}v'_{c,j}\rangle_c)+\frac{\partial}{\partial x_m}(\alpha_c\rho_c\langle v'_{c,i}v'_{c,j}\rangle_c V_{c,m})=-\frac{\partial}{\partial x_m}(\alpha_c\rho_c\langle v'_{c,i}v'_{c,j}v'_{c,m}\rangle_c)-\\&\alpha_c\rho_c\left(\langle v'_{c,m}v'_{c,i}\rangle_c\frac{\partial V_{c,j}}{\partial x_m}+\langle v'_{c,m}v'_{c,j}\rangle_c\frac{\partial V_{c,i}}{\partial x_m}\right)+\\&\alpha_c\rho_c\langle v'_{c,i}(A_{c,j}+A_{d\to c,j})+v'_{c,j}(A_{c,i}+A_{d\to c,i})\rangle_c+\\&\alpha_c\rho_c\langle(\underline{\underline{B}}_c\cdot\underline{\underline{B}}_c^{T})_{ij}\rangle_c\end{aligned} \tag{7-33}$$

将动量方程式(7-31)与式(3-64)中第二个公式比较可知:

$$\alpha_c\rho_c\langle\underline{A}_c+\underline{A}_{d\to c}\rangle_c=-\nabla(\alpha_c\overline{p_c}^{c})+\nabla\cdot(\alpha_c\overline{\underline{\tau}_c}^{c})+\alpha_c\rho_c\underline{g}+\underline{M}_c \tag{7-34}$$

式(7-34)只与第3章导出的动量方程有相容关系。同样地,将式(7-33)与第6章中推导的雷诺应力张量方程(式(6-73))进行比较。比较结果表明:

$$\begin{aligned}&\alpha_c\langle v'_{c,i}(A_{c,j}+A_{d\to c,j})+v'_{c,j}(A_{c,i}+A_{d\to c,i})\rangle_c+\alpha_c\langle(\underline{\underline{B}}_c\cdot\underline{\underline{B}}_c^{T})_{ij}\rangle_c\\&=-\alpha_c\varepsilon_{c,ij}+\alpha_c\Phi_{c,ij}+\nu_c\nabla^2(\alpha_c R_{c,ij})-\frac{\partial}{\partial x_m}\left[\frac{\alpha_c}{\rho_c}(\overline{p'_c v'_{c,i}}^{c}\delta_{jm}+\overline{p'_c v'_{c,m}}^{c}\delta_{ij})\right]-\\&\left\langle\left(\frac{p'_c}{\rho_c}v'_{c,j}n_{k,i}+\frac{p'_c}{\rho_c}v'_{c,i}n_{k,j}\right)\delta_I\right\rangle+2\nu_c\frac{\partial}{\partial x_m}\langle v'_{c,i}v'_{c,j}n_{c,m}\delta_I\rangle+\frac{1}{\rho_c}\langle\dot{m}v'_{c,i}v'_{c,j}\delta_I\rangle\end{aligned} \tag{7-35}$$

式(7-35)与第6章推导的雷诺应力输运方程只有相容关系。

7.4 离散相的平均方程

在7.2节中,推导了分散相欧拉MDF的福克-普朗克方程(式(7-26))。将

该方程一项一项地乘以任意场 $\psi_{\mathrm{d}}(t,\underline{x};\underline{u}_{\mathrm{d}},\underline{u}_{\mathrm{s}},D)$，然后对得到的方程在样本空间上积分。时间导数为

$$\int\left(\psi_{\mathrm{d}}\frac{\partial F_{\mathrm{d}}}{\partial t}\right)\mathrm{d}\underline{u}_{\mathrm{d}}\mathrm{d}\underline{u}_{\mathrm{s}}\mathrm{d}D=\frac{\partial}{\partial t}\left(\int\psi_{\mathrm{d}}F_{\mathrm{d}}\mathrm{d}\underline{u}_{\mathrm{d}}\mathrm{d}\underline{u}_{\mathrm{s}}\mathrm{d}D\right)-\int\left(F_{\mathrm{d}}\frac{\partial\psi_{\mathrm{d}}}{\partial t}\right)\mathrm{d}\underline{u}_{\mathrm{d}}\mathrm{d}\underline{u}_{\mathrm{s}}\mathrm{d}D$$
$$=\frac{\partial}{\partial t}(\alpha_{\mathrm{d}}\rho_{\mathrm{d}}\langle\psi_{\mathrm{d}}\rangle_{\mathrm{d}})-\alpha_{\mathrm{d}}\rho_{\mathrm{d}}\left\langle\frac{\partial\psi_{\mathrm{d}}}{\partial t}\right\rangle_{\mathrm{d}} \tag{7-36}$$

其中，分散相 Favre 平均量定义为

$$\langle\psi_{\mathrm{d}}\rangle_{\mathrm{d}}\equiv\frac{1}{\alpha_{\mathrm{d}}\rho_{\mathrm{d}}}\int\psi_{\mathrm{d}}F_{\mathrm{d}}\mathrm{d}\underline{u}_{\mathrm{d}}\mathrm{d}\underline{u}_{\mathrm{s}}\mathrm{d}D \tag{7-37}$$ HJ

式(7-26)中对流项的积分方式与式(7-36)相同，有

$$\int\left(\psi_{\mathrm{d}}u_{\mathrm{d},i}\frac{\partial F_{\mathrm{d}}}{\partial x_i}\right)\mathrm{d}\underline{u}_{\mathrm{d}}\mathrm{d}\underline{u}_{\mathrm{s}}\mathrm{d}D=\frac{\partial}{\partial x_i}\left(\int\psi_{\mathrm{d}}u_{\mathrm{d},i}F_{\mathrm{d}}\mathrm{d}\underline{u}_{\mathrm{d}}\mathrm{d}\underline{u}_{\mathrm{s}}\mathrm{d}D\right)-\int\left(F_{\mathrm{d}}u_{\mathrm{d},i}\frac{\partial\psi_{\mathrm{d}}}{\partial x_i}\right)\mathrm{d}\underline{u}_{\mathrm{d}}d\,\underline{u}_{\mathrm{s}}\mathrm{d}D$$
$$=\frac{\partial}{\partial x_i}(\alpha_{\mathrm{d}}\rho_{\mathrm{d}}\langle\psi_{\mathrm{d}}v_{\mathrm{d},i}\rangle_{\mathrm{d}})-\alpha_{\mathrm{d}}\rho_{\mathrm{d}}\left\langle v_{\mathrm{d},i}\frac{\partial\psi_{\mathrm{d}}}{\partial x_i}\right\rangle_{\mathrm{d}} \tag{7-38}$$

式(7-38)的等式右侧的不同项是通过假设在 $u_{\mathrm{d},i}\to\pm\infty$、$u_{\mathrm{s},i}\to\pm\infty$、$D\to 0$ 或 $D\to\pm\infty$，且不同的积分在趋于 0 时积分得到的，即

$$-\int_0^{\infty}\int_{-\infty}^{\infty}\int_{-\infty}^{\infty}\psi_{\mathrm{d}}\frac{\partial}{\partial u_{\mathrm{d},i}}(A_{\mathrm{d},i}F_{\mathrm{d}})\mathrm{d}\underline{u}_{\mathrm{d}}\mathrm{d}\underline{u}_{\mathrm{s}}\mathrm{d}D=\int_0^{\infty}\int_{-\infty}^{\infty}\int_{-\infty}^{\infty}A_{\mathrm{d},i}\frac{\partial\psi_{\mathrm{d}}}{\partial u_{\mathrm{d},i}}F_{\mathrm{d}}\mathrm{d}\underline{u}_{\mathrm{d}}\mathrm{d}\underline{u}_{\mathrm{s}}\mathrm{d}D$$
$$=\alpha_{\mathrm{d}}\rho_{\mathrm{d}}\left\langle A_{\mathrm{d},i}\frac{\partial\psi_{\mathrm{d}}}{\partial u_{\mathrm{d},i}}\right\rangle_{\mathrm{d}} \tag{7-39}$$

以类似的方式，得到

$$\begin{cases}-\int_0^{\infty}\int_{-\infty}^{\infty}\int_{-\infty}^{\infty}\psi_{\mathrm{d}}\dfrac{\partial}{\partial u_{\mathrm{s},i}}(A_{\mathrm{s},i}F_{\mathrm{d}})\mathrm{d}\underline{u}_{\mathrm{s}}\mathrm{d}\underline{u}_{\mathrm{d}}\mathrm{d}D=\alpha_{\mathrm{d}}\rho_{\mathrm{d}}\left\langle A_{\mathrm{s},i}\dfrac{\partial\psi_{\mathrm{d}}}{\partial u_{\mathrm{s},i}}\right\rangle_{\mathrm{d}}\\ -\int_0^{\infty}\int_{-\infty}^{\infty}\int_{-\infty}^{\infty}\psi_{\mathrm{d}}\dfrac{\partial}{\partial u_{\mathrm{s},i}}(A_{\mathrm{d}\to\mathrm{s},i}F_{\mathrm{d}})\mathrm{d}\underline{u}_{\mathrm{s}}\mathrm{d}\underline{u}_{\mathrm{d}}\mathrm{d}D=\alpha_{\mathrm{d}}\rho_{\mathrm{d}}\left\langle A_{\mathrm{d}\to\mathrm{s},i}\dfrac{\partial\psi_{\mathrm{d}}}{\partial u_{\mathrm{s},i}}\right\rangle_{\mathrm{d}}\\ -\int_{-\infty}^{\infty}\int_{-\infty}^{\infty}\int_{-\infty}^{\infty}\psi_{\mathrm{d}}\dfrac{\partial}{\partial D}(GF_{\mathrm{d}})\mathrm{d}D\mathrm{d}\underline{u}_{\mathrm{s}}\mathrm{d}\underline{u}_{\mathrm{d}}=\alpha_{\mathrm{d}}\rho_{\mathrm{d}}\left\langle G\dfrac{\partial\psi_{\mathrm{d}}}{\partial D}\right\rangle_{\mathrm{d}}\end{cases} \tag{7-40}$$

式(7-26)的最后一项通过两次积分得：

$$\int_0^{\infty}\int_{-\infty}^{\infty}\int_{-\infty}^{\infty}\psi_{\mathrm{d}}\frac{1}{2}\frac{\partial^2}{\partial u_{\mathrm{s},i}\partial u_{\mathrm{s},j}}((\underline{\underline{B}}_{\mathrm{s}}\cdot\underline{\underline{B}}_{\mathrm{s}}^{\mathrm{T}})F_{\mathrm{d}})\mathrm{d}\underline{u}_{\mathrm{s}}\mathrm{d}\underline{u}_{\mathrm{d}}\mathrm{d}D$$
$$=\frac{1}{2}\int_0^{\infty}\int_{-\infty}^{\infty}\int_{-\infty}^{\infty}B_{\mathrm{s},im}B_{\mathrm{s},jm}\frac{\partial^2\psi_{\mathrm{d}}}{\partial u_{\mathrm{s},i}\partial u_{\mathrm{s},j}}F_{\mathrm{d}}\mathrm{d}\underline{u}_{\mathrm{s}}\mathrm{d}\underline{u}_{\mathrm{d}}\mathrm{d}D \tag{7-41}$$
$$=\frac{\alpha_{\mathrm{d}}\rho_{\mathrm{d}}}{2}\left\langle B_{\mathrm{s},im}B_{\mathrm{s},jm}\frac{\partial^2\psi_{\mathrm{d}}}{\partial u_{\mathrm{s},i}\partial u_{\mathrm{s},j}}\right\rangle_{\mathrm{d}}$$

将式(7-36)~式(7-41)的结果汇总,最终得到分散相的一般恩斯库格(Enskog)方程,即

$$\frac{\partial}{\partial t}(\alpha_{\mathrm{d}}\rho_{\mathrm{d}}\langle\psi_{\mathrm{d}}\rangle_{\mathrm{d}})+\frac{\partial}{\partial x_i}(\alpha_{\mathrm{d}}\rho_{\mathrm{d}}\langle\psi_{\mathrm{d}}v_{\mathrm{d},i}\rangle_{\mathrm{d}})=\alpha_{\mathrm{d}}\rho_{\mathrm{d}}\left(\left\langle\frac{\partial\psi_{\mathrm{d}}}{\partial t}\right\rangle_{\mathrm{d}}+\left\langle v_{\mathrm{d},i}\frac{\partial\psi_{\mathrm{d}}}{\partial x_i}\right\rangle_{\mathrm{d}}\right)+$$
$$\alpha_{\mathrm{d}}\rho_{\mathrm{d}}\left(\left\langle A_{\mathrm{d},i}\frac{\partial\psi_{\mathrm{d}}}{\partial u_{\mathrm{d},i}}\right\rangle_{\mathrm{d}}+\left\langle A_{\mathrm{s},i}\frac{\partial\psi_{\mathrm{d}}}{\partial u_{\mathrm{s},i}}\right\rangle_{\mathrm{d}}+\left\langle A_{\mathrm{d}\to\mathrm{s},i}\frac{\partial\psi_{\mathrm{d}}}{\partial u_{\mathrm{s},i}}\right\rangle_{\mathrm{d}}\left\langle G\frac{\partial\psi_{\mathrm{d}}}{\partial D}\right\rangle_{\mathrm{d}}\right)+$$
$$\frac{\alpha_{\mathrm{d}}\rho_{\mathrm{d}}}{2}\left\langle B_{\mathrm{s},im}B_{\mathrm{s},jm}\frac{\partial^2\psi_{\mathrm{d}}}{\partial u_{\mathrm{s},i}\partial u_{\mathrm{s},j}}\right\rangle_{\mathrm{d}} \tag{7-42}$$

令式(7-42)中的 $\psi_{\mathrm{d}}=1$,得到分散相质量守恒方程为

$$\frac{\partial}{\partial t}(\alpha_{\mathrm{d}}\rho_{\mathrm{d}})+\frac{\partial}{\partial x_i}(\alpha_{\mathrm{d}}\rho_{\mathrm{d}}V_{\mathrm{d},i})=0 \tag{7-43}$$

令式(7-42)中的 $\psi_{\mathrm{d}}=u_{\mathrm{d},i}$,得到分散相动量守恒方程为

$$\frac{\partial}{\partial t}(\alpha_{\mathrm{d}}\rho_{\mathrm{d}}V_{\mathrm{d},i})+\frac{\partial}{\partial x_j}(\alpha_{\mathrm{d}}\rho_{\mathrm{d}}\langle v_{\mathrm{d},i}v_{\mathrm{d},j}\rangle_{\mathrm{d}})=\alpha_{\mathrm{d}}\rho_{\mathrm{d}}\langle A_{\mathrm{d},i}\rangle_{\mathrm{d}} \tag{7-44}$$

将动量通量中出现的速度分解为平均速度和脉动速度,然后利用式(7-43)得到动量方程的非保守形式为

$$\alpha_{\mathrm{d}}\rho_{\mathrm{d}}\frac{\overline{\mathrm{D}}_{\mathrm{d}}V_{\mathrm{d},i}}{\mathrm{D}t}=-\frac{\partial}{\partial x_j}(\alpha_{\mathrm{d}}\rho_{\mathrm{d}}\langle v'_{\mathrm{d},i}v'_{\mathrm{d},j}\rangle_{\mathrm{d}})+\alpha_{\mathrm{d}}\rho_{\mathrm{d}}\langle A_{\mathrm{d},i}\rangle_{\mathrm{d}} \tag{7-45}$$

式(7-45)可与混合双流体模型下推导的式(3-114)进行比较。由比较可知,式(7-45)中的最后一项应等于混合双流体模型中一定数量的项,即

$$\alpha_{\mathrm{d}}\rho_{\mathrm{d}}\langle\underline{A}_{\mathrm{d}}\rangle_{\mathrm{d}}=\alpha_{\mathrm{d}}\rho_{\mathrm{d}}\underline{g}-\alpha_{\mathrm{d}}\nabla\overline{p}_{\mathrm{c}}^{\mathrm{c}}+\underline{M}^*+\Gamma_{\mathrm{d}}(\underline{V}_{\Gamma}+\underline{V}_{\mathrm{d}}) \tag{7-46}$$

在没有相变的情况下,应省略与 Γ_{d} 成比例的最后一项($\underline{V}_{\Gamma}+\underline{V}_{\mathrm{d}}$)。式(7-46)与第3章中得到的动量方程只有相容关系。

由式(7-42)中取 $\psi_{\mathrm{d}}=u_{\mathrm{s},i}$,推导出期望流速的平衡方程为[4]:

$$\frac{\partial}{\partial t}(\alpha_{\mathrm{d}}\rho_{\mathrm{d}}V_{\mathrm{s},i})+\frac{\partial}{\partial x_j}(\alpha_{\mathrm{d}}\rho_{\mathrm{d}}\langle v_{\mathrm{s},i}v_{\mathrm{d},j}\rangle_{\mathrm{d}})=\alpha_{\mathrm{d}}\rho_{\mathrm{d}}(\langle A_{\mathrm{s},i}\rangle_{\mathrm{d}}+\langle A_{\mathrm{d}\to\mathrm{s},i}\rangle_{\mathrm{d}}) \tag{7-47}$$

将动量通量中出现的速度分解为平均速度和脉动速度,然后使用式(7-43)给出通过粒子所见流体速度的动量方程的保守形式,即

$$\alpha_{\mathrm{d}}\rho_{\mathrm{d}}\frac{\overline{\mathrm{D}}_{\mathrm{d}}V_{\mathrm{s},i}}{\mathrm{D}t}=-\frac{\partial}{\partial x_j}(\alpha_{\mathrm{d}}\rho_{\mathrm{d}}\langle v'_{\mathrm{s},i}v'_{\mathrm{d},j}\rangle_{\mathrm{d}})+\alpha_{\mathrm{d}}\rho_{\mathrm{d}}(\langle A_{\mathrm{s},i}\rangle_{\mathrm{d}}+\langle A_{\mathrm{d}\to\mathrm{s},i}\rangle_{\mathrm{d}}) \tag{7-48}$$

在式(7-42)中取 $\psi_{\mathrm{d}}=D$,得到平均直径公式为

$$\frac{\partial}{\partial t}(\alpha_{\mathrm{d}}\rho_{\mathrm{d}}\langle d\rangle_{\mathrm{d}})+\frac{\partial}{\partial x_i}(\alpha_{\mathrm{d}}\rho_{\mathrm{d}}\langle dv_{\mathrm{d},i}\rangle_{\mathrm{d}})=\alpha_{\mathrm{d}}\rho_{\mathrm{d}}\langle G\rangle_{\mathrm{d}} \tag{7-49}$$

与动量方程相同,式(7-48)可以改写为

$$\alpha_{\mathrm{d}}\rho_{\mathrm{d}}\frac{\overline{\mathrm{D}}_{\mathrm{d}}\langle d\rangle_{\mathrm{d}}}{\mathrm{D}t}=-\frac{\partial}{\partial x_i}(\alpha_{\mathrm{d}}\rho_{\mathrm{d}}\langle d'v'_{\mathrm{d},i}\rangle_{\mathrm{d}})+\alpha_{\mathrm{d}}\rho_{\mathrm{d}}\langle G\rangle_{\mathrm{d}} \tag{7-50}$$

式中:d'为波动直径,由下式定义,即

$$d'(D,\underline{x},t)\equiv D-\langle d\rangle_{\mathrm{d}}(\underline{x},t) \tag{7-51}$$

式(7-50)由 Minier 和 Peirano[4] 推导而来,但这里额外添加了末项以考虑颗粒直径变化的影响。这种微团直径的变化,沿每个微团路径测量,可以是由于相变化、燃烧或密度变化的分散相引起的。$\langle d'v'_{\mathrm{d},i}\rangle_{\mathrm{d}}$ 是湍流通量,是由于不同的微团在流动中有不同的直径和速度的结果。现在可以将平均直径$\langle d\rangle_{\mathrm{d}}$ 与式(5-65)中定义的平均直径联系起来。平均直径$\langle d\rangle_{\mathrm{d}}$ 为质量加权平均直径,对应于尺寸分布函数的特定平均直径 d_{43}。

令式(7-42)中 $\psi_{\mathrm{d}}=v'_{\mathrm{d},i}v'_{\mathrm{d},j}$[4],可以推导出运动应力张量平衡方程为

$$\frac{\partial}{\partial t}(\alpha_{\mathrm{d}}\rho_{\mathrm{d}}\langle v'_{\mathrm{d},i}v'_{\mathrm{d},j}\rangle_{\mathrm{d}})+\frac{\partial}{\partial x_{\mathrm{m}}}(\alpha_{\mathrm{d}}\rho_{\mathrm{d}}\langle v'_{\mathrm{d},i}v'_{\mathrm{d},j}v_{\mathrm{d,m}}\rangle_{\mathrm{d}})$$
$$=\alpha_{\mathrm{d}}\rho_{\mathrm{d}}\left(\left\langle\frac{\partial v'_{\mathrm{d},i}v'_{\mathrm{d},j}}{\partial t}\right\rangle_{\mathrm{d}}+\left\langle v_{\mathrm{d,m}}\frac{\partial v'_{\mathrm{d},i}v'_{\mathrm{d},j}}{\partial x_{\mathrm{m}}}\right\rangle_{\mathrm{d}}\right)+\alpha_{\mathrm{d}}\rho_{\mathrm{d}}(\langle A_{\mathrm{d},i}v'_{\mathrm{d},j}+A_{\mathrm{d},j}v'_{\mathrm{d},i}\rangle_{\mathrm{d}}) \tag{7-52}$$

已知

$$v'_{\mathrm{d},i}(u_{\mathrm{d},i},\underline{x},t)\equiv u_{\mathrm{d},i}-V_{\mathrm{d},i}(\underline{x},t) \tag{7-53}$$

式(7-52)可改写为

$$\frac{\partial}{\partial t}(\alpha_{\mathrm{d}}\rho_{\mathrm{d}}\langle v'_{\mathrm{d},i}v'_{\mathrm{d},j}\rangle_{\mathrm{d}})+\frac{\partial}{\partial x_{\mathrm{m}}}(\alpha_{\mathrm{d}}\rho_{\mathrm{d}}V_{\mathrm{d,m}}\langle v'_{\mathrm{d},i}v'_{\mathrm{d},j}\rangle_{\mathrm{d}})=-\frac{\partial}{\partial x_{\mathrm{m}}}(\alpha_{\mathrm{d}}\rho_{\mathrm{d}}\langle v'_{\mathrm{d},i}v'_{\mathrm{d},j}v'_{\mathrm{d,m}}\rangle_{\mathrm{d}})-$$
$$\alpha_{\mathrm{d}}\rho_{\mathrm{d}}\left(\langle v'_{\mathrm{d},i}v'_{\mathrm{d,m}}\rangle_{\mathrm{d}}\frac{\partial V_{\mathrm{d},j}}{\partial x_{\mathrm{m}}}+\langle v'_{\mathrm{d},j}v'_{\mathrm{d,m}}\rangle_{\mathrm{d}}\frac{\partial V_{\mathrm{d},i}}{\partial x_{\mathrm{m}}}\right)+\alpha_{\mathrm{d}}\rho_{\mathrm{d}}(\langle A_{\mathrm{d},i}v'_{\mathrm{d},j}+A_{\mathrm{d},j}v'_{\mathrm{d},i}\rangle_{\mathrm{d}}) \tag{7-54}$$

式(7-54)可与连续相(式(7-33))的雷诺应力方程进行比较。共同点是出

现了一个三重相关项$\langle v'_{d,i}v'_{d,j}v'_{d,m}\rangle_d$和由于平均速度梯度产生项。

由式(7-42)可得所见流体的脉动速度与分散相$\langle v'_{s,i}v'_{d,j}\rangle_d$之间的协方差方程，令$\psi_d=v'_{s,i}v'_{d,j}$，得

$$\frac{\partial}{\partial t}(\alpha_d\rho_d\langle v'_{s,i}v'_{d,j}\rangle_d)+\frac{\partial}{\partial x_m}(\alpha_d\rho_d\langle v'_{s,i}v'_{d,j}\rangle_d V_{d,m})=-\frac{\partial}{\partial x_m}(\alpha_d\rho_d\langle v'_{s,i}v'_{d,j}v'_{d,m}\rangle_d)-\alpha_d\rho_d\left(\langle v'_{s,i}v'_{d,m}\rangle_d\frac{\partial V_{d,j}}{\partial x_m}+\langle v'_{d,j}v'_{d,m}\rangle_d\frac{\partial V_{s,i}}{\partial x_m}\right)+\alpha_d\rho_d(\langle A_{d,j}v'_{s,i}\rangle_d+\langle A_{s,i}v'_{d,j}\rangle_d+\langle A_{d\to s,i}v'_{d,j}\rangle_d) \tag{7-55}$$

采用以下分解方法：

$$v'_{s,i}(u_{s,i},\underline{x},t)\equiv u_{s,i}-V_{s,i}(\underline{x},t) \tag{7-56}$$

由式(7-42)，令$\psi_d=v'_{s,i}v'_{s,j}$，可得所见流体速度$\langle v'_{s,i}v'_{s,j}\rangle_d$的雷诺应力张量方程，得

$$\frac{\partial}{\partial t}(\alpha_d\rho_d\langle v'_{s,i}v'_{s,j}\rangle_d)+\frac{\partial}{\partial x_m}(\alpha_d\rho_d V_{d,m}\langle v'_{s,i}v'_{s,j}\rangle_d)=-\frac{\partial}{\partial x_m}(\alpha_d\rho_d\langle v'_{s,i}v'_{s,j}v'_{d,m}\rangle_d)-\alpha_d\rho_d\left(\langle v'_{s,i}v'_{d,m}\rangle_d\frac{\partial V_{s,j}}{\partial x_m}+\langle v'_{s,j}v'_{d,m}\rangle_d\frac{\partial V_{s,i}}{\partial x_m}\right)+\alpha_d\rho_d(\langle A_{s,i}v'_{s,j}+A_{s,j}v'_{s,i}\rangle_d+\langle A_{d\to s,i}v'_{s,j}+A_{d\to s,j}v'_{s,i}\rangle_d)+\alpha_d\rho_d\langle B_{s,im}B_{s,jm}\rangle_d \tag{7-57}$$

由式(7-42)，令$\psi_d=d'v'_{d,i}$，可得脉动直径湍流通量$\langle d'v'_{d,i}\rangle_d$的方程：

$$\frac{\partial}{\partial t}(\alpha_d\rho_d\langle d'v'_{d,i}\rangle_d)+\frac{\partial}{\partial x_j}(\alpha_d\rho_d V_{d,j}\langle d'v'_{d,i}\rangle_d)=-\frac{\partial}{\partial x_j}(\alpha_d\rho_d\langle d'v'_{d,i}v'_{d,j}\rangle_d)-\alpha_d\rho_d\left(\langle v'_{d,i}v'_{d,j}\rangle_d\frac{\partial\langle d\rangle_d}{\partial x_j}+\langle d'v'_{d,j}\rangle_d\frac{\partial V_{d,i}}{\partial x_j}\right)+\alpha_d\rho_d(\langle A_{d,i}d'\rangle_d+\langle Gv'_{d,i}\rangle_d) \tag{7-58}$$

式(7-58)由3个相关项$\langle d'v'_{d,i}v'_{d,j}\rangle_d$和两个产生项组成，分别由平均速度和平均直径梯度表示。

由式(7-42)得到的最后一个感兴趣的方程为直径方差方程，令$\psi_d=d'^2$，有

$$\frac{\partial}{\partial t}(\alpha_d\rho_d\langle d'^2\rangle_d)+\frac{\partial}{\partial x_i}(\alpha_d\rho_d\langle d'^2\rangle_d V_{d,i})=-\frac{\partial}{\partial x_i}(\alpha_d\rho_d\langle d'^2v'_{d,i}\rangle_d)-2\alpha_d\rho_d\langle d'v'_{d,i}\rangle_d\frac{\partial\langle d\rangle_d}{\partial x_i}+2\alpha_d\rho_d(\langle Gd'\rangle_d) \tag{7-59}$$

在本节的最后给出了 3 个不同的能量方程，它们分别与流体的运动应力张量、协方差张量和雷诺应力张量有关。这 3 种能量的定义关系为

$$\begin{cases} K_{\mathrm{d}} \equiv \dfrac{\langle v'_{\mathrm{d},i} v'_{\mathrm{d},i} \rangle_{\mathrm{d}}}{2} \\ K_{\mathrm{sd}} \equiv \langle v'_{\mathrm{s},i} v'_{\mathrm{d},i} \rangle_{\mathrm{d}} \\ K_{\mathrm{s}} \equiv \dfrac{\langle v'_{\mathrm{s},i} v'_{\mathrm{s},i} \rangle_{\mathrm{d}}}{2} \end{cases} \tag{7-60}$$

需要注意的是，标量协方差、能量 K_{d} 和 K_{s} 由相应张量迹的一半定义。因此，这 3 个量的方程由式(7-54)、式(7-55)及式(7-57)导出：

$$\frac{\partial}{\partial t}(\alpha_{\mathrm{d}} \rho_{\mathrm{d}} K_{\mathrm{d}}) + \frac{\partial}{\partial x_{\mathrm{m}}}(\alpha_{\mathrm{d}} \rho_{\mathrm{d}} V_{\mathrm{d,m}} K_{\mathrm{d}}) = -\frac{\partial}{\partial x_{\mathrm{m}}}\left(\alpha_{\mathrm{d}} \rho_{\mathrm{d}} \left\langle \frac{v'_{\mathrm{d},i} v'_{\mathrm{d},i}}{2} v'_{\mathrm{d,m}} \right\rangle_{\mathrm{d}}\right) - \alpha_{\mathrm{d}} \rho_{\mathrm{d}} \langle v'_{\mathrm{d},i} v'_{\mathrm{d},j} \rangle_{\mathrm{d}} \frac{\partial V_{\mathrm{d},i}}{\partial x_j} + \alpha_{\mathrm{d}} \rho_{\mathrm{d}} \langle A_{\mathrm{d},i} v'_{\mathrm{d},i} \rangle_{\mathrm{d}} \tag{7-61}$$

式(7-61)是分散相的湍流动能方程。与式(7-61)同理，可得

$$\frac{\partial}{\partial t}(\alpha_{\mathrm{d}} \rho_{\mathrm{d}} K_{\mathrm{sd}}) + \frac{\partial}{\partial x_j}(\alpha_{\mathrm{d}} \rho_{\mathrm{d}} K_{\mathrm{sd}} V_{\mathrm{d},j}) = -\frac{\partial}{\partial x_j}(\alpha_{\mathrm{d}} \rho_{\mathrm{d}} \langle v'_{\mathrm{s},i} v'_{\mathrm{d},i} v'_{\mathrm{d},j} \rangle_{\mathrm{d}}) - \alpha_{\mathrm{d}} \rho_{\mathrm{d}}\left(\langle v'_{\mathrm{s},i} v'_{\mathrm{d},j} \rangle_{\mathrm{d}} \frac{\partial V_{\mathrm{d},j}}{\partial x_j} + \langle v'_{\mathrm{d},i} v'_{\mathrm{d},j} \rangle_{\mathrm{d}} \frac{\partial V_{\mathrm{s},i}}{\partial x_j}\right) + \alpha_{\mathrm{d}} \rho_{\mathrm{d}}(\langle A_{\mathrm{d},i} v'_{\mathrm{s},i} \rangle_{\mathrm{d}} + \langle A_{\mathrm{s},i} v'_{\mathrm{d},i} \rangle_{\mathrm{d}} + \langle A_{\mathrm{d}\to\mathrm{s},i} v'_{\mathrm{d},i} \rangle_{\mathrm{d}}) \tag{7-62}$$

式(7-62)描述了标量协方差的演化规律。

$$\frac{\partial}{\partial t}(\alpha_{\mathrm{d}} \rho_{\mathrm{d}} K_{\mathrm{s}}) + \frac{\partial}{\partial x_j}(\alpha_{\mathrm{d}} \rho_{\mathrm{d}} V_{\mathrm{d},j} K_{\mathrm{s}}) = -\frac{\partial}{\partial x_j}\left(\alpha_{\mathrm{d}} \rho_{\mathrm{d}} \left\langle \frac{v'_{\mathrm{s},i} v'_{\mathrm{s},i}}{2} v'_{\mathrm{d},j} \right\rangle_{\mathrm{d}}\right) - \alpha_{\mathrm{d}} \rho_{\mathrm{d}} \langle v'_{\mathrm{s},i} v'_{\mathrm{d},j} \rangle_{\mathrm{d}} \frac{\partial V_{\mathrm{s},i}}{\partial x_j} + \alpha_{\mathrm{d}} \rho_{\mathrm{d}}(\langle A_{\mathrm{s},i} v'_{\mathrm{s},i} \rangle_{\mathrm{d}} + \langle A_{\mathrm{d}\to\mathrm{s},i} v'_{\mathrm{s},i} \rangle_{\mathrm{d}}) + \frac{\alpha_{\mathrm{d}} \rho_{\mathrm{d}}}{2} \langle B_{\mathrm{s},im} B_{\mathrm{s},im} \rangle_{\mathrm{d}} \tag{7-63}$$

式(7-63)描述了与所见流体速度有关的湍流动能的演化规律。

7.5 粒子间碰撞

颗粒流是一种特殊的多相流,其中分散的固相嵌入到较轻的具有间隙的流体中,如粉末在空气中的流动[9-11]。根据颗粒的平均体积分数,固体颗粒的流动可以是稀疏的,也可以是稠密的。在稠密流动的情况下,碰撞可以控制流动行为,而非弹性碰撞可以导致粒子动能显著降低,从而使动力学应力张量降低。本节将说明如何通过修改前几节的方程来考虑碰撞问题。

7.5.1 二元碰撞动力学

如果粒子与粒子的相互作用中认为超过两个粒子的碰撞是可以忽略的,只有二元相互作用会发生,变化的碰撞 NDF 要写入一对粒子-粒子对分布函数 f_2 的项中,以便满足额外的封闭条件[3,9]。考虑粒子 1 和粒子 2 在碰撞前后的情况。它们碰撞前的速度分别用$\underline{v}_1$ 和$\underline{v}_2$ 表示,碰撞后的速度分别用$\underline{v}_1'$ 和$\underline{v}_2'$ 表示。从碰撞前的速度、恢复系数 e 和拱点线单位方向$\underline{k}$可以计算出碰撞后的速度。拱点线定义为碰撞时通过两个粒子中心的直线(图 7-1)。

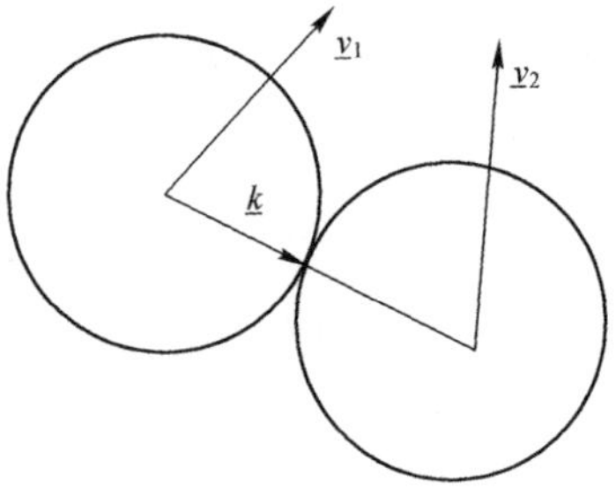

图 7-1 拱点线单位向量$\underline{k}$的定义

恢复系数 e 是一个由$\underline{k}$组成的标量系数,与碰撞过程中的机械能量耗散有关,定义为[10]:

$$(\underline{v}_2'-\underline{v}_1')\cdot\underline{k}=-e(\underline{v}_2-\underline{v}_1)\cdot\underline{k},\quad 0\leqslant e\leqslant 1 \tag{7-64}$$

对于完全弹性碰撞,系数 $e=1$;否则,碰撞就称为非弹性碰撞。$e=0$ 的情况对应于两个粒子在碰撞后仍然黏在一起的极限情况。碰撞后两个速度的计算公式如下[3,9-11]:

$$\begin{cases} \underline{v}_1' = \underline{v}_1 + \dfrac{1+e}{2}[(\underline{v}_2 - \underline{v}_1)\cdot \underline{k}]\underline{k} \\ \underline{v}_2' = \underline{v}_2 - \dfrac{1+e}{2}[(\underline{v}_2 - \underline{v}_1)\cdot \underline{k}]\underline{k} \end{cases} \tag{7-65}$$

碰撞过程动能损失为

$$\Delta E_c = \frac{1}{2}m(\underline{v}_1'^2 + \underline{v}_2'^2 - \underline{v}_2^2 - \underline{v}_1^2) = -\frac{1}{4}m(1-e^2)[(\underline{v}_2 - \underline{v}_1)\cdot \underline{k}]^2 \tag{7-66}$$

7.5.2 碰撞算子

为了定义碰撞算子，将使用一个粒子$f_1(\underline{v};\underline{x};t)$的边际速度 NDF 和一对分布函数$f_2(\underline{v}_1,\underline{x}_1,\underline{v}_2,\underline{x}_2;t)$，$f_2$ 的定义为

$$f_2(\underline{v}_1,\underline{x}_1,\underline{v}_2,\underline{x}_2;t) = \mathrm{d}\underline{v}_1\mathrm{d}\underline{x}_1\mathrm{d}\underline{v}_2\mathrm{d}\underline{x}_2 \tag{7-67}$$

粒子对的中心有很大的可能性位于$\underline{x}_1$周围的体积单元 $\mathrm{d}\underline{x}_1$和$\underline{x}_2$周围的体积单元 $\mathrm{d}\underline{x}_2$处。第一个粒子的速度在$\underline{v}_1 \sim \underline{v}_1+\mathrm{d}\underline{v}_1$之间，第二个粒子的速度在$\underline{v}_2 \sim \underline{v}_2+\mathrm{d}\underline{v}_2$之间。

当两个球形粒子碰撞时，它们的中心距离为 d_{12}，有

$$d_{12} \equiv \frac{d_1+d_2}{2} \tag{7-68}$$

式中：d_1 和 d_2 分别为粒子 1 和粒子 2 的直径。

若以粒子 1 为目标，以粒子 2 为发射粒子，则距离 d_{12}为粒子 1 的影响球半径。碰撞频率由文献[9]给出，即

$$N_{12} = f_2(\underline{v}_1,\underline{x},\underline{v}_2,\underline{x}+d_{12}\underline{k};t)(\underline{v}_{21}\cdot k)d_{12}^2\mathrm{d}k\mathrm{d}\underline{v}_1\mathrm{d}\underline{v}_2\mathrm{d}\underline{x} \tag{7-69}$$

式中：$\underline{v}_{21}$为撞击前的相对速度，即

$$\underline{v}_{21} \equiv \underline{v}_2 - \underline{v}_1 \tag{7-70}$$

式(7-69)中 $\mathrm{d}k$ 为质点 1 的影响球上的一小块面积所对应的立体角，可以被质点 2 的中心所占据。如果 ϕ 和 θ 表示球坐标原点为中心的球面，定义立体角为

$$\mathrm{d}k = \sin\theta\mathrm{d}\theta\mathrm{d}\phi \tag{7-71}$$

在动力学理论引入的分子混沌假设中，单粒子分布函数乘以自身得到对粒子分布函数模型，如

$$f_2(\underline{v}_1,\underline{x},\underline{v}_2,\underline{x}+d_{12}\underline{k};t) \approx f_1(\underline{v}_1,\underline{x};t)f_1(\underline{v}_2,\underline{x}+d_{12}\underline{k};t) \tag{7-72}$$

然而，在稠密气体流动的情况下，恩斯科格(Enskog)提出通过体积修正函数来修正上述关系，该函数增加了碰撞的概率，有

$$f_2(\underline{v}_1,\underline{x},\underline{v}_2,\underline{x}+d_{12}\underline{k};t) \approx g\left(\underline{x}+\frac{d_{12}}{2}\underline{k}\right)f_1(\underline{v}_1,\underline{x};t)f_1(\underline{v}_2,\underline{x}+d_{12}\underline{k};t) \tag{7-73}$$

由于无法确定函数 g 的精确公式，因此提出了许多经验性的封闭关系式。例如，Ding 和 Gidaspow[12] 提出将函数 g 与存在的分散相分数联系起来，有

$$g\left(\underline{x}+\frac{d_{12}}{2}\underline{k}\right)\approx g(\alpha_{\mathrm{d}})=\left[1-\left(\frac{\alpha_{\mathrm{d}}}{\alpha_{\mathrm{d,max}}}\right)^{1/3}\right]^{-1} \tag{7-74}$$

为了计算任意粒子性质 ψ 的变化率，进行以下步骤：无素数和有素数总是指碰撞前后的性质。每单位体积和时间的粒子 1 的 ψ 净增益由以下积分给出[9]，即

$$(\Delta\psi_1)_{\mathrm{collisions}}=\int_{\underline{v}_{21}\cdot\underline{k}>0}(\psi_1'-\psi_1)f_2(\underline{v}_1,\underline{x},\underline{v}_2,\underline{x}+d_{12}\underline{k};t)(\underline{v}_{21}\cdot\underline{k})d_{12}^2\mathrm{d}k\mathrm{d}\underline{v}_1\mathrm{d}\underline{v}_2 \tag{7-75}$$

式中，$\underline{v}_{21}\cdot\underline{k}>0$ 表示对$\underline{v}_1$，$\underline{v}_2$和$\underline{k}$的值积分使得粒子即将碰撞。

类似地，通过将式(7-75)中标签 1 和标签 2 互换并用$-\underline{k}$代替$\underline{k}$，可以得到性质 ψ_2 碰撞变化率的表达式。但是，取质点 2 的中心在$\underline{x}$的位置，取质点 1 的中心在$\underline{x}-d_{12}\underline{k}$的位置，得到

$$(\Delta\psi_2)_{\mathrm{collisions}}=\int_{\underline{v}_{21}\cdot\underline{k}>0}(\psi_2'-\psi_2)f_2(\underline{v}_1,\underline{x}-d_{12}\underline{k},\underline{v}_2,\underline{x};t)(\underline{v}_{21}\cdot\underline{k})d_{12}^2\mathrm{d}k\mathrm{d}\underline{v}_1\mathrm{d}\underline{v}_2 \tag{7-76}$$

取式(7-75)与式(7-76)之和的$\frac{1}{2}$，即可得到更对称的表达式为

$$(\Delta\psi)_{\mathrm{collisions}}=\frac{(\Delta\psi_1)_{\mathrm{collisions}}+(\Delta\psi_2)_{\mathrm{collisions}}}{2} \tag{7-77}$$

需要注意的是，在式(7-75)与式(7-76)中，距离 $d_{12}\underline{k}$处 f_2 的值通过泰勒级数展开相互关联，有

$$\begin{aligned}f_2(\underline{v}_1,\underline{x},\underline{v}_2,\underline{x}+d_{12}\underline{k};t)=&f_2(\underline{v}_1,\underline{x}-d_{12}\underline{k},\underline{v}_2,\underline{x};t)+\\&(d_{12}\underline{k}\cdot\nabla)f_2(\underline{v}_1,\underline{x}-d_{12}\underline{k},\underline{v}_2,\underline{x};t)+\cdots\end{aligned} \tag{7-78}$$

将式(7-78)代入式(7-75)，将所得方程代入式(7-76)，再除以 2，得到

$$(\Delta\psi)_{\mathrm{collisions}}=\Omega(\psi)-\nabla\cdot\underline{\phi}(\psi) \tag{7-79}$$

其中，定义

$$\begin{cases}\Omega(\psi)\equiv\dfrac{d_{12}^2}{2}\displaystyle\int_{\underline{v}_{21}\cdot\underline{k}>0}(\psi_1'+\psi_2'-\psi_1-\psi_2)f_2(\underline{v}_1,\underline{x}-d_{12}\underline{k},\underline{v}_2,\underline{x};t)(\underline{v}_{21}\cdot\underline{k})\mathrm{d}k\mathrm{d}\underline{v}_1\mathrm{d}\underline{v}_2\\ \underline{\phi}(\psi)\equiv-\dfrac{d_{12}^3}{2}\displaystyle\int_{\underline{v}_{21}\cdot\underline{k}>0}(\psi_1'-\psi_1)\underline{k}f_2(\underline{v}_1,\underline{x}-d_{12}\underline{k},\underline{v}_2,\underline{x};t)(\underline{v}_{21}\cdot\underline{k})\mathrm{d}k\mathrm{d}\underline{v}_1\mathrm{d}\underline{v}_2+\cdots\end{cases} \tag{7-80}$$

在福克-普朗克方程(7-26)的等式右侧加入碰撞算符,得到

$$\frac{\partial F_{\mathrm{d}}^{\mathrm{E}}}{\partial t}+u_{\mathrm{d},i}\frac{\partial F_{\mathrm{d}}^{\mathrm{E}}}{\partial x_i}=-\frac{\partial}{\partial u_{\mathrm{d},i}}[F_{\mathrm{d}}^{\mathrm{E}}\langle A_{\mathrm{d},i}|\underline{x},\underline{u}_{\mathrm{d}},\underline{\zeta}_{\mathrm{d}}\rangle]-\frac{\partial}{\partial D}[F_{\mathrm{d}}^{\mathrm{E}}\langle G|\underline{x},\underline{u}_{\mathrm{d}},\underline{\zeta}_{\mathrm{d}}\rangle]-\frac{\partial}{\partial u_{\mathrm{s},i}}[F_{\mathrm{d}}^{\mathrm{E}}\langle A_{\mathrm{s},i}+A_{\mathrm{d}\to\mathrm{s},i}|\underline{x},\underline{u}_{\mathrm{d}},\underline{\zeta}_{\mathrm{d}}\rangle]+\frac{1}{2}\frac{\partial^2}{\partial u_{\mathrm{s},i}\partial u_{\mathrm{s},j}}[(\underline{\underline{B}}_{\mathrm{s}}\cdot\underline{\underline{B}}_{\mathrm{s}}^{\mathrm{T}})_{ij}F_{\mathrm{d}}^{\mathrm{E}}]+\left(\frac{\partial F_{\mathrm{d}}^{\mathrm{E}}}{\partial t}\right)_{\mathrm{collisions}} \tag{7-81}$$

因此,在 Enskog 方程(7-42)中也增加了一个碰撞项,即

$$\frac{\partial}{\partial t}(\alpha_{\mathrm{d}}\rho_{\mathrm{d}}\langle\psi_{\mathrm{d}}\rangle_{\mathrm{d}})+\frac{\partial}{\partial x_i}(\alpha_{\mathrm{d}}\rho_{\mathrm{d}}\langle\psi_{\mathrm{d}}v_{\mathrm{d},i}\rangle_{\mathrm{d}})=\alpha_{\mathrm{d}}\rho_{\mathrm{d}}\left(\left\langle\frac{\partial\psi_{\mathrm{d}}}{\partial t}\right\rangle_{\mathrm{d}}+\left\langle v_{\mathrm{d},i}\frac{\partial\psi_{\mathrm{d}}}{\partial x_i}\right\rangle_{\mathrm{d}}\right)+\alpha_{\mathrm{d}}\rho_{\mathrm{d}}\left(\left\langle A_{\mathrm{d},i}\frac{\partial\psi_{\mathrm{d}}}{\partial u_{\mathrm{d},i}}\right\rangle_{\mathrm{d}}+\left\langle A_{\mathrm{s},i}\frac{\partial\psi_{\mathrm{d}}}{\partial u_{\mathrm{s},i}}\right\rangle_{\mathrm{d}}+\left\langle A_{\mathrm{d}\to\mathrm{s},i}\frac{\partial\psi_{\mathrm{d}}}{\partial u_{\mathrm{s},i}}\right\rangle_{\mathrm{d}}+\left\langle G\frac{\partial\psi_{\mathrm{d}}}{\partial D}\right\rangle_{\mathrm{d}}\right)+\frac{\alpha_{\mathrm{d}}\rho_{\mathrm{d}}}{2}\left\langle B_{\mathrm{s},im}B_{\mathrm{s},jm}\frac{\partial^2\psi_{\mathrm{d}}}{\partial u_{\mathrm{s},i}\partial u_{\mathrm{s},j}}\right\rangle_{\mathrm{d}}+(\Delta\psi)_{\mathrm{collisions}} \tag{7-82}$$

其中,$(\Delta\psi)_{\mathrm{collisions}}$定义为

$$(\Delta\psi)_{\mathrm{collisions}}\equiv\int\psi_{\mathrm{d}}\left(\frac{\partial F_{\mathrm{d}}^{\mathrm{E}}}{\partial t}\right)_{\mathrm{collisions}}\mathrm{d}\underline{u}_{\mathrm{d}}\mathrm{d}\underline{u}_{\mathrm{s}}\mathrm{d}D \tag{7-83}$$

而且必须从式(7-79)和式(7-80)中计算。例如,在碰撞过程中两个粒子的质量 m_1 和 m_2,两个粒子的总质量守恒,因此 $\Omega(m)=0$。如果还假设这两个粒子(固体颗粒的情况下)在它们碰撞后不交换质量,则$\underline{\phi}(m)=0$,并且质量守恒方程(7-43)没有因为碰撞改变。

对于分散相动量,ψ 由动量 $m\,\underline{v}$给出。可以从式(7-80)得到以下结论:$\Omega(m\underline{v})=0$因为总动量在碰撞中是守恒的;$\underline{\phi}(m\,\underline{v})\neq0$ 因为粒子间存在动量交换,所以每个粒子的动量并不守恒。因此,动量守恒方程(7-45)必须在有碰撞的情况下,可以通过下式完成,即

$$\alpha_{\mathrm{d}}\rho_{\mathrm{d}}\frac{\overline{D}_{\mathrm{d}}V_{\mathrm{d},i}}{\mathrm{D}t}=-\frac{\partial}{\partial x_j}(\alpha_{\mathrm{d}}\rho_{\mathrm{d}}\langle v'_{\mathrm{d},i}v'_{\mathrm{d},j}\rangle_{\mathrm{d}}+\phi_{\mathrm{coll},ij}(m\,\underline{v}))+\alpha_{\mathrm{d}}\rho_{\mathrm{d}}\langle A_{\mathrm{d},i}\rangle_{\mathrm{d}} \tag{7-84}$$

由式(7-84)可知,分散相动量通过两种不同的机制传递,即运动应力张量和碰撞张量。

湍流动能方程(有时称为颗粒温度方程)式(7-61)可通过引入碰撞效应项进行扩展[9],即

$$\begin{cases}\alpha_{\mathrm{d}}\rho_{\mathrm{d}}\varepsilon_{\mathrm{d}} \equiv -\Omega\left(\dfrac{1}{2}m\,\underline{v}_{\mathrm{d}}^{2}\right)\\ \underline{\phi}\left(\dfrac{1}{2}m\,\underline{v}_{\mathrm{d}}^{2}\right)=\underline{\phi}\left(\dfrac{1}{2}m(\underline{v}'^{2}_{\mathrm{d}}+2\,\underline{v}'_{\mathrm{d}}\cdot\underline{V}_{\mathrm{d}}+\underline{V}_{\mathrm{d}}^{2})\right)=\underline{q}_{\mathrm{coll}}+\underline{V}_{\mathrm{d}}\cdot\underline{\underline{\phi}}_{\mathrm{coll}}\\ \underline{\underline{\phi}}_{\mathrm{coll}}\equiv\underline{\underline{\phi}}(m\,\underline{v}')\\ \underline{q}_{\mathrm{coll}}\equiv\underline{\phi}\left(\dfrac{1}{2}m\,\underline{v}'^{2}_{\mathrm{d}}\right)\end{cases}\tag{7-85}$$

将碰撞效应方程(7-84)代入式(7-61),得到

$$\frac{\partial}{\partial t}(\alpha_{\mathrm{d}}\rho_{\mathrm{d}}K_{\mathrm{d}})+\frac{\partial}{\partial x_j}(\alpha_{\mathrm{d}}\rho_{\mathrm{d}}V_{\mathrm{d},j}K_{\mathrm{d}})=-\frac{\partial}{\partial x_j}\left(\alpha_{\mathrm{d}}\rho_{\mathrm{d}}\left\langle\frac{v'_{\mathrm{d},i}v'_{\mathrm{d},i}}{2}v'_{\mathrm{d},j}\right\rangle_{\mathrm{d}}+\underline{q}_{\mathrm{coll},j}\right)$$
$$-\alpha_{\mathrm{d}}\rho_{\mathrm{d}}(\langle v'_{\mathrm{d},i}v'_{\mathrm{d},j}\rangle_{\mathrm{d}}+\underline{\phi}_{\mathrm{coll},ij})\frac{\partial V_{\mathrm{d},i}}{\partial x_j}+\alpha_{\mathrm{d}}\rho_{\mathrm{d}}\langle A_{\mathrm{d},i}v'_{\mathrm{d},i}\rangle_{\mathrm{d}}-\alpha_{\mathrm{d}}\rho_{\mathrm{d}}\varepsilon_{\mathrm{d}}\tag{7-86}$$

7.6 关于封闭问题的讨论

在目前的概率方法中,连续相由质量方程(7-29)、动量方程(7-31)和雷诺应力方程(7-33)的平衡方程来描述。为了使这组方程封闭,第一步,提出流体自身加速度$\underline{A}_{\mathrm{c}}$和由于离散粒子$\underline{A}_{\mathrm{d}\to\mathrm{c}}$而产生的附加加速度的表达式,在雷诺应力方程中也出现了扩散张量$\underline{\underline{B}}_{\mathrm{c}}$和三速度相关张量$\langle v'_{\mathrm{c},i}v'_{\mathrm{c},j}v'_{\mathrm{c,m}}\rangle_{\mathrm{c}}$。第二步,为使动量封闭,要计算$\langle\underline{A}_{\mathrm{c}}+\underline{A}_{\mathrm{d}\to\mathrm{c}}\rangle_{\mathrm{c}}$的平均值;为使雷诺应力封闭,要计算$\langle v'_{\mathrm{c},i}(\underline{A}_{\mathrm{c},j}+\underline{A}_{\mathrm{d}\to\mathrm{c},j})+v'_{\mathrm{c},j}(\underline{A}_{\mathrm{c},i}+\underline{A}_{\mathrm{d}\to\mathrm{c},i})\rangle_{\mathrm{c}}$和$\langle(\underline{\underline{B}}_{\mathrm{c}}\cdot\underline{\underline{B}}_{\mathrm{c}}^{\mathrm{T}})_{ij}\rangle_{\mathrm{c}}$的平均值。在建模这些物理量时,式(7-34)和式(7-35)的相容性关系可提供关键指导依据。

对于分散相,封闭性问题取决于对平衡方程的选择,将这些平衡方程保留来描述波动运动[13],可以使用复杂性递增的3个级别的方法。第一种,最简单的方法是用动力学应力张量$\langle v'_{\mathrm{d},i}v'_{\mathrm{d},j}\rangle_{\mathrm{d}}$的代数封闭方程求解质量方程(7-43)和动量方程(7-45)的平衡方程。同时也要提供平均加速度$\langle A_{\mathrm{d},i}\rangle_{\mathrm{d}}$的封闭关系式。第二种,稍微复杂的方法,得到粒子湍流动能K_{d}和协方差动能K_{sd}作为式(7-61)和式(7-62)的解。在第二种方法中,采用Boussinesq近似方法使运动应力张量$\langle v'_{\mathrm{d},i}v'_{\mathrm{d},j}\rangle_{\mathrm{d}}$封闭。第三种,Neiss[13]使用更为复杂的方法,他将动力学应力张量方程(7-54)与标量协方差方程(7-62)一起求解。分散相湍流动能方程(7-61)中出现了未知量,分别是三阶速度关系式$\langle v'_{\mathrm{d,m}}v'_{\mathrm{d},i}v'_{\mathrm{d},i}/2\rangle$和在脉动速度$\langle A_{\mathrm{d},i}v'_{\mathrm{d},i}\rangle_{\mathrm{d}}$中加速度的幂平均值。协方差方程(7-62)中出现的未知量为协方差张量$\langle v'_{\mathrm{s},i}v'_{\mathrm{d},j}\rangle_{\mathrm{d}}$、三阶速度关系式$\langle v'_{\mathrm{s},i}v'_{\mathrm{d},i}v'_{\mathrm{d},j}\rangle_{\mathrm{d}}$、平均速度$V_{\mathrm{s},i}$的梯度和不同加速度$\langle A_{\mathrm{d},i}v'_{\mathrm{s},i}\rangle_{\mathrm{d}}$、$\langle A_{\mathrm{s},i}v'_{\mathrm{d},i}\rangle_{\mathrm{d}}$和$\langle A_{\mathrm{d}\to\mathrm{s},i}v'_{\mathrm{d},i}\rangle_{\mathrm{d}}$的波动力。所见平均速度$V_{\mathrm{s},i}$的方程

由式(7-48)给出,与平均连续速度方程(7-31)不同。在实际中,平均速度方程很少使用。

在存在碰撞的情况下,基础模型由式(7-84)和式(7-86)给出。其中 3 个量$\underline{\phi}_{coll}$、$\underline{q}_{coll}$和 ε_d 需要额外的提供封闭关系式,$\underline{\phi}_{coll}$和$\underline{q}_{coll}$是由于碰撞产生的动量和能量通量,ε_d 是由非弹性碰撞引起的单位质量能量损失。Haff[14]给出了这 3 个量的简单启发式模型,该模型适用于固体球体之间没有任何流体的浓悬浮体。

参考文献

[1] Zhang DZ, Prosperetti A (1994) Averaged equations for inviscid disperse two-phase flow. J Fluid Mech 267:185-219.

[2] Zhang DZ, Prosperetti A (1997) Momentum and energy equations for disperse two-phase flows and their closure for dilute suspensions. Int J Multiph Flow 23(3):425-453.

[3] Simonin O (1999) Continuum modeling of dispersed turbulent two-phase flow, Modélisation statistique des écoulements gaz-particules, modélisation physique et numérique des écoulements diphasiques, Cours de l'X(Collège de Polytechnique) du 2-3 juin.

[4] Minier JP, Peirano E (2001) The PDF approach to turbulent polydispersed two-phase flows. Phys Rep 352:1-214.

[5] Tanière A (2010) Modélisation stochastique et simulation des écoulements diphasiques disperses. et turbulents, Habilitation à Diriger des Recherches, Université Henri Poincaré, Nancy I, soutenue le 25 juin 2010 à l'ESSTIN.

[6] Peirano E, Minier JP (2002) Probabilistic formalism and hierarchy of models for polydispersed turbulent two-phase flows. Phys Rev E 65, paper no. 046301.

[7] Pope SB (2000) Turbulent flows. Cambridge University Press, Cambridge.

[8] Oesterlé B (2006) Ecoulements multiphasiques. Hermès, Lavoisier, Paris.

[9] Jakobsen HA (2008) Chemical reactor modelling, multiphase reacting flows. Springer, Berlin.

[10] Andreotti B, Forterre Y, Pouliquen O (2011) Les milieux granulaires-entre fluide et solide, EDP Science.

[11] Marchisio DL, Fox RO (2013) Computational models for polydisperse particulate and multiphase systems. Cambridge University Press, Cambridge.

[12] Ding J, Gidaspow D (1990) A bubbling fluidization model using kinetic theory of granular flow. AIChE J36(4):523-538.

[13] Neiss C (2013) Modélisation et simulation de la dispersion turbulente et du dépôt de gouttes dans un canal horizontal. Université de Grenoble, Thèse de Doctorat.

[14] Haff PK (1983) Grain flow as a fluid-mechanical phenomenon. J Fluid Mech 134:401-430.

第 8 章
界面力和动量交换封闭方程

摘要 本章介绍了连续流体作用于分散颗粒上的不同力的模型。首先研究了不同的理论情况,包括球形粒子、非常小或非常大的雷诺数等以及作用在粒子上的力被分解成两部分的贡献。第一个贡献来自未受扰动的流体(粒子的存在),由阿基米德和陈氏(Tchen)力组成。第二个贡献来自于扰动,用经典方法将它分解为阻力、附加质量力、升力和历史作用力之和。靠近壁面会产生额外的润滑力,称为壁面力。颗粒形状和浓度的影响也在 8.6 节中进行了确定。最后,由 8.7 节可知,平均动量界面转移项是由不同力的分析和适当的平均化处理推导而来的。

8.1 概　　述

本章研究了相间动量交换的封闭问题。8.2 节~8.7 节综述了关于流体对浸入粒子施加的不同力的知识,8.7 节专门推导了宏观尺度上相间动量交换的封闭方程。在 8.2 节中,回顾了一些关于蠕动流中施加在球形颗粒上的力的经典结果。在 8.3 节中,当气泡雷诺数较高时,对球形气泡施加的力是确定的,因此 8.3 节所研究的雷诺数值与 8.2 节中所研究的情况相反。在 8.2 节中,在远离粒子的地方认为流动是均匀的并且在粒子所在参考系中是稳定的。在 8.3 节中,远离颗粒的流动总是均匀的,但引入了不稳定性。8.4 节介绍了空间非均匀非定常流动的影响,给出了蠕动流动时曳力、附加质量力、陈氏(Tchen)力和巴塞特(Basset)力的封闭表达式。在 8.5 节中,首次介绍了升力,并给出了蠕动流和无黏流的经典表达式。8.2~8.5 节所述的所有情况都是相对具有理论性的,因此,8.6 节总结了在实际流动中遇到的一些现象的影响,如近壁面、粒子形状和浓度等。8.7 节给出了几个通过对前几节的结果求平均值而得到的平均动量方程的例子。除了它们所涉及的湍流相关外,这些动量方程是封闭的。因此,它们可以用于实际(数值)计算。

8.2 高黏度流体中的曳力

Stokes[1]是第一个建立了固体球体在非常黏性不可压缩流体流动中的曳力[2]。Stokes 建立的曳力为

$$\underline{F}_{D}=-6\pi\mu_{c}R\,\underline{v}_{R}=-6\pi\mu_{c}R(\underline{v}_{d}-\underline{v}_{s}) \tag{8-1}$$

式中:R 为粒子半径;$\underline{v}_{R}=\underline{v}_{d}-\underline{v}_{s}$ 为相对速度。

式(8-1)在粒子雷诺数定义下有效,定义为

$$Re_{d}\equiv\frac{2R\,|\underline{v}_{R}|}{\nu_{c}} \tag{8-2}$$

求得的雷诺数小于 1。后来,Hadamard[3]扩展了 Stokes 对相同条件下流体球体(而不是固体球体)的计算。Hadamard[3]得到的解决方案见附录 E。这里计算了施加在流体粒子上的力,并考察了固体颗粒和纯气泡的极限情况。回顾推导 Hadamard 的结果所必需的一系列假设(见附录 E)如下。

假设 1:稳定流动。

假设 2:两相均不可压缩。

假设 3:惯性效应可以忽略不计($Re\ll1$)。

假设 4:两相介质是常物性的牛顿流体。

假设 5:球形液滴在没有任何加速度的情况下运动。

假设 6:没有相变(既没有蒸发也没有冷凝)。

假设 7:假定流动是关于 z 轴轴对称的。

假设 8:交界面无物理特性。

周围流体对颗粒的作用力为

$$\underline{F}=\int\underline{\underline{\sigma}}_{c}\cdot\underline{n}_{d}\mathrm{d}S,\quad \underline{\underline{\sigma}}_{c}\cdot\underline{n}_{d}=-p_{c}\,\underline{e}_{r}+\tau_{c,rr}\underline{e}_{r}+\tau_{c,r\theta}\underline{e}_{\theta}+\tau_{c,r\varphi}\underline{e}_{\varphi} \tag{8-3}$$

在式(8-3)中,3 个向量($\underline{e}_{r}$、$\underline{e}_{\theta}$、$\underline{e}_{\varphi}$)是基于粒子的球坐标系中的基向量(图 8-1)。

在流体中运动的球形粒子问题中,相对速度矢量的方向假设为一条对称线。由对称性可知,黏性应力张量分量 $\tau_{c,r\varphi}=0$,作用在流体粒子上的力在相对速度方向上只有一个非零分量 F_z,有

$$F_{z}=\int(-p_{c}\cos\theta+\tau_{c,rr}\cos\theta+\tau_{c,r\theta}\sin\theta)\,\mathrm{d}S,\quad \mathrm{d}S=R^{2}\sin\theta\mathrm{d}\theta\mathrm{d}\varphi \tag{8-4}$$

这种力通常称为曳力,其包括以下 3 个贡献来源。

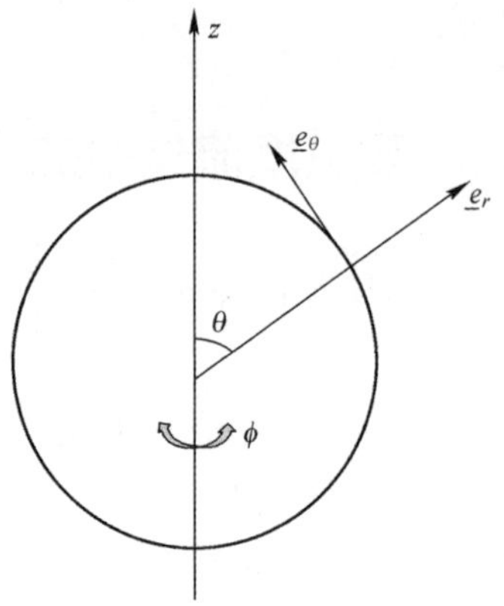

图 8-1　坐标系的定义

(1) 压力(形式曳力):

$$F_{z,p}=-\int p_{\mathrm{c}}\cos\theta \mathrm{d}S=-2\pi\mu_{\mathrm{c}}R|\underline{v}_{\mathrm{R}}|\frac{\frac{2}{3}+\mu^{*}}{1+\mu^{*}} \tag{8-5}$$

(2) 界面法向黏性力(表面曳力):

$$F_{z,rr}=\int \tau_{\mathrm{c},rr}\cos\theta \mathrm{d}S=-\frac{8}{3}\pi\mu_{\mathrm{c}}R|\underline{v}_{\mathrm{R}}|\frac{1}{1+\mu^{*}} \tag{8-6}$$

(3) 与界面相切的黏性力(表面曳力):

$$F_{z,r\theta}=\int \tau_{\mathrm{c},r\theta}\sin\theta \mathrm{d}S=-4\pi\mu_{\mathrm{c}}R|\underline{v}_{\mathrm{R}}|\frac{\mu^{*}}{1+\mu^{*}} \tag{8-7}$$

在式(8-5)~式(8-7)中,折合黏度 μ^* 由两相黏度比定义:

$$\mu^{*}\equiv\frac{\mu_{\mathrm{d}}}{\mu_{\mathrm{c}}} \tag{8-8}$$

3 种力之和(式(8-5)~式(8-7))为施加在微团上的总曳力,即

$$F_{\mathrm{D},z}=-6\pi\mu_{\mathrm{c}}R|\underline{v}_{\mathrm{R}}|\frac{\mu^{*}+\frac{2}{3}}{1+\mu^{*}} \quad\Leftrightarrow\quad C_{\mathrm{D}}=\frac{24}{Re_{\mathrm{d}}}\frac{\mu^{*}+\frac{2}{3}}{1+\mu^{*}} \tag{8-9}$$

式中:C_{D} 为曳力对应的曳力系数,定义为

$$C_{\mathrm{D}}\equiv\frac{|\underline{F}_{\mathrm{D}}|}{\frac{1}{2}\rho_{\mathrm{c}}\pi R^{2}|\underline{v}_{\mathrm{R}}|^{2}} \tag{8-10}$$

令式(8-8)所定义的折合黏度趋于无穷大(流体粒子的黏度相比于周围流体的黏度无穷大),得到固体颗粒的斯托克斯拖曳力表达式(式(8-1)),也可以

写为

$$C_D = \frac{24}{Re_d} \tag{8-11}$$

另一种极限情况是使$\mu^* = 0$（流体粒子的黏度为0），这与一个纯气泡的情况相类似，即

$$F_{D,z} = -4\pi\mu_c R\,|\underline{v}_R| \Leftrightarrow C_D = \frac{16}{Re_d} \tag{8-12}$$

在固体颗粒和纯气泡情况下不同力的贡献（式(8-5)~式(8-7)）的比较如表8-1所列。

表8-1　在蠕动流中作用于球形颗粒上的曳力分量

分　量	$\frac{\mu_d}{\mu_c}$	$F_{z,p}$	$F_{z,rr}$	$F_{z,r\theta}$	$F_{D,z}$
固体颗粒	∞	$-2\pi\mu_c R\,\|\underline{v}_R\|$	0	$-4\pi\mu_c R\,\|\underline{v}_R\|$	$-6\pi\mu_c R\,\|\underline{v}_R\|$
纯气泡	0	$-\frac{4}{3}\pi\mu_c R\,\|\underline{v}_R\|$	$-\frac{8}{3}\pi\mu_c R\,\|\underline{v}_R\|$	0	$-4\pi\mu_c R\,\|\underline{v}_R\|$

通过对比，说明了边界条件对夹杂物表面（inclusion surface）的影响。应该注意的是，这两种情况下的压力贡献并不相同。切向应力对纯气泡没有贡献，但对固体颗粒却贡献了总曳力的$\frac{2}{3}$。法向黏滞应力只对纯气泡情况有贡献，也等于总曳力的$\frac{2}{3}$。

8.3 高雷诺数气泡的广义曳力

本节研究了施加在纯气泡上的广义曳力问题。广义曳力是指气泡周围液体对其施加的总力。Levich[4]推导了均匀平移作用于球形气泡上的曳力，其特征为具有高雷诺数值（见式(8-2)）。Levich[4]推导出的曳力为

$$\underline{F}_D = -12\pi\mu_c R\,\underline{v}_R \tag{8-13}$$

上述曳力是式(8-1)所给出的蠕动流情况下曳力的两倍，这说明了雷诺数对曳力的重要影响。Dan Tam[5]通过以下假设对结果（式(8-13)）进行了扩展。

假设1：气泡保持球形。

假设2：单个气泡周围的液相无限延伸。

假设3：气泡沿直线运动。

假设 4:液体在无穷远处的流动也是均匀的,并且与气泡运动的方向平行。

假设 5:气液界面无渗透(无相变)。

假设 6:气泡周围的流动是轴对称的。

假设 7:气体和液体的物性随温度的变化可以忽略不计。

假设 8:液体不可压缩。

假设 9:气泡具有较高的雷诺数。

假设 1~假设 9 可与 8.2 节的假设 1~假设 8 进行比较。其主要区别在于气泡雷诺数高,流动是不稳定的。根据气泡的形态,将流动分解为无旋基本流动和扰动流。将扰动流分为 3 个不同的区域,分别为边界层流区、后滞止区和气泡后尾迹区(图 8-2)。

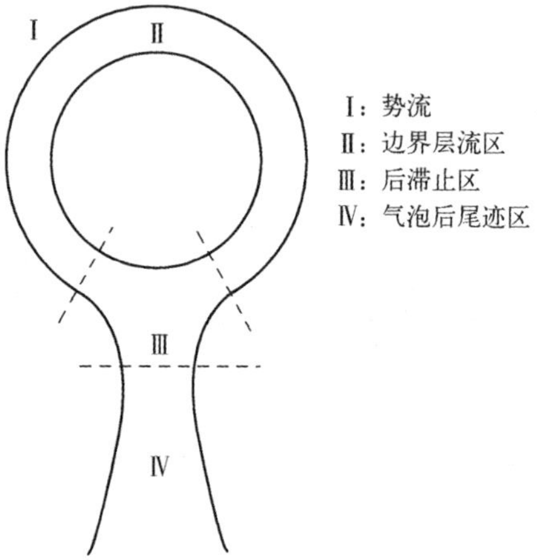

图 8-2　气泡周围不同的液体区域[5]

广义拖曳力是上标为 0 的基流和上标为 1 的扰动流二者之和,即

$$\underline{F}=\underline{F}^0+\underline{F}^1 \tag{8-14}$$

这两项贡献为[5]

$$\begin{cases}\underline{F}^0=-\dfrac{2\pi}{3}\rho_c R^3\left(\dfrac{\mathrm{d}\underline{w}}{\mathrm{d}t}-\dfrac{\mathrm{d}\underline{v}_{c,\infty}}{\mathrm{d}t}\right)+\dfrac{4}{3}\rho_c R^3\,\dfrac{\mathrm{d}\underline{v}_{c,\infty}}{\mathrm{d}t}-\dfrac{4}{3}\rho_c R^3\,\underline{g}\\[2ex] \underline{F}^1=-12\pi\mu_c R\left[\underline{w}(t)-\underline{v}_{c,\infty}(t)\right]\left\{1+\dfrac{{v_{\infty,0}}^2}{12\pi\left|\underline{w}(t)-\underline{v}_{c,\infty}(t)\right|}\left[\left(\dfrac{\partial e}{\partial t}\right)_{\mathrm{PSA}}\dfrac{1}{Re_{\mathrm{d}}^{1/6}}+\dfrac{\pi_{\mathrm{D}}}{Re_{\mathrm{d}}^{1/6}}\right]\right\}\end{cases} \tag{8-15}$$

式中:$\underline{w}(t)$ 为气泡中心速度;$\underline{v}_{c,\infty}(t)$ 为距离气泡足够远且不受其影响的连续相的速度。

式(8-15)中 $\underline{F}^0$ 的第一项是附加质量力(或虚拟质量力),该质量力与因气泡浸入而排出的流体质量的一半成正比。$\underline{F}^0$ 中的第二项补偿了在没有气泡时施加在流体上的不受扰动的动力应力,有时称为陈氏力。$\underline{F}^0$ 中的最后一项是由于连续相中存在静压力梯度而产生的经典的阿基米德力。现讨论摄动速度场和压力场的作用对附加力$\underline{F}^1$ 的贡献。一阶贡献相当于 Levich[4] 在之前推导的曳力(式(8-13))。另外两个贡献是修正项,当气泡雷诺数不太大时,修正项则尤为重要。然而,这两项都有复杂的积分表达式,使得它们在实际中无法使用。由后驻点附近流动引起的动能变化量$\left(\frac{\partial e}{\partial t}\right)_{\mathrm{PSA}}$ 由下式给出:

$$\left(\frac{\partial e}{\partial t}\right)_{\mathrm{PSA}} = \pi \frac{\partial}{\partial t}\int_0^{\infty}\int_0^{\infty} [v_z^2(s,z,t) + v_s^2(s,z,t)]s\mathrm{d}s\mathrm{d}z \tag{8-16}$$

式中:v_s 和 v_z 为扰动速度的横向分量和轴向分量,它们有复杂的积分表达式,这里不再赘述。

π_{D} 包含了由于气泡表面的边界层和气泡后的尾迹引起的几个修正项:

$$\pi_{\mathrm{D}} = \left(\frac{\partial e}{\partial t}\right)_{\mathrm{BL}} + \hat{\varphi}_{\mathrm{BL}} + \left(\frac{\partial e}{\partial t}\right)_{\mathrm{W}} + \hat{\varphi}_{\mathrm{W}} + \pi_{\mathrm{W}} \tag{8-17}$$

式中,BL 和 W 下标分别表示边界层和尾迹的贡献,所有这些贡献也有复杂的积分表达式,这里不再重复。

Dan Tam[5] 忽略了无用贡献,将可用的力组合成气泡的动量方程为

$$\frac{4\pi}{3}\rho_{\mathrm{d}}R^3\frac{\mathrm{d}\underline{w}}{\mathrm{d}t} = \frac{4\pi}{3}\rho_{\mathrm{c}}R^3\frac{\mathrm{d}\underline{v}_{\mathrm{c},\infty}}{\mathrm{d}t} - \frac{2\pi}{3}\rho_{\mathrm{c}}R^3\left[\frac{\mathrm{d}\underline{w}}{\mathrm{d}t} - \frac{\mathrm{d}\underline{v}_{\mathrm{c},\infty}}{\mathrm{d}t}\right] - \Lambda\pi\mu_{\mathrm{c}}R(\underline{w} - \underline{v}_{\mathrm{c},\infty}) + \frac{4\pi}{3}(\rho_{\mathrm{d}} - \rho_{\mathrm{c}})R^3\underline{g} \tag{8-18}$$

为了使方程适用于他的实验研究,将式(8-13)和式(8-15)中的因子 12 用因子 Λ 所替代。若气相的密度相对于液相可以忽略($\rho_{\mathrm{d}}=\rho_{\mathrm{c}}$),能将式(8-18)简化为

$$\frac{\mathrm{d}\underline{w}}{\mathrm{d}t} + \frac{3}{2}\Lambda\frac{\nu_{\mathrm{c}}}{R^2}\underline{w} = 3\frac{\mathrm{d}\underline{v}_{\mathrm{c},\infty}}{\mathrm{d}t} + \frac{3}{2}\Lambda\frac{\nu_{\mathrm{c}}}{R^2}\underline{v}_{\mathrm{c},\infty} - 2\underline{g} \tag{8-19}$$

式(8-19)在垂直方向上的投影为

$$\frac{\mathrm{d}w_z}{\mathrm{d}t} + \frac{3}{2}\Lambda\frac{\nu_{\mathrm{c}}}{R^2}w_z = 3\frac{\mathrm{d}v_{\mathrm{c},\infty,z}}{\mathrm{d}t} + \frac{3}{2}\Lambda\frac{\nu_{\mathrm{c}}}{R^2}v_{\mathrm{c},\infty,z} + 2\underline{g} \tag{8-20}$$

由式(8-20)和初始条件 $w_z(0)=w_{z0}$,可以将解写为

$$\begin{cases} w_z(t) = w_{z0}\exp\left(-\dfrac{3}{2}\Lambda\dfrac{\nu_{\mathrm{c}}}{R^2}t\right) + \displaystyle\int_0^t S(\tau)\exp\left(-\dfrac{3}{2}\Lambda\dfrac{\nu_{\mathrm{c}}}{R^2}(t-\tau)\right)\mathrm{d}\tau \\ S(t) \equiv 3\dfrac{\mathrm{d}v_{\mathrm{c},\infty,z}}{\mathrm{d}t} + \dfrac{3}{2}\Lambda\dfrac{\nu_{\mathrm{c}}}{R^2}v_{\mathrm{c},\infty,z} + 2\underline{g} \end{cases} \tag{8-21}$$

式(8-21)给出了气泡速度对给定液体速度的响应。

8.4 非稳态非均匀斯托克斯流动中球形粒子受力

在8.3节中认为流动是均匀的,因此两个速度$\underline{w}(t)$和$\underline{v}_{c,\infty}(t)$仅由时间$t$决定。Maxey和Riley[6]及Gatignol[7]考虑了固体球形颗粒周围非定常、非均匀流动(与位置相关)的情况。Gatignol[7]提出了以下假设:

(1) 连续相是常物性不可压缩牛顿流体;

(2) 该粒子是刚性的,因此其表面为无滑移边界条件;

(3) 雷诺数非常小(蠕动流假设);

(4) 计算了一个球形粒子的可用结果。

在这些假设下,Gatignol[7]推导出了施加在固体颗粒上的流体力和扭矩的结果,其表达式为

$$\underline{F}=6\pi\mu_c R(\langle\underline{v}_c^0\rangle_S-\underline{w})+\frac{4\pi R^3}{3}\rho_c\frac{D\langle\underline{v}_c^0\rangle_V}{Dt}-\frac{2\pi R^3}{3}\rho_c\left[\frac{d\underline{w}}{dt}-\frac{D\langle\underline{v}_c^0\rangle_V}{Dt}\right]+$$
$$6R^2\sqrt{\pi\mu_c\rho_c}\int_{-\infty}^{t}\left(\frac{D\langle\underline{v}_c^0\rangle_S}{D\tau}-\frac{d\underline{w}}{d\tau}\right)\frac{d\tau}{\sqrt{t-\tau}}-\frac{4\pi R^3}{3}\rho_c\underline{g} \tag{8-22}$$

148 式(8-22)的等式右侧第一行中有3个贡献来源,分别是斯托克斯曳力、陈氏力和虚拟质量力。式(8-22)中的第二行包含所谓的巴塞特力(或历程力)和阿基米德力。在这个表达式中,$\langle\underline{v}_c^0\rangle_V$和$\langle\underline{v}_c^0\rangle_S$表示未扰动连续相速度在整个颗粒体积和表面上的平均,即

$$\begin{cases}\langle\underline{v}_c^0\rangle_V\equiv\dfrac{3}{4\pi R^3}\displaystyle\int\underline{v}_c^0 dv\\[2ex]\langle\underline{v}_c^0\rangle_S\equiv\dfrac{1}{4\pi R^2}\displaystyle\int\underline{v}_c^0 dS\end{cases} \tag{8-23}$$

值得注意的是,在扰动的扭转运动中,引起式(8-22)的唯一速度是未扰动流动的速度。施加在颗粒上的力矩为

$$\underline{T}=8\pi\mu_c R^3(\langle\underline{\Omega}_c^0\rangle_S-\underline{\Omega})+\frac{8\pi R^5}{15}\rho_c\frac{D\langle\underline{\Omega}_c^0\rangle_V}{Dt}+\frac{8R^4}{3}\sqrt{\pi\mu_c\rho_c}\int_{-\infty}^{t}\left(\frac{D\langle\underline{\Omega}_c^0\rangle_S}{D\tau}-\frac{d\underline{\Omega}}{d\tau}\right)\frac{d\tau}{\sqrt{t-\tau}}-$$
$$\frac{8\pi R^3}{3}\mu_c\int_{-\infty}^{t}\left(\frac{D\langle\underline{\Omega}_c^0\rangle_S}{D\tau}-\frac{d\underline{\Omega}}{d\tau}\right)\exp\left(\frac{\nu_c(t-\tau)}{R^2}\right)\text{erfc}\sqrt{\frac{\nu_c(t-\tau)}{R^2}}d\tau-\int(\underline{x}-\underline{X})\wedge\rho_c\underline{g}dv \tag{8-24}$$

在力矩$\underline{T}$表达式中,向量$\underline{\Omega}$是粒子的角速度,其中$\langle\underline{\Omega}_c^0\rangle_S$和$\langle\underline{\Omega}_c^0\rangle_V$的定义为

$$
\begin{cases}
\langle \underline{\Omega}_c^0 \rangle_V \equiv \dfrac{15}{8\pi R^5} \displaystyle\int (\underline{x}-\underline{X}) \wedge \underline{v}_c^0 \mathrm{d}v \\
\langle \underline{\Omega}_c^0 \rangle_S \equiv \dfrac{3}{8\pi R^4} \displaystyle\int (\underline{x}-\underline{X}) \wedge \underline{v}_c^0 \mathrm{d}S
\end{cases}
\tag{8-25}
$$

在式(8-22)和式(8-24)中,一方面,有一些项来自于无扰动流动,包括被置换流体的惯性力(式(8-22)和式(8-24)中的第二项)和像阿基米德力一样的力(相同方程的最后一项);另一方面,由扰动产生的项有经典的斯托克斯曳力和扭矩(两个方程中的第一项),仅存在于$\underline{F}$(第三项)附加质量力和来自运动历程的巴斯特-布西涅斯克(Basset-Boussinesq)项(积分项)。

对球形粒子中心的量$\underline{v}_c^0$ 和$\underline{\Omega}_c^0$ 进行泰勒展开,这样做可以用粒子中心的值加上泰勒级数中后续项的值来替代在当前点(在粒子的表面或粒子内)的这些量的值。将这些展开式代入平均值式(8-23)和式(8-25)中,可以近似地计算积分。经计算后得到的速度为[7]:

$$
\begin{cases}
\langle \underline{v}_c^0 \rangle_V = \underline{v}_c^0(\underline{X}) + \dfrac{R^2}{10}\nabla^2 \underline{v}_c^0(\underline{X}) + \cdots \\
\langle \underline{v}_c^0 \rangle_S = \underline{v}_c^0(\underline{X}) + \dfrac{R^2}{6}\nabla^2 \underline{v}_c^0(\underline{X}) + \cdots
\end{cases}
\tag{8-26}
$$

这种展开方式已经在上面混合双流体模型中遇到过(式(3-103))。将式(8-26)代入式(8-22),可得[2,7]:

$$
\begin{aligned}
\underline{F} = {} & 6\pi\mu_c R\left(\underline{v}_c^0 - \underline{w} + \frac{R^2}{6}\nabla^2 \underline{v}_c^0\right) + \frac{4\pi R^3}{3}\rho_c \frac{D}{Dt}\left(\underline{v}_c^0 + \frac{R^2}{10}\nabla^2 \underline{v}_c^0\right) - \\
& \frac{2\pi R^3}{3}\rho_c\left[\frac{\mathrm{d}\underline{w}}{\mathrm{d}t} - \frac{D}{Dt}\left(\underline{v}_c^0 + \frac{R^2}{10}\nabla^2 \underline{v}_c^0\right)\right] + \\
& 6R^2\sqrt{\pi\mu_c\rho_c}\int_{-\infty}^{t}\left(\frac{D}{D\tau}\left(\underline{v}_c^0 + \frac{R^2}{6}\nabla^2 \underline{v}_c^0\right) - \frac{\mathrm{d}\underline{w}}{\mathrm{d}\tau}\right)\frac{\mathrm{d}\tau}{\sqrt{t-\tau}} - \frac{4\pi R^3}{3}\rho_c \underline{g}
\end{aligned}
\tag{8-27}
$$

这种展开式(式(8-26))允许在无扰动流动中,用粒子中心逐点计算的量代替像平均速度(式(8-23))这样的积分量。式(8-27)中涉及拉普拉斯行列式的修正项常称为 Faxen 项[2]。

8.5 升　　力

在旋转流中运动的粒子受到垂直于相对速度的力,称为升力。Saffman[8]是第一个在非常黏稠的载体流体中推导出这种力的学者,而 Auton[9]则相反,他是第一个在无黏载体流体中推导出这种力的学者。这些学者针对球形粒子做了计算。本书首先给出了 Saffman[8]对拖曳流情况的推导结果;然后给出了 Auton[9]对无黏流的推导结果。

8.5.1 蠕动流中球体上的升力

Saffman[8]研究了小球在非常黏稠的液体中的简单剪切流。球体具有平行于流动流线的速度$\underline{v}_R$,并且受到垂直于流动方向的升力,该升力使粒子在流线上沿着与$\underline{v}_R$ 相反的方向(低速侧)运动。Saffman[8]的假设如下:

(1) 将粒子置于无界剪切流中,粒子相对速度$\underline{v}_R$ 与流线平行;

(2) 粒子是刚性球体,允许以角速度 $\underline{\Omega}$ 旋转;

(3) 由式(8-28)定义的 3 个雷诺数与单位雷诺数相比较小,即

$$\begin{cases} Re_V \equiv \dfrac{R\,|\underline{v}_R|}{\nu_c} \ll 1 \\ Re_\kappa \equiv \dfrac{R^2 \kappa}{\nu_c} \ll 1 \\ Re_\Omega \equiv \dfrac{R^2\,|\underline{\Omega}|}{\nu_c} \ll 1 \end{cases} \tag{8-28}$$

式中:κ 为剪切速度梯度。

升力的范数由下式给出:

$$\begin{cases} |\underline{F}_L| = 6.46\mu_c\,|\underline{v}_R|\,R^2 \sqrt{\dfrac{\kappa}{\nu_c}} \underline{F} \perp \underline{v}_R \\ \underline{F} \perp \underline{v}_R \end{cases} \tag{8-29}$$

8.5.2 非黏流动中球体上的升力

Auton(1987)的计算是在以下假设下进行的:

(1) 球形粒子;

(2) 载体流体无黏(无黏度)且不可压缩;

(3) 球体周围的流动是均匀的弱剪切流(弱旋转);

(4) 在以球面为原点的参照系中,是定常流动。

Auton[9]对球体上升力的研究结果为

$$\underline{F}_L = C_L \rho_c \frac{4\pi R^3}{3} \underline{v}_R \wedge \nabla \wedge \underline{v}_c^0, \quad C_L = \frac{1}{2} \tag{8-30}$$

Auton 等[10]表明,由式(8-30)给出的升力和由 Auton[9]计算得到的升力在流动加速时具有相同的形式,而与加速度有关的力,目前为止只对无旋流动计算

有效,并可以加入升力中。则无黏流作用于球体上的合力可归纳为

$$\underline{F}_{\mathrm{L}}=\rho_{\mathrm{c}}V\left\{(1+C_{\mathrm{A}})\frac{D\underline{v}_{\mathrm{c}}^{0}}{Dt}-C_{\mathrm{A}}\frac{\mathrm{d}\underline{w}}{\mathrm{d}t}-\underline{g}-C_{\mathrm{L}}(\underline{w}-\underline{v}_{\mathrm{c}}^{0})\wedge\nabla\wedge\underline{v}_{\mathrm{c}}^{0}\right\} \tag{8-31}$$

式中:V 为球体体积;C_{A} 为附加质量系数,在 Dan Tam[5] 推导的式(8-18)和 Gatignol[7] 推导的式(8-27)中等于 1/2。

式(8-27)和式(8-31)的对比结果表明,其中一个区别是由于假设流动是无黏滞的,式(8-31)中省略了黏性项。另一个区别是式(8-31)中省略了 Faxen 项,但存在升力。升力在决定垂直管道流动中气泡分布方面起着重要作用。还应该注意的是,升力和附加质量力是外部惯性力(它们与黏度无关,与粒子周围相的惯性力成正比)。

8.6 前序结果在实际流动中的扩展

前几节所提出的结果是在理论情况下得到的,在这种情况下,要对每种情况所施加的力得到一个解析结果,必须做出许多限制性假设。在实际的流动情况下,很少会遇到这些限制,因此必须记住获得一个特定的力模型所必需的假设。一般情况下(非理论),两相流中为了获得施加在一个特定的粒子上的力,依靠经验是必要的。在下面各小节中,将尝试研究以下几种情况下流体质点力确定的几个难点:

(1) 粒子雷诺数有限值;

(2) 具有壁面;

(3) 非球形粒子;

(4) 相邻粒子浓度。

8.6.1 粒子雷诺数有限值的影响

在前面的章节中,得到作用于粒子上的力的两种极限情况:一个是非常小的粒子雷诺数(蠕动流假设);另一个是雷诺数的值无穷大(无黏流体假设)。当粒子雷诺数为限值时,式(8-10)中定义的曳力系数(至少)是粒子雷诺数的函数。因此,曳力的一般形式为

$$\underline{F}_{\mathrm{D}}=-\frac{1}{2}\rho_{\mathrm{c}}C_{\mathrm{D}}(Re_{\mathrm{d}})A_{\mathrm{p}}|\underline{v}_{\mathrm{R}}|\underline{v}_{\mathrm{R}} \tag{8-32}$$

式中:A_{p} 为粒子的投影面积(在球形粒子情况下等于 πR^2)。

确定 $C_{\mathrm{D}}(Re_{\mathrm{d}})$ 依赖关系的一个难点是,当雷诺数超过几个 10 的量级时[2,5],流动从粒子后部脱离。文献中已经提出了许多经验公式来给出函数 $C_{\mathrm{D}}(Re_{\mathrm{d}})$,

因此本书只会引用其中的几个。对于固体球形粒子,常用 Schiller 和 Nauman[11]的公式:

$$C_D(Re_d)=\begin{cases}\dfrac{24}{Re_d}(1+0.15Re_d^{0.687}), & Re_d<1000\\ 0.44, & Re_d\geqslant 1000\end{cases} \tag{8-33}$$

在气泡流、滴状流等流体微粒系统中,C_D 随雷诺数的变化关系可由下式[12-14]表示:

$$C_D(Re_d)=\frac{24}{Re_d}(1+0.1Re_d^{3/4}) \tag{8-34}$$

对于稠密的粒子流动,可以通过修正 Re_d 定义中的黏度来考虑颗粒浓度与式(8-34)的关系(见 8.6.4 小节)。

8.6.2 壁面附近的影响

在泡状两相层流的情况下,Antal 等[15]推导出了气泡靠近壁面时,施加在单位体积气泡上平均力的平均表达式。壁面力类似于润滑力。壁面力的主要作用是将气泡推离壁面,从而保证了垂直壁面附近实验观测到的零空泡份额条件,同时对远离壁面的空泡份额分布影响不大。忽略各种扰动,从单位体积的平均表达式推导壁面力最简单的方法是将这个表达式除以空泡份额,再乘以气泡体积[14],其结果为

$$\begin{cases}\underline{F}_w=\rho_c\dfrac{4\pi R^2}{3}|\underline{v}_{//}|^2\left(C_{W1}+C_{W2}\dfrac{R}{y}\right)\underline{n}_W\\ \underline{v}_{//}\equiv(\underline{w}-\underline{v}_c)-[(\underline{w}-\underline{v}_c)\cdot\underline{n}_W]\underline{n}_W\\ C_{W1}=-0.104-0.06|\underline{v}_R|\\ C_{W2}=0.147\end{cases} \tag{8-35}$$

式中:$\underline{v}_{//}$为相对速度在平行于壁面的平面上的投影;$\underline{n}_W$ 为垂直于壁面的单位向量;y 为气泡到壁面的距离。

除了增加一个“壁面力”外,其他力也会因为靠近墙而改变。例如,球向壁面移动时,其附加质量系数增加,其增加质量系数的关系式为[16]

$$C_A(L)=\frac{1}{2}+\frac{3}{16}\left(\frac{R}{L}\right)^3+\frac{3}{256}\left(\frac{R}{L}\right)^6+\cdots \tag{8-36}$$

式中:L 为球体中心到壁面的距离。其他结果可以在 Oesterlé[2]的著作中找到。

8.6.3 粒子形状的影响

像气泡或液滴这样的流体粒子在超过临界尺寸时具有很强的形变能力。对于给定的流体对(如水和空气),流体粒子的形状基本上取决于以下两个无量纲

数的值,即

$$\begin{cases} W_e \equiv \dfrac{\tau_c d}{\sigma} \\ Eo \equiv \dfrac{\Delta\rho g d^2}{\sigma} \end{cases} \tag{8-37}$$

第一个称为韦伯(Weber)数 We,它是与粒子当量直径 d(即具有相同体积的球体直径)成比例的失稳力与连续相应力 τ_c 和表面张力 σ 给定的稳定力的比值。第二个是厄特沃什(Eotvos)数 Eo,它是气泡顶部存在的瑞利-泰勒(Rayleigh-Taylor)不稳定性引起的失稳力与相同的稳定表面张力 σ 之间的比值。粒径越大,这两个数(式(8-37))的值越大。当颗粒大小超过临界值时,粒子必然变形并最终破碎。变形(非球形)粒子的研究是一个困难的课题,目前对施加在变形粒子上的力的信息较为缺乏[2]。接下来,列举一些关于变形流体粒子上的力系统的文献结果。

Ishii[14]将变形的流体粒子分为变形粒子状态、搅混流状态和弹状流状态。在变形粒子状态下,单个孤立粒子的曳力系数与粒子直径成正比,即

$$\begin{cases} C_D(d) = \dfrac{2}{3}\dfrac{d}{La} \\ La \equiv \sqrt{\dfrac{\sigma}{g\Delta\rho}} \end{cases} \tag{8-38}$$

式中:La 为拉普拉斯标度或毛细管长度,它只取决于流体的性质。

另外两种状态只适用于泡状流。在搅混流状态下,单个孤立气泡的曳力系数为常数,即

$$C_D = \frac{8}{3} \tag{8-39}$$

当最大气泡的侧向尺寸比管径略小时,可以得到弹状流状态。在这种情况下,可以观察到由一层薄薄的液体薄膜从管壁中分离出来的细长气泡。它们的曳力系数也是常数,由文献[14]中的 9.8 节给出。下一节将回到式(8-38)和式(8-39)对任意粒子浓度的推广。附加的质量力也强烈地依赖于粒子的形状。对于非球形粒子,在式(8-31)中出现的附加质量系数必须用附加质量张量[16-18]代替。在假设无黏不可压缩流体的势流后,可以简单地计算附加的质量张量分量。假设流体不可压缩,速度势是和谐的,有

$$\nabla^2 \phi = 0 \tag{8-40}$$

体积为 V、速度为 $\underline{w}(t)$ 的粒子向周围流体(假定流体无限延伸,在无穷远处静止)提供动能,该动能可表示为

$$E_{\mathrm{c}} \equiv \frac{1}{2}\rho_{\mathrm{c}} \int \underline{v}_{\mathrm{c}}^{2} \mathrm{d}v = \frac{m_{ij} w_i w_j}{2} \tag{8-41}$$

在式(8-41)中,m_{ij}为附加的质量张量,它将粒子的动能与周围流体的动能联系起来。通过流体冲量[18],可以确定任意形状粒子的附加质量力(式(8-31)中涉及 C_{A} 的项)。在流体静止于无穷远处的特殊情况下,附加质量力为

$$F_{\mathrm{A},i} = -m_{ij} \frac{\mathrm{d}w_j}{\mathrm{d}t} \tag{8-42}$$

定义每个方向上单位速度的势能 φ_i 为

$$\phi \equiv \varphi_i w_i \tag{8-43}$$

流体是不可压缩的,则可以写为

$$\nabla \cdot (\phi \underline{v}_{\mathrm{c}}) = \phi \nabla \cdot \underline{v}_{\mathrm{c}} + \underline{v}_{\mathrm{c}} \cdot \nabla \phi = v_{\mathrm{c}}^{2} \tag{8-44}$$

利用式(8-41)~式(8-44),流体动能可改写为

$$E_{\mathrm{c}} \equiv \frac{1}{2}\rho_{\mathrm{c}} \int v_{\mathrm{c}}^{2} \mathrm{d}v = \frac{1}{2}\rho_{\mathrm{c}} \int \nabla \cdot (\phi \underline{v}_{\mathrm{c}}) \mathrm{d}v = -\frac{1}{2}\rho_{\mathrm{c}} \int \phi \underline{v}_{\mathrm{c}} \cdot \underline{n}_{\mathrm{d}} \mathrm{d}S \tag{8-45}$$

利用定义式(8-43),得到流体动能表达式为

$$E_{\mathrm{c}} = -\frac{1}{2}\rho_{\mathrm{c}} \int \varphi_i w_i \nabla(\varphi_j w_j) \cdot \underline{n}_{\mathrm{d}} \mathrm{d}S = -\frac{1}{2}\rho_{\mathrm{c}} \int \varphi_i \frac{\partial \phi_j}{\partial n_{\mathrm{d}}} \mathrm{d}S w_i w_j \tag{8-46}$$

式(8-41)和式(8-46)给出了附加质量张量的表达式,即

$$m_{ij} = -\rho_{\mathrm{c}} \int \varphi_i \frac{\partial \varphi_j}{\partial n_{\mathrm{d}}} \mathrm{d}S \tag{8-47}$$

附加质量张量的分量必须由式(8-47)计算。该计算可以在单位速度 φ_i 势已知的情况下进行,因此可以进行计算的前提是当粒子周围的流动问题已被解决。例如,众所周知,在奇点理论中,球体周围的流动可以通过均匀流动和由方向相同的偶极子产生的流动叠加而得到。球周围的势流是已知的,泰勒定理[19-20]允许计算附加质量张量,其结果为

$$m_{ij} = \frac{1}{2}\rho_{\mathrm{c}} V \delta_{ij} = C_{\mathrm{A}} \rho_{\mathrm{c}} V \delta_{ij}, \quad C_{\mathrm{A}} = \frac{1}{2} \tag{8-48}$$

由于明显的对称性,得到的球的结果特别简单。由于增加的质量张量与单位张量成正比,因此标量足以描述球体,增加的质量用比例系数来体现,等于因浸入球体而位移的流体质量的$\frac{1}{2}$。

对于沿旋转轴平移的扁椭球体粒子,Lamb[17]计算了其绕椭球体的势流。由该解及其关系式(8-47)可以计算附加质量张量[21]的解析值。如果用 e 表示椭球体的偏心率,则附加质量张量由下式给出:

$$m_{ij}=-\rho_{c}V\frac{e-\sqrt{1-e^{2}}\arctan\dfrac{e}{\sqrt{1-e^{2}}}}{e-e^{3}-\sqrt{1-e^{2}}\arctan\dfrac{e}{\sqrt{1-e^{2}}}}\delta_{ij} \tag{8-49}$$

对于球的情况，简化附加质量张量为一个标量，但是附加质量系数的表达式现在依赖于偏心量为 e 的椭球的形状，即

$$C_{A}(e)=-\frac{e-\sqrt{1-e^{2}}\arctan\dfrac{e}{\sqrt{1-e^{2}}}}{e-e^{3}-\sqrt{1-e^{2}}\arctan\dfrac{e}{\sqrt{1-e^{2}}}} \tag{8-50}$$

式(8-50)表明，附加质量系数随着 e 的增加而增加，随着 $e\to0$(变为球的情况)其值趋向于$\frac{1}{2}$，如图 8-3 所示。

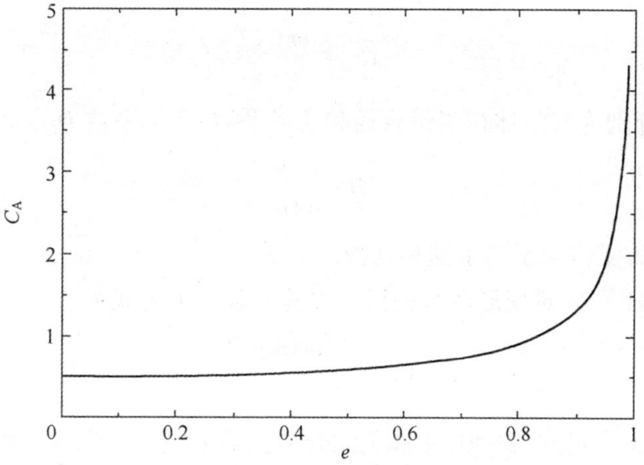

图 8-3　偏心椭球附加质量系数随偏心量的变化

这个例子说明了一个明显的事实和一个更难理解的关于附加质量张量的事实。这个明显的事实是，附加的质量张量取决于粒子的形状；更难理解的事实是，它也取决于粒子周围的流动，同样取决于流动中粒子方向(如式(8-49)是假设椭球的相对速度与它的对称轴方向一致获得的结果)和"流动边界"的(粒子周围的流动状态)，如球形气泡的附加质量系数是通过接近壁面或自由表面来修正的[16]。它也被测试气泡和流动中的其他气泡之间的水动力相互作用所修正[22]。8.7 节将进一步讨论附加质量力的此类特性。

关于升力，Kariyasaki[23]对比了注入剪切流中的气泡和固体球形粒子的结

果,他的实验研究表明,升力与粒子形状密切相关。当气泡进入流动剪切区时,其形状由球形迅速转变为气动形状,气动形状对气泡运动轨迹有较大影响。Kariyasaki[23]观察到,气泡和球形固体粒子向相反的方向运动。实验测得的升力与气泡变形的关系式为

$$\begin{cases} F_{\mathrm{L}}=6.84\pi\rho_{\mathrm{c}}v_{\mathrm{R}}^{2}d^{2}D^{2}\dfrac{Re_{\omega}}{Re_{\mathrm{d}}}\left|Re_{\omega}\right|^{-1.2} \\ 2\mathrm{mm}\leqslant d\leqslant 8\mathrm{mm} \\ 1.5\mathrm{s}^{-1}\leqslant\omega\leqslant 44\mathrm{s}^{-1} \\ 860\mathrm{kg/m}^{3}\leqslant\rho_{\mathrm{c}}\leqslant 1249\mathrm{kg/m}^{3} \\ 1.5\times10^{-4}\mathrm{m}^{2}/\mathrm{s}\leqslant\nu_{\mathrm{c}}\leqslant 3.75\times10^{-4}\mathrm{m}^{2}/\mathrm{s} \end{cases} \tag{8-51}$$

其中,通过实验验证式(8-51)的应用范围。需要注意的是,连续相运动黏度 ν_{c} 非常高(数量级是水的 100 倍)。ω 为施加的剪切速率,剪切雷诺数定义为

$$Re_{\omega}\equiv\frac{\omega d^{2}}{\nu_{\mathrm{c}}} \tag{8-52}$$

d 和 D 分别为气泡体积当量直径和变形系数,变形系数 D 定义为

$$D\equiv\frac{a-b}{a+b} \tag{8-53}$$

式中:a 和 b 为流体粒子的主轴和副轴。

Kariyasaki[23]也对变形系数进行了实验关联。关系式为

$$D=0.43\left(\frac{|\omega|\rho_{\mathrm{c}}\nu_{\mathrm{c}}d}{\sigma}\right)^{0.6} \tag{8-54}$$

Tomiyama[24]对式(8-30)中涉及的升力系数 C_{L} 提出了另一种经验关系式。该经验关系式为

$$C_{\mathrm{L}}(Re_{\mathrm{d}},Eo)=\begin{cases} \min[0.288\tanh(0.121Re_{\mathrm{d}}),f(Eo_{\mathrm{H}})], & Eo_{\mathrm{H}}<4 \\ f(Eo_{\mathrm{H}}), & 4\leqslant Eo_{\mathrm{H}}\leqslant 10 \\ -0.29, & Eo_{\mathrm{H}}>10 \end{cases} \tag{8-55}$$

式中:Eo_{H}为根据气泡 d_{H} 的最大水平维数修正的 Eo。

修正后的 Eo 和函数$f(E_{\mathrm{OH}})$为

$$\begin{cases} Eo_{\mathrm{H}}\equiv\dfrac{g\Delta\rho d_{\mathrm{H}}^{2}}{\sigma} \\ f(Eo_{\mathrm{H}})=0.00105Eo_{\mathrm{H}}^{3}-0.0159Eo_{\mathrm{H}}^{2}-0.204Eo_{\mathrm{H}}+0.474 \end{cases} \tag{8-56}$$

8.6.4 相邻粒子浓度的影响

在多粒子系统中，其他粒子的存在对曳力系数影响方式不同[12-14]。首先，对于球形颗粒，利用下式计算式(8-34)中的雷诺数：

$$Re_{\mathrm{d}} \equiv \rho_{\mathrm{c}} \frac{2R\left|\underline{v}_{\mathrm{R}}\right|}{\mu_{\mathrm{m}}} \tag{8-57}$$

与式(8-2)唯一不同的是，混合黏度 μ_{m} 出现在式(8-57)的分母中，而不是连续相黏度。混合黏度由下式给出：

$$\begin{cases} \mu_{\mathrm{m}} = \mu_{\mathrm{c}}\left(1-\dfrac{\alpha_{\mathrm{d}}}{\alpha_{\mathrm{d,max}}}\right)^{-2.5\alpha_{\mathrm{d,max}}\mid\mu^{*}} \\ \mu^{*} \equiv \dfrac{\mu_{\mathrm{d}}+0.4\mu_{\mathrm{c}}}{\mu_{\mathrm{d}}+\mu_{\mathrm{c}}} \end{cases} \tag{8-58}$$

式中：$\alpha_{\mathrm{d,max}}$ 为最大粒度对应的体积分数值。

最大粒度对应于空间几何饱和(如固体颗粒的固定床)，相邻粒子处于永久接触的致密浓度的情况。在单分散球形固体粒子体系中，最大粒度值 $\alpha_{\mathrm{d,max}}$ 接近 0.62。在流体粒子体系中，粒子可以像泡沫流体一样发生强烈的变形，因此最大粒度值趋于 1。当 $\alpha_{\mathrm{d}} \to \alpha_{\mathrm{d,max}}$ 时，由式(8-58)给出的混合物黏度趋于无穷大，表明混合物表现为固定(刚性)相。

对于有限体积分数，Ishii[14] 也提出了一些关于式(8-38)和式(8-39)的修正。在畸变粒子状态下，将式(8-38)替换为

$$C_{\mathrm{D}}(d,\alpha_{\mathrm{d}}) = \frac{2}{3}\frac{d}{La}\left[\frac{1+17.67\left|f(\alpha_{\mathrm{d}})\right|^{6/7}}{18.67 f(\alpha_{\mathrm{d}})}\right]$$

$$f(\alpha_{\mathrm{d}}) = \begin{cases} (1-\alpha_{\mathrm{d}})^{1.5}, & \text{气泡在液相中} \\ (1-\alpha_{\mathrm{d}})^{2.25}, & \text{液滴在液相中} \\ (1-\alpha_{\mathrm{d}})^{3}, & \text{液滴在气相中} \\ \sqrt{(1-\alpha_{\mathrm{d}})}\dfrac{\mu_{\mathrm{c}}}{\mu_{\mathrm{m}}}, & \text{固体粒子} \end{cases} \tag{8-59}$$

搅混流状态方程(8-39)的曳力系数为

$$C_{\mathrm{D}} = \frac{8}{3}(1-\alpha_{\mathrm{d}})^{2} \tag{8-60}$$

弹状流状态下的曳力系数为

$$C_{\mathrm{D}} = 9.8\,(1-\alpha_{\mathrm{d}})^{3} \tag{8-61}$$

式(8-61)表明，在球形和畸变区，曳力系数随粒子体积分数的增大而增大。

Ishii[14]认为,这是由于其他颗粒通过流场的变形对曳力产生影响所致。由于粒子比流体具有更强的抵抗力,它们对载流体施加了一系列作用力。由于附加应力的作用,实验粒子的运动阻力增加,并且表现为曳力系数的增加。另外,在搅拌紊流和弹状流流型中,曳力系数随气泡浓度的增大而减小。因此,α_d 对曳力系数的影响与球形或变形粒子的影响相反。这种特殊的趋势可以用较大气泡尾迹中气泡的夹带来解释。

已获得了粒子浓度对单个球形粒子下,附加质量系数 C_A 等于 1/2 的影响结果。由于附加质量力为纯惯性力,其数值可通过势流分析计算。这样的分析是由 Zuber[25]、Van Wijngaarden[22]和 Wallis[26]独立完成的。Zuber 假设嵌在两相流中的球体问题可以用位于半径为 $b>a$ 的球壳中心的半径为 a 的球体来表示。两个球体之间的空间由代表连续相的无黏流体填充,球形外壳代表流动中其他粒子的存在,因此体积分数与两个球体体积的比值有关。Zuber 根据 Lamb[17]的结果提出了附加质量系数的表达式为

$$C_A=\frac{1}{2}\frac{1+2\alpha_d}{1-\alpha_d} \tag{8-62}$$

Van Wijngaarden[22]计算了相同气泡云中单个气泡的附加质量系数,其结果为

$$C_A=\frac{1}{2}(1+2.78\alpha_d)+O(\alpha_d^2) \tag{8-63}$$

Wallis[26]的研究结果为

$$C_A=\frac{1-\alpha_d}{2+\alpha_d} \tag{8-64}$$

在所有这些结果中,当 $\alpha_d\to 0$ 时,系数 C_A 趋于单个球体值的 1/2,但式(8-62)与式(8-63)和式(8-64)(图 8-4)会有很大的不同。其中一个不同点是,式(8-62)和式(8-63)指出空泡份额增加时质量系数会增加,而式(8-64)指出 C_A 随 α_d 增加而减小。Wallis[26]解释了这种不同现象的原因,因其在没有整体势梯度的情况下推导出了式(8-64)。Zuber 推导式(8-62)的分析基于以下方程给出的净通量为零的约束条件:

$$\alpha_d\underline{v}_d+\alpha_c\underline{v}_c=0 \tag{8-65}$$

由于粒子和连续流体包含在球形外壳中。净通量为零的约束条件不同于没有整体势梯度的条件,导致式(8-62)和式(8-64)之间的形式不同。Wallis[26]认为,需要对两相流中表示惯性耦合的各种系数进行清晰的定义。

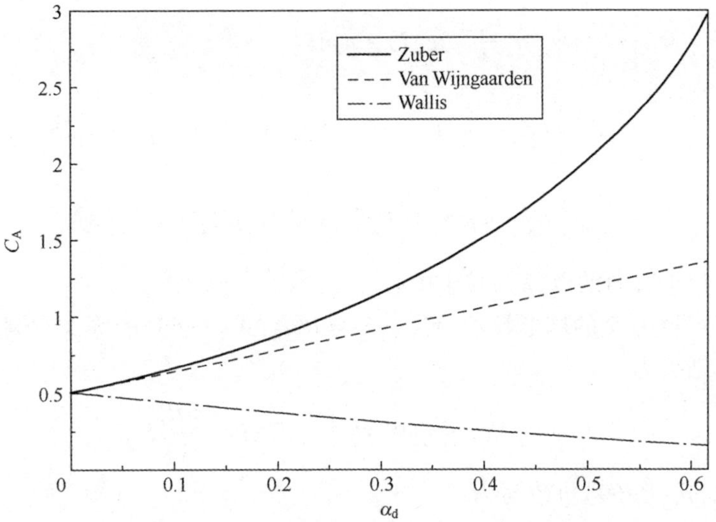

图 8-4　3 种模型的空隙率对附加质量系数的依赖关系

8.7　界面动量交换建模

为了确定动量界面传递的封闭关系，回到平均双流体模型。这种界面动量传递在经典的双流体模型中用$\underline{M}'_k$ 表示，在混合双流体模型中用$\underline{M}^*$ 表示（第 3 章）。目前的要点是要找到一种方法，将周围流体对粒子施加的不同力$\underline{F}$的表达式与单位体积的平均力$\underline{M}'_k$ 和$\underline{M}^*$联系起来。最简单的方法是用第 3 章导出的动量方程与第 7 章导出的动量方程之间的相容性关系（式(7-46)）。忽略相变项，式(7-46)可写为

$$\alpha_d \rho_d \langle \underline{A}_d \rangle_d = \alpha_d \rho_d \underline{g} - \alpha_d \nabla \overline{p}_c^c + \underline{M}^* \tag{8-66}$$

在没有相变的情况下，质点质量 m 是常数，质点加速度由施加在质点上的单位质量的力给出。这个力可以分解为粒子的重力和周围流体施加的力（在没有粒子间碰撞的情况下）。因此，得到了质点加速度的表达式为

$$\underline{A}_d = \underline{g} + \frac{1}{m}\int \underline{\underline{\sigma}}_c \cdot \underline{n}_d \mathrm{d}S = \underline{g} + \frac{\underline{F}}{m} \tag{8-67}$$

将式(8-67)代入式(8-66)，可得

$$\underline{M}^* = \alpha_d \rho_d \left\langle \frac{\underline{F}}{m} \right\rangle_d + \alpha_d \nabla \overline{p_c}^c \tag{8-68}$$

该表达式和$\underline{M}^*$的定义（式(3-112)）一致。式(8-68)的等式右侧的第二项与式(3-112)中$\underline{M}^*$的一些项相似。做一阶泰勒展开，可得

$$\underline{M}^* \equiv \left\langle \delta_d \oint (\underline{\underline{\sigma}}_c + \overline{p_c}^c(\underline{x})\underline{\underline{I}}) \cdot \underline{n}_d \mathrm{d}S \right\rangle$$
$$= \left\langle \delta_d \oint (\underline{\underline{\sigma}}_c + (\overline{p_c}^c(\underline{X}) + (\underline{x}-\underline{X}) \cdot \nabla \overline{p_c}^c(\underline{X}))\underline{\underline{I}}) \cdot \underline{n}_d \mathrm{d}S \right\rangle$$
$$= \left\langle \delta_d \oint \underline{\underline{\sigma}}_c \cdot \underline{n}_d \mathrm{d}S \right\rangle + \left\langle \delta_d \oint (\underline{x}-\underline{X})\underline{n}_d \mathrm{d}S \right\rangle \cdot \nabla \overline{p_c}^c(\underline{X}) \tag{8-69}$$

式中：$\underline{x}$为粒子表面的点；$\underline{X}$为粒子中心。

对于半径为 R 的球形粒子，有$(\underline{x}-\underline{X})=R\,\underline{n}_d$，式(8-69)的等式右侧的第二项积分计算结果为

$$\oint (\underline{x}-\underline{X}) \cdot \underline{n}_d \mathrm{d}S = R\oint \underline{n}_d \underline{n}_d \mathrm{d}S = \frac{4\pi R^3}{3}\underline{\underline{I}} \tag{8-70}$$

因此，式(8-69)可改写为

$$\underline{M}^* = \langle \delta_d \underline{F} \rangle + \langle \delta_d V \rangle \nabla \overline{p_c}^c \tag{8-71}$$

式中：V 为粒子体积。

利用定义式(3-100)和近似式(3-104)，式(8-71)可改写为

$$\underline{M}^* = n\overline{\underline{F}} + \alpha_d \nabla \overline{p_c}^c \tag{8-72}$$

式中：n 为粒子数密度；$\overline{\underline{F}}$为每个粒子的平均力。

对于以体积 V 为特征的单分散悬浮粒子，因为 $\alpha_d=nV$ 并且 $m=\rho_d V$，式(8-68)和式(8-72)具有完全的相容性。试着将式(8-68)中的平均算子应用于前面几节中给出的不同力。

8.7.1 曳力平均

曳力可以写成式(8-32)所给出的一般形式。对于直径为 d 的球形颗粒，式(8-32)可改写为

$$\underline{F}_D = -\frac{1}{2}\rho_c C_D \frac{\pi d^2}{4} |\underline{v}_R| \underline{v}_R \tag{8-73}$$

将式(8-73)代入式(8-68)中，得到单位体积对应的力为

$$\underline{M}_d^D = -\underline{M}_c^D \equiv \alpha_d \rho_d \left\langle \frac{\underline{F}_D}{m} \right\rangle_d = -\alpha_d \rho_d \left\langle \frac{3}{4} \frac{\rho_c}{\rho_d} \frac{C_D}{d} |\underline{v}_R| \underline{v}_R \right\rangle_d \tag{8-74}$$

不巧的是，式(8-74)中出现一个复杂的数量积的平均值。为了使这个问题易于处理，Simonin[27-28]假设将松弛时间的倒数定义为

$$\frac{1}{\tau_p} \equiv \frac{3}{4} \frac{\rho_c}{\rho_d} \frac{C_D}{d} |\underline{v}_R| \tag{8-75}$$

式(8-75)没有波动，因此，式(8-74)变为

$$\underline{M}_{\mathrm{d}}^{\mathrm{D}}=-\alpha_{\mathrm{d}}\rho_{\mathrm{d}}\frac{\langle \underline{v}_{\mathrm{R}}\rangle_{\mathrm{d}}}{\tau_{\mathrm{p}}}=-\alpha_{\mathrm{d}}\rho_{\mathrm{d}}\frac{\underline{V}_{\mathrm{R}}}{\tau_{\mathrm{p}}} \tag{8-76}$$

在确定平均相对速度$\underline{V}_{\mathrm{R}}$和松弛时间$\tau_{\mathrm{p}}$作为平均场函数的基础上,提出了单位体积平均曳力的封闭性问题。单粒子相对速度定义为粒子速度与所见流体速度之差(式(8-1))。所见流体速度可以用无扰动流体速度$\underline{v}_{\mathrm{c}}^{0}$代替[6-7]。如果忽略 Faxen 项,则平均相对速度为

$$\underline{V}_{\mathrm{R}}=\langle \underline{v}_{\mathrm{d}}\rangle_{\mathrm{d}}-\langle \underline{v}_{\mathrm{c}}^{0}\rangle_{\mathrm{d}} \tag{8-77}$$

式中,第一个量$\langle \underline{v}_{\mathrm{d}}\rangle_{\mathrm{d}}$等于分散相$\underline{V}_{\mathrm{d}}$的平均速度,第二个量$\langle \underline{v}_{\mathrm{c}}^{0}\rangle_{\mathrm{d}}$与平均连续项的速度$V_{\mathrm{c}}$不同。

Simonin[27-28]将两种速度的不同称为扩散速度,即

$$\underline{V}_{\mathrm{disp}}\equiv\langle \underline{v}_{\mathrm{c}}^{0}\rangle_{\mathrm{d}}-\underline{V}_{\mathrm{c}}=\langle \underline{v}_{\mathrm{s}}'\rangle_{\mathrm{d}} \tag{8-78}$$

因此,式(8-77)可改写为

$$\underline{V}_{\mathrm{R}}=\underline{V}_{\mathrm{d}}-\underline{V}_{\mathrm{c}}-\underline{V}_{\mathrm{disp}} \tag{8-79}$$

由式(8-75)定义的松弛时间也必须用平均变量表示。Simonin[28]提出了以下表达式:

$$\begin{cases}\dfrac{1}{\tau_{\mathrm{p}}}\approx\dfrac{3}{4}\dfrac{\rho_{\mathrm{c}}}{\rho_{\mathrm{d}}}\dfrac{C_{\mathrm{D}}(\langle Re_{\mathrm{d}}\rangle)}{\bar{d}}\langle |\underline{v}_{\mathrm{R}}|\rangle_{\mathrm{d}}\\ \langle Re_{\mathrm{d}}\rangle\equiv\dfrac{\langle |\underline{v}_{\mathrm{R}}|\rangle_{\mathrm{d}}\bar{d}}{\nu_{\mathrm{c}}}\\ \langle |\underline{v}_{\mathrm{R}}|\rangle_{\mathrm{d}}=\sqrt{\underline{V}_{\mathrm{R}}\cdot\underline{V}_{\mathrm{R}}+\langle \underline{v}_{\mathrm{R}}'\cdot\underline{v}_{\mathrm{R}}'\rangle_{\mathrm{d}}}\end{cases} \tag{8-80}$$

最后一个问题是对扩散速度$\underline{V}_{\mathrm{disp}}$的建模。这个问题将在 8.7.2 小节中讨论。

8.7.2 离散相速度建模

由 Enskog 通式(7-42)可得到完整的扩散速度输运方程。将$\psi_{\mathrm{d}}=v_{\mathrm{s},i}'$代入式(7-42),得到

$$\begin{aligned}&\frac{\partial}{\partial t}(\alpha_{\mathrm{d}}\rho_{\mathrm{d}}\langle v_{\mathrm{s},i}'\rangle_{\mathrm{d}})+\frac{\partial}{\partial x_j}(\alpha_{\mathrm{d}}\rho_{\mathrm{d}}\langle v_{\mathrm{s},i}'v_{\mathrm{d},j}\rangle_{\mathrm{d}})=\alpha_{\mathrm{d}}\rho_{\mathrm{d}}\left(\left\langle\frac{\partial v_{\mathrm{s},i}'}{\partial t}\right\rangle_{\mathrm{d}}+\left\langle v_{\mathrm{d},j}\frac{\partial v_{\mathrm{s},i}'}{\partial x_j}\right\rangle_{\mathrm{d}}\right)+\\&\alpha_{\mathrm{d}}\rho_{\mathrm{d}}\left(\left\langle A_{\mathrm{d},j}\frac{\partial v_{\mathrm{s},i}'}{\partial u_{\mathrm{d},j}}\right\rangle_{\mathrm{d}}+\left\langle A_{\mathrm{s},j}\frac{\partial v_{\mathrm{s},i}'}{\partial u_{\mathrm{s},j}}\right\rangle_{\mathrm{d}}+\left\langle A_{\mathrm{d}\to\mathrm{s},j}\frac{\partial v_{\mathrm{s},i}'}{\partial u_{\mathrm{s},j}}\right\rangle_{\mathrm{d}}+\left\langle G\frac{\partial v_{\mathrm{s},i}'}{\partial D}\right\rangle_{\mathrm{d}}\right)+\\&\frac{\alpha_{\mathrm{d}}\rho_{\mathrm{d}}}{2}\left\langle B_{\mathrm{s},km}B_{\mathrm{s},jm}\frac{\partial^2 v_{\mathrm{s},i}'}{\partial u_{\mathrm{s},k}\partial u_{\mathrm{s},j}}\right\rangle_{\mathrm{d}}\end{aligned} \tag{8-81}$$

利用式(8-78)和质量守恒方程(7-43),式(8-81)可简化为

$$\alpha_{\mathrm{d}}\rho_{\mathrm{d}}\frac{\overline{D_{\mathrm{d}}}V_i^{\mathrm{disp}}}{Dt}=-\frac{\partial}{\partial x_j}(\alpha_{\mathrm{d}}\rho_{\mathrm{d}}\langle v'_{\mathrm{s},i}v'_{\mathrm{d},j}\rangle_{\mathrm{d}})-\alpha_{\mathrm{d}}\rho_{\mathrm{d}}\left(\frac{\partial V_{\mathrm{c},i}}{\partial t}+V_{\mathrm{d},j}\frac{\partial V_{\mathrm{c},i}}{\partial x_j}\right)+\alpha_{\mathrm{d}}\rho_{\mathrm{d}}(\langle A_{\mathrm{s},i}\rangle_{\mathrm{d}}+\langle A_{\mathrm{d}\to\mathrm{s},i}\rangle_{\mathrm{d}}) \tag{8-82}$$

式中：V_i^{disp} 为扩散速度的第 i 个分量。

利用式(7-29)及式(7-31)，可得

$$\alpha_{\mathrm{c}}\rho_{\mathrm{c}}\left(\frac{\partial V_{\mathrm{c},i}}{\partial t}+V_{\mathrm{c},j}\frac{\partial V_{\mathrm{c},i}}{\partial x_j}\right)=-\frac{\partial}{\partial x_j}(\alpha_{\mathrm{c}}\rho_{\mathrm{c}}\langle v'_{\mathrm{c},i}+v'_{\mathrm{c},j}\rangle_{\mathrm{c}})+\alpha_{\mathrm{c}}\rho_{\mathrm{c}}\langle A_{\mathrm{c},i}+A_{\mathrm{d}\to\mathrm{c},i}\rangle_{\mathrm{c}} \tag{8-83}$$

结合式(8-82)和式(8-83)，可得

$$\begin{aligned}\alpha_{\mathrm{d}}\rho_{\mathrm{d}}\frac{\overline{D_{\mathrm{d}}}V_i^{\mathrm{disp}}}{Dt}=&-\frac{\partial}{\partial x_j}(\alpha_{\mathrm{d}}\rho_{\mathrm{d}}\langle v'_{\mathrm{s},i}v'_{\mathrm{d},j}\rangle_{\mathrm{d}})-\alpha_{\mathrm{d}}\rho_{\mathrm{d}}(V_{\mathrm{d},j}-V_{\mathrm{c},j})\frac{\partial V_{\mathrm{c},i}}{\partial x_j}-\\&\frac{\alpha_{\mathrm{d}}\rho_{\mathrm{d}}}{\alpha_{\mathrm{c}}\rho_{\mathrm{c}}}\left[-\frac{\partial}{\partial x_j}(\alpha_{\mathrm{c}}\rho_{\mathrm{c}}\langle v'_{\mathrm{c},i}v'_{\mathrm{c},j}\rangle_{\mathrm{c}})+\alpha_{\mathrm{c}}\rho_{\mathrm{c}}\langle A_{\mathrm{c},i}+A_{\mathrm{d}\to\mathrm{c},i}\rangle_{\mathrm{c}}\right]+\\&\alpha_{\mathrm{d}}\rho_{\mathrm{d}}(\langle A_{\mathrm{s},i}\rangle_{\mathrm{d}}+\langle A_{\mathrm{d}\to\mathrm{s},i}\rangle_{\mathrm{d}})\end{aligned} \tag{8-84}$$

现采用 Neiss[29] 提出的简化方式$\langle A_{\mathrm{d}\to\mathrm{s},i}\rangle_{\mathrm{d}}\approx\langle A_{\mathrm{d}\to\mathrm{c},i}\rangle_{\mathrm{c}}$。之后，必须检查加速度$\langle A_{\mathrm{c},i}\rangle_{\mathrm{d}}$和$\langle A_{\mathrm{s},i}\rangle_{\mathrm{d}}$的可用封闭方程。这些加速度将以朗之万(Langevin)模型[30-31]的形式给出。

Langevin 方程最初是作为一个随机模型提出的，该模型解释了微观粒子做布朗运动[30,32]时的速度。Pope[33]将其扩展为流体粒子在湍流运动时的速度模型。连续流体质点的运动轨迹由式(7-19)给出，其中$\underline{A}_{\mathrm{c}}$为质点自身加速度，$\underline{A}_{\mathrm{d}\to\mathrm{c}}$为分散相引起的连续相加速度。可以区分狭义朗之万模型(simple Langevin model，SLM)和广义朗之万模型(generalized Langevin model，GLM)[2,30]。在 SLM 中，某一时间段内速度增量 dt 的 SDE 为

$$\mathrm{d}\underline{v}_{\mathrm{c}}=\Big\{\underbrace{-\frac{1}{\rho_{\mathrm{c}}}\nabla P_{\mathrm{c}}}_{\mathrm{I}}+\underbrace{\nabla\cdot[\nu_{\mathrm{c}}(\underline{\underline{\nabla}}\,\underline{V}_{\mathrm{c}}+\underline{\underline{\nabla}}^{\mathrm{T}}\underline{V}_{\mathrm{c}})]+\underline{g}}_{\mathrm{II}}\underbrace{-\frac{1}{T_{\mathrm{L}}}(\underline{v}_{\mathrm{c}}-\underline{V}_{\mathrm{c}})}_{\mathrm{III}}\Big\}\mathrm{d}t+\underbrace{\underline{A}_{\mathrm{d}\to\mathrm{c}}\mathrm{d}t}_{\mathrm{IV}}+\underbrace{\sqrt{C_0\varepsilon_{\mathrm{c}}}\,\mathrm{d}\underline{W}_{\mathrm{c}}}_{\mathrm{V}} \tag{8-85}$$

式中：第Ⅰ、Ⅱ项为从式(7-31)中恢复雷诺方程所必需的漂移项；第Ⅲ项为漂移项，通过平均速度$\underline{V}_{\mathrm{c}}$来松弛微观速度$\underline{v}_{\mathrm{c}}$，时间 T_{L} 为连续相湍流的拉格朗日积分时间尺度；第Ⅳ项是与分散相的耦合；第Ⅴ项是扩散项，包括柯尔莫戈罗夫常数(Kolmogorov constant)C_0、湍流耗散速率 ε_{c} 和维纳(Wiener)过程增量 d$\underline{W}_{\mathrm{c}}$。

可以看出，拉格朗日积分时间尺度应表示为

$$\frac{1}{T_{\mathrm{L}}}=\left(\frac{1}{2}+\frac{3}{4}C_0\right)\frac{\varepsilon_{\mathrm{c}}}{K_{\mathrm{c}}} \tag{8-86}$$

式中：K_{c} 为平均湍流动能。

根据式(8-86)可得到正确的耗散率[30]。在 GLM 中，将式(8-85)替换为更一般的方程，即

$$\mathrm{d}\underline{v}_{\mathrm{c}}=\left\{-\frac{1}{\rho_{\mathrm{c}}}\nabla P_{\mathrm{c}}+\nabla\cdot\left[\nu_{\mathrm{c}}(\underline{\underline{\nabla}}\underline{V}_{\mathrm{c}}+\underline{\underline{\nabla}}^{\mathrm{T}}\underline{V}_{\mathrm{c}})\right]+\underline{g}+\underline{\underline{G}}_{\mathrm{c}}\cdot(\underline{v}_{\mathrm{c}}-\underline{V}_{\mathrm{c}})\right\}\mathrm{d}t+$$
$$\underline{A}_{\mathrm{d}\to\mathrm{c}}\mathrm{d}t+\sqrt{C_0\varepsilon_{\mathrm{c}}}\,\mathrm{d}\underline{W}_{\mathrm{c}} \tag{8-87}$$

因此，GLM 是一类模型。得到 SLM 的方法为

$$\underline{\underline{G}}_{\mathrm{c}}=\frac{1}{T_{\mathrm{L}}}\underline{\underline{I}} \tag{8-88}$$

二阶张量$\underline{\underline{G}}_{\mathrm{c}}$ 称为漂移张量。将式(8-87)与式(7-19)进行比较，得到连续相加速度和扩散张量为

$$\begin{cases}\underline{A}_{\mathrm{c}}=-\dfrac{1}{\rho_{\mathrm{c}}}\nabla P_{\mathrm{c}}+\nabla\cdot\left[\nu_{\mathrm{c}}(\underline{\underline{\nabla}}\,\underline{V}_{\mathrm{c}}+\underline{\underline{\nabla}}^{\mathrm{T}}\underline{V}_{\mathrm{c}})\right]+\underline{g}+\underline{\underline{G}}_{\mathrm{c}}\cdot\underline{v}_{\mathrm{c}}' \\ \underline{\underline{B}}_{\mathrm{c}}=\sqrt{C_0\varepsilon_{\mathrm{c}}}\,\underline{\underline{I}}\end{cases} \tag{8-89}$$

在 Pope 之后，Simonin[28]提出了以下朗之文方程，用于测量沿颗粒运动路径的局部无扰动的流体速度增量，即

$$\mathrm{d}\underline{v}_{\mathrm{s}}=\left\{-\frac{1}{\rho_{\mathrm{c}}}\nabla P_{\mathrm{c}}+\nabla\cdot\left[\nu_{\mathrm{c}}(\underline{\underline{\nabla}}\,\underline{V}_{\mathrm{c}}+\underline{\underline{\nabla}}^{\mathrm{T}}\underline{V}_{\mathrm{c}})\right]+\underline{g}+\underline{\underline{G}}_{\mathrm{s}}\cdot\underline{v}_{\mathrm{s}}'\right\}\mathrm{d}t+$$
$$(\underline{v}_{\mathrm{d}}-\underline{v}_{\mathrm{s}})\cdot\underline{\underline{\nabla}}\,\underline{V}_{\mathrm{c}}\mathrm{d}t+\underline{\underline{B}}_{\mathrm{s}}\cdot\mathrm{d}\underline{W}_{\mathrm{s}} \tag{8-90}$$

将式(8-90)与一般式(7-20)的第四个公式比较，可以看出流体速度的加速度为

$$\underline{A}_{\mathrm{s}}=-\frac{1}{\rho_{\mathrm{c}}}\nabla P_{\mathrm{c}}+\nabla\cdot\left[\nu_{\mathrm{c}}(\underline{\underline{\nabla}}\,\underline{V}_{\mathrm{c}}+\underline{\underline{\nabla}}^{\mathrm{T}}\underline{V}_{\mathrm{c}})\right]+\underline{g}+\underline{\underline{G}}_{\mathrm{s}}\cdot\underline{v}_{\mathrm{s}}'+(\underline{v}_{\mathrm{d}}-\underline{v}_{\mathrm{s}})\cdot\underline{\underline{\nabla}}\,\underline{V}_{\mathrm{c}} \tag{8-91}$$

将式(8-89)第一个式子和式(8-91)代入式(8-84)，可得

$$\alpha_{\mathrm{d}}\rho_{\mathrm{d}}\frac{\overline{D_{\mathrm{d}}}V_i^{\mathrm{disp}}}{\mathrm{D}t}=-\frac{\partial}{\partial x_j}(\alpha_{\mathrm{d}}\rho_{\mathrm{d}}\langle v_{\mathrm{s},i}'v_{\mathrm{d},j}'\rangle_{\mathrm{d}})-\frac{\alpha_{\mathrm{d}}\rho_{\mathrm{d}}}{\alpha_{\mathrm{c}}\rho_{\mathrm{c}}}\frac{\partial}{\partial x_j}(\alpha_{\mathrm{c}}\rho_{\mathrm{c}}\langle v_{\mathrm{c},i}'v_{\mathrm{c},j}'\rangle_{\mathrm{c}})+$$
$$\alpha_{\mathrm{d}}\rho_{\mathrm{d}}G_{\mathrm{s},ij}V_j^{\mathrm{disp}}-\alpha_{\mathrm{d}}\rho_{\mathrm{d}}V_j^{\mathrm{disp}}\frac{\partial V_{\mathrm{c},i}}{\partial x_j} \tag{8-92}$$

式(8-92)等式右侧的第一项和第二项代表了流体-粒子分散速度随颗粒速度波动的输运(浊积和粒子浓度梯度驱动项)。第三项涉及 $G_{\mathrm{s},ij}$解释了压力-应

变关系、黏性耗散以及交叉轨迹效应[28]。最后一项用平均速度梯度表示产生项。

在实际应用中,很少使用扩散速度式(8-92)。最简单的方法是假设分散速度与粒子浓度梯度成正比[2,27],有

$$\underline{V}_{\mathrm{disp}} = -\underline{\underline{D}}_{\mathrm{cd}}^{\mathrm{T}} \cdot \left(\frac{\nabla\alpha_{\mathrm{d}}}{\alpha_{\mathrm{d}}} - \frac{\nabla\alpha_{\mathrm{c}}}{\alpha_{\mathrm{c}}}\right) \tag{8-93}$$

扩散张量$\underline{\underline{D}}_{\mathrm{cd}}^{\mathrm{T}}$是流体-粒子协方差张量的函数(见第 7 章):

$$\underline{\underline{D}}_{\mathrm{cd}}^{\mathrm{T}} = \tau_{\mathrm{cd}}^{\mathrm{T}} \langle \underline{v}_{\mathrm{c}}' \, \underline{v}_{\mathrm{d}}' \rangle_{\mathrm{d}} \tag{8-94}$$

式中:$\tau_{\mathrm{cd}}^{\mathrm{T}}$为湍流涡旋-粒子相互作用的时间。

8.7.3 虚拟质量力平均

附加质量力由式(8-31)中涉及附加质量系数 C_{A} 的两项构成。首先,必须明确式(8-31)中两个时间导数的意义。根据 Auton 等[10]和 Magnaudet[34]的研究,无扰动速度的时间导数为连续相速度下的物质导数,即

$$\frac{\mathrm{D}\underline{v}_{\mathrm{c}}^{0}}{\mathrm{D}t} = \frac{\partial \underline{v}_{\mathrm{c}}^{0}}{\partial t} + (\underline{v}_{\mathrm{c}}^{0} \cdot \nabla)\underline{v}_{\mathrm{c}}^{0} \tag{8-95}$$

速度$\underline{w}(t)$为拉格朗日方法中粒子的质心速度。本书关注的是欧拉方法。在欧拉方法中,质心速度$\underline{w}$可以用分散相微观速度$\underline{v}_{\mathrm{d}}(\underline{x},t)$代替,速度$\underline{w}$的时间导数可以用$\underline{v}_{\mathrm{d}}$ 的物质导数代替,即

$$\frac{\mathrm{d}\underline{w}}{\mathrm{d}} = \frac{\mathrm{d}\underline{v}_{\mathrm{d}}}{\mathrm{d}t} = \frac{\partial \underline{v}_{\mathrm{d}}}{\partial t} + (\underline{v}_{\mathrm{d}} \cdot \nabla)\underline{v}_{\mathrm{d}} \tag{8-96}$$

根据式(8-95)和式(8-96),用$\underline{v}_{\mathrm{s}}$ 代替$\underline{v}_{\mathrm{c}}^{0}$ 表示连续相速度,所加质量力为

$$\underline{F}_{\mathrm{A}} = -C_{\mathrm{A}}\rho_{\mathrm{c}}V\left\{\frac{\partial \underline{v}_{\mathrm{d}}}{\partial t} + (\underline{v}_{\mathrm{d}} \cdot \nabla)\underline{v}_{\mathrm{d}} - \frac{\partial \underline{v}_{\mathrm{s}}}{\partial t} - (\underline{v}_{\mathrm{s}} \cdot \nabla)\underline{v}_{\mathrm{s}}\right\} \tag{8-97}$$

如果两相不可压缩,则式(8-97)可改写为

$$\underline{F}_{\mathrm{A}} = -C_{\mathrm{A}}\rho_{\mathrm{c}}V\left\{\frac{\partial \underline{v}_{\mathrm{d}}}{\partial t} + \nabla \cdot (\underline{v}_{\mathrm{d}}\underline{v}_{\mathrm{d}}) - \frac{\partial \underline{v}_{\mathrm{s}}}{\partial t} - \nabla \cdot (\underline{v}_{\mathrm{s}}\,\underline{v}_{\mathrm{s}})\right\} \tag{8-98}$$

Simonin[27]及其同事[35-36]倾向于采用下列附加质量力的近似形式,即

$$\begin{aligned}\underline{F}_{\mathrm{A}} &\approx -C_{\mathrm{A}}\rho_{\mathrm{c}}V\left\{\frac{\partial \underline{v}_{\mathrm{d}}}{\partial t} + (\underline{v}_{\mathrm{d}} \cdot \nabla)\underline{v}_{\mathrm{d}} - \frac{\partial \underline{v}_{\mathrm{s}}}{\partial t} - (\underline{v}_{\mathrm{d}} \cdot \nabla)\underline{v}_{\mathrm{s}}\right\} \\ &= -C_{\mathrm{A}}\rho_{\mathrm{c}}V\left\{\frac{\partial \underline{v}_{\mathrm{R}}}{\partial t} + (\underline{v}_{\mathrm{d}} \cdot \nabla)\underline{v}_{\mathrm{R}}\right\}\end{aligned} \tag{8-99}$$

式中:$\underline{v}_{\mathrm{R}} = \underline{v}_{\mathrm{d}} - \underline{v}_{\mathrm{s}}$ 为相对速度。

现在可以计算出单位体积的平均附加质量力(式(8-68)):

$$\underline{M}_{\mathrm{d}}^{\mathrm{A}} = -\underline{M}_{\mathrm{c}}^{\mathrm{A}} = \alpha_{\mathrm{d}}\rho_{\mathrm{d}}\left\langle\frac{\underline{F}_{\mathrm{A}}}{m}\right\rangle_{\mathrm{d}} = -\alpha_{\mathrm{d}}\rho_{\mathrm{d}}\left\langle C_{\mathrm{A}}\frac{\rho_{\mathrm{c}}}{\rho_{\mathrm{d}}}\left\{\frac{\partial \underline{v}_{\mathrm{R}}}{\partial t} + (\underline{v}_{\mathrm{d}}\cdot\nabla)\underline{v}_{\mathrm{R}}\right\}\right\rangle_{\mathrm{d}} \tag{8-100}$$

忽略 $C_{\mathrm{A}}(\rho_{\mathrm{c}}/\rho_{\mathrm{d}})$ 的波动,式(8-100)可改写为

$$\begin{aligned}\underline{M}_{\mathrm{d}}^{\mathrm{A}} &= -C_{\mathrm{A}}\rho_{\mathrm{c}}\left\langle\chi_{\mathrm{d}}\left\{\frac{\partial \underline{v}_{\mathrm{R}}}{\partial t}+(\underline{v}_{\mathrm{d}}\cdot\nabla)\underline{v}_{\mathrm{R}}\right\}\right\rangle \\ &= -C_{\mathrm{A}}\rho_{\mathrm{c}}\left\langle\left\{\frac{\partial \chi_{\mathrm{d}}\underline{v}_{\mathrm{R}}}{\partial t}+\nabla\cdot(\chi_{\mathrm{d}}\underline{v}_{\mathrm{R}}\,\underline{v}_{\mathrm{d}})\right\}-\underline{v}_{\mathrm{R}}\left[\frac{\partial \chi_{\mathrm{d}}}{\partial t}+\nabla\cdot(\chi_{\mathrm{d}}\underline{v}_{\mathrm{d}})\right]\right\rangle\end{aligned} \tag{8-101}$$

假设分散相不可压缩且无相变,则式(8-101)的等式右侧的第二项为0,有

$$\begin{aligned}\underline{M}_{\mathrm{d}}^{\mathrm{A}} &= -C_{\mathrm{A}}\rho_{\mathrm{c}}\left[\frac{\partial \alpha_{\mathrm{d}}\langle \underline{v}_{\mathrm{R}}\rangle_{\mathrm{d}}}{\partial t}+\nabla\cdot(\alpha_{\mathrm{d}}\langle \underline{v}_{\mathrm{R}}\,\underline{v}_{\mathrm{d}}\rangle_{\mathrm{d}})\right] \\ &= -C_{\mathrm{A}}\rho_{\mathrm{c}}\left\{\frac{\partial \alpha_{\mathrm{d}}\underline{V}_{\mathrm{R}}}{\partial t}+\nabla\cdot[\alpha_{\mathrm{d}}(\underline{V}_{\mathrm{R}}\,\underline{V}_{\mathrm{d}}+\langle \underline{v}_{\mathrm{R}}'\,\underline{v}_{\mathrm{d}}'\rangle_{\mathrm{d}})]\right\}\end{aligned} \tag{8-102}$$

假设分散相不可压缩且无相变,则式(8-102)可改写为

$$\underline{M}_{\mathrm{d}}^{\mathrm{A}} = -\alpha_{\mathrm{d}}C_{\mathrm{A}}\rho_{\mathrm{c}}\left(\frac{\partial \underline{V}_{\mathrm{R}}}{\partial t}+\underline{V}_{\mathrm{d}}\cdot\nabla\underline{V}_{\mathrm{R}}\right)-C_{\mathrm{A}}\rho_{\mathrm{c}}\nabla\cdot[\alpha_{\mathrm{d}}(\langle \underline{v}_{\mathrm{d}}'\underline{v}_{\mathrm{d}}'\rangle_{\mathrm{d}}+\langle \underline{v}_{\mathrm{s}}'\,\underline{v}_{\mathrm{d}}'\rangle_{\mathrm{d}})] \tag{8-103}$$

式(8-103)中,平均相对速度 $\underline{V}_{\mathrm{R}}$ 由式(8-79)给出。附加质量力的波动部分包含运动应力张量 $\langle \underline{v}_{\mathrm{d}}'\underline{v}_{\mathrm{d}}'\rangle_{\mathrm{d}}$ 和协方差张量 $\langle \underline{v}_{\mathrm{s}}'\,\underline{v}_{\mathrm{d}}'\rangle_{\mathrm{d}}$。

Morel(1997)由式(8-98)代替式(8-99)推导出平均附加质量力的表达式为

$$\begin{aligned}\underline{M}_{\mathrm{d}}^{\mathrm{A}} &= -\underline{M}_{\mathrm{c}}^{\mathrm{A}} = \alpha_{\mathrm{d}}\rho_{\mathrm{d}}\left\langle\frac{\underline{F}_{\mathrm{A}}}{m}\right\rangle_{\mathrm{d}} = -C_{\mathrm{A}}\rho_{\mathrm{c}}\left\langle\chi_{\mathrm{d}}\left[\frac{\partial \underline{v}_{\mathrm{d}}}{\partial t}+\nabla\cdot(\underline{v}_{\mathrm{d}}\underline{v}_{\mathrm{d}})-\frac{\partial \underline{v}_{\mathrm{s}}}{\partial t}-\nabla\cdot(\underline{v}_{\mathrm{s}}\,\underline{v}_{\mathrm{s}})\right]\right\rangle \\ &= -C_{\mathrm{A}}\rho_{\mathrm{c}}\left\{\frac{\partial \alpha_{\mathrm{d}}\underline{V}_{\mathrm{R}}}{\partial t}+\nabla\cdot[\alpha_{\mathrm{d}}(\underline{V}_{\mathrm{d}}\underline{V}_{\mathrm{d}}+\langle \underline{v}_{\mathrm{d}}'\underline{v}_{\mathrm{d}}'\rangle_{\mathrm{d}})]-\nabla\cdot\{\alpha_{\mathrm{d}}[(\underline{V}_{\mathrm{c}}+\underline{V}_{\mathrm{disp}})(\underline{V}_{\mathrm{c}}+\underline{V}_{\mathrm{disp}})+\langle \underline{v}_{\mathrm{s}}'\,\underline{v}_{\mathrm{s}}'\rangle_{\mathrm{d}}]\}\right\}\end{aligned} \tag{8-104}$$

式(8-104)比式(8-103)复杂。Chahed 和 Masbernat[37] 以及 Kamp[38] 保留了式(8-104)的近似形式。忽略扩散速度,Chahed 和 Masbernat[378] 给出以下表达式:

$$\begin{aligned}\underline{M}_{\mathrm{d}}^{\mathrm{A}} &= -\alpha_{\mathrm{d}}C_{\mathrm{A}}\rho_{\mathrm{c}}\left\{\frac{\partial \underline{V}_{\mathrm{d}}}{\partial t}+(\underline{V}_{\mathrm{d}}\cdot\nabla)\underline{V}_{\mathrm{d}}-\frac{\partial \underline{V}_{\mathrm{c}}}{\partial t}-(\underline{V}_{\mathrm{c}}\cdot\nabla)\underline{V}_{\mathrm{c}}\right] \\ &= -C_{\mathrm{A}}\rho_{\mathrm{c}}\nabla\cdot[\alpha_{\mathrm{d}}(\langle \underline{v}_{\mathrm{d}}'\underline{v}_{\mathrm{d}}'\rangle_{\mathrm{d}}-\langle \underline{v}_{\mathrm{s}}'\underline{v}_{\mathrm{s}}'\rangle_{\mathrm{d}})]\end{aligned} \tag{8-105}$$

Kamp[38] 不仅在附加质量力中保留了扩散速度,还给出了式(8-104)的近似形式。Kamp[38] 得到的表达式为

$$\underline{M}_d^A=-C_A\rho_c\alpha_d\left[\frac{\partial \underline{V}_R}{\partial t}+(\underline{V}_d\cdot\nabla)\underline{V}_d-(\underline{V}_c\cdot\nabla)\underline{V}_c-(\underline{V}_{disp}\cdot\nabla)\underline{V}_c-(\underline{V}_c\cdot\nabla)\underline{V}_{disp}\right]+$$
$$\nabla\cdot\left[\alpha_d(\langle\underline{v}_d'\underline{v}_d'\rangle_d-\langle\underline{v}_s'\underline{v}_s'\rangle_d)\right]$$
(8-106)

8.7.4 升力平均

升力的平均很少推导[35-36]。使用式(8-68)和式(8-30),单位体积平均升力为

$$\underline{M}_d^L=-\underline{M}_c^L=-\alpha_d C_L\rho_c\langle\underline{v}_R\wedge\nabla\wedge\underline{v}_c^0\rangle_d \tag{8-107}$$

根据 Bel-Fdhila[35] 和 Haynes[36] 的研究,旋转的波动与相对速度的波动之间的相关性较弱,原因是这些波动有非常不同的频率。因此,就平均场量而言,式(8-107)保持不变,即

$$\underline{M}_d^L=-\alpha_d C_L\rho_c\underline{V}_R\wedge\nabla\wedge\underline{V}_c \tag{8-108}$$

8.7.5 无扰流场中力的平均

无扰流场对粒子施加的力是陈氏力和阿基米德(Archimèdes)力之和(见8.4节)。这个力为

$$\underline{F}_0=\rho_c V\left(\frac{\mathrm{D}\underline{v}_c^0}{\mathrm{D}t}-\underline{g}\right) \tag{8-109}$$

利用未受扰流体的动量守恒方程,可以将式(8-109)改写为未受扰应力张量:

$$\frac{\mathrm{D}\underline{v}_c^0}{\mathrm{D}t}-\underline{g}=\frac{1}{\rho_c}\nabla\cdot\underline{\underline{\sigma}}_c^0\quad\Rightarrow\quad\underline{F}_0=V\nabla\cdot\underline{\underline{\sigma}}_c^0 \tag{8-110}$$

利用通式(8-68),单位体积内未受扰流体的平均力由下式给出:

$$\underline{M}_d^0=\alpha_d\rho_d\left\langle\frac{\underline{F}_0}{m}\right\rangle_d+\alpha_d\nabla\overline{p_c}^c\approx\alpha_d\langle\nabla\cdot(\underline{\underline{\sigma}}_c^0+\overline{p_c}^c\underline{\underline{I}})\rangle_d \tag{8-111}$$

现在可以将未受扰应力张量分解为均值量和波动分量[27]:

$$\underline{\underline{\sigma}}_c^0=\underline{\underline{\sum}}_c^0+\underline{\underline{\sigma}}_c^{0\prime}\approx-\overline{p_c}^c\underline{\underline{I}}+\underline{\underline{T}}_c^0-p_c'\underline{\underline{I}}+\underline{\underline{\tau}}_c^{0\prime} \tag{8-112}$$

因此,无扰流场(式(8-111))所产生的力变为

$$\underline{M}_d^0=\alpha_d\nabla\cdot\underline{\underline{T}}_c^0+\langle\chi_d\nabla\cdot\underline{\underline{\sigma}}_c^{0\prime}\rangle \tag{8-113}$$

根据 Simonin[27],式(8-113)的等式右侧第二项可以近似转化为

$$\langle\chi_d\nabla\cdot\underline{\underline{\sigma}}_c^{0\prime}\rangle=\rho_c\langle\underline{v}_s'\underline{v}_d'\rangle_d\cdot\nabla\alpha_d+\alpha_d\rho_c\nabla\cdot(\langle\underline{v}_s'\underline{v}_d'\rangle_d-\langle\underline{v}_s'\underline{v}_s'\rangle_d) \tag{8-114}$$

8.7.6 平均动量方程的最终形式

利用前面的结果,动量方程式(3-111)及式(3-114)分别变成

$$\left\{\begin{aligned}
\alpha_{\mathrm{d}}\rho_{\mathrm{d}}\frac{\mathrm{D}_{\mathrm{d}}\underline{V}_{\mathrm{d}}}{\mathrm{D}t}=&-\nabla\cdot(\alpha_{\mathrm{d}}\rho_{\mathrm{d}}\overline{\overline{\underline{v}_{\mathrm{d}}'\underline{v}_{\mathrm{d}}'}}^{\mathrm{d}})+\alpha_{\mathrm{d}}\rho_{\mathrm{d}}\underline{g}+\alpha_{\mathrm{d}}\nabla\cdot\underline{\underline{\sum}}_{\mathrm{c}}^{0}+\Gamma_{\mathrm{d}}(\underline{V}_{\Gamma}-\underline{V}_{\mathrm{d}})+\\
&\langle\chi_{\mathrm{d}}\nabla\cdot\underline{\underline{\sigma}}_{\mathrm{c}}^{0\prime}\rangle-\alpha_{\mathrm{d}}\rho_{\mathrm{d}}\frac{\underline{V}_{\mathrm{d}}}{\tau_{\mathrm{p}}}-\alpha_{\mathrm{d}}C_{\mathrm{A}}\rho_{\mathrm{c}}\left(\frac{\partial\underline{V}_{\mathrm{d}}}{\partial t}+\underline{V}_{\mathrm{d}}\cdot\nabla\underline{V}_{\mathrm{R}}\right)-\\
&C_{\mathrm{A}}\rho_{\mathrm{c}}\nabla\cdot[\alpha_{\mathrm{d}}(\langle\underline{v}_{\mathrm{d}}'\underline{v}_{\mathrm{d}}'\rangle_{\mathrm{d}}-\langle\underline{v}_{\mathrm{s}}'\,\underline{v}_{\mathrm{d}}'\rangle_{\mathrm{d}})]-\alpha_{\mathrm{d}}C_{\mathrm{L}}\rho_{\mathrm{c}}\underline{V}_{\mathrm{R}}\wedge\nabla\wedge\underline{V}_{\mathrm{c}}\\
\alpha_{\mathrm{c}}\rho_{\mathrm{c}}\frac{\mathrm{D}_{\mathrm{c}}\underline{V}_{\mathrm{c}}}{\mathrm{D}t}=&-\nabla\cdot(\alpha_{\mathrm{c}}\rho_{\mathrm{c}}\overline{\overline{\underline{v}_{\mathrm{c}}'\,\underline{v}_{\mathrm{c}}'}}^{\mathrm{c}})+\alpha_{\mathrm{c}}\nabla p_{\mathrm{c}}+\alpha_{\mathrm{c}}\rho_{\mathrm{c}}\underline{g}+\nabla\cdot(\alpha_{\mathrm{c}}\overline{\underline{\underline{\tau}}_{\mathrm{c}}}^{\mathrm{c}}+\underline{\underline{\sigma}}_{\mathrm{c}}^{*})-\Gamma_{\mathrm{d}}(\underline{V}_{\Gamma}-\underline{V}_{\mathrm{c}})-\\
&\alpha_{\mathrm{d}}\nabla\cdot\underline{\underline{T}}_{\mathrm{c}}^{0}-\langle\chi_{\mathrm{d}}\nabla\cdot\underline{\underline{\sigma}}_{\mathrm{c}}^{0\prime}\rangle+\alpha_{\mathrm{d}}\rho_{\mathrm{d}}\frac{\underline{V}_{\mathrm{R}}}{\tau_{\mathrm{p}}}+\alpha_{\mathrm{d}}C_{\mathrm{A}}\rho_{\mathrm{c}}\left(\frac{\partial\underline{V}_{\mathrm{R}}}{\partial t}+\underline{V}_{\mathrm{d}}\cdot\nabla\underline{V}_{\mathrm{R}}\right)+\\
&C_{\mathrm{A}}\rho_{\mathrm{c}}\nabla\cdot[\alpha_{\mathrm{d}}(\langle\underline{v}_{\mathrm{d}}'\underline{v}_{\mathrm{d}}'\rangle_{\mathrm{d}}-\langle\underline{v}_{\mathrm{s}}'\,\underline{v}_{\mathrm{d}}'\rangle_{\mathrm{d}})]+\alpha_{\mathrm{d}}C_{\mathrm{L}}\rho_{\mathrm{c}}\underline{V}_{\mathrm{R}}\wedge\nabla\wedge\underline{V}_{\mathrm{c}}
\end{aligned}\right.\tag{8-115}$$

如果通过附加方程(第 7 章)得到不同的湍流关联关系,则式(8-115)是封闭的。

参考文献

[1] Stokes GG (1851) On the effect of the internal friction of fluids on the motion of pendulums. Trans. Cambridge Phil Soc 9:8-27.

[2] Oesterlé B (2006) Ecoulements multiphasiques, Ed. Hermès, Lavoisier.

[3] Hadamard J (1911) Mouvement permanent lent d'une sphère liquide et visqueuse dans un liquide-visqueux. Note présentée par M. H. Poincarré.

[4] Levich VG (1962) Physicochemical hydrodynamics. Prentice-Hall, Englewood Cliffs.

[5] Dan Tam P (1981) De la trainée instationnaire sur une petite bulle. Thèse de Doctorat, Institut National Polytechnique Grenoble.

[6] Maxey MR, Riley JJ (1983) Equation of motion for a small rigid sphere in a nonuniform flow. Phys Fluids 26(4):883-889.

[7] Gatignol R (1983) The Faxen formulae for a rigid particle in an unsteady nonuniform Stokes flow. J de Mécanique théorique et appliqué 1(2):143-160.

[8] Saffman PG (1965) The lift on a small sphere in a slow shear flow. J Fluid Mech 22:385-400(corrigendum Vol. 31, pp. 624).

[9] Auton TR (1987) The lift force on a spherical body in a rotational flow. J Fluid Mech 183:199-218.

[10] Auton TR, Hunt JCR, Prud'homme M (1988) The force exerted on a body in inviscid unsteady non-uniform rotational flow. J Fluid Mech 197:241-257.

[11] Schiller L, Nauman A (1935) A drag coefficient correlation. VDI Zeitung 77:318-320.

[12] Ishii M (1977) One-dimensional drift flux model and constitutive equations for relative motion between phases in various two-phase flow regimes. ANL Report No. 77-47.

[13] Ishii M, Zuber N (1979) Drag coefficient and relative velocity in bubbly, droplet or particulate flows. AIChE J 25(5):843-855.

[14] Ishii M (1990) Two-fluid model for two-phase flow. In: Hewitt GF, Delhaye JM, Zuber N(eds) Multiphase science and technology, vol 5, pp 1-58.

[15] Antal SP, Lahey RT Jr, Flaherty JE (1991) Analysis of phase distribution in fully developed laminar bubbly two-phase flow. Int J Multiph Flow 17(5):635-652.

[16] Dan Tam P (1977) Quelques rappels sur la notion de masse ajoutée en mécanique des fluides, Rapport CEA-R-4855.

[17] Lamb H (1932) Hydrodynamics, 6th edn. Dover Publications, New York.

[18] Landau L, Lifchitz E (1989) Physique théorique, tome 6: Mécanique des Fluides, Ed. Mir Moscou, 2nd edn.

[19] Taylor GI (1928a) The energy of a body moving in an infinite fluid with an application to airships. Proc Royal Soc Lond Ser A A120:13-21.

[20] Taylor GI (1928b) The forces on a body placed in a curved or converging stream of fluid. Proc Royal Soc Lond Ser A A120:260-283.

[21] Morel C (1997) Modélisation multidimensionnelle des écoulements diphasiques gaz-liquide. Application à la simulation des écoulements à bulles ascendants en conduite verticale. Thèse de Doctorat, Ecole Centrale Paris.

[22] Van Wijngaarden L (1976) Hydrodynamic interaction between gas bubbles in liquid. J Fluid Mech 77(1):27-44.

[23] Kariyasaki A (1987) Behavior of a single gas bubble in a liquid flow with a linear velocity profile. In: ASME/JSME, 5th thermal engineering joint conference, Honolulu, Hawaï, 22-27 Mar, pp 261-267.

[24] Tomiyama A (1998) Struggle with computational bubble dynamics. In: 3rd international conference multiphase flow ICMF'98, Lyon, France, 8-12 June.

[25] Zuber N (1964) On the dispersed two-phase flow in the laminar flow regime. Chem Eng Sci 19:897.

[26] Wallis GB (1990) Inertial coupling in two-phase flow: macroscopic properties of suspensions in an inviscid fluid. Multiph Sci Technol 5:239-361

[27] Simonin O (1991), Modélisation numérique des écoulements turbulents diphasiques à inclusions dispersés. Ecole de Printemps CNRS de Mécanique des Fluides Numérique, Aussois.

[28] Simonin O (1999) Continuum modeling of dispersed turbulent two-phase flow, Modélisation statistique des écoulements gaz-particules, modélisation physique et numérique des écoulements diphasiques, Cours de l'X(Collège de Polytechnique) du 2-3 juin.

[29] Neiss C (2013) Modélisation et simulation de la dispersion turbulente et du dépôt de gouttes dans un canal horizontal. Thèse de Doctorat, Université de Grenoble.

[30] Pope SB (2000) Turbulent flows. Cambridge University Press, Cambridge.

[31] Minier JP, Peirano E (2001) The PDF approach to turbulent polydispersed two-phase flows. Phys Rep 352:1-214.

[32] Langevin P (1908) Sur la théorie du mouvement Brownien. Comptes Rendus Acad. Sci Paris 146: 530-533.

[33] Pope SB (1985) PDF methods for turbulent reactive flows. Prog Energy Combustion Sci 11: 119-192.

[34] Magnaudet J (1997) The forces acting on bubbles and rigid particles. In: ASME fluids engineering division summer meeting, FEDSM97-3522, 22-26 June.

[35] Bel Fdhila R (1991) Analyse expérimentale et modélisation d'un écoulement vertical à bulles dans un élargissement brusque. Thèse de Doctorat, Institut National Polytechnique de Toulouse.

[36] Haynes PA (2004) Contribution à la modélisation de la turbulence pour les écoulements à bulles: proposition d'un modèle K-ε multi-échelles diphasique. Thèse de Doctorat, Institut National Polytechnique Toulouse.

[37] Chahed J, Masbernat L (1998) Forces interfaciales et turbulence dans les écoulements à bulles. C R Acad Sc Paris 326:635-642.

[38] Kamp AM (1996) Ecoulements turbulents à bulles dans une conduite en micropesanteur. Thèse de Doctorat, Institut National Polytechnique de Toulouse.

第 9 章

界面传热传质

摘要 本章对界面传热传质模型做了简单介绍。首先，推导了界面传质和两相与两种界面之间传热的近似关系式，这种近似关系在很多气-液两相流动的研究中都得到了应用。本书阐明了要得到这种关系必须如何进行近似。在此基础上，建立了气泡流条件下的液体-界面传热模型，并将导热和对流传热这两种情况做了明显区分。本章最后简要介绍了液滴流动情况下的蒸发-界面传热模型。

9.1 概　　述

本章是对离散两相流中界面传热传质问题的介绍。在 9.2 节中，推导出一个近似的关系，把由于蒸发或冷凝而引起的界面传质与两相和界面之间的传热联系起来。9.3 节专门讨论了泡状流动中液体-界面传热的建模问题，并且区分了传导传热和对流传热，并分别考虑了气泡汽化和冷凝两种情况。9.4 节专门讨论液滴流动中蒸发-界面传热的模型。

9.2 热量和质量传递之间的联系

Ishii[1] 以及 Hibiki[2] 从能量跃迁条件式(3-58)推导出了相间传质和各相与界面间传热之间的近似关系式。忽略界面能量源项 Q_m，有

$$\sum_{k=1}^{2} Q_k \approx 0 \tag{9-1}$$

由式(3-56)开始，总能量的界面传递可以改写为

$$Q_k = \Gamma_k \left(\overline{\overline{e_k}}^{\mathrm{I}} + \frac{\overline{\overline{v_k}}^{2\mathrm{I}}}{2} \right) + q''_{\mathrm{KI}} a_{\mathrm{I}} + \langle \underline{\underline{\sigma}}_k \cdot \underline{v}_k \cdot \underline{n}_k \delta_{\mathrm{I}} \rangle \tag{9-2}$$

式(3-44)和式(3-45)中,单位界面表面的平均界面传热定义为

$$q''_{\mathrm{KI}} \equiv -\frac{\langle \underline{q}_k \cdot \underline{n}_k \delta_{\mathrm{I}} \rangle}{a_{\mathrm{I}}} \tag{9-3}$$

式(9-2)的等式右侧的最后一项表示界面处应力的机械功率。利用雷诺分解式(3-52),这一项可以改写为

$$\langle \underline{\underline{\sigma}}_k \cdot \underline{v}_k \cdot \underline{n}_k \delta_{\mathrm{I}} \rangle = \langle \underline{\underline{\sigma}}_k \cdot \underline{n}_k \delta_{\mathrm{I}} \rangle \cdot \overline{\overline{\underline{v}_k}}^{k} + \langle \underline{\underline{\sigma}}_k \cdot \underline{v}'_k \cdot \underline{n}_k \delta_{\mathrm{I}} \rangle \tag{9-4}$$

利用式(3-48)和式(3-76),式(9-4)可改写为

$$\langle \underline{\underline{\sigma}}_k \cdot \underline{v}_k \cdot \underline{n}_k \delta_{\mathrm{I}} \rangle = \underline{M}'_k \cdot \overline{\overline{\underline{v}_k}}^{k} + \langle \underline{\underline{\sigma}}_k \cdot \underline{v}'_k \cdot \underline{n}_k \delta_{\mathrm{I}} \rangle \tag{9-5}$$

式(9-5)的最后一项是界面应力在脉动速度下的幂函数。它包含一个压力项和一个黏性项。将压力分解为界面平均压力和脉动压力,即

$$p_k = \overline{p_k}^{\mathrm{I}} + p''_k \tag{9-6}$$

式中,$\overline{p_k}^{\mathrm{I}}$ 根据式(3-43)定义。式(9-5)的最后一项为

$$\begin{aligned} \langle \underline{\underline{\sigma}}_k \cdot \underline{v}'_k \cdot \underline{n}_k \delta_{\mathrm{I}} \rangle &= -\langle p_k \underline{v}'_k \cdot \underline{n}_k \delta_{\mathrm{I}} \rangle + \langle \underline{\underline{\tau}}_k \cdot \underline{v}'_k \cdot \underline{n}_k \delta_{\mathrm{I}} \rangle \\ &= -\overline{p_k}^{\mathrm{I}} \langle \underline{v}'_k \cdot \underline{n}_k \delta_{\mathrm{I}} \rangle - \langle p''_k \underline{v}'_k \cdot \underline{n}_k \delta_{\mathrm{I}} \rangle + \langle \underline{\underline{\tau}}_k \cdot \underline{v}'_k \cdot \underline{n}_k \delta_{\mathrm{I}} \rangle \end{aligned} \tag{9-7}$$

研究式(9-7)的等式右侧的第一项。利用速度式(3-52)的雷诺分解,可得

$$\begin{aligned} \langle \underline{v}'_k \cdot \underline{n}_k \delta_{\mathrm{I}} \rangle &= \langle \underline{v}_k \cdot \underline{n}_k \delta_{\mathrm{I}} \rangle - \overline{\overline{\underline{v}_k}}^{k} \cdot \langle \underline{n}_k \delta_{\mathrm{I}} \rangle \\ &= \langle (\underline{v}_k - \underline{v}_{\mathrm{I}}) \cdot \underline{n}_k \delta_{\mathrm{I}} \rangle + \langle \underline{v}_{\mathrm{I}} \cdot \underline{n}_k \delta_{\mathrm{I}} \rangle - \overline{\overline{\underline{v}_k}}^{k} \cdot \langle \underline{n}_k \delta_{\mathrm{I}} \rangle \end{aligned} \tag{9-8}$$

通过式(2-9)、式(2-10)以及式(2-17)的平均值,式(9-8)可转化为

$$\langle \underline{v}'_k \cdot \underline{n}_k \delta_{\mathrm{I}} \rangle = -\left\langle \frac{\dot{m}_k}{\rho_k} \delta_{\mathrm{I}} \right\rangle + \frac{\partial \alpha_k}{\partial t} + \overline{\overline{\underline{v}_k}}^{k} \cdot \nabla \alpha_k = \frac{\mathrm{D}_k \alpha_k}{\mathrm{D}t} - \frac{\Gamma_k}{\overline{\overline{\rho_k}}^{\mathrm{I}}} \tag{9-9}$$

式(9-7)的最后两项没有太大用处,后面将忽略,将其统一写为

$$W^{\mathrm{T}}_{\mathrm{kI}} \equiv -\langle p''_k \underline{v}'_k \cdot \underline{n}_k \delta_{\mathrm{I}} \rangle + \langle \underline{\underline{\tau}}_k \cdot \underline{v}'_k \cdot \underline{n}_k \delta_{\mathrm{I}} \rangle \tag{9-10}$$

将式(9-5)~式(9-10)组合起来,总能量式(9-2)的界面传递可改写为

$$Q_k = \Gamma_k \left(\overline{\overline{e_k}}^{\mathrm{I}} + \frac{\overline{\overline{v_k^2}}^{\mathrm{I}}}{2} \right) + q''_{\mathrm{KI}} a_{\mathrm{I}} + \underline{M}'_k \cdot \overline{\overline{\underline{v}_k}}^{k} - \overline{p_k}^{\mathrm{I}} \left(\frac{\mathrm{D}_k \alpha_k}{\mathrm{D}t} - \frac{\Gamma_k}{\overline{\overline{\rho_k}}^{\mathrm{I}}} \right) + W^{\mathrm{T}}_{k\mathrm{I}} \tag{9-11}$$

通过定义引入相变加权平均焓,有

$$h_k^{\Gamma} \equiv \overline{\overline{e_k}}^{\mathrm{I}} + \frac{\overline{p_k}^{\mathrm{I}}}{\overline{\overline{\rho_k}}^{\mathrm{I}}} \tag{9-12}$$

总能量的界面传递表达式为

$$Q_k = \Gamma_k \left(h_k^{\Gamma} + \frac{\overline{\overline{v_k^2}}^{\mathrm{I}}}{2} \right) + q''_{\mathrm{KI}} a_{\mathrm{I}} + \underline{M}'_k \cdot \overline{\overline{\underline{v}_k}}^{k} - \overline{p_k}^{\mathrm{I}} \frac{\mathrm{D}_k \alpha_k}{\mathrm{D}t} + W^{\mathrm{T}}_{k\mathrm{I}} \tag{9-13}$$

现在,我们将研究跃迁条件式(9-1)所导致的结果,此时有

$$\sum_{k=1}^{2}\left(\Gamma_k h_k^{\Gamma}+q''_{\mathrm{KI}}a_{\mathrm{I}}\right)=-\sum_{k=1}^{2}\left(\Gamma_k\frac{\overline{\overline{v_k^2}}^{\mathrm{I}}}{2}+\underline{M}'_k\cdot\overline{\overline{\underline{v}_k}}^{k}-\overline{p_k}^{\mathrm{I}}\frac{\mathrm{D}_k\alpha_k}{\mathrm{D}t}+W_{k\mathrm{I}}^{\mathrm{T}}\right)\tag{9-14}$$

式(9-14)的等式右侧来自相间的热量和质量传递。右侧第一项是由于相变引起的动能界面转移。在存在热交换且流速较低的应用中,单位质量的机械能$\overline{\overline{(v_k^2/2)}}^{\mathrm{I}}$与焓$h_k^{\Gamma}$相比,通常可以忽略不计。式(9-14)的等式右侧的其他项是机械功率,与相之间的热量和质量交换相比,假定机械功率较小。因此,式(9-14)的近似形式一般可改写为

$$\sum_{k=1}^{2}\left(\Gamma_k h_k^{\Gamma}+q''_{\mathrm{KI}}a_{\mathrm{I}}\right)\approx 0\tag{9-15}$$

利用质量跃迁条件式(3-46),可以得到相变的平均强度为

$$\Gamma_2=-\Gamma_1=-\frac{\sum_{k=1}^{2}q''_{\mathrm{KI}}a_{\mathrm{I}}}{h_2^{\Gamma}-h_1^{\Gamma}}\tag{9-16}$$

气-液两相间的质量交换常采用式(9-16)的关系作为封闭关系。式(9-16)分母的焓差常假设等于汽化潜热,潜热是压力的表函数,即

$$h_2^{\Gamma}-h_1^{\Gamma}\approx h_{\mathrm{V}}^{\mathrm{sat}}(P)-h_{\mathrm{L}}^{\mathrm{sat}}(P)=\ell(P)\tag{9-17}$$

目前,必须研究式(9-16)分子的封闭关系。界面区域浓度a_{I}在第4、5、10章进行了处理。9.3节将研究单位界面表面平均界面传热q''_{KI}的封闭问题。

9.3 泡状流中的界面传热和传质

假定单位界面面积的界面传热和所考虑相的温度与界面温度之差成正比。一般假定界面温度等于饱和温度,饱和温度是压力的表函数,则有

$$q''_{KI}=\hbar_k\left(T_{\mathrm{sat}}(P)-\overline{T_k}^{k}\right)\tag{9-18}$$

式中:$\hbar_k$为传热系数(heat transfer coefficient,HTC)。

HTC通常根据努塞尔数定义计算得到如Nigmatulin[3]:

$$Nu_k\equiv\frac{\hbar_k d}{\lambda_k}\tag{9-19}$$

式中:d为气泡直径;λ_k为k相的热导率;Nu_k为HTC的无量纲形式,因此等价于给出HTC或努塞尔数的封闭规律。

在气泡流动中,通常假定每个气泡内部的温度是均匀的,因此等于界面温度[4]。由于气泡体积小,认为每个气泡在蒸汽中的热传导是瞬时的。因此,蒸汽温度仍然等于饱和温度。所以,相变引起的气泡尺寸变化仅由液体对界面传热的影响来决定,对于气泡流动,式(9-16)关系近似为

$$\Gamma_V=-\Gamma_L=-\frac{q''_{LI}a_I}{\ell}=-\frac{\hbar_L(T_{sat}(P)-T_L)}{\ell}\frac{6\alpha_V}{d}$$
$$=-\frac{Nu_L\lambda_L(T_{sat}(P)-T_L)}{\ell}\frac{6\alpha_V}{d^2} \tag{9-20}$$

为了简化符号,符号 V 和 L 分别表示蒸汽相和液相,sat 表示饱和态,而忽略了液体温度上的平均符号。在式(9-20)中,使用了直径为 d 的单粒径气泡界面面积浓度的表达式(见第 5 章),有

$$a_I=\frac{6\alpha_V}{d} \tag{9-21}$$

Berne[4] 区分了液体到界面的热传导和热对流传热方式。对于对流换热,他使用了 Ruckenstein[5] 得到的结果,即

$$Nu_L=\sqrt{\frac{4}{\pi}Pe} \tag{9-22}$$

式中:Pe 为贝克莱(Peclet)数,其定义如下:

$$Pe\equiv\frac{|\underline{v}_R|d}{a_L},\quad a_L\equiv\frac{\lambda_L}{\rho_L Cp_L} \tag{9-23}$$

需要注意的是,贝克莱数是气泡雷诺数与液体普朗特数的乘积,即

$$Pe=\rho_L\frac{|\underline{v}_R|d}{\mu_L}\times\frac{Cp_L\mu_L}{\lambda_L}=Re_d Pr_L \tag{9-24}$$

因此,式(9-22)可以改写为[6]:

$$Nu_L=c_0+c_1Re_d^{c_2}Pr_L^{c_3} \tag{9-25}$$

式中:$c_0=0$;$c_1=\sqrt{4/\pi}$;$c_2=c_3=1/2$。

使用式(9-22),空隙率和 IAC 的表达式为

$$\begin{cases}a_I=n\pi d^2\\ \alpha_V=n\dfrac{\pi d^3}{6}\end{cases} \tag{9-26}$$

式中:n 为气泡数密度。

单位体积和单位时间内质量的界面传递表达式为[4]:

$$\Gamma_V=2\sqrt{6}\rho_V\sqrt{\alpha_V n a_L|\underline{v}_R|}\frac{\rho_L Cp_L(T_L-T_{sat})}{\rho_V\ell} \tag{9-27}$$

雅各布(Jacob)数的经典定义为[3]:

$$Ja\equiv\frac{\rho_L Cp_L\Delta T}{\rho_V\ell} \tag{9-28}$$

式中:ΔT 为温度差(T_L-T_{sat})。

可以看到,蒸汽产生项(式(9-27))与雅各布数成正比,即

$$\Gamma_V^{conv}=2\sqrt{6}\rho_V\sqrt{\alpha_V n a_L |\underline{v}_R|}\,Ja \tag{9-29}$$

由式(9-29)给出的蒸发量(如果 $T_L>T_{sat}$)或冷凝量(如果 $T_L<T_{sat}$)仅在气泡相对速度不等于零的情况下才成立(式(9-22)和式(9-23))。相关联的液体界面间是纯对流传热;因此,热传递的传导项可以省去。对于稳态只有热传导情况,Berne[4]给出了以下表达式:

$$Nu_L=2 \tag{9-30}$$

这是 Ranz 和 Marschall[7]在液滴雷诺数趋于零时给出的液滴蒸发极限的定律。事实上, Plesset 和 Zwick[8]研究发现,在一个不断膨胀的气泡上的、纯传导的传热传质过程是一个瞬态问题。在其形成初期(成核后),气泡的生长受液体惯性的控制。在短暂的初始阶段之后,它由液体中的传热控制。在第二阶段,气泡半径随时间变化由下式给出:

$$\frac{dR}{dt}=\sqrt{\frac{3}{\pi}}\lambda_L\frac{T_L-T_{sat}}{\rho_V\ell\sqrt{a_L}}\frac{1}{\sqrt{t}} \tag{9-31}$$

气泡半径明显依赖于时间 t,显示了气泡在过热液体中生长的瞬态特征。因此,式(9-31)可以很容易地积分为

$$R(t)-R(0)=2\sqrt{\frac{3}{\pi}}\lambda_L\frac{T_L-T_{sat}}{\rho_V\ell\sqrt{a_L}}\sqrt{t} \tag{9-32}$$

式中:$R(0)$为成核后的初始气泡半径。

如果忽略以液体惯性为主导的初始增长周期,相对于半径 $R(t)$,初始气泡半径 $R(0)$也可以忽略。结合式(9-31)和式(9-32)消去时间 t,可得

$$\frac{dR}{dt}=\frac{6}{\pi}\frac{1}{R}a_L\left(\frac{\rho_L}{\rho_V}\right)^2\left(\frac{Cp_L(T_L-T_{sat})}{\ell}\right)^2 \tag{9-33}$$

Berne[4]通过几个简化假设,将式(9-33)转化为关于平均产汽率 Γ_V 的封闭方程。第一步,用气泡运动后的物质导数代替气泡半径随时间的变化率,该物质导数假定气泡以平均气体速度运动。这一步允许拉格朗日方法到欧拉方法的转化,即

$$\frac{dR}{dt}\approx\frac{D_V R}{Dt}=\frac{\partial R}{\partial t}+\underline{V}_V\cdot\nabla R \tag{9-34}$$

第二步是用空泡份额的物质导数代替气泡半径的物质导数。假设所有的气泡都是相同的,并且以相同的速度$\underline{V}_V$ 运动,可以利用式(9-26)的第二个公式表示,即

$$\frac{\partial \alpha_{\mathrm{V}}}{\partial t}+\underline{V}_{\mathrm{V}} \cdot \nabla \alpha_{\mathrm{V}}=n 4 \pi R^{2}\left(\frac{\partial R}{\partial t}+\underline{V}_{\mathrm{V}} \cdot \nabla R\right) \tag{9-35}$$

质量守恒方程(3-47)可改写为

$$\frac{\partial \alpha_{\mathrm{V}}}{\partial t}+\underline{V}_{\mathrm{V}} \cdot \nabla \alpha_{\mathrm{V}}+\frac{\alpha_{\mathrm{V}}}{\rho_{\mathrm{V}}}\left(\frac{\partial \rho_{\mathrm{V}}}{\partial t}+\underline{V}_{\mathrm{V}} \cdot \nabla \rho_{\mathrm{V}}\right)+\alpha_{\mathrm{V}} \nabla \cdot \underline{V}_{\mathrm{V}}=\frac{\Gamma_{\mathrm{V}}}{\rho_{\mathrm{V}}} \tag{9-36}$$

式(9-36)的等式左侧第三项和第四项与空泡份额成正比,因此有

$$\frac{\partial \alpha_{\mathrm{V}}}{\partial t}+\underline{V}_{\mathrm{V}} \cdot \nabla \alpha_{\mathrm{V}}=\frac{\Gamma_{\mathrm{V}}}{\rho_{\mathrm{V}}}+O(\alpha_{\mathrm{V}}) \tag{9-37}$$

空泡份额相对较低时,Berne[4]忽略了项 $O(\alpha)$,因此蒸汽产量大约为

$$\begin{aligned}\Gamma_{\mathrm{V}} &=\rho_{\mathrm{V}}\left(\frac{\partial \alpha_{\mathrm{V}}}{\partial t}+\underline{V}_{\mathrm{V}} \cdot \nabla \alpha_{\mathrm{V}}\right)=\rho_{\mathrm{V}} n 4 \pi R^{2} \frac{\mathrm{d} R}{\mathrm{d} t} \\ &=\rho_{\mathrm{V}} n 4 \pi R^{2} \frac{6}{\pi} \frac{1}{R} a_{\mathrm{L}}\left(\frac{\rho_{\mathrm{L}}}{\rho_{\mathrm{V}}}\right)^{2}\left(\frac{C p_{\mathrm{L}}(T_{\mathrm{L}}-T_{\mathrm{sat}})}{\ell}\right)^{2}\end{aligned} \tag{9-38}$$

第三步,对于一个不断长大的气泡和通过热传导进行的液体传热,得到下式:

$$\Gamma_{\mathrm{V}}^{\mathrm{cond}}=\frac{18}{\pi}\left(\frac{4 \pi}{3}\right)^{2/3} \rho_{\mathrm{V}} n^{2/3} \alpha_{\mathrm{V}}{}^{1/3} a_{\mathrm{L}}\left[\frac{\rho_{\mathrm{L}} C p_{\mathrm{L}}(T_{\mathrm{L}}-T_{\mathrm{sat}})}{\rho_{\mathrm{V}} \ell}\right]^{2} \tag{9-39}$$

根据雅各布数(式(9-28))的定义 $\Delta T=T_{\mathrm{L}}-T_{\mathrm{sat}}$,结合式(9-36)可以将式(9-36)写为

$$\Gamma_{\mathrm{V}}^{\mathrm{cond}}=\frac{18}{\pi}\left(\frac{4 \pi}{3}\right)^{2/3} \rho_{\mathrm{V}} n^{2/3} \alpha_{\mathrm{V}}^{1/3} a_{\mathrm{L}} Ja^{2} \tag{9-40}$$

Berne[4]假设液体与界面之间的传热是由传导机制和对流机制共同作用的结果。为了找到主导机制,他计算了以下比率,即

$$\frac{\Gamma_{\mathrm{V}}^{\mathrm{conv}}}{\Gamma_{\mathrm{V}}^{\mathrm{cond}}}=\frac{Nu_{\mathrm{L}}^{\mathrm{conv}}}{Nu_{\mathrm{L}}^{\mathrm{cond}}}=\frac{\sqrt{\pi}}{6} \frac{\sqrt{Pe}}{Ja} \tag{9-41}$$

式(9-41)允许根据佩克莱数和雅各布数的值确定主要的传热机制(对流或传导)。

以前的结果注重通过汽化产生气泡。在与汽化相反的冷凝气泡情况下,Chen 和 Mayinger[9]给出了液体-界面传热关系式为

$$\begin{cases}Nu_{\mathrm{L}}=0.185 Re_{\mathrm{d}}^{0.7} Pr_{\mathrm{L}}^{0.5} \\ Re_{\mathrm{d}} \leqslant 10000 \\ Ja \leqslant 80\end{cases} \tag{9-42}$$

式中:Ja 为由于冷凝而形成的液体过冷度 $\Delta t=T_{\mathrm{sat}}-T_{\mathrm{L}}$,随着气泡的上升,气泡直

径不断减小。在实验中,作者选择了从喷嘴脱离时的气泡直径值来建立气泡雷诺数。只要惯性效应不显著(气泡凝结完全由传热控制),式(9-42)应用范围可达 $Ja=80$。傅里叶(Fourier)数由下列关系定义[10],即

$$Fo \equiv \frac{a_{\mathrm{L}} t}{R^2} \tag{9-43}$$

Chen 和 Mayinger[9]也进行了相关研究。他们的关联式给出了半径为 R 的气泡完全凝结所需的时间,其值为

$$Fo = 1.784 Re_{\mathrm{d}}^{-0.7} Pr^{-0.5} Ja^{-1} \tag{9-44}$$

Chen 和 Mayinger[9]对 4 种不同的液体进行了测量,即丙醇、乙醇、R113 和水。雅各布数清楚地表明了在冷凝过程中是惯性还是传热起主导作用。在 $Ja=80$ 时,冷凝由传热控制。对于 $Ja>100$,液体惯性开始成为唯一的影响。Park 等[11]总结了凝结过程中气泡的其他努塞尔数定律(见附录 B. 2)。

9.4 滴状流中的界面传热和传质

Ranz 和 Marschall[7]测量了水滴在空气中的蒸发过程。他们发现了以下关系式,即

$$Nu_{\mathrm{G}} = 2 + 0.6 Re_{\mathrm{d}}^{1/2} Pr_{\mathrm{G}}^{1/3} \tag{9-45}$$

不同无量纲数的定义为

$$\begin{cases} Nu_{\mathrm{G}} \equiv \dfrac{\hbar_{\mathrm{G}} d}{\lambda_{\mathrm{G}}} \\ Pr_{\mathrm{G}} \equiv \dfrac{Cp_{\mathrm{G}} \mu_{\mathrm{G}}}{\lambda_{\mathrm{G}}} = \dfrac{\nu_{\mathrm{G}}}{a_{\mathrm{G}}} \\ Re_{\mathrm{d}} \equiv \dfrac{|\underline{v}_{\mathrm{R}}| d}{\nu_{\mathrm{G}}} \end{cases} \tag{9-46}$$

在没有对流($Re_{\mathrm{d}}=0$)的情况下,得到对应于稳态纯热传导情况的 $Nu_{\mathrm{G}}=2$(式(9-30))。恒定的努塞尔数对应于恒定的液滴表面积的时间变化率,因为它可以通过一个简单的计算得到验证。液滴直径随时间的变化率是从由汽化引起的液滴质量随时间的变化率推导得到,即

$$\frac{\mathrm{d}}{\mathrm{d}t}\left(\rho_{\mathrm{L}} \frac{\pi d^3}{6}\right) = \rho_{\mathrm{L}} \frac{\pi d^2}{2} \dot{d} = \pi d^2 \, \dot{m}_{\mathrm{d}} \tag{9-47}$$

式中:$\dot{d}$ 为液滴直径对时间的导数;$\dot{m}_{\mathrm{d}}$ 为液滴损失的单位时间每单位表面积传递的质量(由式(2-17)定义),假设沿液滴表面是均匀的,由单位表面积的热流密

度除以汽化潜热可得：

$$\dot{m}_{\mathrm{d}}=\frac{q''_{\mathrm{GI}}}{\ell}=\frac{\hbar_{\mathrm{G}}(T_{\mathrm{sat}}-T_{\mathrm{G}})}{\ell}=\frac{Nu_{\mathrm{G}}\lambda_{\mathrm{G}}(T_{\mathrm{sat}}-T_{\mathrm{G}})}{\mathrm{d}\ell} \tag{9-48}$$

将式(9-48)代入式(9-47)，可以推导出在蒸发过程中液滴直径的时间变化率以及液滴表面的时间变化率，即

$$\begin{cases}\dot{d}=\dfrac{2}{\rho_{\mathrm{L}}}\dfrac{Nu_{\mathrm{G}}\lambda_{\mathrm{G}}(T_{\mathrm{sat}}-T_{\mathrm{G}})}{\mathrm{d}\ell}\\[2ex]\dfrac{\mathrm{d}(\pi d^2)}{\mathrm{d}t}=2\pi d\dot{d}=\dfrac{4\pi}{\rho_{\mathrm{L}}}\dfrac{Nu_{\mathrm{G}}\lambda_{\mathrm{G}}(T_{\mathrm{sat}}-T_{\mathrm{G}})}{\ell}\end{cases} \tag{9-49}$$

只要努塞尔数是常量，式(9-49)的结果与 d 无关。对最后的结果(式(9-49))进行积分，发现汽化液滴的总寿命与其初始直径的平方成正比，即

$$t_{\mathrm{e}}=\frac{\rho_{\mathrm{L}}\ell d_0^2}{4Nu_{\mathrm{G}}\lambda_{\mathrm{G}}(T_{\mathrm{G}}-T_{\mathrm{sat}})} \tag{9-50}$$

式中：t_{e} 为初始直径为 d_0 的液滴完全汽化所需的时间。

参考文献

[1] Ishii M (1975) Thermo-fluid dynamic theory of two-phase flow. Eyrolles, Paris.

[2] Ishii M, Hibiki T (2006) Thermo-fluid dynamics of two-phase flow. Ed. Springer, Berlin.

[3] Nigmatulin RI (1991) Dynamics of multiphase media, vol 1. Hemisphere Publishing Corporation, New-York.

[4] Berne P (1983) Contribution à la modélisation du taux de production de vapeur parauto-vaporisation dans les écoulements diphasiques en conduites. Thèse de Doctorat. Ecole Centrale des Arts et Manufactures.

[5] Ruckenstein E (1959) On heat transfer between vapour bubbles in motion and the boiling liquid from which they are generated. Chem Eng Sci(10):22-30.

[6] Zaepffel D, Morel C, Lhuillier D (2012) A multi-size model forboiling bubbly flows. Multiphase Sci Technol 24(2):105-179.

[7] Ranz WE, Marschall WR (1952) Evaporation from drops. Chem Eng Prog 48:173-180.

[8] Plesset MS, Zwick S (1954) The growth of bubbles in superheated liquids. J Appl Phys 25(4):493-500.

[9] Chen YM, Mayinger F (1992) Measurement of heat transfer at the phase interface of condensing bubbles. Int J Multiphase Flow 18(6):877-890.

[10] Kolev NI (2002) Multiphase flow dynamics 2: mechanical and thermal interactions. Ed. Springer, Berlin.

[11] Park HS, Lee TO, Hibiki T, Beak WP, Ishii M (2007) Modelling of the condensation sink term in an interfacial area transport equation. Int J Heat Mass Transfer 50:5041-5053.

第 10 章

气泡尺寸分布和界面的闭合面积浓度

摘要 本章致力于介绍界面面积输运方程和其他多尺度气泡模型的闭合定律。首先考虑单一尺寸的情况,回顾界面区域输运方程的不同形式,并审查其闭合定律。这些闭合定律基本上涉及由于合并、分裂和相变现象引起的界面面积变化,同时还考虑了气体膨胀以及成核和湮灭。其次提出了一些用于更加复杂的多尺度气泡流动的可能闭合关系。后续介绍了两种方法,即使用假定大小NDF的矩方法和使用NDF离散化的类方法。在矩方法中,采用了NDF两个不同的数学表达式,即对数正态定律和二次定律。

10.1 概　　述

在第4章和第5章中,已经推导出了IATE的一般形式。本章通过考虑两个不同的复杂程度来回顾几个闭合关系。第一个阶段处理球形单离散气泡。在这种模型中,Sauter平均直径是用于描述气泡尺寸的唯一变量。这个平均大小可以在空间和时间上展开,但是在这个平均大小周围不允许离散。10.2节描述了第一类模型,其中10.2.3小节专门致力于机械项的建模(合并和分解),而10.2.4小节专门致力于相变项(蒸发和冷凝)的建模。10.3节涉及球形多离散气泡,气泡尺寸分布函数被认为是连续形式或离散形式。本章将呈现基于假定的尺寸分布函数的两个模型,并且其中一个是基于离散化的分布函数。

10.2 单个离散球形颗粒的界面面积建模

10.2.1 相界面面积输运方程

考虑球形流体粒子(气泡或液滴)最简单的情况。粒子群可以通过Sauter

平均直径来表征(式(5-66)),即

$$d_{32}=6\frac{\alpha_{\mathrm{d}}}{a_{\mathrm{I}}} \tag{10-1}$$

现在假设粒子的大小是单离散的,即所有粒子具有由式(10-1)给出的相同尺寸。在这种情况下,它们的数密度 n 与它们的体积分数和界面面积浓度直接相关,有

$$n=n_{32}=\frac{\alpha_{\mathrm{d}}}{\frac{\pi d_{32}^{3}}{6}}=\frac{a_{\mathrm{I}}^{3}}{36\pi\alpha_{\mathrm{d}}^{2}} \tag{10-2}$$

式(10-2)只不过是数密度、IAC 和体积分数之间的相容关系,这是由于单离散球形粒子的假设。如果粒子不是单离散的,则它们的实数密度 n 将与 n_{32} 不同。兼容性关系式(10-2)允许将 IAC 传输方程式导出为

$$\frac{\partial a_{\mathrm{I}}}{\partial t}+\nabla\cdot(a_{\mathrm{I}}\underline{V}_{\mathrm{d}})=\frac{2}{3}\frac{a_{\mathrm{I}}}{\alpha_{\mathrm{d}}}\left[\frac{\partial\alpha_{\mathrm{d}}}{\partial t}+\nabla\cdot(\alpha_{\mathrm{d}}\underline{V}_{\mathrm{d}})\right]+12\pi\left[\frac{\alpha_{\mathrm{d}}}{a_{\mathrm{I}}}\right]^{2}\left[\frac{\partial n_{32}}{\partial t}+\nabla\cdot(n_{32}\underline{V}_{\mathrm{d}})\right] \tag{10-3}$$

式(10-3)已被许多学者推导和使用[1-7]。我们坚持认为,式(10-3)只是兼容性关系式(10-2)的结果,因为它除了对粒子的离散有效外,不包含任何物理量。式(10-3)中出现的平均速度 $\underline{V}_{\mathrm{d}}$ 尚未精确确定其定义。因此,无论对此速度做出何种选择,式(10-3)都是有效的。例如,如果预先不知道流动状态(流动可以是气泡流动或基于局部空泡份额值的液滴流动),则可以通过两相速度的组合替换 $\underline{V}_{\mathrm{d}}$[7],即

$$\underline{V}_{\mathrm{d}}\approx\alpha_{1}\underline{V}_{2}+\alpha_{2}\underline{V}_{1} \tag{10-4}$$

式(10-4)的右侧的表达倾向于具有稀释混合物(应该是离散相的)较小部分的相速度,并且给出了密集混合物的简单插值公式。

使用质量守恒方程(3-47),Yao 和 Morel[8]得出了 IATE 在沸腾的气泡流中稍微不同的形式。离散相的质量守恒方程为

$$\frac{\partial}{\partial t}(\alpha_{\mathrm{d}}\rho_{\mathrm{d}})+\nabla\cdot(\alpha_{\mathrm{d}}\rho_{\mathrm{d}}\underline{V}_{\mathrm{d}})=\Gamma_{\mathrm{d}}\equiv\Gamma_{\mathrm{d}}^{\mathrm{I}}+\Gamma_{\mathrm{d}}^{\mathrm{N}} \tag{10-5}$$

其中,界面质量传递分为两项:$\Gamma_{\mathrm{d}}^{\mathrm{N}}$ 表示流动中新气泡的成核;$\Gamma_{\mathrm{d}}^{\mathrm{I}}$ 表示已存在气泡表面的相变,即总相变项使成核的部分变小。结合式(10-3)和式(10-5),可得

$$\frac{\partial a_{\mathrm{I}}}{\partial t}+\nabla\cdot(a_{\mathrm{I}}\underline{V}_{\mathrm{d}})=\frac{2}{3}\frac{a_{\mathrm{I}}}{\alpha_{\mathrm{d}}\rho_{\mathrm{d}}}\left(\Gamma_{\mathrm{d}}^{\mathrm{I}}+\Gamma_{\mathrm{d}}^{\mathrm{N}}-\alpha_{\mathrm{d}}\frac{\mathrm{D}_{\mathrm{d}}\rho_{\mathrm{d}}}{\mathrm{D}t}\right)+12\pi\left(\frac{\alpha_{\mathrm{d}}}{a_{\mathrm{I}}}\right)^{2}\left[\frac{\partial n_{32}}{\partial t}+\nabla\cdot(n_{32}\underline{V}_{\mathrm{d}})\right] \tag{10-6}$$

应当注意,式(10-3)和式(10-5)组合以获得式(10-6)意味着平均速度$\underline{V}_{\mathrm{d}}$的选择为质心速度。式(10-6)的优点是给出相变的成核部分(或者如果气泡凝结,则指湮灭部分)。如果新成核的气泡出现 Sauter 平均直径 d_{32},则它们对体积界面面积的总贡献为

$$\phi_n^{\mathrm{N}}\pi d_{32}^2=36\pi\left(\frac{\alpha_{\mathrm{d}}}{a_{\mathrm{I}}}\right)\phi_n^{\mathrm{N}} \tag{10-7}$$

其中,在单位体积和单位时间内引入符号 ϕ_n^{N} 表示新成核气泡的数量。实际上,气泡数密度传输方程为

$$\frac{\partial n_{32}}{\partial t}+\nabla\cdot(n_{32}\underline{V}_{\mathrm{d}})=\phi_n^{\mathrm{N}}+\phi_n^{\mathrm{CO}}+\phi_n^{\mathrm{B}}+\phi_n^{\mathrm{COA}} \tag{10-8}$$

式中,等式右侧的 4 个项对应于成核(N)、湮灭(CO)、分裂(B)和合并(COA)。将式(10-8)代入式(10-6),可以看出气泡数密度方程中的成核部分给出的 IAC 贡献为

$$12\pi\left(\frac{\alpha_{\mathrm{d}}}{a_{\mathrm{I}}}\right)^{2}\phi_n^{\mathrm{N}} \tag{10-9}$$

它只是式(10-7)给出的总贡献的 1/3。另外两个 1/3 包含在式(10-6)中涉及 $\Gamma_{\mathrm{d}}^{\mathrm{N}}$ 的项中,因为可以得到

$$\frac{2}{3}\frac{a_{\mathrm{I}}}{\alpha_{\mathrm{d}}\rho_{\mathrm{d}}}\Gamma_{\mathrm{d}}^{\mathrm{N}}=\frac{2}{3}\frac{a_{\mathrm{I}}}{\alpha_{\mathrm{d}}\rho_{\mathrm{d}}}\phi_n^{\mathrm{N}}\rho_{\mathrm{d}}\frac{\pi d_{32}^3}{6}=24\pi\left(\frac{\alpha_{\mathrm{d}}}{a_{\mathrm{I}}}\right)^{2}\phi_n^{\mathrm{N}} \tag{10-10}$$

将两个成核部分式(10-9)和式(10-10)重新整合为一个,式(10-6)最终可以改写为

$$\frac{\partial a_{\mathrm{I}}}{\partial t}+\nabla\cdot(a_{\mathrm{I}}\underline{V}_{\mathrm{d}})=\frac{2}{3}\frac{a_{\mathrm{I}}}{\alpha_{\mathrm{d}}\rho_{\mathrm{d}}}\left(\Gamma_{\mathrm{d}}^{\mathrm{I}}-\alpha_{\mathrm{d}}\frac{\mathrm{D}_{\mathrm{d}}\rho_{\mathrm{d}}}{\mathrm{D}t}\right)+12\pi\left(\frac{\alpha_{\mathrm{d}}}{a_{\mathrm{I}}}\right)^{2}(\phi_n^{\mathrm{B}}+\phi_n^{\mathrm{COA}})+(\phi_n^{\mathrm{N}}+\phi_n^{\mathrm{CO}})\pi d_{32}^2 \tag{10-11}$$

与气泡湮灭的原理类似,我们已经将成核项和湮灭项放在一起(式(10-11)中的最后一项)。相变项 $\Gamma_{\mathrm{d}}^{\mathrm{I}}$ 应理解为没有成核和湮灭部分的相变。

式(10-3)和式(10-11)给出了大小为 d_{32}的单离散气泡群的 IAC 演变。在实际流动中,气泡或液滴通过尺寸分布函数描述,而 d_{32}只是表征该分布的平均直径之一(见第 5 章)。因此,由式(10-3)和式(10-11)之一确定的界面面积的

物理意义是具有直径 d_{32} 和单位体积数 n_{32} 的虚拟单离散数量的物理意义。多离散数量的模型将在稍后进行检验。现在,将式(10-3)和式(10-11)与第4章和第5章中的方程联系起来,之后将研究不同作者在式(10-3)和式(10-11)中提出的闭合定律。应该注意的是,IATE 的式(10-3)或式(10-11)可以用粒子数密度式(10-8)代替,因为不同的几何参数量与式(10-2)相关。

10.2.2 第4章与第5章推导方程间的联系

在第4章中,IATE 由式(4-59)给出,或等效式(4-47)的第二个方程给出。很明显,速度 $\underline{v}_{\mathrm{I}}^{\mathrm{I}}$ 已经被式(10-3)和式(10-11)中的速度 $\underline{V}_{\mathrm{d}}$ 代替。式(4-36)中的项 $\langle \delta_{\mathrm{I}} \nabla_{\mathrm{s}} \cdot \underline{v}_{\mathrm{I}} \rangle$ 对应于 IAC 变化,这是由于界面拉伸是在微观水平上造成的。在球形气泡或液滴的背景下,不允许粒子形状存在变形。因此,拉伸项仅仅是由于沿粒子路径测量的连续尺寸变化。这种尺寸变化可能是由于离散相的可压缩性和没有成核(或湮灭)的相变,因此在此情况下可得

$$\langle \delta_{\mathrm{I}} \nabla_{\mathrm{s}} \cdot \underline{v}_{\mathrm{I}} \rangle = \frac{2}{3} \frac{a_{\mathrm{I}}}{\alpha_{\mathrm{d}} \rho_{\mathrm{d}}} \left(\Gamma_{\mathrm{d}}^{\mathrm{I}} - \alpha_{\mathrm{d}} \frac{\mathrm{D}_{\mathrm{d}} \rho_{\mathrm{d}}}{\mathrm{D}t} \right) \tag{10-12}$$

式 $(4-47)_2$ 和式(10-10)的等式右侧的其他项代表了在流动中产生的新粒子或破坏它们的不连续现象,因此可得

$$\left\langle \sum_{j=1}^{N} \dot{\psi}_j(t) \delta_{\mathrm{I},j}(\underline{x}, t) \right\rangle = 12\pi \left(\frac{\alpha_{\mathrm{d}}}{a_{\mathrm{I}}} \right)^2 (\phi_n^{\mathrm{B}} + \phi_n^{\mathrm{COA}}) + (\phi_n^{\mathrm{N}} + \phi_n^{\mathrm{CO}}) \pi d_{32}^2 \tag{10-13}$$

在第5章中,导出了 k 阶矩的方程(式(5-68))。如果长度 L 选择为直径 d,则 IAC 等于二阶矩的 π 倍,即

$$a_{\mathrm{I}} \approx \pi M_2 = \pi \int_0^{\infty} d^2 f_{\mathrm{d}}(d; \underline{x}, t) \mathrm{d}(d) \tag{10-14}$$

因此,通过在式(5-68)中使 $k=2$ 可以立即推导出其输运方程,即

$$\frac{\partial a_{\mathrm{I}}}{\partial t} + \nabla \cdot (a_{\mathrm{I}} \underline{V}_{\mathrm{d}}) = 2\pi \int_0^{\infty} d\dot{d} f_{\mathrm{d}} \mathrm{d}(d) + C(\pi d^2) \tag{10-15}$$

式中:$\dot{d}$ 为沿其轨迹测量的粒子尺寸时间变化率。

粒径的变化是由于离散相的可压缩性和相变造成的,因此可得

$$2\pi \int_0^{\infty} d\dot{d} f_{\mathrm{d}} \mathrm{d}(d) = \frac{2}{3} \frac{a_{\mathrm{I}}}{\alpha_{\mathrm{d}} \rho_{\mathrm{d}}} \left(\Gamma_{\mathrm{d}}^{\mathrm{I}} - \alpha_{\mathrm{d}} \frac{\mathrm{D}_{\mathrm{d}} \rho_{\mathrm{d}}}{\mathrm{D}t} \right) \tag{10-16}$$

式(10-15)中的最后一项是由于不连续现象导致的流体中粒子的产生和消亡。在式(5-75)中给出了该项的更详细的表达。在目前的情况下,可得

$$C(\pi d^2)=12\pi\left(\frac{\alpha_d}{a_I}\right)^2(\phi_n^B+\phi_n^{COA})+(\phi_n^N+\phi_n^{CO})\pi d_{32}^2 \tag{10-17}$$

10.2.3 聚变与破裂的封闭法则

Ishii 及其同事致力于一维泡状流式(10-3)的封闭。对于一维,式(10-3)在管道横截面上是面积平均的,并且封闭是按面积平均数量拟合的。对应于式(10-3)的面积平均方程为[9]:

$$\frac{\partial\langle a_I\rangle}{\partial t}+\frac{\partial}{\partial z}(\langle a_I\rangle\langle\langle \underline{V}_d\rangle\rangle)=\frac{2}{3}\frac{\langle a_I\rangle}{\langle\alpha_d\rangle}\left(\frac{\partial\langle\alpha_d\rangle}{\partial t}+\frac{\partial}{\partial z}(\langle a_I\rangle\langle\langle \underline{V}_d\rangle\rangle)\right)+\langle\phi\rangle \tag{10-18}$$

式中,括号$\langle\rangle$表示管道横截面上的平均算子,即

$$\langle\rangle\equiv\frac{1}{A(z)}\int_{A(z)}\mathrm{d}z \tag{10-19}$$

并且z表示沿管道的轴向位置(横坐标)。用双括号表示的平均值是界面面积加权平均算子,即

$$\langle\langle \underline{V}_d\rangle\rangle\equiv\frac{\langle a_I\underline{V}_d\rangle}{\langle a_I\rangle} \tag{10-20}$$

式(10-18)的等式右侧的第一项被作者称为气体膨胀项,因为它对应于没有相变时的气体压缩效应。该项以式(10-18)中的近似形式编写,因为乘积的平均值已被平均值的乘积所取代。最后一项$\langle\phi\rangle$对应于由于合并和分裂现象引起的界面面积变化。

10.2.3.1 由 Wu 等提出的源项和汇项

Wu 等[1,10]用湍流泡状流的 3 个项的总和来分解该项,即

$$\phi=\phi^{RC}+\phi^{WE}+\phi^{TI} \tag{10-21}$$

其中,等式右侧的 3 个项对应于随机碰撞(RC)和尾流夹带(WE)的气泡合并以及湍流冲击(TI)对气泡的破坏。由湍流驱动的随机碰撞引起的气泡合并引起的气泡数密度的降低由下式给出:

$$\phi_n^{RC}=-C_{RC}(\varepsilon d_{32})^{1/3}n_{32}^2d_{32}^2\frac{1}{\alpha_{max}^{1/3}(\alpha_{max}^{1/3}-\alpha_d^{1/3})}\left[1-\exp\left(-C\frac{\alpha_{max}^{1/3}\alpha_d^{1/3}}{\alpha_{max}^{1/3}-\alpha_d^{1/3}}\right)\right] \tag{10-22}$$

式中:C_{RC}和C为根据经验调整的数值常数;ε为连续(液体)相的湍流耗散率;α_{max}为空泡份额的最大填充值,即气泡靠在一起时的α_d值。

将式(10-22)乘以 $12\pi\left(\frac{\alpha_d}{a_I}\right)^2$,得到随机碰撞导致的气泡合并引起的界面面积减小率,即

$$\phi_n^{RC}=-\frac{C_{RC}}{3\pi}(\varepsilon d_{32})^{1/3}a_I^2\frac{1}{\alpha_{max}^{1/3}(\alpha_{max}^{1/3}-\alpha_d^{1/3})}\left[1-\exp\left(-C\frac{\alpha_{max}^{1/3}\alpha_d^{1/3}}{\alpha_{max}^{1/3}-\alpha_d^{1/3}}\right)\right] \tag{10-23}$$

Wu 等给出了由于尾流夹带导致的气泡合并引起的气泡数密度的汇项,即

$$\phi_n^{WE}=-C_{WE}|\underline{v}_R|n_{32}^2d_{32}^2 \tag{10-24}$$

式中:$|\underline{v}_R|$为引导气泡的相对速度。

根据 Delhaye[11],式(10-24)中缺少了一个 $C_D^{1/3}$ 因子。Ishii 和 Kim[5] 后来纠正了这个错误。该相对速度可以通过将曳力与作用在气泡上的重力相等而得到的最终速度给出,即

$$|\underline{v}_R|\approx\sqrt{\frac{4}{3}\frac{\Delta\rho g d_{32}}{\rho_c C_D}} \tag{10-25}$$

将式(10-24)乘以 $12\pi\left(\frac{\alpha_d}{a_I}\right)^2$,可以得到由于尾流夹带导致的气泡合并引起的界面面积减小率为

$$\phi^{WE}=-\frac{C_{WE}}{3\pi}|\underline{v}_R|a_I^2 \tag{10-26}$$

Wu 等和 Delhaye 给出了由湍流冲击导致的气泡破裂引起的气泡数密度的源项:

$$\phi_n^{TI}=C_{TI}n_{32}\left(\frac{\varepsilon}{d_{32}^2}\right)^{1/3}\sqrt{1-\frac{We_{cr}}{We}}\exp\left(-\frac{We_{cr}}{We}\right),\quad We>We_{cr} \tag{10-27}$$

式中:C_{TI}为通过实验调整的数值常数;We 为湍流液体流中的气泡韦伯数,其定义为

$$We\equiv\frac{\rho_c\varepsilon^{2/3}d_{32}^{5/3}}{\sigma} \tag{10-28}$$

韦伯数 We 应该与作为常数的临界韦伯数 We_{cr}进行比较。将式(10-27)乘以 $12\pi\left(\frac{\alpha_d}{a_I}\right)^2$,得到由于湍流冲击使气泡破裂导致的界面面积增加率,即

$$\phi^{TI}=\frac{C_{TI}}{3}a_I\left(\frac{\varepsilon}{d_{32}^2}\right)^{1/3}\sqrt{1-\frac{We_{cr}}{We}}\exp\left(-\frac{We_{cr}}{We}\right),\quad We>We_{cr} \tag{10-29}$$

Wu 等在稳态忽略式(10-18)中的气体膨胀项的情况下拟合了他们的模型常数。最终模型与常数由下式给出(省略平均符号〈〉和〈〈〉〉),即

$$\frac{\partial a_{\mathrm{I}}}{\partial t}+\frac{\partial}{\partial z}(a_{\mathrm{I}}V_{\mathrm{d},z})=-\frac{C_{\mathrm{RC}}}{3\pi}(\varepsilon d_{32})^{1/3}a_{\mathrm{I}}^{2}\frac{1}{\alpha_{\max}^{1/3}(\alpha_{\max}^{1/3}-\alpha_{\mathrm{d}}^{1/3})}\left[1-\exp\left(-C\frac{\alpha_{\max}^{1/3}\alpha_{\mathrm{d}}^{1/3}}{\alpha_{\max}^{1/3}-\alpha_{\mathrm{d}}^{1/3}}\right)\right]-$$
$$\frac{C_{\mathrm{WE}}}{3\pi}\sqrt{\frac{4}{3}\frac{\Delta\rho g d_{32}}{\rho_{\mathrm{c}}C_{\mathrm{D}}}}a_{\mathrm{I}}^{2}+\frac{C_{\mathrm{TI}}}{3}a_{\mathrm{I}}\left(\frac{\varepsilon}{d_{32}^{2}}\right)^{1/3}\sqrt{1-\frac{We_{\mathrm{cr}}}{We}}\times$$
$$\exp\left(-\frac{We_{\mathrm{cr}}}{We}\right)H(We-We_{\mathrm{cr}}),$$
$$C_{\mathrm{RC}}=0.0565,\quad C=3,\quad C_{\mathrm{WE}}=0.151,$$
$$C_{\mathrm{TI}}=0.18,\quad We_{\mathrm{cr}}=2,\quad \alpha_{\max}=0.8 \tag{10-30}$$

10.2.3.2 由 Hibiki 和 Ishii 提出的源项和汇项

Hibiki 和 Ishii[3] 忽略合并模型中的尾流夹带效应,并重新考虑了气体膨胀项对垂直圆管中泡状流的影响。他们的合并项模型与 Wu 等的模型完全不同,但仍取决于气泡的液体湍流搅动。由 Hibiki 和 Ishii 推导出的通过合并而引起的界面面积降低率最终表达式由下式给出,即

$$\phi^{\mathrm{RC}}=-\left(\frac{\alpha_{\mathrm{d}}}{a_{\mathrm{I}}}\right)^{2}\frac{\gamma_{\mathrm{RC}}\alpha_{\mathrm{d}}^{2}\varepsilon^{1/3}}{d_{32}^{11/3}(\alpha_{\max}-\alpha_{\mathrm{d}})}\exp(-k_{\mathrm{C}}\sqrt{We}) \tag{10-31}$$

其中,We 是通过式(10-28)定义的。

由气泡破裂引起的界面面积增加率由 Hibiki 和 Ishii 建模为

$$\phi^{\mathrm{TI}}=\left(\frac{\alpha_{\mathrm{d}}}{a_{\mathrm{I}}}\right)^{2}\frac{\gamma_{\mathrm{B}}\alpha_{\mathrm{d}}(1-\alpha_{\mathrm{d}})\varepsilon^{1/3}}{d_{32}^{11/3}(\alpha_{\max}-\alpha_{\mathrm{d}})}\exp\left(-\frac{k_{\mathrm{B}}}{We}\right) \tag{10-32}$$

式(10-32)和式(10-29)的比较表明,k_{B} 可以解释为临界韦伯数。最后,Hibiki 和 Ishii 提出的用于在垂直绝热空气-水泡状流中的 IAC 演化模型为(省略平均符号):

$$\frac{\partial a_{\mathrm{I}}}{\partial t}+\frac{\partial}{\partial z}(a_{\mathrm{I}}V_{\mathrm{d},z})=\frac{2}{3}\frac{a_{\mathrm{I}}}{\alpha_{\mathrm{d}}}\left[\frac{\partial\alpha_{\mathrm{d}}}{\partial t}+\frac{\partial}{\partial z}(\alpha_{\mathrm{d}}V_{\mathrm{d},z})\right]+$$
$$\left(\frac{\alpha_{\mathrm{d}}}{a_{\mathrm{I}}}\right)^{2}\left[\frac{\gamma_{\mathrm{B}}\alpha_{\mathrm{d}}(1-\alpha_{\mathrm{d}})\varepsilon^{1/3}}{d_{32}^{11/3}(\alpha_{\max}-\alpha_{\mathrm{d}})}\exp\left(-\frac{k_{\mathrm{B}}}{We}\right)-\right.$$
$$\left.\frac{\gamma_{\mathrm{RC}}\alpha_{\mathrm{d}}^{2}\varepsilon^{1/3}}{d_{32}^{11/3}(\alpha_{\max}-\alpha_{\mathrm{d}})}\exp(-k_{\mathrm{C}}\sqrt{We})\right]$$
$$\gamma_{\mathrm{B}}=0.264,\quad k_{\mathrm{B}}=1.37,\quad \gamma_{\mathrm{RC}}=0.188,\quad k_{\mathrm{C}}=1.29,\quad \alpha_{\max}=0.52 \tag{10-33}$$

10.2.3.3 由 Ishii 和 Kim 提出的源项和汇项

Ishii 和 Kim[5] 根据使用四传感器电导率探头对垂直管道中的气泡空气-水

流动进行重新测量，并重新考虑了 Wu 等提出的封闭关系。因此，他们修改了原始模型中出现的数值常数，还纠正了 Delhaye 指出的错误。因此，Ishii 和 Kim 提出的模型为

$$
\begin{aligned}
\frac{\partial a_{\mathrm{I}}}{\partial t}+\frac{\partial}{\partial z}(a_{\mathrm{I}}V_{\mathrm{d},z})=&\frac{2}{3}\frac{a_{\mathrm{I}}}{\alpha_{\mathrm{d}}}\left[\frac{\partial\alpha_{\mathrm{d}}}{\partial t}+\nabla\cdot(\alpha_{\mathrm{d}}\underline{V}_{\mathrm{d}})\right]-\\
&\frac{C_{\mathrm{RC}}}{3\pi}(\varepsilon d_{32})^{1/3}a_{\mathrm{I}}^{2}\frac{1}{\alpha_{\max}^{1/3}(\alpha_{\max}^{1/3}-\alpha_{\mathrm{d}}^{1/3})}\left[1-\exp\left(-C\frac{\alpha_{\max}^{1/3}\alpha_{\mathrm{d}}^{1/3}}{\alpha_{\max}^{1/3}-\alpha_{\mathrm{d}}^{1/3}}\right)\right]-\\
&\frac{C_{\mathrm{WE}}}{3\pi}C_{\mathrm{D}}^{1/3}\sqrt{\frac{4}{3}\frac{\Delta\rho g d_{32}}{\rho_{\mathrm{c}}C_{\mathrm{D}}}}a_{\mathrm{I}}^{2}+\\
&\frac{C_{\mathrm{TI}}}{3}a_{\mathrm{I}}\left(\frac{\varepsilon}{d_{32}^{2}}\right)^{1/3}\sqrt{1-\frac{We_{\mathrm{cr}}}{We}}\exp\left(-\frac{We_{\mathrm{cr}}}{We}\right)H(We-We_{\mathrm{cr}})\\
&C_{\mathrm{RC}}=0.004,\quad C=3,\quad C_{\mathrm{WE}}=0.002,\\
&C_{\mathrm{TI}}=0.085,\quad We_{\mathrm{cr}}=6,\quad \alpha_{\max}=0.75
\end{aligned}
\tag{10-34}
$$

10.2.3.4 由 Yao 和 Morel 提出的源项和汇项

Yao 和 Morel[8] 提出了在垂直加热管中沸腾的二氟二氯甲烷(R12)泡状流背景下的合并和分裂模型。对于合并项，他们假设两个气泡合并所需的时间是自由行程时间和交互时间的总和。自由行程时间是两次连续碰撞之间的平均时间。当它们碰撞时，两个气泡会在它们之间夹带一层薄薄的液膜。交互时间是液膜排出所需的时间，即直到膜发生破裂导致合并所需的时间。如果在总排出时间之前通过液体涡流分离两个气泡，则不会发生合并，因此引入合并效率，其是合并事件的数量与碰撞总数之间的比率。Yao 和 Morel 提出的气泡数密度汇项为

$$
\phi_{n}^{\mathrm{RC}}=-k_{\mathrm{c1}}\frac{\varepsilon^{1/3}\alpha_{\mathrm{d}}^{2}}{d_{32}^{11/3}}\frac{1}{g_{0}(\alpha_{\mathrm{d}})+k_{\mathrm{c2}}\alpha_{\mathrm{d}}\sqrt{\dfrac{We}{We_{\mathrm{cr}}}}}\exp\left(-k_{\mathrm{c3}}\sqrt{\frac{We}{We_{\mathrm{cr}}}}\right)
$$

$$
We_{\mathrm{cr}}=1.24,\quad k_{\mathrm{c1}}=2.86,\quad k_{\mathrm{c2}}=1.922,\quad k_{\mathrm{c3}}=1.017 \tag{10-35}
$$

在式(10-35)中，韦伯数是式(10-28)定义的韦伯数的两倍，即

$$
We\equiv 2\frac{\rho_{\mathrm{c}}\varepsilon^{2/3}d_{32}^{5/3}}{\sigma} \tag{10-36}
$$

这种差异的原因为在一个等于粒径距离上的湍流均方速度差由 Hinze[12] 和 Risso[13] 给出，即

$$
\overline{v'^{2}(d)}=2(\varepsilon d)^{2/3} \tag{10-37}
$$

作者引入了函数 $g_0(\alpha_{\mathrm{d}})$ 以减少在密集的泡状流动情况下的自由行程时间。其表达式为

$$g_0(\alpha_d)=\frac{\alpha_{max}^{1/3}-\alpha_d^{1/3}}{\alpha_{max}^{1/3}} \tag{10-38}$$

将式(10-35)乘以 $12\pi\left(\frac{\alpha_d}{a_I}\right)^2$,得到随机碰撞导致的气泡合并引起的界面面积减小率为

$$\phi_n^{RC}=-k_{c1}\frac{\pi}{3}\frac{\varepsilon^{1/3}\alpha_d^2}{d_{32}^{5/3}}\frac{1}{g_0(\alpha_d)+k_{c2}\alpha_d\sqrt{\frac{We}{We_{cr}}}}\exp\left(-k_{c3}\sqrt{\frac{We}{We_{cr}}}\right)$$

$$We_{cr}=1.24,\quad k_{c1}=2.86,\quad k_{c2}=1.922,\quad k_{c3}=1.017 \tag{10-39}$$

对于由于湍流影响导致的分裂项,Yao 和 Morel 也假设每个气泡的平均分裂时间是自由行程时间和交互时间的总和。假设气泡被液流中存在的湍流漩涡破坏,自由行程时间则是两次连续碰撞与两次漩涡之间的气泡的平均时间。假设交互时间(在气泡和分裂前的涡流之间)由气泡的最低变形频率的倒数给出(见 Sevik 和 Park[14])。最后,Yao 和 Morel 提出的气泡数密度源项为

$$\phi_n^{TI}=-k_{b1}\frac{\varepsilon^{1/3}\alpha_d(1-\alpha_d)}{d_{32}^{11/3}}\frac{1}{1+k_{b2}(1-\alpha_d)\sqrt{\frac{We}{We_{cr}}}}\exp\left(-\frac{We_{cr}}{We}\right)$$

186

$$We_{cr}=1.24,\quad k_{b1}=1.6,\quad k_{b2}=0.42 \tag{10-40}$$

将式(10-40)乘以 $12\pi\left(\frac{\alpha_d}{a_I}\right)^2$,得到由于湍流冲击导致的气泡破裂引起的界面面积增加率为

$$\phi^{TI}=k_{b1}\frac{\pi}{3}\frac{\varepsilon^{1/3}\alpha_d(1-\alpha_d)}{d_{32}^{5/3}}\frac{1}{1+k_{b2}(1-\alpha_d)\sqrt{\frac{We}{We_{cr}}}}\exp\left(-\frac{We_{cr}}{We}\right)$$

$$We_{cr}=1.24,\quad k_{b1}=1.6,\quad k_{b2}=0.42 \tag{10-41}$$

在给出由 Yao 和 Morel 推导出的 IAC 传输方程的最终表达式之前,必须提出他们相变项使用的模型。这将在以下部分中完成。

10.2.4 相变的封闭法则

10.2.4.1 由 Kocamustafaogullari 和 Ishii 给出的相变项

Kocamustafaogullari 和 Ishii[15-16]提出了 IAC 输运方程的以下形式:

$$\frac{\partial a_I}{\partial t}+\nabla\cdot(a_I\underline{V}_I)=\phi^{COA}+\phi^{B}+\phi^{PCH} \tag{10-42}$$

式中，等式右侧的 3 个项对应由于合并、分裂和相变而导致的 IAC 变化。

在应用由式(10-19)定义的横截面积平均值之后，式(10-42)变为

$$\frac{\partial\langle a_{\mathrm{I}}\rangle}{\partial t}+\nabla\cdot(\langle a_{\mathrm{I}}\rangle\langle\langle \underline{V}_{\mathrm{I},z}\rangle\rangle)=\langle\phi^{\mathrm{COA}}\rangle+\langle\phi^{\mathrm{B}}\rangle+\langle\phi^{\mathrm{PCH}}\rangle+\langle\phi^{\mathrm{WALL}}\rangle \tag{10-43}$$

式中，最后一项$\langle\phi^{\mathrm{WALL}}\rangle$的出现来自高斯定理在式(10-42)的等式左侧中对流项的应用[17]。应用这个定理可以得到：

$$\begin{aligned}\int_A \nabla\cdot(a_{\mathrm{I}}\underline{V}_{\mathrm{I}})\,\mathrm{d}a &=\frac{\partial}{\partial z}\int_A a_{\mathrm{I}}V_{\mathrm{I},z}\mathrm{d}a+\int_C a_{\mathrm{I}}\underline{V}_{\mathrm{I}}\cdot\underline{n}\frac{\mathrm{d}C}{\underline{n}\cdot\underline{n}_C}\\ &=\frac{\partial}{\partial z}(A\langle a_{\mathrm{I}}\rangle\langle\langle V_{\mathrm{I},z}\rangle\rangle)+A\langle\phi^{\mathrm{WALL}}\rangle\end{aligned} \tag{10-44}$$

式中：$\underline{n}$为垂直于壁表面并向外指向的单位矢量；$\underline{n}_C$ 为垂直于横截面 A 的边界 C 并向外指向的单位向量。

对于恒定的管道横截面，标量乘积$\underline{n}\cdot\underline{n}_C=1$，并且式(10-44)可以除以恒定横截面积 A，以获得式(10-43)，只要定义

$$\langle\phi^{\mathrm{WALL}}\rangle\equiv\frac{1}{A}\int_C a_{\mathrm{I}}\underline{V}_{\mathrm{I}}\cdot\underline{n}\frac{\mathrm{d}C}{\underline{n}\cdot\underline{n}_C} \tag{10-45}$$

式中：$\langle\phi^{\mathrm{WALL}}\rangle$表示由于异质成核或湮灭导致的界面面积壁通量。

Kocamustafaogullari 和 Ishii 提出了以下关于壁成核项的表达式：

$$\langle\phi^{\mathrm{WALL}}\rangle=\frac{C_{\mathrm{h}}}{A}N''f_{\mathrm{d}}\pi d_{\mathrm{d}}^2 \tag{10-46}$$

式中：C_{h} 为加热周长；N''为活性成核位点密度；f_{d} 为气泡脱离频率；d_{d} 为气泡脱离直径。

文献中针对这几个量给出了许多表达式。作者将这些量保留了下来，因为这些量来自他们以前的工作[15]。

10.2.4.2 由 Ishii 和 Hibiki 给出的相变项

Ishii 等[6]以及 Ishii 和 Hibiki[9]推导出了一个位于式(10-3)和式(10-11)之间的近似方程。他们的出发点是气泡体积分布函数的平衡方程，类似于当唯一的内部相坐标是气泡体积时，式(5-35)可改写为

$$\frac{\partial f_V(V;\underline{x},t)}{\partial t}+\nabla\cdot[f_V\,\underline{v}(V;\underline{x},t)]+\frac{\partial}{\partial V}(f_V\dot{V})=\sum_{j=1}^{4}S_j+S_{\mathrm{ph}} \tag{10-47}$$

式中：$\underline{v}(V;\underline{x},t)$为具有体积 V 的气泡速度；$S_j(j=1\sim4)$的四项与合并和分裂有关；S_{ph}是由成核和湮灭现象引起的。

当气泡体积保持为内部相坐标时，气泡数密度、界面面积浓度和空隙率由以下等式定义，即

$$\begin{cases} n(\underline{x},t) \equiv \int f_V(V;\underline{x},t)\,\mathrm{d}V = M_0 \\ a_\mathrm{I}(\underline{x},t) \equiv (36\pi)^{1/3}\int V^{2/3} f_V(V;\underline{x},t)\,\mathrm{d}V = (36\pi)^{1/3} M_{2/3} \\ \alpha_\mathrm{d}(\underline{x},t) \equiv \int V f_V(V;\underline{x},t)\,\mathrm{d}V = M_1 \end{cases} \tag{10-48}$$

式中：M_γ 为气泡体积分布函数的 γ 阶矩。

应该注意的是，体积作为内部相坐标的选择给出了界面区域的分数阶矩。式(10-48)中定义的 3 个量的输运方程可以通过取式(10-47)的相应矩来获得。像式(10-8)这样的气泡数密度输运方程的推导是经典的，值得特别注意。这些作者推导出的空隙率方程和 IATE 是非常令人惊讶的，因为必须假设

$$\frac{\dot{V}}{V} \neq \mathrm{function}(V) \tag{10-49}$$

也就是说，相对粒子体积的时间变化率不是体积的函数。进行这种简化假设，式(10-47)的等式左侧的第三项在空隙率传输方程中给出以下贡献，即

$$\int V \frac{\partial}{\partial V}(f_V \dot{V})\,\mathrm{d}V = -\int f_V \dot{V}\mathrm{d}V = -\int V f_V \frac{\dot{V}}{V}\mathrm{d}V = -\alpha_\mathrm{d}\frac{\dot{V}}{V} \tag{10-50}$$

同一项在 IATE 中的贡献为

$$\int A_\mathrm{I}(V)\frac{\partial}{\partial V}(f_V \dot{V})\,\mathrm{d}V = -\int f_V \dot{V}\frac{\mathrm{d}A_\mathrm{I}}{\mathrm{d}V}\mathrm{d}V = -\int f_V \dot{V}\mathrm{d}A_\mathrm{I} \tag{10-51}$$

式中：$A_\mathrm{I}(V)$ 为具有体积 V 的一个气泡界面区域，其由 $(36\pi)^{1/3}V^{2/3}$ 给出。

成核引起的气体量来源于式(10-47)最后一项的一阶矩，有

$$\eta_\mathrm{ph} \equiv \int V S_\mathrm{ph}\,\mathrm{d}V \tag{10-52}$$

并且相对气泡体积变化通过下式建模，即

$$\frac{\dot{V}}{V} = \frac{1}{\rho_\mathrm{d}}\left(\frac{\Gamma_\mathrm{d} - \rho_\mathrm{d}\eta_\mathrm{ph}}{\alpha_\mathrm{d}} - \frac{\mathrm{D}_\mathrm{d}\rho_\mathrm{d}}{\mathrm{D}t}\right) \tag{10-53}$$

获得的空泡份额方程与两流体模型(式(3-47))的质量守恒方程将相同，只要定义

$$\underline{V}_\mathrm{d} \equiv \frac{\int V f_V\, \underline{v}(V;\underline{x},t)\,\mathrm{d}V}{\int V f_V \mathrm{d}V} \tag{10-54}$$

并且表示合并和分解的机械项的一阶矩为 0(在合并和分解期间总空泡份额是守恒的)，即

$$\int V \sum_{j=1}^{4} S_j \mathrm{d}V = 0 \tag{10-55}$$

现在回到 IATE。通过下式定义气泡中心区域速度：

$$\underline{V}_\mathrm{I} \equiv \frac{\int A_\mathrm{I}(V) f_V \, \underline{v}(V;\underline{x},t)\,\mathrm{d}V}{\int A_\mathrm{I}(V) f_V \mathrm{d}V} \tag{10-56}$$

并使用简化假设式(10-49)，得到的 IATE 为

$$\frac{\partial a_\mathrm{I}}{\partial t} + \nabla \cdot (a_\mathrm{I} \underline{V}_\mathrm{I}) - \frac{\dot{V}}{V} \int V f_V \mathrm{d}A_\mathrm{I} = \int A_\mathrm{I} \left(\sum_{j=1}^{4} S_j + S_\mathrm{ph} \right) \mathrm{d}V \tag{10-57}$$

使用体积和界面面积的表达式作为气泡直径函数并使用闭合关系式(10-53)，作者计算了式(10-57)的等式左侧第三项：

$$\begin{cases} \mathrm{d}A_\mathrm{I} = \dfrac{4}{d}\mathrm{d}V = \dfrac{4}{\left(\dfrac{6V}{\pi}\right)^{1/3}}\mathrm{d}V \\ \int V f_V \mathrm{d}A_\mathrm{I} = \int V^{2/3} f_V \dfrac{4\pi^{1/3}}{6^{1/3}}\mathrm{d}V = \dfrac{2}{3}(36\pi)^{1/3} M_{2/3} = \dfrac{2}{3} a_\mathrm{I} \\ \dfrac{\dot{V}}{V}\int V f_V \mathrm{d}A_\mathrm{I} = \dfrac{2}{3}\dfrac{a_\mathrm{I}}{\alpha_\mathrm{d}\rho_\mathrm{d}}\left(\Gamma_\mathrm{d} - \rho_\mathrm{d}\eta_\mathrm{ph} - \alpha_\mathrm{d}\dfrac{\mathrm{D}_\mathrm{d}\rho_\mathrm{d}}{\mathrm{D}t}\right) \end{cases} \tag{10-58}$$

使用质量守恒方程(3-47)，式(10-58)最后一个表达式可以改写为

$$\frac{\dot{V}}{V}\int V f_V \mathrm{d}A_\mathrm{I} = \frac{2}{3}\frac{a_\mathrm{I}}{\alpha_\mathrm{d}}\left[\frac{\partial \alpha_\mathrm{d}}{\partial t} + \nabla \cdot (\alpha_\mathrm{d} \underline{V}_\mathrm{d}) - \eta_\mathrm{ph}\right] \tag{10-59}$$

下一步是在式(10-47)的右边定义两个项的适当矩，有

$$\begin{cases} \sum_{j=1}^{4} \phi_j = \int A_\mathrm{I} \sum_{j=1}^{4} S_j \mathrm{d}V \\ \phi_\mathrm{ph} = \int A_\mathrm{I} S_\mathrm{ph} \mathrm{d}V \end{cases} \tag{10-60}$$

最后，IAC 输运方程(10-57)变为

$$\frac{\partial a_\mathrm{I}}{\partial t} + \nabla \cdot (a_\mathrm{I} \underline{V}_\mathrm{I}) = \frac{2}{3}\frac{a_\mathrm{I}}{\alpha_\mathrm{d}}\left[\frac{\partial \alpha_\mathrm{d}}{\partial t} + \nabla \cdot (\alpha_\mathrm{d} \underline{V}_\mathrm{d}) - \eta_\mathrm{ph}\right] + \sum_{j=1}^{4} \phi_j + \phi_\mathrm{ph} \tag{10-61}$$

式(10-61)是 Ishii 和 Hibiki[9] 保留的 IAC 平衡方程的最终形式。它与式(10-3)有一些相似之处，但其中添加了相变项 η_ph 和 ϕ_ph。如果使用式(10-58)的最后一个表达式而不是式(10-59)，将得到可以代替式(10-61)的方程，即

$$\frac{\partial a_\mathrm{I}}{\partial t} + \nabla \cdot (a_\mathrm{I} \underline{V}_\mathrm{I}) = \frac{2}{3}\frac{a_\mathrm{I}}{\alpha_\mathrm{d}\rho_\mathrm{d}}\left(\Gamma_\mathrm{d} - \rho_\mathrm{d}\eta_\mathrm{ph} - \alpha_\mathrm{d}\frac{\mathrm{D}_\mathrm{d}\rho_\mathrm{d}}{\mathrm{D}t}\right) + \sum_{j=1}^{4} \phi_j + \phi_\mathrm{ph} \tag{10-62}$$

式(10-62)与式(10-11)相同,有

$$\begin{cases}\underline{V}_{\mathrm{I}}=\underline{V}_{\mathrm{d}}\\ \Gamma_{\mathrm{d}}^{\mathrm{I}}=\Gamma_{\mathrm{d}}-\rho_{\mathrm{d}}\eta_{\mathrm{ph}}\\ \phi_{\mathrm{ph}}=(\phi_n^{\mathrm{N}}+\phi_n^{\mathrm{CO}})\pi d_{32}^2\end{cases} \tag{10-63}$$

对于成核过程,Ishii 等[6]给出了以下表达式:

$$\begin{cases}\phi_{\mathrm{ph}}=\phi_n^{\mathrm{ph}}\pi d_{\mathrm{bc}}^2\\ \eta_{\mathrm{ph}}=\phi_n^{\mathrm{ph}}\dfrac{\pi d_{\mathrm{bc}}^3}{6}\end{cases} \tag{10-64}$$

式中:d_{bc}为成核时的临界气泡尺寸。

10.2.4.3 由 Yao 和 Morel 给出的相变项

Yao 和 Morel[8]使用式(10-11)确定界面面积浓度。根据式(9-16)和式(9-17),可以对现有气泡 $\Gamma_{\mathrm{d}}^{\mathrm{I}}$ 的表面处的相变项进行建模。忽略湮灭,并且成核应该仅出现在加热壁上(异相成核)。Sauter 平均直径被气泡脱离直径 d_{d} 取代,因此式(10-11)中的最后一项变为

$$(\phi_n^{\mathrm{N}}+\phi_n^{\mathrm{CO}})\pi d_{32}^2\approx\phi_n^{\mathrm{N}}\pi d_{\mathrm{d}}^2 \tag{10-65}$$

脱离直径是当成核点从加热壁上分离时生长气泡的直径。脱离直径由 Ünal[18]关联起来,并由下式给出:

$$d_{\mathrm{d}}=2.4210^{-5}P^{0.709}\frac{a}{\sqrt{b\varphi}} \tag{10-66}$$

该相关性是尺寸相关性,其中 P 是以 Pa 为单位表示的压力。系数 a 由下式给出:

$$a=\frac{(T_{\mathrm{W}}-T_{\mathrm{sat}})\lambda_{\mathrm{s}}}{2\rho_V\ell\sqrt{\pi a_{\mathrm{s}}}} \tag{10-67}$$

式中:T_{W} 为壁温;λ_{s} 为固体壁材料的热导率;a_{s} 为热膨胀系数。

系数 b 由 Ünal 给出:

$$b=\frac{(T_{\mathrm{sat}}-T_{\mathrm{L}})}{2\left(1-\dfrac{\rho_{\mathrm{V}}}{\rho_{\mathrm{L}}}\right)} \tag{10-68}$$

φ 由下式给出:

$$\varphi=\max\left(1,\left(\frac{V_{\mathrm{L}}}{V_0}\right)^{0.47}\right),\quad V_0=0.61\mathrm{m/s}。 \tag{10-69}$$

通过异相成核的气泡数密度源项由下式给出:

$$\phi_n^{N}=\frac{C_h}{A}N''f_d \tag{10-70}$$

式中：$\frac{C_h}{A}$为壁加热周长与管道横截面之比（式(10-46)）。

对于使用CFD代码的三维计算，该比率可以由网格与加热壁之间的接触面积与网格体积的比代替。此计算必须对与加热壁接触的所有网格进行计算。N''和f_d是活性成核位点密度和平均气泡脱离频率。这两个量存在几个经验相关式。这里将以Yao和Morel[8]使用的为例。通过使用Kurul和Podowski[19]的关系式，可以获得活性成核位点密度（单位为m^{-2}）：

$$N''=[210(T_W-T_{sat})]^{1.8} \tag{10-71}$$

脱离频率由Cole[20]和Manon[21]通过下式给出：

$$f_d=\sqrt{\frac{4}{3}\frac{g\Delta\rho}{\rho_L d_d}} \tag{10-72}$$

应该注意的是，式(10-72)是在池沸腾实验中获得的。

将式(10-39)、式(10-41)、式(10-65)和式(10-70)代入式(10-11)，最终获得Yao和Morel[8]使用的IAC输运方程的最终形式，即

$$\begin{aligned}\frac{\partial a_I}{\partial t}+\nabla\cdot(a_I\underline{V}_d)=&\frac{2}{3}\frac{a_I}{\alpha_d\rho_d}\left(\Gamma_d^I-\alpha_d\frac{D_d\rho_d}{Dt}\right)+\\&k_{b1}\frac{\pi}{3}\frac{\varepsilon^{1/3}\alpha_d(1-\alpha_d)}{d_{32}^{5/3}}\frac{1}{1+k_{b2}(1-\alpha_d)\sqrt{\frac{We}{We_{cr}}}}\exp\left(-\frac{We_{cr}}{We}\right)-\\&k_{c1}\frac{\pi}{3}\frac{\varepsilon^{1/3}\alpha_d^2}{d_{32}^{5/3}}\frac{1}{g_0(\alpha_d)+k_{c2}\alpha_d\sqrt{\frac{We}{We_{cr}}}}\exp\left(-k_{c3}\sqrt{\frac{We}{We_{cr}}}\right)+\\&\frac{A_W}{V_m}N''f_d\pi d_d^2\end{aligned} \tag{10-73}$$

式中：A_W为与具有体积V_m的局部网格接触的壁区域。

10.2.4.4 由Park等给出的相变项

Park等[22]推导了一个气泡崩塌模型。他们假设气泡在过冷液体中的冷凝涉及两个连续的阶段。在第一个阶段中，当气泡直径足够大时，通过液体传热驱动冷凝（由于气泡较小，假设蒸汽饱和，蒸汽传热可忽略不计）。因此，液体的努塞尔数定律用于描述气泡冷凝的第一个阶段。在第二个阶段中，当气泡非常小时，控制气泡冷凝和最终湮灭的机制是液体惯性。作者定义了一个边界气泡直

径来区分这两个阶段(热传递控制和惯性控制),即

$$p_c \equiv P(d<d_b), \quad d_b=0.4d_{32} \tag{10-74}$$

式中:d_b 为边界直径;p_c 为 $d<d_b$ 的概率,它等于惯性控制区域中的空泡份额。

传热控制的冷凝对应于流动中气泡尺寸的减小,而不改变它们的数量。因此,它与式(10-11)中的 Γ_d^I 项相关。惯性控制的冷凝以气泡湮灭结束,因此将使流动中的气泡数量减少。因此,它与式(10-11)中的项 ϕ_n^{CO} 相关。给定气泡在传热控制区域的概率由 $1-p_c$ 给出,通过以下方程计算项 Γ_d^I:

$$\frac{2}{3}\frac{a_I}{\alpha_d\rho_d}\Gamma_d^I=(1-p_c)n_{32}\dot{A}_I=(1-p_c)n_{32}2\pi d_{32}\frac{d(d_{32})}{dt} \tag{10-75}$$

气泡尺寸的减小是通过将液体与界面的热传递等同于潜热以及由于冷凝引起的传质速率来计算的(第9章)。忽略蒸汽可压缩性,可得

$$\rho_d\frac{dV}{dt}\ell=\rho_d\frac{\pi d_{32}^2}{2}\frac{d(d_{32})}{dt}\ell=-\pi d_{32}^2 Nu_c\frac{\lambda_c}{d_{32}}(T_{sat}-T_c) \tag{10-76}$$

式中:Nu_c 为连续相的努塞尔数,其可通过式(9-25)等闭合关系给出。

将式(10-76)代入式(10-75),可得

$$\frac{2}{3}\frac{a_I}{\alpha_d\rho_d}\Gamma_d^I=-4\pi(1-p_c)n_{32}\frac{Nu_c\lambda_c}{\rho_d\ell}(T_{sat}-T_c) \tag{10-77}$$

对于 n_{32} 使用式(10-2),可以获得以下方程:

$$\frac{2}{3}\frac{a_I}{\alpha_d\rho_d}\Gamma_d^I=-\frac{1}{9}(1-p_c)\frac{a_I^3}{\alpha_d^2}Nu_c\frac{\lambda_c}{\rho_d\ell}(T_{sat}-T_c) \tag{10-78}$$

可以将 Park 的式(10-78)与 Yao 和 Morel[8] 论文中用于同一项的方程进行比较。如果与液体-界面传热相比,蒸汽-界面传热也被忽略,则根据式(9-16)和式(9-17)可得

$$\frac{2}{3}\frac{a_I}{\alpha_d\rho_d}\Gamma_d^I=-\frac{2}{3}\frac{a_I}{\alpha_d\rho_d}\frac{q''_{cI}a_I}{\ell} \tag{10-79}$$

将 $d=d_{32}$ 代入式(9-18)和式(9-19)以及式(10-1),式(10-79)变为

$$\frac{2}{3}\frac{a_I}{\alpha_d\rho_d}\Gamma_d^I=-\frac{1}{9}\frac{a_I^3}{\alpha_d^2}\frac{Nu_c\lambda_c(T_{sat}-T_c)}{\rho_d\ell} \tag{10-80}$$

当 $p_c=0$ 时,式(10-80)是 Park 的式(10-78)的极限情况。由于 Yao 和 Morel[8] 没有考虑惯性控制冷凝而忽略了湮灭项 ϕ_n^{CO},因此是连贯的。Park 等[22] 给出了湮灭项的以下表达式:

$$\phi_n^{CO}\pi d_b^2=-p_c\pi d_b^2\frac{n_{32}}{t_c}=-p_c\frac{d_b^2}{36}\frac{a_I^3}{\alpha_d^2}\frac{1}{t_c} \tag{10-81}$$

式(10-81)是通过假设达到由式(10-74)给出的边界气泡直径的气泡在特征时间 t_c 之后消失而获得的。忽略非常小的惯性控制区域中的气泡寿命周期，将时间 t_c 计算为传热控制区域中的气泡滞留时间，即从其初始直径值(假设为 Sauter 平均直径)计算 d_{32} 到边界值 d_b。这个时间可以从传热控制冷凝式(10-76)计算出来，此时间为

$$\mathrm{d}t=-\frac{1}{2}\frac{\rho_d \ell d}{Nu_c\lambda_c(T_{sat}-T_c)}\mathrm{d}(d) \tag{10-82}$$

从初始气泡直径 d_{32} 到最终直径 d_b，式(10-82)的积分给出了气泡寿命的表达式：

$$t_c=\frac{\rho_d \ell}{Nu_c\lambda_c(T_{sat}-T_c)}\frac{d_{32}^2-d_b^2}{4} \tag{10-83}$$

在 Park 的模型中确定的最后一个量是概率 p_c，推导出以下表达式：

$$p_c=\frac{f(0)-f\left(\dfrac{d_b}{d_{32}}\right)}{f(0)} \tag{10-84}$$

其中，函数 f 以积分形式给出：

$$f(x)\equiv\int_x^1\sqrt{\frac{y^3}{1-y^3}}\mathrm{d}y \tag{10-85}$$

函数 f 可以根据文献[23]中图 2 的曲线计算。

10.3 多离散球形粒子的界面面积建模

在上一节中，假设粒子用其 Sauter 平均直径 d_{32} 表征。而在实际流动中，经常观察到粒子尺寸的分布，并且 d_{32} 仅是描述多离散群平均直径的一种选择。阶数 pq 的一般平均直径由式(5-65)定义，其中 p 和 q 是整数指数。假设粒子是球形的，那么单个参数足以定义其尺寸。例如，直径为 d、体积为 V 或界面面积为 A，只需根据具体的问题选择这 3 种可能中的一个。又如，如果想要将基于体积的理论与基于直径的理论联系起来，则可以回顾直径在 $d\sim d+\mathrm{d}(d)$ 之间的粒子可能数量等于体积在 $V\sim V+\mathrm{d}V$ 之间的粒子可能数量，因为这两个量是相关的，有

$$V=\frac{\pi d^3}{6} \tag{10-86}$$

数学上，前面的结论为

$$f_V(V;\underline{x},t)\mathrm{d}V=f_d(d;\underline{x},t)\mathrm{d}(d) \tag{10-87}$$

这使得基于体积的理论(式(10-47))和基于直径的理论(式(5-67))关联了起来。无论对尺寸参数做出何种选择,粒子数密度始终定义为粒度分布函数的零阶矩,即

$$n(\underline{x},t)\equiv\int f_V(V;\underline{x},t)\,\mathrm{d}V=\int f_\mathrm{d}(d;\underline{x},t)\,\mathrm{d}(d) \tag{10-88}$$

并且明显不同于 n_{32}。界面面积浓度已在基于体积的理论中定义为 2 阶矩或 3 阶矩(式(10-48))。得益于式(10-87),它可以很容易地转化为基于直径的理论,即

$$\begin{aligned}a_\mathrm{I}(\underline{x},t)&\equiv(36\pi)^{1/3}\int V^{2/3}f_V(V;\underline{x},t)\,\mathrm{d}V=(36\pi)^{1/3}\int V^{2/3}f_\mathrm{d}(d;\underline{x},t)\,\mathrm{d}(d)\\&=(36\pi)^{1/3}\int\left(\frac{\pi d^3}{6}\right)^{2/3}f_\mathrm{d}(d;\underline{x},t)\,\mathrm{d}(d)=\pi\int d^2 f_\mathrm{d}(d;\underline{x},t)\,\mathrm{d}(d)\end{aligned} \tag{10-89}$$

这是毫不奇怪的,因为这相当于式(5-64)的第三个方程给出的定义。以同样的方式,获得了粒子体积分数的两种可能表达式,即

$$\begin{aligned}\alpha_\mathrm{d}(\underline{x},t)&\equiv\int Vf_V(V;\underline{x},t)\,\mathrm{d}V\\&=\int\left(\frac{\pi d^3}{6}\right)f_\mathrm{d}(d;\underline{x},t)\,\mathrm{d}(d)\end{aligned} \tag{10-90}$$

10.3.1 气泡数量密度输运方程

Guido-Lavalle 和 Clausse[24] 以及 Guido-Lavalle 等[25] 得出了垂直管道中泡状流动的气泡数密度为 n 的输运方程,并做出如下假设。

假设 1:没有分布式气源。

假设 2:由于压力梯度或除分解和合并外的任何机理引起的气泡体积的变化可忽略不计。

假设 3:流动本质上是一维的。

根据假设(3),气泡体积分布输运式(10-47)是一维的。在简化假设 1~假设 3 的背景下,式(10-47)变为

$$\frac{\partial f_V(V;z,t)}{\partial t}+\frac{\partial}{\partial z}[f_V v_z(V;z,t)]=C(V;z,t)+B(V;z,t) \tag{10-91}$$

式中:z 为管中的轴向横坐标;B 和 C 分别为由于破裂和合并而具有体积 V 的气泡源项。

这些现象已在 5.4 节中描述过了。Guido-Lavalle 和 Clausse[24] 提出了额外假设:

假设(4):每个气泡分裂产生两个相同大小的碎片。

根据这个假设,分解源项为

$$B(V;z,t)=\int_V^{\infty}2b(V')\delta\left(\frac{V-V'}{2}\right)f_V(V';z,t)\mathrm{d}V'-b(V)f_V(V;z,t) \tag{10-92}$$

式(10-92)可以通过将质量 m 替换为体积 V 并取 $v(V)=2$ 和 $P(V|V')=\delta(V-V'/2)$(假设(4)),从而根据式(5-47)获得。为了完全封闭上述方程,Guido-Lavalle 和 Clausse[24] 做出如下假设:

假设(5):只有当气泡的体积超过临界体积 V_c 时,气泡才会破裂。高于该临界体积的破裂频率 b 是常数 b_0,对于体积小于 V_c 的气泡则是 0。因此,式(10-92)变为

$$B(V;z,t)=2b_0f_V(2V;z,t)H(2V-V_c)-b_0f_V(V;z,t)H(V-V_c) \tag{10-93}$$

式中:H 为赫维赛德广义函数。临界气泡体积 V_c 可以从临界韦伯数或毛细管数计算,这取决于主要的碎裂机制[12-14,26]。

假设(6):这些研究人员仅考虑了二元合并,即每个合并事件仅涉及两个父气泡。这不是严格的限制,因为三气泡合并可以被认为是两个二元合并事件的快速连续。在此假设下,由于合并引起的体积 V 的气泡源项为

$$C(V;z,t)=\frac{1}{2}\int_0^V a(V',V-V')f_2(V',V-V';z,t)\mathrm{d}V'-\int_0^{\infty}a(V',V)f_2(V',V;z,t)\mathrm{d}V' \tag{10-94}$$

式中:$f_2(V',V-V';z,t)$ 为气泡对分布函数。

从第 5 章已经看到,对分布函数的最粗略形式的闭合关系假设是由单个气泡分布函数自身的乘积给出(式(5-55))。这种简化的闭合对于气体动力学理论中的稀释气体是有效的(即玻尔兹曼的“分子混沌假设”,如 Marchisio 和 Fox[27] 的论述)。考虑到致密泡状流情况下稀释假设产生的偏差,Guido-Lavalle 等[25]引入了式(5-55)的修正,即

$$f_2(V',V;z,t)=Y(\alpha_d)f_V(V';z,t)f_V(V;z,t) \tag{10-95}$$

校正因子 $Y(\alpha_d)$ 表明气泡可以存在的有效液体体积减少 $1-\alpha_d$ 的事实,因此在致密的泡状流中合并增加了与 $1-\alpha_d$ 成反比的因子,从而有

$$Y(\alpha_d)=\frac{1}{1-\alpha_d} \tag{10-96}$$

由于气泡数密度式(10-88)的定义,其输运方程是通过将式(10-91)在所有可能的气泡体积上积分而获得的。使用式(10-93)~式(10-95)可得

$$\frac{\partial n(z,t)}{\partial t}+\frac{\partial}{\partial z}(nV_{n,z})=b_0\int_0^\infty(2f_V(2V;z,t)H(2V-V_c)-f_V(V;z,t)H(V-V_c))\mathrm{d}V+\frac{Y(\alpha_d)}{2}\int_0^\infty\int_0^V a(V',V-V')f_V(V';z,t)f_V(V-V';z,t)\mathrm{d}V'\mathrm{d}V-Y(\alpha_d)\int_0^\infty\int_0^\infty a(V',V)f_V(V';z,t)f_V(V;z,t)\mathrm{d}V'\mathrm{d}V \tag{10-97}$$

其中,平均气泡数密度输运速度由下式定义,即

$$V_{n,z}\equiv\frac{\int_0^\infty f_V v_z(V;z,t)\mathrm{d}V}{\int_0^\infty f_V\mathrm{d}V} \tag{10-98}$$

式(10-97)中的第二行可以像在第5章(式(5-59)~式(5-61))中所做的那样进行转换。(V,V')平面中的积分区域为$\{0<V'<V;0<V<\infty\}$,也可以写为$\{V'<V<\infty;0<V'<\infty\}$。因此,式(10-97)的等式右侧的第二行也可改写为

$$\frac{Y(\alpha_d)}{2}\int_0^\infty\int_{V'}^\infty a(V',V-V')f_V(V';z,t)f_V(V-V';z,t)\mathrm{d}V\mathrm{d}V' \tag{10-99}$$

在式(10-99)中使用变量代换$V''=V-V'$,并根据式(10-97)的第三行,得到

如下方程:

$$\frac{\partial n(z,t)}{\partial t}+\frac{\partial}{\partial z}(nV_{n,z})=b_0\int_0^\infty(2f_V(2V;z,t)H(2V-V_c)-f_V(V;z,t)H(V-V_c))\mathrm{d}V-Y(\alpha_d)\int_0^\infty\int_0^\infty a(V',V)f_V(V';z,t)f_V(V;z,t)\mathrm{d}V\mathrm{d}V' \tag{10-100}$$

由于气泡体积分布函数$f_V(V;z,t)$是未知的,因此式(10-100)并未封闭。为了封闭他们的模型,Guido-Lavalle 等[25]假设分布函数可以通过自保持形式来规定,即

$$f_V(V;z,t)=\frac{n(z,t)}{\overline{V}(z,t)}\psi\left(\frac{V}{\overline{V}}\right) \tag{10-101}$$

其中:$\overline{V}(z,t)$为位置z和时间t的平均气泡体积,它由一阶矩与零阶矩的比值给出,即空泡份额除以n。作者假设气泡尺寸分布在该平均体积附近达到峰值,则给出了以下简单形式的函数ψ,即

$$\psi(x)=\delta(x-1) \tag{10-102}$$

将式(10-101)和式(10-102)代入式(10-100),可得

$$\frac{\partial n(z,t)}{\partial t}+\frac{\partial}{\partial z}(nV_{n,z})=b_0 n-\frac{Y(\alpha_d)}{2}a(\bar{V},\bar{V})n^2 \tag{10-103}$$

如果为 $V_{n,z}$、b_0 和 $a(\bar{V},\bar{V})$ 这 3 个量提供适当的模型,则式(10-103)是封闭的。式(10-103)的简单性来自作者对分布函数(式(10-101)和式(10-102))的假设。尽管简单,但式(10-103)反映了分裂是单个粒子的过程(源项与可用于分解的气泡数成比例)这一事实,并且合并是一个双粒子过程(汇项与 n^2 成正比)。如果这个假设不现实,那么必须回到更一般的式(10-100),并且可以使用 N 点高斯求积法离散分布函数,如 QMOM 或 DQMOM 方法,或者体积空间的离散化,就像在多场方法中一样(见第 5 章)。

在他们工作的剩余部分,Guido-Lavalle 等[25]忽略了分解项并采用了以下表达式来合并内核,即

$$a(\bar{V},\bar{V})=2c_0\left(1-\frac{\bar{R}}{R_c}\right)\frac{4\pi\bar{R}^3}{3}H(R_c-\bar{R}) \tag{10-104}$$

式中:c_0 为合并频率;R 为对应于平均气泡体积 V 的平均气泡半径;R_c 为临界气泡半径,大于该临界气泡半径不发生合并。

10.3.2 相界面面积输运方程

Navarro-Valenti 等[28]从式(10-47)出发推导出气泡数密度以及界面面积浓度的方程。具有体积 V 的气泡分解源项也由式(10-93)给出。临界体积 V_c 由以下临界韦伯数给出,即

$$\frac{\rho_c\,|\underline{V}_d-\underline{V}_c|^2}{\sigma}\left(\frac{6V_c}{\pi}\right)^{1/3}=We_{cr} \tag{10-105}$$

作者还假设气泡破裂只产生两个碎片,这些碎片具有相同的大小。合并核 $a(V',V)$ 具有单位时间内体积的量纲,并且它与两个父气泡的总体积成正比,即

$$a(V',V)=c_0(V'+V) \tag{10-106}$$

式中:c_0 为合并频率。

式(10-106)的物理意义是,在一个区域中有两个气泡,它们相遇并合并的概率与它们在区域中占据的体积成正比。将式(10-106)代入式(10-47)可得

$$\begin{aligned}&\frac{\partial f_V(V;\underline{x},t)}{\partial t}+\nabla\cdot(f_V\,\underline{v}(V;\underline{x},t))+\frac{\partial}{\partial V}(f_V\,\dot{V})\\&=\frac{1}{2}c_0V\int_0^V f_V(V';\underline{x},t)f_V(V-V';\underline{x},t)\,\mathrm{d}V'-c_0f_V(V;\underline{x},t)(\alpha_d+nV)+\\&\quad 4b_0f_V(2V;x,t)H\left(V-\frac{V_c}{2}\right)-b_0H(V-V_c)f_V(V;x,t)\end{aligned} \tag{10-107}$$

由于式(10-107)的复杂性,得出了零阶矩、1/3 阶矩和 2/3 阶矩的输运方程。这些特定的矩对应于气泡数密度乘以平均半径和界面面积浓度的乘积(式(10-88)和式(10-89))。这些公式类似于在第 5 章中导出的基于长度的矩传输方程(式(5-68))。由 Navarro-Valenti 等[28]推导出的方程使用了分裂和合并核(式(10-93)和式(10-106))的简单形式。这些方程如下。

(1) 气泡数密度:

$$\frac{\partial n}{\partial t}+\nabla\cdot(n\underline{V}_0)=-c_0 n\alpha_{\mathrm{d}}+b_0 n_{\mathrm{c}} \tag{10-108}$$

式中:n_{c} 为气泡的数密度,其体积大于分解的临界体积,即

$$n_{\mathrm{c}}\equiv\int_{V_{\mathrm{c}}}^{\infty} f_V(V;\underline{x},t)\,\mathrm{d}V \tag{10-109}$$

(2) 气泡平均半径:

$$\frac{\partial n\bar{R}}{\partial t}+\nabla\cdot(n\bar{R}\underline{V}_{1/3})=\left(\frac{3}{4\pi}\right)^{1/3}\left[\frac{1}{3}\int_0^{\infty}V^{-2/3}f_V\dot{V}\mathrm{d}V+\right.$$
$$\frac{1}{2}c_0\int_0^{\infty}V^{4/3}\int_0^{V}f_V(V')f_V(V-V')\,\mathrm{d}V'\mathrm{d}V-$$
$$\left.c_0(\alpha_{\mathrm{d}}M_{1/3}+nM_{4/3})+(2^{2/3}-1)\,b_0\int V^{1/3}f_V(V)H(V-V_{\mathrm{c}})\,\mathrm{d}V\right] \tag{10-110}$$

(3) 界面面积浓度:

$$\frac{\partial a_{\mathrm{I}}}{\partial t}+\nabla\cdot(a_{\mathrm{I}}\underline{V}_{2/3})=(36\pi)^{1/3}\left[\int_0^{\infty}\frac{2}{3}V^{-1/3}f_V\dot{V}\mathrm{d}V+\right.$$
$$\frac{1}{2}c_0\int_0^{\infty}V^{5/3}\int_0^{V}f_V(V')f_V(V-V')\,\mathrm{d}V'\mathrm{d}V-$$
$$\left.c_0(\alpha_{\mathrm{d}}M_{2/3}+nM_{5/3})+(2^{2/3}-1)\,b_0\int V^{2/3}f_V(V;z,t)H(V-V_{\mathrm{c}})\,\mathrm{d}V\right] \tag{10-111}$$

式(10-109)~式(10-111)中出现的不同速度根据传输矩的阶定义,即

$$\begin{cases}M_\gamma\equiv\int_0^{\infty}V^\gamma f_V\mathrm{d}V\\ M_\gamma\,\underline{V}_\gamma\equiv\int_0^{\infty}V^\gamma f_V\,\underline{v}(V;\underline{x},t)\,\mathrm{d}V\end{cases} \tag{10-112}$$

式(10-109)~式(10-111)的等式右侧即使对于合并和分解项也没有封闭,

因为它们包含其他的分数阶矩，如 $M_{4/3}$ 和 $M_{5/3}$，但也包含非矩的项（上述涉及积分的方程项）。这个例子表明，矩输运方程的封闭是一个两步的过程。第一步是为合并和分解内核提出封闭关系。这基本上是确定物理现象的问题，并且式(10-93)和式(10-106)给出的内核通常太简单，无法表示复杂的真实情况。第二步是求解更具有数学性质的矩方程等式右侧涉及的积分。处理封闭第二步的数值方法，如 QMOM-DQMOM 系列或多场方法，已在第 5 章中介绍。另一种可能的方法是假设气泡尺寸分布函数是给定的数学表达式。最后一种方法的两个例子将在 10.3.3 节中给出。

10.3.3 基于假设尺寸分布函数的模型

计算出现在式(10-108)~式(10-111)中的积分的一种可能方法是对密度分布函数施加数学封闭关系。该方法已被 Kamp 等[29-30]、Riou[31]、Ruyer 等[32]和 Zaepffel 等[33]采用。所有这些工作都致力于假设球形气泡的泡状流情况。气泡直径是选择的内部相坐标来描述的气泡尺寸。让我们回顾一下气泡尺寸分布函数和相应的 PDF 之间的联系。对于单粒子分布，此联系由下式给出：

$$f_{\mathrm{d}}(d;\underline{x},t)=n(\underline{x},t)P(d;\underline{x},t) \tag{10-113}$$

因此，给出气泡尺寸分布函数或气泡尺寸 PDF 的数学表达式是等效的，两者通过式(10-113)相联系。因此，由式(5-63)定义的气泡直径分布函数的第 k 阶矩可以改写为（符号 L 由 d 代替）：

$$M_k(\underline{x},t)\equiv n\int_0^{\infty} d^k P(d;\underline{x},t)\,\mathrm{d}(d) \tag{10-114}$$

10.3.3.1 由 Kamp 等提出的模型[30]

Kamp[29-30]为气泡尺寸分布函数选择的数学形式由以下对数正态定律给出：

$$P(d;\underline{x},t)=\frac{1}{\sqrt{2\pi}\,\hat{\sigma}d}\exp\left\{-\frac{\left[\log\left(\dfrac{d}{d_{00}}\right)\right]^2}{2\hat{\sigma}^2}\right\} \tag{10-115}$$

式中：$d_{00}(\underline{x},t)$ 和 $\hat{\sigma}(\underline{x},t)$ 为 PDF 的中值直径和宽度参数，这两个量取决于位置 $\underline{x}$ 和时间 t，并且可以确定为一些时刻的函数，它们由以下关系给出：

$$\begin{cases}\hat{\sigma}=\sqrt{\log\dfrac{6\alpha_{\mathrm{d}}M_1}{\pi M_2^2}}\\[2ex] d_{00}=\dfrac{6\alpha_{\mathrm{d}}}{\pi M_2}\exp\left(-\dfrac{5}{2}\hat{\sigma}^2\right)\end{cases} \tag{10-116}$$

将式(10-115)代入式(10-114)，可以得到 k 阶矩的以下表达式：

$$M_k = n d_{00}^k \exp\left(\frac{k^2}{2}\hat{\sigma}^2\right) \tag{10-117}$$

所有的矩都与数密度 n 成正比,但是数密度的表达式可以通过式(10-117)中的特定矩 M_3 和这个特定矩与空泡份额的关系来获得(式(5-64))。对于球形气泡,可得

$$n = \frac{6\alpha_d}{\pi d_{00}^3}\exp\left(-\frac{9}{2}\hat{\sigma}^2\right) \tag{10-118}$$

因此,在使用式(10-116)计算 PDF 的两个参数之前,需要确定两个矩,即 M_1 和 M_2。当确定了这两个参数后,所有其他矩都由式(10-117)确定。这两个矩可以通过求解式(5-68)来确定。

在 Kamp 等[30]关于微重力条件下的气泡管流动的工作中,没有观察到气泡的破裂,并且由于质量传递或气体膨胀引起的气泡尺寸的变化可以忽略不计。因此,通过平均气体速度和气泡合并的气泡输运是这些作者保留的唯一物理现象。他们的最终模型为

$$\begin{cases}\dfrac{\partial M_1}{\partial t} + \nabla\cdot(M_1 \underline{V}_d) = C(d)\\[2ex]\dfrac{\partial M_2}{\partial t} + \nabla\cdot(M_2 \underline{V}_d) = C(d^2)\end{cases} \tag{10-119}$$

Kamp 等[30]获得的合并源项由下式给出:

$$\begin{cases}C(d) = k_c\sqrt{\dfrac{8\pi}{3}}\left(\dfrac{6\alpha_d}{\pi}\right)^{2/3}\dfrac{C_t\varepsilon_c^{1/3}}{\sqrt{1.61}}(2^{1/3}-2)M_1^{4/3}f(1,\hat{\sigma},P_{00})\\[2ex]C(d^2) = k_c\sqrt{\dfrac{8\pi}{3}}\left(\dfrac{6\alpha_d}{\pi}\right)^{1/3}\dfrac{C_t\varepsilon_c^{1/3}}{\sqrt{1.61}}(2^{2/3}-2)M_1^{5/3}f(2,\hat{\sigma},P_{00})\end{cases} \tag{10-120}$$

式中:k_c 为在实验中拟合为 1 的数值常数;ε_c 为连续液体中的湍流耗散率;C_t 为离散相速度波动和连续相速度波动之间的比率。

C_t 的建模仍有待讨论,但保留了以下表达式:

$$C_t = \frac{9 + \dfrac{72\beta v_c L_e}{d_{00}^2 u'}}{1 + \dfrac{72\beta v_c L_e}{d_{00}^2 u'}} \tag{10-121}$$

式中:β 为常数,$\beta = 0.6$;u'为由壁摩擦速度 u^* 估算的轴向液体速度均方根值;L_e 为假设与管径成比例的液体湍流的整数长度尺度。

函数 $f(k,\hat{\sigma},P_{00})$ $(k=1,2)$ 具有复杂的积分表达式。Kamp 等[30]通过以下幂

律拟合这些函数,即

$$f(k,\hat{\sigma},P_{00})=g_k(\hat{\sigma})P_{00}^{c_k(\hat{\sigma})} \tag{10-122}$$

式中:函数 $g_k(\hat{\sigma})$ 和 $c_k(\hat{\sigma})$ 是二阶多项式,其在 Kamp 等[30]论述的表 3 中给出;P_{00}为具有直径 d_{00}的两个气泡的合并特征概率,有

$$\begin{cases} P_{00}=\exp\left(-k_{\mathrm{p}}\sqrt{\dfrac{We_{00}}{0.803}}\right) \\ We_{00}\equiv\dfrac{\rho_{\mathrm{c}}\left[\dfrac{(\varepsilon d_{00})^{1/3}C_{\mathrm{t}}}{\sqrt{1.16}}\right]^2 d_{00}}{2\sigma} \end{cases} \tag{10-123}$$

其中:数值常数 k_{p} 经拟合为 2。

基于对数正态定律的模型有两个缺点。一个缺点是分裂积分不能用文献中这样的定律计算[34],原因是这个定律的基础是半无限的。在数学模型中,无论所考虑的气泡直径如何,总是存在大于该特定直径的气泡,即使它们的数量随着直径的增加而迅速减小。实际上随着气泡直径的增加,分裂内核会增加气泡破裂概率。因此,实际的分裂核与对数正态定律的关联给出了不收敛的分裂积分。另一个缺点可见于式(10-116)中的第一个式子。该式表明,只有满足以下不等式时才能计算宽度参数$\hat{\sigma}$:

$$\frac{6\alpha_{\mathrm{d}}M_1}{\pi M_2^2}\geqslant 1 \tag{10-124}$$

但是,实际情况并非总是如此,因为一组给定的矩 α_{d},M_1 和 M_2 可能与对应的对数正态定律的矩不同。即使通过假设气泡大小的初始对数正态分布来初始化 3 个矩,这些矩在空间和时间上也会发生变化,并且它们的演变可以驱使它们朝向不能用对数正态定律表示的情况发展。

10.3.3.2 由 Ruyer 等[32]和 Zaepffel 等[33]提出的模型

为了降低对数正态定律的复杂性并能够计算分裂积分,Ruyer 等[32]以及 Zaepffel[34]和 Zaepffel 等[33]提出使用最简单的二次定律的气泡直径 PDF。首先回顾一下气泡尺寸分布的标准偏差的定义。该标准差由方差的平方根给出,方差定义为二阶中心矩(式(3-12)),即

$$\widetilde{\sigma}\equiv\sqrt{\int d^2P(d)\,\mathrm{d}(d)-\left[\int dP(d)\,\mathrm{d}(d)\right]^2}=\sqrt{\frac{M_2}{n}-\left(\frac{M_1}{n}\right)^2} \tag{10-125}$$

Ruyer 等[32]针对气泡尺寸 PDF 提出了以下定律：

$$P(d;\underline{x},t)=\begin{cases}\dfrac{6d[d_{\max}(\underline{x},t)-d]}{d_{\max}^2(\underline{x},t)}, & 0\leqslant d\leqslant d_{\max}(\underline{x},t)\\ 0, & d>d_{\max}(\underline{x},t)\end{cases} \tag{10-126}$$

该定律的图是一个简单的抛物线(图 10-1)。可以看出,该定律具有由区间$[0,d_{\max}]$给出的有限支持,因此可以计算分裂积分。这个由作者命名为 Q1 的定律完全由最大直径 $d_{\max}(\underline{x},t)$ 定义,因此求解单个矩输运方程可以确定 Q1 定律给出的 $P(d;\underline{x},t)$。Q1 定律具有非常简单的特性,可以用于非常复杂的内核计算分裂和合并积分。Q1 定律的缺点是缺乏物理意义,无法处理单离散的情况。为了减小这一弱点,Zaepffel[34](另见 Zaepffel 等[33])提出了双参数二次规律,它是 Q1 定律的简单扩展,称为 Q2 定律。Q2 定律的 PDF 如下：

$$P(d;\underline{x},t)=\begin{cases}\dfrac{6(d_{\max}(\underline{x},t)-d)(d-d_{\min}(\underline{x},t))}{(d_{\max}(\underline{x},t)-d_{\min}(\underline{x},t))^3}, & d_{\min}(\underline{x},t)\leqslant d\leqslant d_{\max}(\underline{x},t)\\ 0, & \text{其他}\end{cases} \tag{10-127}$$

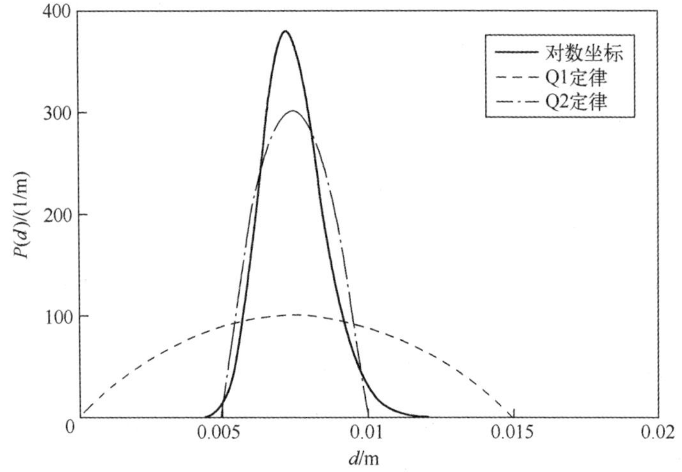

图 10-1　气泡大小模型

与 Q1 定律的不同之处在于最小气泡直径 $d_{\min}(\underline{x},t)$ 可以与 0 不同(见图 10-1 中的图示)。因此,这种新模型对于单离散(单一尺寸)泡状流没有限制。

使用 Q2 定律计算平均直径 d_{10} 和式(10-125)中定义的标准偏差$\widetilde{\sigma}$,可得

$$\begin{cases} d_{10}=\dfrac{d_{\min}+d_{\max}}{2} \\ \widetilde{\sigma}=\dfrac{d_{\max}-d_{\min}}{2\sqrt{5}} \end{cases} \tag{10-128}$$

这两个关系可以反过来得到：

$$\begin{cases} d_{\min}=d_{10}-\sqrt{5}\,\widetilde{\sigma} \\ d_{\max}=d_{10}+\sqrt{5}\,\widetilde{\sigma} \end{cases} \tag{10-129}$$

因此，PDF 的式(10-127)可以转换为

$$P(d;\underline{x},t)=\begin{cases} \dfrac{3}{4\sqrt{5}\,\widetilde{\sigma}}\left[1-\left(\dfrac{d-d_{10}}{\sqrt{5}\,\widetilde{\sigma}}\right)^2\right], & d_{\min}(\underline{x},t)\leqslant d\leqslant d_{\max}(\underline{x},t) \\ 0, & \text{其他} \end{cases} \tag{10-130}$$

第 k 阶矩的计算式为

$$\frac{M_k}{n}=\frac{6}{(d_{\max}-d_{\min})^3}\left[\frac{d_{\max}^{k+1}-d_{\min}^{k+1}}{(k+2)(k+3)}+\frac{d_{\max}d_{\min}^{k+2}-d_{\max}^{k+2}d_{\min}}{(k+1)(k+2)}\right] \tag{10-131}$$

在 Q2 定律的情况下，4 个矩(式(5-64))变为

$$\begin{cases} M_0=n \\ M_1=nd_{10} \\ M_2=n(d_{10}^2+\widetilde{\sigma}^2) \\ M_3=nd_{10}(d_{10}^2+3\,\widetilde{\sigma}^2) \end{cases} \tag{10-132}$$

气泡尺寸 PDF 的 3 种模型的比较如图 10-1 所示。选择绘制对应于最小和最大直径值的 Q2 定律，分别等于 5mm 和 10mm。绘制的对数正态和 Q1 定律具有与 Q2 定律相同的矩 $M_{1,2,3}$。

结合式(10-132)的 4 个方程，得到数密度为 n 的二阶方程，即

$$M_3n^2-3M_1M_2n+2M_1^3=0 \tag{10-133}$$

式(10-133)关于 n 的解可以转换成以下形式：

$$n=\frac{3}{2}\,\frac{M_1^2}{M_2}Y\left(1\pm\sqrt{1-\frac{8}{9Y}}\right) \tag{10-134}$$

其中，无量纲数 Y 定义为

$$Y\equiv\frac{M_2^2}{M_1M_3} \tag{10-135}$$

现在将研究 Q2 定律的两种极限情况。第一种是通过在 Q2 定律中使 $d_{\min}=$

0 而获得的 Q1 定律(式(10-126))。第二种限制情况是单一尺寸(当标准偏差为 0 时)。

在第一种极限情况下,$d_{\min}=0$,并且根据式(10-129)可得

$$n=\frac{6}{5}\frac{M_1^2}{M_2}\quad(\text{Q1 情况})\tag{10-136}$$

将式(10-136)与式(10-134)进行比较,我们在极限 Q1 的情况下得到 Y 的特定值:

$$Y=\frac{9}{10}\quad(\text{Q1 情况})\tag{10-137}$$

另一种极限情况是单一尺寸的情况,其中气泡尺寸 PDF 的标准偏差为 0。根据式(10-129)可得

$$n=\frac{M_1^2}{M_2}\quad(\text{单一尺寸情况})\tag{10-138}$$

将式(10-138)代入式(10-134),可得

$$Y=1\quad(\text{单一尺寸情况})\tag{10-139}$$

Q2 定律受这两种极限情况的约束,通用形式为

$$\begin{cases}\dfrac{9}{10}\leqslant Y\leqslant 1\\ \dfrac{M_1^2}{M_2}(Y=1)\leqslant n\leqslant\dfrac{6}{5}\dfrac{M_1^2}{M_2}\left(Y=\dfrac{9}{10}\right)\end{cases}\tag{10-140}$$

如果式(10-134)中的±号被-号替换,则与解(10-134)一致,因此使用 Q2 定律的气泡数密度的一般解为

$$n=\frac{3}{2}\frac{M_1^2}{M_2}Y\left(1-\sqrt{1-\frac{8}{9Y}}\right)\tag{10-141}$$

对式(10-141)的直接检查表明,Y 必须大于 8/9 才能获得 n 的实际值。如果 Y 满足双不等式(10-140),则可以保证这一点。对于 $8/9<Y<9/10$,PDF 是可计算的,但是在物理上不现实,因为气泡直径的一部分将被发现为负。令人惊讶的是,由式(10-135)定义的量 Y 仅允许在小区间[9/10,1]中变化。这与在对数正态定律中遇到的问题相同,其中矩必须通过不等式(10-124)验证以便可以计算 PDF。给定的一组矩可以与对应于 Q2 定律的可接受矩不同。该集合的可实现性是一个重要的问题,并且可能构成对假设的 PDF 方法适用性的限制。在介绍另一种不使用 PDF 假设的数学形式模型之前,通过介绍 Zaepffel 等[33]提出的

封闭来结束本节。

由于 Q2 定律包含两个参数，其可以通过 $d_{\min}$ 和 $d_{\max}$，或者通过 d_{10} 和$\widetilde{\sigma}$给出，因此就像对数正态定律一样，需要两个矩方程来封闭模型。首先可以通过使用式(10-135)和式(10-141)从设定的矩(M_1, M_2, M_3)计算数密度 n，然后可以通过使用式(10-132)从矩集合计算两个参数 d_{10} 和$\widetilde{\sigma}$。就像对于对数正态定律一样，对于两个矩 M_1 和 M_2，由空泡份额给出的 3 阶矩需要两个输运方程。从式(5-68)出发，这些方程为

$$\begin{cases}\dfrac{\partial M_1}{\partial t}+\nabla\cdot(M_1\underline{V}_{\mathrm{d}})=\displaystyle\int_0^{\infty}\dot{d}f_{\mathrm{d}}\mathrm{d}(d)+C(d)\\ \dfrac{\partial M_2}{\partial t}+\nabla\cdot(M_2\underline{V}_{\mathrm{d}})=2\displaystyle\int_0^{\infty}d\dot{d}f_{\mathrm{d}}\mathrm{d}(d)+C(d^2)\end{cases}\tag{10-142}$$

涉及$\dot{d}$的项表示除相变(蒸发或冷凝)之外的气体膨胀。使用式(2-17)和质量守恒方程式(2-67)，可以通过假设单位表面和单位时间的质量传递$\dot{m}_{\mathrm{d}}$ 在气泡表面上是均匀的来获得以下方程：

$$\dot{d}=\frac{\mathrm{d}(d)}{\mathrm{d}t}=\frac{2\dot{m}_{\mathrm{d}}}{\rho_{\mathrm{d}}}-\frac{d}{3\rho_{\mathrm{d}}}\frac{\mathrm{d}\rho_{\mathrm{d}}}{\mathrm{d}t}\tag{10-143}$$

式中：$\dfrac{\mathrm{d}\rho_{\mathrm{d}}}{\mathrm{d}t}$为沿气泡路径测量的气体密度的拉格朗日导数。

在欧拉模式中，它可以用材料导数$\dfrac{D_{\mathrm{d}}\rho_{\mathrm{d}}}{Dt}$代替。在第 9 章中已经看到，单位表面和单位时间的质量增益可写为(式(9-48))

$$\dot{m}_{\mathrm{d}}=\frac{Nu_{\mathrm{c}}\lambda_{\mathrm{c}}(T_{\mathrm{c}}-T_{\mathrm{sat}})}{\mathrm{d}\ell}\tag{10-144}$$

可用的努塞尔关系式通过式(9-25)给出[35-38]，因此 Zaepffel[34] 使用这种一般形式来计算平均质量传递 Γ_k 及其对几何矩 M_1 和 M_2 的影响。将式(10-143)和式(10-144)代入式(10-142)，可得

$$\begin{cases}\dfrac{\partial M_1}{\partial t}+\nabla\cdot(M_1\underline{V}_{\mathrm{d}})=-\dfrac{M_1}{3\rho_{\mathrm{d}}}\dfrac{D_{\mathrm{d}}\rho_{\mathrm{d}}}{Dt}+\dfrac{2}{\rho_{\mathrm{d}}}\dfrac{\lambda_{\mathrm{c}}(T_{\mathrm{c}}-T_{\mathrm{sat}})}{\ell}\displaystyle\int_0^{\infty}\dfrac{Nu_{\mathrm{c}}(d)}{d}f_{\mathrm{d}}\mathrm{d}(d)+C(d)\\ \dfrac{\partial M_2}{\partial t}+\nabla\cdot(M_2\underline{V}_{\mathrm{d}})=-\dfrac{2M_2}{3\rho_{\mathrm{d}}}\dfrac{D_{\mathrm{d}}\rho_{\mathrm{d}}}{Dt}+\dfrac{4}{\rho_{\mathrm{d}}}\dfrac{\lambda_{\mathrm{c}}(T_{\mathrm{c}}-T_{\mathrm{sat}})}{\ell}\displaystyle\int_0^{\infty}Nu_{\mathrm{c}}(d)f_{\mathrm{d}}\mathrm{d}(d)+C(d^2)\end{cases}\tag{10-145}$$

式(10-145)中表示蒸汽可压缩性的项是封闭的。将式(9-25)与关系式(10-113)和式(10-130)一起代入式(10-145)的积分项，可得

$$
\begin{cases}
\int_0^{\infty} \dfrac{Nu_c(d)}{d} f_d \mathrm{d}(d) = \int_0^{\infty} \dfrac{c_0 + c_1 Re_d^{c_2} Pr_c^{c_3}}{d} \dfrac{3n}{4\sqrt{5}\,\widetilde{\sigma}} \left[1 - \left(\dfrac{d - d_{10}}{\sqrt{5}\,\widetilde{\sigma}}\right)^2\right] \mathrm{d}(d) \\
\int_0^{\infty} Nu_c(d) f_d \mathrm{d}(d) = \int_0^{\infty} (c_0 + c_1 Re_d^{c_2} Pr_c^{c_3}) \dfrac{3n}{4\sqrt{5}\,\widetilde{\sigma}} \left[1 - \left(\dfrac{d - d_{10}}{\sqrt{5}\,\widetilde{\sigma}}\right)^2\right] \mathrm{d}(d)
\end{cases}
\tag{10-146}
$$

式(10-146)中的积分由 Zaepffel[34] 计算,具体计算见附录 F。

式(10-145)中的合并和分解现象的源项可以分解为合并源项和分解源项,即

$$
\begin{cases}
C(d) = B_1 + C_1 \\
C(d^2) = B_2 + C_2
\end{cases}
\tag{10-147}
$$

式中:$B_k(C_k, k=1,2)$ 为通过分裂(合并)的 k 阶矩输运方程中的源项。

假设对于二元合并,k 阶矩输运方程中的合并项由式(5-75)的第二行给出。将 L 和 L' 替换为两个直径 d_1 和 d_2(母气泡的直径)并使用式(10-113),式(5-75)的第二行变为

$$
C_k = \frac{n^2}{2} \int_0^{\infty} \int_0^{\infty} [(d_1^3 + d_2^3)^{k/3} - d_1^k - d_2^k] a(d_1, d_2) P(d_1) P(d_2) \mathrm{d}(d_1) \mathrm{d}(d_2)
\tag{10-148}
$$

合并内核 $a(d_1, d_2)$ 具有单位时间体积的量纲。它通常由碰撞"频率"(以 m^3/s 表示)与合并效率(无量纲量,由合并事件数量和碰撞次数的平均比率表示)的乘积表示。碰撞"频率"由碰撞截面和碰撞速度的乘积表示。最后,合并内核为

$$
a(d_1, d_2) = \eta_C(d_1, d_2) \times S_{12}(d_1, d_2) \times V_{12}(d_1, d_2)
\tag{10-149}
$$

式中:η_C、S_{12} 和 V_{12} 分别为聚结效率、碰撞截面和碰撞速度。

在文献中提出了这些量的几种表达方式。Zaepffel 等[33]一方面保留了 Prince 和 Blanch[39] 提出的表达式,另一方面保留了 Kamp 等[30] 提出的用于计算 P 的 Q2 定律中的项 C_k 的表达式。在这两种情况下,合并效率由 Coulaloglou 和 Tavlarides[40] 以指数形式给出。因此,Zaepffel 等[33] 获得了两种不同的合并项模型,即

$$
\begin{cases}
C_k = 0.139 \varepsilon_c^{1/3} n^2 \int_{d_{\min}}^{d_{\max}} \int_{d_{\min}}^{d_{\max}} \Big\{ [(d_1^3 + d_2^3)^{k/3} - d_1^k - d_2^k] (d_1 + d_2)^2 \sqrt{d_1^{2/3} + d_2^{2/3}} \times \\
\qquad \exp\left(-1.29 \sqrt{\dfrac{\rho_c}{\sigma}} \varepsilon_c^{1/3} d_{eq}^{5/6}\right) P(d_1) P(d_2) \Big\} \mathrm{d}(d_1) \mathrm{d}(d_2) \\
C_k = 0.453 C_t \varepsilon_c^{1/3} n^2 \int_{d_{\min}}^{d_{\max}} \int_{d_{\min}}^{d_{\max}} \Big\{ [(d_1^3 + d_2^3)^{k/3} - d_1^k - d_2^k] (d_1 + d_2)^{7/3} \times \\
\qquad \exp\left(-1.11 C_t \sqrt{\dfrac{\rho_c}{\sigma}} \varepsilon_c^{1/3} \left(\dfrac{d_1 + d_2}{2}\right)^{1/3} \sqrt{\dfrac{d_{eq}}{C_{VM}}}\right) P(d_1) P(d_2) \Big\} \mathrm{d}(d_1) \mathrm{d}(d_2)
\end{cases}
\tag{10-150}
$$

式中：d_{eq}为两个气泡的平均直径，即

$$d_{eq} \equiv \frac{2d_1 d_2}{d_1+d_2} \tag{10-151}$$

出现在式(10-150)中的双重积分无法得到解析解。相反，本书作者采用Kamp[29]提出通过幂函数近似积分的方法。最后，对于两个模型，合并项为

$$\begin{cases} C_k = k_C \varepsilon_c^{1/3} n^2 d_{10}^{k+7/3}(c_{k,11}+c_{k,12}\sigma^{*c_{k,13}})\eta_{10}^{C(c_{k,21}+c_{k,22}\sigma^{*c_{k,23}})} \\ \begin{cases} k_C = 0.0782 \\ \eta_{10}^C = \exp\left(-1.29\sqrt{\dfrac{\rho_c}{\sigma}\varepsilon_c^{1/3} d_{10}^{5/6}}\right) \end{cases}, \quad \text{Prince 和 Blanch[39]} \\ \begin{cases} k_C = 0.255C_t \\ \eta_{10}^C = \exp\left(-1.39C_t\sqrt{\dfrac{\rho_c}{\sigma}\varepsilon_c^{1/3} d_{10}^{5/6}}\right) \end{cases}, \quad \text{Kamp 等[30]} \end{cases} \tag{10-152}$$

式中：σ^*为标准差的无量纲形式，由下式定义，即

$$\sigma^* \equiv \frac{\sqrt{5}\widetilde{\sigma}}{d_{10}} \tag{10-153}$$

η_{10}^C为用平均气泡直径d_{10}计算的合并效率。在式(10-152)的第一个公式中出现的不同系数是在Q2定律的帮助下计算出来的。表10-1总结了对于阶数为1和2的两个特定矩。

表10-1　两种模型的合并系数(式(10-152))

阶　数	$c_{k,11}$	$c_{k,12}$	$c_{k,13}$	$c_{k,21}$	$c_{k,22}$	$c_{k,23}$
Prince，模型 $k=1$	−7.448	−1.755	2.159	1	0.142	2.035
Prince，模型 $k=2$	−4.158	−2.136	2.23	1	0.215	1.94
Kamp，模型 $k=1$	−6.635	−1.615	2.155	0.888	0.255	1.611
Kamp，模型 $k=2$	−3.705	−1.928	2.224	0.887	0.297	1.585

通过假设为二元破裂事件(每个气泡破裂仅产生两个碎片)，Zaepffel等[33]将“同质碎裂”与“异质碎裂”区分开来。术语“同质的”和“异质的”是指两个碎片的大小。当假设下得到的两个碎片具有相同的大小时称为同质；否则称为异质。Luo和Svendsen[41]引入了破裂体积分数的以下定义，即

$$f_{BV} \equiv \frac{V_1}{V} = \frac{d_1^3}{d_1^3+d_2^3} \tag{10-154}$$

破裂体积分数f_{BV}定义为较小的子气泡和母气泡之间的体积比。均匀破裂对应于$f_{BV}=1/2$时的特定情况。由于f_{BV}在0~1/2之间变化，因此Luo和Svendsen[41]在k阶矩输运方程中提出了分解源项的以下表达式，即

$$B_k=\int_0^{1/2}\int_{d_{\min}}^{d_{\max}} d^k\left[f_{BV}^{k/3}+(1-f_{BV})^{k/3}-1\right]\phi^{B}(d,f_{BV})\mathrm{d}(d)\mathrm{d}f_{BV} \tag{10-155}$$

假设液体的湍流是气泡破裂的主要原因，$\phi^{B}(d,f_{BV})$ 由涡流到达频率（eddy arrival frequency）和破裂概率的乘积给出，在湍流涡流直径范围上的积分为

$$\phi^{B}(d,f_{BV})=\int_{de_{\min}}^{de_{\max}}\phi^{EA}(d,d_e,f_{BV})\eta^{B}(d,d_e,f_{BV})\mathrm{d}(d_e) \tag{10-156}$$

式（10-156）假设直径小于 $d_{e_{\min}}$ 的涡流没有足够的能量来破坏具有直径 d 的气泡，并且大于 $d_{e_{\max}}$ 的涡流简单地使气泡移位而不破坏气泡。根据 Prince 和 Blanch[39] 的说法，最大直径 $d_{e_{\max}}$ 可以等于气泡直径 d，而 $d_{e_{\min}}$ 只是 d 的一小部分，称为 k_e。

在同质破碎的情况下，$f_{BV}=1/2$，因此一般式（10-155）可简化为

$$B_k=(2^{1-k/3}-1)\int_{d_{\min}}^{d_{\max}} d^k\phi^{B}(d)\mathrm{d}(d) \tag{10-157}$$

涡流到达“频率”由下式给出，即

$$\phi^{EA}(d,d_e)=f_d(d)f_e(d_e)S_{be}(d,d_e)V_{be}(d,d_e) \tag{10-158}$$

式中：$f_e(d_e)$ 为涡流直径分布函数；S_{be} 为气泡和涡流之间的碰撞截面；V_{be} 为相应的碰撞速度。

S_{be} 和 V_{be} 可以根据 Prince 和 Blanch[39] 建模，分布函数 $f_e(d_e)$ 由 Azbel 和 Athanasios[42] 给出。当考虑由于气泡存在而导致的液体空间的减少时，Azbel 和 Athanasios[42] 给出的可用表达式由 Hibiki 和 Ishii[3] 更正。涡流直径分布函数为

$$f_e(d_e)=0.8(1-\alpha_d)\frac{1}{d_e^4} \tag{10-159}$$

Wu 等[10] 和 Yao 和 Morel[8] 通过假设破碎效率是气泡直径 d 的函数，给出了下式：

$$\eta^{B}(d)=\exp\left(-\frac{We_{cr}}{We}\right)$$

其中

$$We\equiv\frac{2\rho_c\varepsilon_c^{2/3}d^{5/3}}{\sigma} \tag{10-160}$$

同质破碎源项式（10-157）变为

$$B_k=0.222(2^{1-k/3}-1)(1-\alpha_d)\varepsilon_c^{1/3}n\times$$
$$\int_{d_{\min}}^{d_{\max}} d^k\int_{k_e d}^{d}\frac{(d+d_e)^2}{d_e^4}\sqrt{d^{2/3}+d_e^{2/3}}\mathrm{d}(d_e)\exp\left(-\frac{We_{cr}\sigma}{2\rho\varepsilon_c^{2/3}d^{5/3}}\right)P(d)\mathrm{d}(d) \tag{10-161}$$

在文献中已经提出了对于气泡直径分数 k_e 的几个值，其中 k_e 出现在相对于 d_e 的内部积分的下界。Zaepffel 等[33]选择两个不同的 k_e 值来计算式(10-161)中的内部积分：第一个值(0.65)由 Yao 和 Morel[8]保留，第二个值(0.79)由 Lehr 等[43]提出。

式(10-161)中出现的双重积分因为是关于合并项的情况，所以经过数值求解，并将数值结果由幂函数拟合(遵循 Kamp[29]的方法并使用 Q2 定律得出气泡大小 PDF)，可得

$$B_k = 0.167(2^{1-k/3}-1)\alpha_c \varepsilon_c^{1/3} n d_{10}^{k=2/3} \times$$
$$(b_{k,11}+b_{k,12}\sigma^*+b_{k,13}\sigma^{*2})\eta_{10}^{B^{1/2}}+(b_{k,21}+b_{k,22}\sigma^*+b_{k,23}\sigma^{*2})\eta_{10}^{B^{3/2}}, \quad (10-162)$$
$$\eta_{10}^{B} \equiv \exp\left(-\frac{2.43\sigma}{2\rho_c \varepsilon_c^{2/3} d_{10}^{5/3}}\right)$$

式中，η_{10}^{B} 为具有直径 d_{10} 的气泡的破碎效率。

根据来自 Yao 和 Morel[8]以及 Lehr 等[43]的两个假设的 k_e 值，式(10-162)第一个式子中出现的不同系数是在 Q2 定律的帮助下计算的。对于阶数为 1 和阶数为 2 的两个特定矩总结在表 10-2 中。

表 10-2　两个 k_e 值的破碎系数(式(10-162))

变　量	$b_{k,11}$	$b_{k,12}$	$b_{k,13}$	$b_{k,21}$	$b_{k,22}$	$b_{k,23}$
$k_e=0.65, k=1$	1.587	−0.165	0.69	3.653	0.065	−1.079
$k_e=0.65, k=2$	1.48	0.408	1.502	3.78	−0.635	−1.288
$k_e=0.79, k=1$	0.703	−0.073	0.306	1.617	0.029	−0.478
$k_e=0.79, k=2$	0.655	0.181	0.665	1.673	−0.281	−0.57

对于异质分裂，可以使用气泡尺寸 PDF 的 Q2 定律来解释 Luo 和 Svendsen[41]的异质破碎模型。涡流到达频率始终由式(10-158)给出。Luo 和 Svendsen[41]给出了碰撞截面和碰撞速度方程：

$$\begin{cases} S_{be}(d,d_e) = 0.785(d+d_e)^2 \\ V_{be}(d_e) = \sqrt{2}(\varepsilon_c d_e)^{1/3} \end{cases} \quad (10-163)$$

定义 ξ^* 为涡流和气泡直径的比值，即

$$\xi^* \equiv \frac{d_e}{d} \quad (10-164)$$

涡流到达频率式(10-158)可以改写为

$$\phi^{EA}(d,\xi^*) = 0.9n\varepsilon_c^{1/3}P(d)(1-\alpha_d)d^{-5/3}(1+\xi^*)^2\xi^{*-11/3} \quad (10-165)$$

为了模拟破碎效率，Luo 和 Svendsen[41]比较了具有直径 d_e 的湍流涡流的动

能与从母气泡产生两个子气泡所需的表面能变化。这些能量为

$$\begin{cases} e_e = \dfrac{1}{2}\rho_c \dfrac{\pi d_e^3}{6}\overline{v'^2(d_e)} = \dfrac{\pi}{6}\rho_c \varepsilon_c^{2/3} d^{11/3} \xi^{*11/3}, & \text{涡流能量} \\ e_s = \sigma\pi d^2 [f_{BV} v^{2/3} + (1+f_{BV})^{2/3} - 1], & \text{表面能变化} \end{cases} \tag{10-166}$$

Luo 和 Svendsen[41] 推导出破碎效率的以下表达式:

$$\eta^B(d,\xi^*,f_{BV}) = \exp\left(-\frac{e_s}{e_e}\right) = \exp\left[-\frac{6\sigma(f_{BV}v^{2/3}+(1-f_{BV})^{2/3}-1)}{\rho_c \varepsilon_c^{2/3} d^{5/3} \xi^{*11/3}}\right] \tag{10-167}$$

通过重新定义韦伯数的临界值,可以将此破碎效率重新转化为式(10-160)给出的经典形式,即

$$\begin{cases} \eta^B(d,\xi^*,f_{BV}) = \exp\left(-\dfrac{We_{cr}}{We}\right), \quad We \equiv \dfrac{2\rho_c \varepsilon_c^{2/3} d^{5/3}}{\sigma} \\ We_{cr} = 12[f_{BV}v^{2/3}+(1-f_{BV})^{2/3}-1]\xi^{*-11/3} \end{cases} \tag{10-168}$$

使用式(10-164)定义的变量变换,式(10-165)定义的破碎频率可以改写为

$$\phi^B(d,f_{BV}) = \int_{\xi^*_{min}}^{\xi^*_{max}} \phi^{EA}(d,\xi^*)\eta^B(d,\xi^*,f_{BV})\,d(d\xi^*) \tag{10-169}$$

与 Prince 和 Blanch[39] 一样,Luo 和 Svendsen[41] 假设 $\eta^*_{max}=1$(直径 d 的气泡破碎的涡旋的直径不大于 d)。根据 Tennekes 和 Lumley[44],惯性子范围内的最小涡流大小由 $C_{TL}(v_c^3/\varepsilon_c)^{1/4}$ 给出,其中 $11.4<C_{TL}<31.4$。将 d_{min} 取此值,Luo 和 Svendsen[41] 得到如下公式:

$$\xi^*_{min}(d,\varepsilon_c) = C_{TL}\frac{v_c^{3/4}}{\varepsilon_c^{1/4} d} \tag{10-170}$$

这是母气泡直径的函数。考虑到式(10-165)和式(10-168),破碎频率(式(10-169))变为

$$\phi^B(d,f_{BV}) = 0.9n\varepsilon_c^{1/3}P(d)(1-\alpha_d)d^{-2/3} \times \int_{\xi^*_{min}}^{1}(1+\xi^*)^2\xi^{*-11/3}\exp\left[-\frac{We_{cr}(\xi^*,f_{BV})}{We(d)}\right]d\xi^* \tag{10-171}$$

破裂的 k 阶矩源项可写为

$$B_k = 0.9(1-\alpha_d)n\varepsilon_c^{1/3} \times \int_0^{1/2}\int_{d_{min}}^{d_{max}}\left\{d^{k-2/3}[f_{BV}^{k/3}+(1-f_{BV})^{k/3}-1]P(d) \times \int_{\xi^*_{min}(d)}^{1}\frac{(1+\xi^*)^2}{\xi^{*11/3}}\exp\left[-\frac{We_{cr}(\xi^*,f_{BV})}{We(d)}\right]d\xi^*\right\}d(d)\,df_{BV} \tag{10-172}$$

该源项具有三重积分表达式。因为 $\xi^*_{min}(d,\varepsilon_c)$ 取决于局部变量(湍流耗散率 ε_c),

使得我们不可能对表示式(10-172)的一组常数系数进行唯一的计算。为了解决这个问题,已经将$\xi^*_{\min}(d,\varepsilon_c)$替换为常数值,如同10.3.2节的系数$K_e$一样。表10.3给出了使用$\xi^*_{\min}=0.25$计算的常系数。使用Kamp[29]中的方法用近似表达式替换精确积分,得到了异质碎片源项的以下结果:

$$B_k=0.692K_{\mathrm{BV},k}(1-\alpha_d)n\varepsilon_c^{1/3}d_{10}^{k-2/3}\times$$
$$[(b_{k,11}+b_{k,12}\sigma^{*2})\sqrt{\eta_{10}^B}+(b_{k,21}+b_{k,22}\sigma^*)\eta_{10}^{B2}+(b_{k,31}+b_{k,32}\sigma^*)\eta_{10}^{B15}],$$
$$\eta_{10}^{B}\equiv\exp\left[-\frac{12\sigma(2^{1/3}-1)}{2\rho_c\varepsilon_c^{2/3}d_{10}^{5/3}}\right]\cong\exp\left[-\frac{3.119}{We(d_{10})}\right]\tag{10-173}$$

式中:η_{10}^{B}为具有平均直径d_{10}的气泡的分裂效率。

表10-3给出了式(10-173)中出现的常系数。

表10-3 异质破碎模型的常系数(式(10-173))

k	$\underline{\underline{K}}_{\mathrm{BV},k}$	$b_{k,11}$	$b_{k,12}$	$b_{k,21}$	$b_{k,22}$	$b_{k,31}$	$b_{k,32}$
1	0.249	0.169	0.357	3.948	-0.074	14.361	0.317
2	0.1	0.13	0.639	3.409	1.34	12.347	5.613

10.3.4 基于离散化的气泡尺寸分布函数模型

Carrica等[45]推导出一种用于围绕水面舰船气泡流动的多尺寸模型,给出的方程非常类似于5.7节中推导出的方程。它们考虑了气泡质量分布函数而不是直径分布函数,因此式(5-105)简单地被替换为

$$\frac{\partial f_m}{\partial t}+\nabla\cdot[f_m\overline{w}(m;\underline{x},t)]+\frac{\partial f_m G(m;\underline{x},t)}{\partial m}=B^+(m;\underline{x},t)-B^-(m;\underline{x},t)+C^+(m;\underline{x},t)-C^-(m;\underline{x},t)\tag{10-174}$$

在第5章中,得出了直径范围$[d_{i-1/2},d_{i+1/2}]$中包含的气泡的质量守恒方程(式(5-118))。直径范围$[d_{i-1/2},d_{i+1/2}]$对应于质量范围$[m_{i-1/2},m_{i+1/2}]$。按照相同的方法,Carrica等[45]从式(10-174)开始,得到以下范围为$[m_{i-1/2},m_{i+1/2}]$的气泡数密度:

$$\frac{\partial n_i}{\partial t}+\nabla\cdot(n_i\underline{V}_{d,i})=\frac{n_{i-1/2}}{m_i-m_{i-1}}G(m_{i-1/2})-\frac{n_{i+1/2}}{m_{i+1}-m_i}G(m_{i+1/2})+B_i'^+-B_i'^-+C_i'^+-C_i'^-\tag{10-175}$$

其中,定义

$$B_i'^{+}(\underline{x},t) \equiv \int_{m_{i-1/2}}^{m_{i+1/2}} B^{+}(m;\underline{x},t)\,\mathrm{d}m \tag{10-176}$$

$B_i'^{-}$、$C_i'^{+}$ 和 $C_i'^{-}$ 也具有类似的定义。

式(5-118)给出的场 i 质量守恒方程可以通过将式(10-175)乘以该区域中的中心质量 m_i 来重新获得,因为有以下近似:

$$\alpha_i\rho_{\mathrm{d}} \approx n_i m_i,\quad B_i^{+} = m_i B_i'^{+} \tag{10-177}$$

Carrica 等[46]给出了具有质量 m_i 的气泡合并和破碎源和汇项的以下形式:

$$\begin{cases} B_i'^{+} = \sum_{j=1}^{N} b_j n_j \boldsymbol{X}_{i,j} \\ B_i'^{-} = b_i n_i \\ C_i'^{+} = \dfrac{1}{2}\sum_{j=1}^{i} c_{jk} n_j n_k \boldsymbol{X}_{ijk} \\ C_i'^{-} = \sum_{j=1}^{N} c_{ij} n_i n_j \end{cases} \tag{10-178}$$

式(10-175)和式(10-178)的比较表明,b_i 具有频率的量纲,c_{ij}具有单位时间体积的量纲,矩阵 $\boldsymbol{X}_{i,j}$和 $\boldsymbol{X}_{ijk}$是无量纲的。在式(10-178)的第三个关系式中,选择 k 的第三个索引使得 $m_{i-1}<m_j+m_k<m_{i+1}$,$\boldsymbol{X}_{ijk}$解释了从组 j 和 k 中的两个气泡合并转移到组 i 气体的矩阵。该矩阵通过下式计算:

$$\boldsymbol{X}_{ijk} = \begin{cases} \dfrac{m_j+m_k-m_{i-1}}{m_i-m_{i-1}}, & m_j+m_k<m_i \\ \dfrac{m_j+m_k-m_{i+1}}{m_i-m_{i+1}}, & m_j+m_k>m \end{cases} \tag{10-179}$$

破碎过程的质量守恒矩阵由下式给出:

$$\boldsymbol{X}_{ij} \begin{cases} 2\,\dfrac{m_{j/2}-m_{i-1}}{m_i-m_{i-1}}, & m_{i-1}<m_{j/2}<m_i \\ 2\,\dfrac{m_{j/2}-m_{i+1}}{m_i-m_{i+1}}, & m_i<m_{j/2}<m_{i+1} \\ 0, & \text{其他} \end{cases} \tag{10-180}$$

Prince 和 Blanch[39]提出的模型可以用于合并核 c_{ij},由 Luo 和 Svendsen[41]提出的模型可以用于破碎频率 b_i。

参考文献

[1] Wu Q, Kim S, Ishii M, Beus SG (1997) One group interfacial area transport in vertical air-water bubbly flow. Submitted to the 1997 national heat transfer conference, Baltimore, Maryland, 10-12 Aug.

[2] Hibiki T, Ishii M (1999) Interfacial area transport of adiabatic air-water bubbly flow in vertical round tubes. In: 33rd national heat transfer conference, Albuquerque, New Mexico.

[3] Hibiki T, Ishii M (2000) One-group interfacial area transport of bubbly flows in vertical round tubes. Int J Heat Mass Transfer 43: 2711-2726.

[4] Hibiki T, Ishii M (2001) Interfacial area concentration in steady fully-developed bubbly flow. Int J Heat Mass Transfer 44: 3443-3461.

[5] Ishii M, Kim S (2001) Micro four-sensor probe measurement of interfacial area transport for bubbly flow in round pipes. Nucl Eng Des 205: 2711-2726.

[6] Ishii M, Kim S, Uhle J (2002) Interfacial area transport equation: model development and benchmark experiments. Int J Heat Mass Transfer 45: 3111-3123.

[7] Lhuillier D (2004) Evolution de la densité d'aire interfaciale dans les mélanges liquide-vapeur. CR Mécanique 332(2004): 103-108.

[8] Yao W, Morel C (2004) Volumetric interfacial area prediction in upward bubbly two-phase flow. Int J Heat Mass Transfer 47: 307-328

[9] Ishii M, Hibiki T (eds) (2006) Thermo-fluid dynamics of two-phase flow. Springer, Berlin.

[10] Wu Q, Kim S, Ishii M, Beus SG (1998) One-group interfacial area transport in vertical bubble flow. Int J Heat Mass Transf 41(8-9): 1103-1112.

[11] Delhaye JM (2001) Some issues related to the modeling of interfacial areas in gas-liquid flows, part II: modeling the source terms for dispersed flows. CR Acad Sci Paris t. 329 Série II b 473-486.

[12] Hinze JO (1955) Fundamentals of the hydrodynamic mechanism of splitting in dispersion processes. AIChE J 1(3): 289-295.

[13] Risso F (2000) The mechanisms of deformation and breakup of drops and bubbles. Multiphase Sci Tech 12: 1-50.

[14] Sevik S, Park SH (1973) The splitting of drops and bubbles by turbulent fluid flow. J Fluid Eng Trans ASME 95(1): 53-60.

[15] Kocamustafaogullari G, Ishii M (1983) Interfacial area and nucleation site density in boiling systems. Int J Heat Mass Transfer 26(9): 1377-1387.

[16] Kocamustafaogullari G, Ishii M (1995) Foundation of the interfacial area transport equation and its closure relations. Int J Heat Mass Transfer 38(3): 481-493.

[17] Delhaye JM (1981) Instantaneous space averaged equations. In: Delhaye JM, Giot M, Riethmuller ML (eds) Thermohydraulics oftwo-phase systems for industrial design and nuclear engineering. McGraw-Hill, Maidenherd, pp. 159-170.

[18] Ünal HC (1976) Maximum bubble diameter, maximum bubble-growth time and bubble-growth rate during the subcooled nucleate flow boiling. Int J Heat Mass Transf 19: 643-649.

[19] Kurul N, Podowski MZ (1991) Multidimensional effects in forced convection subcooled boiling. In:

International heat transfer conference, Jerusalem, paper BO-04, vol 1, pp. 21-26.

[20] Cole R (1960) A photographic study of pool boiling in the region of the critical heat flux. AIChE J 6 (4):533-538.

[21] Manon E. ,2000, Contribution à l'analyse et à la modélisation locale des écoulements bouillants sous-saturés dans les conditions des réacteurs à eau sous pression, Thèse de Doctorat, Ecole Centrale Paris.

[22] Park HS, Lee TO, Hibiki T, Beak WP, Ishii M (2007) Modeling of the condensation sink term in an interfacial area transport equation. Int J Heat Mass Transfer 50:5041-5053.

[23] Zwick SA, Plesset MS (1955) On the dynamics of small vapor bubbles in liquids. J Math Phys 33: 308-330.

[24] Guido-Lavalle G, Clausse A (1991) Application of the statistical description of two-phase flows tointerfacial area assessment, VIII ENFIR, Atibaia, SP, Septembro, pp 143-146.

[25] Guido-Lavalle G, Carrica P, Clausse A, Qazi MK (1994) A bubble number density constitutive equation. Nuc Eng Des 152:213-224.

[26] Kitscha J, Kocamustafaogullari G (1989) Breakup criteria for fluid particles. Int J Multiphase Flow 15(4):573-588.

[27] Marchisio DL, Fox RO (eds) (2013) Computational models for polydisperse particulate and multiphase systems. Cambridge University Press, Cambridge.

[28] Navarro-Valenti S, Clausse A, Drew DA, Lahey RT Jr (1991) A contribution to the mathematical modeling of bubbly/slug flow regime transition. Chem Eng Comm 102:69-85.

[29] Kamp AM (1996) Ecoulements turbulents à bulles dans une conduite en micropesanteur. Thèse de Doctorat, Institut National Polytechnique de Toulouse.

[30] Kamp AM, Chesters AK, Colin C, Fabre J (2001) Bubble coalescence in turbulent flows: a mechanistic model for turbulence induced coalescence applied to microgravity bubbly pipe flow. Int J Multiphase Flow 27:1363-1396.

[31] Riou X (2003) Contribution à la modélisation de l'aire interfaciale en écoulement gaz-liquide en conduite. Thèse de Doctorat, Institut National Polytechnique de Toulouse.

[32] Ruyer P, Seiler N, Beyer M, Weiss FP (2007) A bubble size distribution model for the numerical simulation of bubbly flows. In: 6th International conference on multiphase flow, ICMF2007, Leipzig, Germany, 9-13 July.

[33] Zaepffel D, Morel C, Lhuillier D (2012) A multi-size model for boiling bubbly flows. Multiphase Sci Tech 24(2):105-179.

[34] Zaepffel D (2011) Modélisation des écoulements bouillants à bullespolydispersées. Thèse de Doctorat, Institut National Polytechnique Grenoble.

[35] Ranz WE, Marschall WR (1952) Evaporation from drops. Chem Eng Prog 48:173-180.

[36] Ruckenstein E (1959) On heat transfer between vapour bubbles in motion and the boiling liquid from which they are generated. Chem Eng Sci 10:22-30.

[37] Akiyama M (1973) Bubble collapse in sub cooled boiling. Bull Jpn Soc Mech Eng 16(93):570-575.

[38] Chen YM, Mayinger F (1992) Measurement of heat transfer at the phase interface of condensing bubbles. Int J Multiphase Flow 18(6):877-890.

[39] Prince MJ, Blanch HW (1990) Bubble coalescence and break-up in air-sparged bubble columns. AIChE J 36(10,99):1485-1499.

[40] Coulaloglou CA, Tavlarides LL (1977) Description of interaction processes in agitated liquid-liquid dispersions. Chem Eng Sci 32:1289-1297.

[41] Luo H, Svendsen HF (1996) Theoretical model for drop and bubble breakup in turbulent dispersions. AIChE J 42(5):1225-1233.

[42] Azbel D, Athanasios LL (1983) A mechanism of liquid entrainment. Handbook of fluids in motion. Ann Harbor Science Publishers, Ann Harbor.

[43] Lehr F, Millies M, Mewes D (2002) Bubble size distributions and flow fields in bubble columns. AIChE J 48(11):2426-2443.

[44] Tennekes H, Lumley JL (1987) A first course in turbulence. MIT Press, Cambridge.

[45] Carrica PM, Drew D, Bonetto F, Lahey RT Jr (1999) A polydisperse model for bubbly two-phase flow around a surface ship. Int J Multiphase Flow 25:257-305.

第 11 章

湍 流 模 型

摘要 本章描述了几种湍流模型。这些模型是第 6 章和第 7 章中所开发方程的闭合关系。我们区分连续相模型和离散相模型,这是单相流经典导出模型的简单扩展。还区分了泡状流(比连续相具有更轻的“粒子”)和滴状流(比连续相更重的“粒子”)。零方程、单方程、两方程和七方程模型在本章中分别列出。

11.1 概　　述

本章为第 6 章和第 7 章中开发的湍流方程提供了封闭关系,仅描述了 RANS 模型,而未提供 DNS 和 LES 模型。我们可以根据湍流模型所含偏微分方程(PDE)数量进行分类。最简单的模型没有湍流偏微分方程,它们直接由每相的雷诺应力张量的代数表达式来表示,如连续相的混合长度模型或离散相的陈氏模型。更复杂的模型包含一个或两个 PDE,最流行的是 $K-\varepsilon$ 模型。所有这些模型都依赖于涡黏度假设。最常见的不依赖于涡黏度假设的模型是雷诺应力模型(RSM),其中为雷诺应力张量建立了一套完整的平衡方程。RSM 有 7 个偏微分方程,因为雷诺应力张量有 6 个独立分量,平均湍流耗散率需要第 7 个方程。本章以复杂程度递增的顺序呈现连续相的模型,并给出 3 种用于离散相湍流不同模型的可用形式。

11.2 连续相的湍流模型

11.2.1 零方程模型

11.2.1.1 单相流的零方程模型[1]

在单相流的背景下,涡流黏度假设已在第 6 章(式(6-26))中引入。将

式(6-26)代入式(6-18)给出了动量守恒方程的以下形式:

$$\frac{\overline{\mathrm{D}}\langle \underline{\nu} \rangle}{\mathrm{D}t}=-\frac{1}{\rho}\nabla\left(\langle p\rangle+\frac{2}{3}\rho K\right)+\nabla\cdot[(\nu+\nu_{\mathrm{T}})\underline{\underline{\nabla}}\langle \underline{\nu} \rangle] \tag{11-1}$$

因此,在涡流黏度假设的背景下,TKE 的 K 和湍流涡黏度 ν_{T} 需要两个闭合关系。

同理,式(6-20)中涉及的被动标量的湍流通量可以通过以下梯度假设给出,即

$$\langle \phi' \underline{\nu}' \rangle = -D_{\mathrm{T}} \nabla \langle \phi \rangle \tag{11-2}$$

式中:D_{T} 为湍流扩散系数,通过引入湍流施密特(Schmidt)数(如果运输的标量是温度,则引入湍流普朗特(Prandtl)数)引起的湍流黏度,有

$$D_{\mathrm{T}} \equiv \frac{\nu_{\mathrm{T}}}{Sc_{\mathrm{T}}} \tag{11-3}$$

湍流施密特数通常被认为是接近 1 的恒定值。普朗特混合长度假设给出了最简单的湍流黏度模型。根据这个假设,有

$$\nu_{\mathrm{T}} = l_{\mathrm{m}}^2 \left| \frac{\partial \langle u \rangle}{\partial y} \right| \tag{11-4}$$

式中:l_{m} 为混合长度;$\frac{\partial \langle u \rangle}{\partial y}$为横向平均速度梯度。

在壁边界层的对数定律中,混合长度的适当值是 $l_{\mathrm{m}}=\kappa y$,其中 κ 是冯·卡门常数(值为 0.41),y 是从壁测量的距离。在该区域外,混合长度通常是未知的,因此模型是不完整的,所以应根据具体情况指定 l_{m} 的值。

11.2.1.2 泡状流液相的零方程模型

Sato 和 Sekoguchi[2] 开发了一个用于泡状流液相中的湍流动量扩散的零方程模型。后来,Sato 等[3] 将先前的模型扩展到泡状流的液相中的湍流热扩散。作者假设液相中的湍流来自两个贡献的总和,即在没有气泡情况下存在的液体湍流(剪切引起的湍流)和由于气泡存在引起的额外湍流(气泡诱导的湍流)。忽略这两个波动运动之间可能的相互作用,液相中的雷诺应力张量被假定为两个贡献的总和,即

$$\underline{\underline{\tau}}_{\mathrm{c}}^{\mathrm{T}} = \underline{\underline{\tau}}_{\mathrm{c}}^{\mathrm{SI}} + \underline{\underline{\tau}}_{\mathrm{c}}^{\mathrm{BI}} \tag{11-5}$$

式中:上角 SI 和 BI 分别表示剪切诱导部分和气泡诱导部分。

假设雷诺应力张量的两个部分与平均速度梯度有关,有

$$\begin{cases} \underline{\underline{\tau}}_{\mathrm{c}}^{\mathrm{SI}} = \rho_{\mathrm{c}} \nu_{\mathrm{T}}^{\mathrm{SI}} (\underline{\underline{\nabla}}\, \underline{V}_{\mathrm{c}} + \underline{\underline{\nabla}}^{\mathrm{T}} \underline{V}_{\mathrm{c}}) \\ \underline{\underline{\tau}}_{\mathrm{c}}^{\mathrm{BI}} = \rho_{\mathrm{c}} \nu_{\mathrm{T}}^{\mathrm{BI}} (\underline{\underline{\nabla}}\, \underline{V}_{\mathrm{c}} + \underline{\underline{\nabla}}^{\mathrm{T}} \underline{V}_{\mathrm{c}}) \end{cases} \tag{11-6}$$

式(11-6)中的两个关系式仅因为两种波动运动的湍流涡黏度而不同。对于剪切引起的湍流黏度，作者采用 Reichardt[4] 提出的关系，即

$$\frac{\nu_{\mathrm{T}}^{\mathrm{SI}}}{\nu_{\mathrm{c}}}=\frac{\kappa R}{6}\frac{\sqrt{\frac{\tau_{\mathrm{w}}}{\rho_{\mathrm{c}}}}}{\nu_{\mathrm{c}}}\left[1-\left(\frac{r}{R}\right)^{2}\right]\left[1+2\left(\frac{r}{R}\right)^{2}\right] \tag{11-7}$$

式中：R 为管道半径；r 为管道中心线的距离；τ_{w} 为壁剪切应力。

气泡引起的扩散系数由下式给出：

$$\nu_{\mathrm{T}}^{\mathrm{BI}}=1.2\alpha_{\mathrm{d}}\frac{d}{2}\left|\underline{V}_{\mathrm{R}}\right| \tag{11-8}$$

式中：$\underline{V}_{\mathrm{R}}$ 为平均气泡相对速度；d 为气泡直径。

应该注意的是，Sato 的模型只能代表气泡产生的额外湍流扩散，并且用这种模型不能再现液体湍流因气泡存在而减少的情况。

同理可得湍流热通量的模型为

$$\underline{q}_{\mathrm{c}}^{\mathrm{T}}=\underline{q}_{\mathrm{c}}^{\mathrm{SI}}+\underline{q}_{\mathrm{c}}^{\mathrm{BI}} \tag{11-9}$$

其中，假设剪切诱导和气泡诱导的湍流通量与液体温度梯度成正比，有

$$\begin{cases}\underline{q}_{\mathrm{c}}^{\mathrm{SI}}=-\rho_{\mathrm{c}}Cp_{\mathrm{c}}a_{\mathrm{T}}^{\mathrm{SI}}\nabla T_{\mathrm{c}}\\ \underline{q}_{\mathrm{c}}^{\mathrm{BI}}=-\rho_{\mathrm{c}}Cp_{\mathrm{c}}a_{\mathrm{T}}^{\mathrm{BI}}\nabla T_{\mathrm{c}}\end{cases} \tag{11-10}$$

Sato 等[3] 对两种热扩散系数 $a_{\mathrm{T}}^{\mathrm{SI}}$ 和 $a_{\mathrm{T}}^{\mathrm{BI}}$ 以及相应的黏度 $\nu_{\mathrm{T}}^{\mathrm{SI}}$ 和 $\nu_{\mathrm{T}}^{\mathrm{BI}}$ 没有进行区分。

11.2.2 单方程模型

11.2.2.1 单相流的单方程模型

由式(11-4)给出的混合长度模型假设湍流黏度与平均速度梯度成正比。与该假设相反的是，存在几种情况的速度梯度等于零并且湍流强度不等于零的情况。符合这种情况的两个例子是在没有速度梯度的情况下衰减的网格湍流以及圆形射流的中心线，其中速度梯度因为对称性消失，而不是湍流强度[1]。为了处理这种情况，最好将湍流速度计算为湍流动能的平方根，即

$$\nu_{\mathrm{T}}\propto l_{\mathrm{m}}\sqrt{K} \tag{11-11}$$

在这种模型中，混合长度 l_{m} 是被指定的，并且 K 可由一个输运方程求解。TKE 的方程式已在第 6 章(式(6-38))中导出，并可使用定义式(6-35)和式(6-39)重新改写为

$$\frac{\overline{\mathrm{D}}K}{\mathrm{D}t}=P_{K}+\nabla\cdot\underline{T}'-\varepsilon \tag{11-12}$$

其中,向量$\underline{T'}$由下式定义:

$$T'_i \equiv -\frac{T_{ijj}}{2}-\frac{1}{\rho}\langle p'v'_i\rangle+\nu\frac{\partial K}{\partial x_i} \tag{11-13}$$

乘积项 P_K 由式(6-39)和雷诺应力张量方程(6-26)的闭合关系给出,即

$$P_K=-R_{ik}\frac{\partial\langle v_i\rangle}{\partial x_k}=\nu_{\mathrm{T}}(\underline{\underline{\nabla}}\langle\underline{v}\rangle+\underline{\underline{\nabla}}^{\mathrm{T}}\langle\underline{v}\rangle):\underline{\underline{\nabla}}\langle\underline{v}\rangle \tag{11-14}$$

其中,$\langle\underline{v}\rangle$假定为螺线管型的(不可压缩流体假设)平均速度场。耗散率 ε 和扩散通量$\underline{T'}$需要闭合关系,将耗散率建模为

$$\varepsilon\propto\frac{K^{3/2}}{l_{\mathrm{m}}} \tag{11-15}$$

以及扩散通量为

$$\underline{T'}=\frac{\nu_{\mathrm{T}}}{\sigma_K}\nabla K \tag{11-16}$$

式中:σ_K 为 TKE 的施密特数。

式(11-11)和式(11-15)的组合表明:

$$\nu_{\mathrm{T}}\propto\frac{K^2}{\varepsilon}\Rightarrow\frac{\nu_{\mathrm{T}}\varepsilon}{K^2}=cte\approx0.09 \tag{11-17}$$

其中,数值 0.09 来自于 DNS 和实验数据[1]的比较,并且式(11-15)中的比例常数等于 0.09。将式(11-14)~式(11-16)代入式(11-12),给出了 K 的模型方程为

$$\frac{\partial K}{\partial t}+\langle\underline{v}\rangle\cdot\nabla K=\nu_{\mathrm{T}}(\underline{\underline{\nabla}}\langle\underline{v}\rangle+\underline{\underline{\nabla}}^{\mathrm{T}}\langle\underline{v}\rangle):\underline{\underline{\nabla}}\langle\underline{v}\rangle+\nabla\cdot\left(\frac{\nu_{\mathrm{T}}}{\sigma_K}\nabla K\right)-(0.09)^{3/4}\frac{K^{3/2}}{l_{\mathrm{m}}} \tag{11-18}$$

应该注意的是,由于必须根据具体情况确定混合长度 l_{m},因此不完整性的主要缺点仍然存在。

11.2.2.2 泡状流液相的单方程模型

Kataoka 和 Serizawa[5]提出了一个用于圆管中泡状流中液体湍流的单方程模型。湍流方程是由式(6-77)给出的动能方程。假设流量稳定,完全发展并且轴对称,式(6-77)简化为

$$0=-\alpha_{\mathrm{c}}\overline{v'_{\mathrm{c},i}v'_{\mathrm{c},j}}^{\mathrm{c}}\frac{\partial\overline{v_{\mathrm{c},i}}^{\mathrm{c}}}{\partial x_j}-\alpha_{\mathrm{c}}\varepsilon_{\mathrm{c}}-\frac{\partial T'_{\mathrm{c},j}}{\partial x_j}+P_K^{\mathrm{I}} \tag{11-19}$$

式中:P_K^{I} 由式(6-77)的最后一行定义,并且在单相流中为零,有

$$P_K^{\mathrm{I}} \equiv -\left\langle \frac{p'_{\mathrm{c}}}{\rho_{\mathrm{c}}} v'_{\mathrm{c},i} n_{\mathrm{c},i} \delta_{\mathrm{I}} \right\rangle + \nu_{\mathrm{c}} \left[\frac{\partial}{\partial x_j} \langle K'_{\mathrm{c}} n_{\mathrm{c},j} \delta_{\mathrm{I}} \rangle + \left\langle \frac{\partial K'_{\mathrm{c}}}{\partial x_j} n_{\mathrm{c},j} \delta_{\mathrm{I}} \right\rangle \right] + \frac{1}{\rho_{\mathrm{c}}} \langle \dot{m}_{\mathrm{c}} K'_{\mathrm{c}} \delta_{\mathrm{I}} \rangle \tag{11-20}$$

式(11-20)称为界面产生项,即使它不是严格意义上的产生项。使用类似于式(6-26)、式(11-11)、式(11-15)和式(11-16)的闭合关系,式(11-19)变为

$$0 = \beta_1 \alpha_{\mathrm{c}} l_{\mathrm{m}} \sqrt{K_{\mathrm{c}}} \left(\frac{\partial V_{\mathrm{c}}}{\partial r} \right)^2 - \gamma_1 \alpha_{\mathrm{c}} \frac{K_{\mathrm{c}}^{3/2}}{l_{\mathrm{m}}} + \frac{1}{r} \frac{\partial}{\partial r} \left[r \alpha_{\mathrm{c}} \left(\frac{\nu_{\mathrm{c}}}{2} + \beta_2 l_{\mathrm{m}} \sqrt{K_{\mathrm{c}}} \right) \frac{\partial K_{\mathrm{c}}}{\partial r} \right] + P_K^{\mathrm{I}} \tag{11-21}$$

界面产生项由以下几个项的总和给出:

$$P_K^{\mathrm{I}} = \underbrace{k_1 \frac{3}{4} \alpha_{\mathrm{d}} \frac{C_{\mathrm{D}}}{d} |\underline{V}_{\mathrm{R}}|^3}_{\mathrm{I}} \underbrace{\left[1 - \exp\left(-\frac{y u^*}{26 \nu_{\mathrm{c}}} \right) \right]}_{\mathrm{III}} \underbrace{- k_2 \alpha_{\mathrm{c}} \frac{K_{\mathrm{c}}^{3/2}}{d}}_{\mathrm{II}} \underbrace{- \nu_{\mathrm{c}} \left(\frac{\partial \sqrt{K_{\mathrm{c}}}}{\partial y} \right)^2}_{\mathrm{IV}} \tag{11-22}$$

式中:项Ⅰ表示由于气泡相对速度产生的湍流(它是平均相对运动中阻力的幂);项Ⅱ表示由于小尺度界面引起的湍流吸收(d 为气泡直径);项Ⅲ和项Ⅳ是当接近壁时低雷诺数湍流的校正项;u^* 和 y 为壁摩擦速度和到壁的距离。

混合长度 l_{m} 假设是对应于剪切诱导(SI)湍流的混合长度和对应于气泡诱导(BI)湍流的第二混合长度的总和,即

$$l_{\mathrm{m}} = l_{\mathrm{m}}^{\mathrm{SI}} + l_{\mathrm{m}}^{\mathrm{BI}} \tag{11-23}$$

这样的分解类似于 Sato 和 Sekoguchi[2] 提出的分解,但是在混合长度而不是湍流黏度上进行(参见第 2.1.2 节)。剪切引起的混合长度取自 Van Driest[6],由下式给出:

$$l_{\mathrm{m}}^{\mathrm{SI}} = 0.4 y \left\{ 1 - \exp\left(-\frac{y u^*}{26 \nu_{\mathrm{c}}} \right) \right\} \tag{11-24}$$

由 Kataoka 和 Serizawa[5] 提出的气泡引起的混合长度是空泡份额、气泡直径和到壁距离的函数。他们考虑了 3 种不同的情况,这些情况可以通过以下关系总结:

$$l_{\mathrm{m}}^{\mathrm{BI}} = \begin{cases} \dfrac{\alpha_{\mathrm{d}} d}{3}, & y \geqslant \dfrac{3d}{2} \\[2ex] \dfrac{\alpha_{\mathrm{d}}}{6} [d + (y - 0.5d)], & d \leqslant y \leqslant \dfrac{3d}{2} \\[2ex] \dfrac{\alpha_{\mathrm{d}}}{6} \left[d + \dfrac{\dfrac{4}{3} - \dfrac{y}{d}}{2 - \dfrac{4y}{3d}} \right], & 0 \leqslant y \leqslant d \end{cases} \tag{11-25}$$

与实验数据相比,模型中的数值常数是凭经验确定的,并由下式给出:

$$\beta_1=0.56,\quad \gamma_1=0.18,\quad \beta_2=0.38,\quad k_1=0.075,\quad k_2=1 \tag{11-26}$$

11.2.3 两方程模型

11.2.3.1 单相流 $K-\varepsilon$ 模型

$K-\varepsilon$ 模型属于典型的两方程模型,其中运动方程求解湍流动能 K 及其耗散率 ε。另一个例子是由 ε/K 定义湍流频率 ω[1] 的 $K-\omega$ 模型。这些模型是完整的,因为湍流黏度完全通过下式确定(式(11-17)),即

$$\nu_{\mathrm{T}}=C_\mu\frac{K^2}{\varepsilon}\quad C_\mu=0.09 \tag{11-27}$$

对于扩散通量,K 模型方程由式(11-12)和式(11-16)给出,因此有

$$\frac{\partial K}{\partial t}+\langle \underline{v}\rangle\cdot\nabla K=\nu_{\mathrm{T}}(\underline{\underline{\nabla}}\langle \underline{v}\rangle+\underline{\underline{\nabla}}^{\mathrm{T}}\langle \underline{v}\rangle):\underline{\underline{\nabla}}\langle \underline{v}\rangle+\nabla\cdot\left(\frac{\nu_{\mathrm{T}}}{\sigma_K}\nabla K\right)-\varepsilon \tag{11-28}$$

除了由单独的输运方程确定的最后一项外,式(11-28)与式(11-18)等价。与零方程模型和单方程模型相比,这是一个很大的优势,因为不需要制定不会出现的混合长度。

该模型的最后一个成分是耗散率 ε 的输运方程,其由式(6-41)精确地给出。然而,由于式(6-41)的复杂性,经常采用以下 ε 方程的经验形式[1],即

$$\frac{\partial \varepsilon}{\partial t}+\langle \underline{v}\rangle\cdot\nabla\varepsilon=C_{\varepsilon1}\frac{\varepsilon}{K}P_K+\nabla\cdot\left(\frac{\nu_{\mathrm{T}}}{\sigma_\varepsilon}\nabla\varepsilon\right)-C_{\varepsilon2}\frac{\varepsilon^2}{K} \tag{11-29}$$

式(11-28)和式(11-29)的比较表明,K 方程中的项与 ε 方程中的项之间存在直接的对应关系。ε 方程的等式右侧的源项和汇项是通过将它们除以湍流积分时间标度 K/ε 并将它们乘以一个数值常数,从而从 K 方程中得到的。(标准)$K-\varepsilon$ 模型的数值常数由以下方程给出,即

$$\sigma_K=1,\quad \sigma_\varepsilon=1.3,\quad C_{\varepsilon1}=1.44,\quad C_{\varepsilon2}=1.92 \tag{11-30}$$

11.2.3.2 两相流 $K-\varepsilon$ 模型

湍流动能 K_k 的公式(6-77)由 Lance[7] 推导出。Kataoka 和 Serizawa[8] 及 Simonin[9] 推导出了这个量的其他精确方程,并且他们各自的方程之间的相容性已经由 Morel[10] 验证。在这些工作中,黏性应力张量 $\underline{\tau}_k$ 不表示为黏度和速度梯度的函数,这一方面解释了 Lance[7]、Kataoka 和 Serizawa[8] 以及 Simonin[9] 得出的方程之间的微小差异。由 Kataoka 和 Serizawa 推导出的方程为

$$\frac{\partial}{\partial t}(\alpha_k K_k)+\frac{\partial}{\partial x_j}(\alpha_k K_k\overline{v_{k,j}}^k)=\underbrace{-\alpha_k\overline{v'_{k,i}v'_{k,j}}^k\frac{\partial\overline{v_{k,i}}^k}{\partial x_j}}_{\mathrm{I}}\underbrace{-\frac{\alpha_k}{\rho_k}\overline{\tau'_{k,ij}\frac{\partial v'_{k,i}}{\partial x_j}}^k}_{\mathrm{II}}-$$

$$\frac{\partial}{\partial x_j}\left[\alpha_k \underbrace{\overline{K_k' v_{k,j}'}^k}_{\text{Ⅲ}} + \frac{\alpha_k}{\rho_k}\underbrace{\overline{p_k' v_{k,j}'}^k}_{\text{Ⅳ}} - \frac{\alpha_k}{\rho_k}\underbrace{\overline{\tau_{k,ij}' v_{k,i}'}^k}_{\text{Ⅴ}}\right] -$$

$$\underbrace{\left\langle \frac{p_k'}{\rho_k} v_{k,i}' n_{k,i} \delta_{\mathrm{I}} \right\rangle}_{\text{Ⅵ}} + \underbrace{\left\langle \frac{\tau_{k,ij}'}{\rho_k} v_{k,i}' n_{k,j} \delta_{\mathrm{I}} \right\rangle}_{\text{Ⅶ}} + \underbrace{\frac{1}{\rho_k}\langle \ddot{m}_k K_k' \delta_{\mathrm{I}} \rangle}_{\text{Ⅷ}} \qquad (11-31)$$

式中:项Ⅰ为平均速度梯度产生项;项Ⅱ为平均耗散率;项Ⅲ为三阶速度关联项;项Ⅳ为 k 相体积中的压力-速度关联项;项Ⅴ为 k 相体积中的黏性应力-速度关联项;项Ⅵ为界面处的压力-速度关联项;项Ⅶ为界面处的黏性应力-速度关联项;项Ⅷ为由于相变而迁移的 TKE。

Kataoka 和 Serizawa 没有考虑相变项Ⅷ,没有相变的流动是被假设为不可压缩的。项Ⅰ不需要进一步建模,项Ⅱ~Ⅴ被建模为单相流(2.3.1 节)。因此,剩下的困难是对界面项Ⅵ和项Ⅶ的建模。为了完成这项任务,Kataoka 和 Serizawa 对式(11-31)乘以两相的相密度后求和,以获得混合物的湍流方程,即

$$\frac{\partial}{\partial t}\sum_k(\alpha_k\rho_k K_k) + \frac{\partial}{\partial x_j}\sum_k\left(\alpha_k\rho_k K_k \overline{v_{k,j}}^k\right) = -\sum_k \alpha_k\rho_k \overline{v_{k,i}' v_{k,j}'}^k \frac{\partial \overline{v_{k,i}}^k}{\partial x_j} -$$
$$\sum_k \alpha_k \overline{\tau_{k,ij}' \frac{\partial v_{k,i}'}{\partial x_j}}^k - \frac{\partial}{\partial x_j}$$
$$\sum_k\left[\alpha_k\rho_k \overline{K_k' v_{k,j}'}^k + \alpha_k \overline{p_k' v_{k,j}'}^k - \alpha_k \overline{\tau_{k,ij}' v_{k,i}'}^k\right] -$$
$$\sum_k \langle p_k' v_{k,i}' n_{k,i} \delta_{\mathrm{I}} \rangle + \sum_k \langle \tau_{k,ij}' v_{k,i}' n_{k,j} \delta_{\mathrm{I}} \rangle \qquad (11-32)$$

为了对式(11-32)的最后两项建模,他们使用了动量跳跃条件的近似形式(式(2-23))和由 Ishii[11] 给出的广义阻力的近似表达式。忽略界面密度,并且在没有相变的情况下,式(2-23)化简为

$$\sum_k (-p_k \underline{n}_k + \underline{\underline{\tau}}_k \cdot \underline{n}_k) = \nabla_s \sigma - \sigma \underline{n} \nabla_s \cdot \underline{n} = \underline{F}_s \qquad (11-33)$$

式中:$\underline{F}_s$ 为单位界面的表面张力。

广义阻力(包括增加的质量力、升力等)可定义为

$$\underline{M}_k^{\mathrm{d}} \equiv \langle [-(p_k - p_k^{\mathrm{I}}) \underline{n}_k + \underline{\underline{\tau}}_k \cdot \underline{n}_k] \delta_{\mathrm{I}} \rangle \qquad (11-34)$$

作者假设这种界面阻力验证了动作和反应(action and reaction)原理(牛顿第三定律),这在表面张力的存在下是令人非常惊讶的:

$$\underline{M}_{\mathrm{d}}^{\mathrm{d}} = -\underline{M}_{\mathrm{c}}^{\mathrm{d}} \qquad (11-35)$$

使用式(11-33)~式(11-35),式(11-32)的最后两项变为

$$-\sum_k \langle p'_k v'_{k,i} n_{k,i} \delta_\mathrm{I} \rangle + \sum_k \langle \tau'_{k,ij} v'_{k,i} n_{k,j} \delta_\mathrm{I} \rangle$$

$$\approx \underbrace{\langle \underline{F}_\mathrm{s} \cdot \underline{v}_\mathrm{I} \delta_\mathrm{I} \rangle}_{\mathrm{I}} \underbrace{- \underline{M}_\mathrm{d}^\mathrm{d} \cdot (\underline{V}_\mathrm{d} - \underline{V}_\mathrm{c})}_{\mathrm{II}} \underbrace{- (P_\mathrm{d} - P_\mathrm{c}) \frac{\partial \alpha_\mathrm{d}}{\partial t}}_{\mathrm{III}} \tag{11-36}$$

其中,大写英文字母表示平均场。式(11-36)的等式右侧的项Ⅰ对应于界面速度中的表面张力的平均功率;项Ⅱ为正并且对应于由于平均相对速度在气泡的尾流中产生的湍流;项Ⅲ归因于相扩张期间平均压力差的作用。根据作者,项Ⅰ对应于混合物中表面能和湍流动能之间的交换,即

$$\langle \underline{F}_\mathrm{s} \cdot \underline{v}_\mathrm{I} \delta_\mathrm{I} \rangle = -\sigma \Gamma_\mathrm{s} a_\mathrm{I} \tag{11-37}$$

式中:σ 为表面张力系数(作为单位界面面积的表面能);Γ_s 为 IAC 的变化率,由下面的 IAC 方程(式(4-47))定义:

$$\frac{\partial a_\mathrm{I}}{\partial t} + \nabla \cdot (a_\mathrm{I} \overline{\underline{v}_\mathrm{I}}^\mathrm{I}) = \Gamma_\mathrm{s} a_\mathrm{I} \tag{11-38}$$

使用式(11-36)~式(11-38)并忽略气体 TKE 与液体 TKE(在气泡流动的情况下)的差别,Kataoka 和 Serizawa[8] 获得了以下液相湍流模型方程:

$$\frac{\partial}{\partial t}(\alpha_\mathrm{c} \rho_\mathrm{c} K_\mathrm{c} + \sigma a_\mathrm{I}) + \nabla \cdot (\alpha_\mathrm{c} \rho_\mathrm{c} K_\mathrm{c} \underline{V}_\mathrm{c} + \sigma a_\mathrm{I} \underline{V}_\mathrm{I})$$

$$= -\alpha_\mathrm{c} \rho_\mathrm{c} \underline{\underline{R}}_\mathrm{c} : \underline{\underline{\nabla}} \underline{V}_\mathrm{c} - \alpha_\mathrm{c} \rho_\mathrm{c} \varepsilon_\mathrm{c} + \nabla \cdot \left(\alpha_\mathrm{c} \rho_\mathrm{c} \frac{\nu_\mathrm{Tc}}{\sigma_K} \nabla K_\mathrm{c} \right) -$$

$$\underline{M}_\mathrm{d}^\mathrm{d} \cdot (\underline{V}_\mathrm{d} - \underline{V}_\mathrm{c}) - (P_\mathrm{d} - P_\mathrm{c}) \frac{\partial \alpha_\mathrm{d}}{\partial t} \tag{11-39}$$

式(11-39)中包含输运量中的表面能。如果更愿意单独编写液体湍流能量的输运方程,则可以将式(11-39)改写为

$$\frac{\partial}{\partial t}(\alpha_\mathrm{c} \rho_\mathrm{c} K_\mathrm{c}) + \nabla \cdot (\alpha_\mathrm{c} \rho_\mathrm{c} K_\mathrm{c} \underline{V}_\mathrm{c}) = -\alpha_\mathrm{c} \rho_\mathrm{c} \underline{\underline{R}}_\mathrm{c} : \underline{\underline{\nabla}} \underline{V}_\mathrm{c} - \alpha_\mathrm{c} \rho_\mathrm{c} \varepsilon_\mathrm{c} + \nabla \cdot \left(\alpha_\mathrm{c} \rho_\mathrm{c} \frac{\nu_\mathrm{Tc}}{\sigma_K} \nabla K_\mathrm{c} \right) -$$

$$\underline{M}_\mathrm{d}^\mathrm{d} \cdot (\underline{V}_\mathrm{d} - \underline{V}_\mathrm{c}) - (P_\mathrm{d} - P_\mathrm{c}) \frac{\partial \alpha_\mathrm{d}}{\partial t} - \sigma \Gamma_\mathrm{s} a_\mathrm{I} \tag{11-40}$$

式(11-40)中的最后一项是表面能和湍流能之间的能量交换,如由于湍流漩涡对气泡的合并和破裂(见第 10 章)。如果为广义阻力$\underline{M}_\mathrm{d}^\mathrm{d}$,则界面面积变化 $\Gamma_\mathrm{s} a_\mathrm{I}$ 和压差 $P_\mathrm{d} - P_\mathrm{c}$ 提供了闭合关系,则式(11-40)是闭合的。

由于两相湍流耗散率的式(6-79)太复杂,无法用于实际计算。Morel[12] 通过对其不同项的数量级分析来简化该方程。启发了两个无量纲量,第一个是湍流的雷诺数,即

$$Re_k^{\mathrm{T}} \equiv \frac{v_k' L_k}{\nu_k} \tag{11-41}$$

式中：v_k' 为湍流均方根速度；L_k 为积分长度尺度，即 k 相中最大涡旋的大小。

通过式(11-11)和式(11-15)，可以看出 $Re_k^{\mathrm{T}} \propto \dfrac{\nu_k^{\mathrm{T}}}{\nu_k}$，并且对于完全发展的湍流大于1(湍流黏度远大于湍流中的分子黏度)。第二个无量纲量表示相项和界面项之间的幅度比，并具有以下表达式：

$$N_k \equiv \frac{a_{\mathrm{I}} L_k}{\alpha_k} \tag{11-42}$$

考虑到来自几个气泡流动实验的液相数据[13-16]，Morel[12]证明了式(11-41)和式(11-42)中定义的两个量满足以下不等式：

$$\begin{cases} Re_{\mathrm{c}}^{\mathrm{T}} \gg 1 \\ N_{\mathrm{c}} \ll Re_{\mathrm{c}}^{\mathrm{T}} \end{cases} \tag{11-43}$$

根据式(11-43)，泡状流液相的耗散率式(6-79)可以被简化。在简化方程和对剩余项进行建模之后，式(6-79)可以转换为

$$\frac{\partial}{\partial t}(\alpha_{\mathrm{c}}\rho_{\mathrm{c}}\varepsilon_{\mathrm{c}}) + \nabla\cdot(\alpha_{\mathrm{c}}\rho_{\mathrm{c}}\varepsilon_{\mathrm{c}}\underline{V}_{\mathrm{c}}) = C_{\varepsilon 1}\frac{\varepsilon_{\mathrm{c}}}{K_{\mathrm{c}}}P_{K,\mathrm{c}} - C_{\varepsilon 2}\alpha_{\mathrm{c}}\rho_{\mathrm{c}}\frac{\varepsilon_{\mathrm{c}}^2}{K_{\mathrm{c}}} + \nabla\cdot\left(\alpha_{\mathrm{c}}\rho_{\mathrm{c}}\frac{\nu_{\mathrm{Tc}}}{\sigma_{\varepsilon}}\nabla\varepsilon_{\mathrm{c}}\right) + P_{\varepsilon}^{\mathrm{I}} \tag{11-44}$$

式中：$P_{\varepsilon}^{\mathrm{I}}$ 为 ε_{c} 方程中剩余界面相互作用项的总和。

式(11-32)也可以采用类似的形式，只要定义

$$P_K^{\mathrm{I}} \equiv -\langle p_{\mathrm{c}}' v_{\mathrm{c},i}' n_{\mathrm{c},i}\delta_{\mathrm{I}}\rangle + \langle \tau_{\mathrm{c},ij}' v_{\mathrm{c},i}' n_{\mathrm{c},j}\delta_{\mathrm{I}}\rangle \tag{11-45}$$

事实上，文献中提出的不同模型基本上是由于 P_K^{I} 和 $P_{\varepsilon}^{\mathrm{I}}$ 的表达式不同而不同。

从式(11-32)出发，Saif 和 Lopez de Bertodano[17]对式(11-32)中最后两项进行了不同的分解。他们还发现了像$-\underline{M}_{\mathrm{d}}^{\mathrm{d}}\cdot(\underline{V}_{\mathrm{d}}-\underline{V}_{\mathrm{c}})$这样的项，这个项不仅归因于在每个粒子后面尾迹中产生湍流，也由于粒子存在而产生的额外耗散项。这种额外的耗散项可以通过将阻力分解为平均值和波动分量来引入。为了解释这一点，将项 P_K^{I} 改写为相对速度中阻力的平均值，即

$$P_K^{\mathrm{I}} \propto \overline{\underline{F}_{\mathrm{D}}\cdot(\underline{v}_{\mathrm{d}}-\underline{v}_{\mathrm{c}})} \tag{11-46}$$

式中，最上面的一杠(¯)表示平均值。

使用雷诺分解，式(11-46)变为

$$P_K^{\mathrm{I}} \propto \overline{\underline{F}_{\mathrm{D}}}\cdot\overline{(\underline{v}_{\mathrm{d}}-\underline{v}_{\mathrm{c}})} + \overline{\underline{F}_{\mathrm{D}}'\cdot(\underline{v}_{\mathrm{d}}'-\underline{v}_{\mathrm{c}}')} \tag{11-47}$$

引入由式(8-75)定义的弛豫时间,每个粒子的阻力可写为

$$\underline{F}_{\mathrm{D}}=-\frac{m}{\tau_{\mathrm{p}}}(\underline{v}_{\mathrm{d}}-\underline{v}_{\mathrm{c}}) \tag{11-48}$$

将式(11-48)代入式(11-47),并将结果乘以比率 α_{d}/V,其中 V 是粒子体积,得到下式:

$$P_K^{\mathrm{I}}=-\underline{M}_{\mathrm{d}}^{\mathrm{D}}\cdot(\underline{V}_{\mathrm{d}}-\underline{V}_{\mathrm{c}})-\frac{\alpha_{\mathrm{d}}\rho_{\mathrm{d}}}{\tau_{\mathrm{p}}}\overline{(\underline{v}_{\mathrm{d}}'-\underline{v}_{\mathrm{c}}')^2} \tag{11-49}$$

式(11-49)的等式右侧的第一项必然为正,但第二项显然是否定的,因此模型式(11-49)可以根据两个贡献的相应值给出连续相 TKE 的产生或破碎。第二项中出现的相对速度的方差可以根据定义式(7-60)中定义的不同能量表示,因此可得到

$$P_K^{\mathrm{I}}=-\underline{M}_{\mathrm{d}}^{\mathrm{D}}\cdot(\underline{V}_{\mathrm{d}}-\underline{V}_{\mathrm{c}})-2\frac{\alpha_{\mathrm{d}}\rho_{\mathrm{d}}}{\tau_{\mathrm{p}}}(K_{\mathrm{d}}-K_{\mathrm{cd}}+K_{\mathrm{c}}) \tag{11-50}$$

粒子波动能量 K_{d} 和流体-粒子协方差 K_{cd} 的最简单且可用的模型由陈氏平衡模型给出[18-19]。对于比周围更重的粒子(固体粒子或气体中的液滴),陈氏平衡模型为

$$2K_{\mathrm{d}}=K_{\mathrm{cd}}=2K_{\mathrm{c}}\frac{\tau_{\mathrm{c}}}{\tau_{\mathrm{c}}+\tau_{\mathrm{p}}} \tag{11-51}$$

式中:τ_{c} 为流体特征时间。

将陈氏的平衡模型式(11-51)代入式(11-50)中,可以重新得到由 Saif 和 Lopez de Bertodano[17] 提出的模型,即

$$P_K^{\mathrm{I}}=-\underline{M}_{\mathrm{d}}^{\mathrm{D}}\cdot(\underline{V}_{\mathrm{d}}-\underline{V}_{\mathrm{c}})-2\frac{\alpha_{\mathrm{d}}\rho_{\mathrm{d}}}{\tau_{\mathrm{p}}}K_{\mathrm{c}}\frac{\tau_{\mathrm{p}}}{\tau_{\mathrm{c}}+\tau_{\mathrm{p}}} \tag{11-52}$$

Saif 和 Lopez de Bertodano 通过在所有可能的频率上积分相对速度谱,即没有施加(impose)截止频率,获得了式(11-52)。如果在计算中施加了截止频率(对应于粒径),则可以获得能量汇项的更复杂形式。

Lopez De Bertodano 等[20]在稀释泡状流的情况下,采用了式(11-5)给出的剪切诱导(SI)湍流和气泡诱导(BI)湍流分解。他们模型中的起始点是 SI 湍流动能和 BI 湍流动能由两个独立的平衡方程确定。假设剪切引起的湍流由经典的单相模型给出(式(11-28)和式(11-29))。假设气泡诱导的动能由以下附加方程给出:

$$\alpha_{\mathrm{c}}\left(\frac{\partial K_{\mathrm{c}}^{\mathrm{BI}}}{\partial t}+\underline{V}_{\mathrm{c}}\cdot\nabla K_{\mathrm{c}}^{\mathrm{BI}}\right)=\underline{\underline{\nabla}}\cdot\left(\alpha_{\mathrm{c}}\frac{\nu_{\mathrm{Tc}}}{\sigma_K}\nabla K_{\mathrm{c}}^{\mathrm{BI}}\right)+\frac{K_{\mathrm{c}}^{\mathrm{BI},a}-K_{\mathrm{c}}^{\mathrm{BI}}}{\tau_{\mathrm{BI}}} \tag{11-53}$$

与经典 K 模型方程式(11-28)的比较表明,在时间 τ_{BI} 内,产生和耗散项已

被 K_c^{BI} 弛豫项的渐近值 $K_c^{BI,a}$ 替代。渐近值和弛豫时间由下式给出：

$$\begin{cases} K_c^{BI,a}=\dfrac{1}{2}\alpha_d\rho_c C_A\ |\underline{V}_R|^2 \\ \tau_{BI}=\dfrac{d}{|\underline{V}_R|} \end{cases} \tag{11-54}$$

11.2.4 单相流的雷诺应力模型

在雷诺应力模型(RSM)中,模型输运方程针对各个应力 R_{ij} 和湍流耗散率 ε 求解,不再需要湍流黏度假设,因此之前叙述模型的主要缺陷之一就消失了。RSM 输运方程由式(6-34)给出,其中三重相关张量、黏性扩散通量和压力-速度相关性可以组合为单个扩散通量,即

$$\frac{\overline{D}R_{ij}}{Dt}=-\frac{\partial T'_{ijk}}{\partial x_k}+P_{ij}+\Phi_{ij}-\varepsilon_{ij},\quad T'_{ijk}=T_{ijk}-\nu\frac{\partial R_{ij}}{\partial x_k}+\frac{1}{\rho}(\langle p'v'_j\rangle\delta_{ij}+\langle p'v'_i\rangle\delta_{jk}) \tag{11-55}$$

平均流动对流和产生张量 P_{ij} 是闭合的(式(6-35)),因此只有压力应变张量 Φ_{ij}、耗散张量 ε_{ij} 和扩散通量 T'_{ijk} 需要建模。

对于离壁足够远的高雷诺数流动,耗散张量可以被认为是各向同性的,式(6-36)可以认为是它的闭合关系。

对压力应变张量的建模更加困难。为了完成这项任务,回到式(6-5)给出的压力泊松方程,该方程的平均值为

$$\nabla^2\langle p\rangle=-\rho\frac{\partial^2}{\partial x_i\,\partial x_j}(\langle v_i\rangle\langle v_j\rangle+\langle v'_iv'_j\rangle) \tag{11-56}$$

其中,速度场假定为螺线管型。

将式(6-5)和式(11-56)作差,得到以下波动压力的泊松方程,即

$$\frac{\nabla^2p'}{\rho}=-2\frac{\partial\langle v_i\rangle}{\partial x_j}\frac{\partial v_j}{\partial x_i}-\frac{\partial^2}{\partial x_i\partial x_j}(v'_iv'_j+\langle v'_iv'_j\rangle) \tag{11-57}$$

波动压力场 p' 通常可以分解为 3 个方面的贡献,即快速压力、慢速压力和谐波压力:

$$p'=p_r+p_s+p_h \tag{11-58}$$

其中,快速压力满足:

$$\frac{\nabla^2p_r}{\rho}=-2\frac{\partial\langle v_i\rangle}{\partial x_j}\frac{\partial v_j}{\partial x_i} \tag{11-59}$$

慢速压力满足:

$$\frac{\nabla^2 p_s}{\rho}=-\frac{\partial^2}{\partial x_i\,\partial x_j}(v_i' v_j'+\langle v_i' v_j'\rangle) \tag{11-60}$$

谐波压力满足拉普拉斯方程$\nabla^2 p_h=0$。快速压力是因为它立即响应平均速度梯度的变化(式(11-59))。可以通过格林函数(式(6-7))获得压力泊松方程的解。对应于压力分解式(11-58),压力-应变张量也可以分解为3个方面的贡献,即

$$\Phi_{ij}=\Phi_{ij}^{r}+\Phi_{ij}^{s}+\Phi_{ij}^{h} \tag{11-61}$$

式(11-61)有明显的定义(Φ_{ij}^{r}对应p_r……)。泊松方程的格林函数解可以用两点速度相关性来表示压力应变张量的快速部分,即

$$\left\langle \frac{p_r}{\rho}\frac{\partial v_i'}{\partial x_j}\right\rangle=2M_{ilkj}\frac{\partial\langle v_k\rangle}{\partial x_l}$$

其中

$$M_{ilkj}\equiv-\frac{1}{4\pi}\int\frac{1}{|\underline{r}|}\frac{\partial^2\langle v_i'(\underline{x})v_l'(\underline{x}+\underline{r})\rangle}{\partial r_j\partial r_k}\mathrm{d}^3 r \tag{11-62}$$

因此,快速压力的贡献涉及平均速度梯度。Φ_{ij}的基本模型是Launder、Reece和Rodi[21](LRR)模型,即

$$\Phi_{ij}=\underbrace{-C_R\frac{\varepsilon}{K}\left(R_{ij}-\frac{2}{3}K\delta_{ij}\right)}_{\Phi_{ij}^{s}}\underbrace{-C_2\left(P_{ij}-\frac{2}{3}P_K\delta_{ij}\right)}_{\Phi_{ij}^{r}} \tag{11-63}$$

式(11-63)的等式右侧的第一项是Rotta的Φ_{ij}^{s}模型,第二项是Φ_{ij}^{r}的各向同性产物。Rotta常数C_R可以为1.8,常数C_2可以为3/5[21]。压力-应变张量[1]存在几种其他模型,上述模型只是其中一个例子。应当注意,张量Φ_{ij}的轨迹等于0(对于螺线管速度场),其由式(11-63)验证。这解释了为什么压力-应变张量对湍流动能方程没有贡献(式(11-28))。可以添加其他项以考虑壁的近似度(项Φ_{ij}^{h})。

扩散通量T_{ijk}'包含了3个项(式(11-55)),但只有两项必须建模(三阶速度相关项和压力-速度关联项)。压力-速度相关项通常被忽略,并且用于三阶速度相关的模型必须考虑该张量相对于其3个指数的对称性。例如,可以写出[22]

$$T_{ijk}=-C_s\frac{K}{\varepsilon}\left(R_{il}\frac{\partial R_{jk}}{\partial x_l}+R_{jl}\frac{\partial R_{ik}}{\partial x_l}+R_{kl}\frac{\partial R_{ij}}{\partial x_l}\right) \tag{11-64}$$

其中,常数$C_s=0.22$。在一定数量的简化假设[22]之后,式(11-64)可以从三阶速度相关的精确方程中导出。

与$K-\varepsilon$模型(式(11-29))中使用的方程相比,RSM中的ε方程有一个小修改,即

$$\frac{\partial\varepsilon}{\partial t}+\langle\underline{v}\rangle\cdot\nabla\varepsilon=C_{\varepsilon1}\frac{\varepsilon}{K}P_K+\frac{\partial}{\partial x_i}\left(C_\varepsilon\frac{K}{\varepsilon}R_{ij}\frac{\partial\varepsilon}{\partial x_j}\right)-C_{\varepsilon2}\frac{\varepsilon^2}{K} \tag{11-65}$$

可以看到式(11-65)中的扩散项涉及各向异性扩散系数,其中模型常数 $C_\varepsilon=0.15$。

11.2.5 两相流的雷诺应力模型

在一系列论文中,Lance 等[23-26]开发了用于稀释泡状流液相 RSM 的两相版本。研究了 3 种基本的实验工况,即均匀的泡状流、均匀的剪切流和纯的平面应变。他们观察到气泡的存在加强了各向同性的趋势。

从式(6-75)出发,使用类似于 11.2.4 小节中给出的与批量项相似的模型,可得

$$\frac{\partial}{\partial t}(\alpha_c R_{c,im})+\frac{\partial}{\partial x_j}(\alpha_c R_{c,im}\overline{v_{c,j}}^c)=\alpha_c P_{c,im}-\frac{2}{3}\alpha_c\varepsilon_c\delta_{im}+$$
$$\frac{\partial}{\partial x_j}\left[\alpha_c C_s\frac{K_c}{\varepsilon_c}\left(R_{c,i1}\frac{\partial R_{c,jm}}{\partial x_1}+R_{c,j1}\frac{\partial R_{c,im}}{\partial x_1}+R_{c,m1}\frac{\partial R_{c,ij}}{\partial x_1}\right)\right]-$$
$$\alpha_c\left[C_R\frac{\varepsilon_c}{K_c}\left(R_{c,im}-\frac{2}{3}K_c\delta_{im}\right)+C_2\left(P_{c,im}-\frac{2}{3}P_K\delta_{im}\right)\right]+P^I_{c,im} \tag{11-66}$$

式中:$P^I_{c,im}$为式(6-75)中出现的界面项的总和。

作者用两个不同的实验观察来闭合 $P^I_{c,im}$ 项。第一个实验观察表明气泡的存在加强了不同雷诺应力之间能量交换的各向同性趋势。第一个效应可以通过在式(11-66)中添加具有不同特征时间尺度的类似项来考虑。该第二特征时间标度表示液体涡旋被气泡拉伸的平均时间。它可以通过平均相对速度和气泡直径来建立。附加项还假设与空泡份额成正比,因为在没有气泡的情况下它应趋于 0。因此,在存在气泡的情况下,Rotta 项在式(11-66)中变为

$$C_R\frac{\varepsilon_c}{K_c}\left(R_{c,im}-\frac{2}{3}K_c\delta_{im}\right)\rightarrow\left(C_R\frac{\varepsilon_c}{K_c}+C_B\alpha_d\frac{|V_R|}{d}\right)\left(R_{c,im}-\frac{2}{3}K_c\delta_{im}\right) \tag{11-67}$$

第二个实验观察表明,在气泡的尾流中产生的液体湍流能量会立即消散。因此,这部分 $P^I_{c,im}$ 项由耗散 ε_c 对应于气泡尾迹的部分补偿。用 ε_0 表示总耗散率与气泡尾迹中的耗散之间的差异,即

$$\varepsilon_0\equiv\varepsilon_c-\varepsilon_{wakes} \tag{11-68}$$

式(11-66)的模型最终可以改写为

$$\frac{\partial}{\partial t}(\alpha_c R_{c,im})+\frac{\partial}{\partial x_j}(\alpha_c R_{c,im}\overline{v_{c,j}}^c)=\alpha_c P_{c,im}-\frac{2}{3}\alpha_c\varepsilon_0\delta_{im}+$$
$$\frac{\partial}{\partial x_j}\left[\alpha_c C_s\frac{K_c}{\varepsilon_c}\left(R_{c,i1}\frac{\partial R_{c,jm}}{\partial x_1}+R_{c,j1}\frac{\partial R_{c,im}}{\partial x_1}+R_{c,m1}\frac{\partial R_{c,ij}}{\partial x_1}\right)\right]-$$

$$\alpha_c\left[\left(C_R\frac{\varepsilon_c}{K_c}+C_B\alpha_d\frac{|\underline{V}_R|}{d}\right)\left(R_{c,im}-\frac{2}{3}K_c\delta_{im}\right)+\right.$$

$$\left.C_2\left(P_{c,im}-\frac{2}{3}P_K\delta_{im}\right)\right] \tag{11-69}$$

如果指定了常数 C_B 和耗散 ε_0,则该方程式是封闭的。通过与实验数据的比较,拟合了常数 C_B,并且其值为 8[26]。耗散 ε_0 仅对应于剪切引起的湍流,可以从广泛使用的单相流方程计算出来(式(11-65))。

导出离散两相流 RSM 的另一种方法是从式(7-33)出发[18,19,27-29]。使用经典 RSM 引入的符号,式(7-33)可以改写为

$$\frac{\partial}{\partial t}(\alpha_c\rho_c R_{c,ij})+\frac{\partial}{\partial x_m}(\alpha_c\rho_c R_{c,ij}V_{c,m})=-\frac{\partial}{\partial x_m}(\alpha_c\rho_c T_{c,ijm})+\alpha_c\rho_c P_{c,ij}+$$

$$\alpha_c\rho_c\langle v'_{c,i}(A_{c,j}+A_{d\to c,j})+v'_{c,j}(A_{c,j}+A_{d\to c,j})\rangle+$$

$$\alpha_c\rho_c\langle(\underline{\underline{B}}_c\cdot\underline{\underline{B}}_c^{\mathrm{T}})_{ij}\rangle_c \tag{11-70}$$

其中,产生项已经是封闭的,即

$$P_{c,ij}=-\left(R_{c,mi}\frac{\partial V_{c,j}}{\partial x_m}+R_{c,mj}\frac{\partial V_{c,i}}{\partial x_m}\right) \tag{11-71}$$

Neiss[19]给出了流体粒子自身加速的表达式:

$$A_{c,i}=-\frac{1}{\rho_c}\frac{\partial P_c}{\partial x_i}+\frac{\partial}{\partial x_j}\left[\nu_c\left(\frac{\partial V_{c,i}}{\partial x_j}+\frac{\partial V_{c,j}}{\partial x_i}\right)\right]+g_i+G_{c,ij}v'_{c,j} \tag{11-72}$$

以及扩散张量$\underline{\underline{B}}_c$ 的表达式:

$$B_{c,ij}=\sqrt{C_0\varepsilon_c}\,\delta_{ij} \tag{11-73}$$

式(11-72)和式(11-73)在单相湍流中非常经典,属于一类称为广义 Langevin 模型(GLM)的模型。两个 GLM 的不同之处在于漂移张量 $G_{c,ij}$ 和常数 C_0 的表达式不同[1]。例如,在简单朗之万模型(SLM)中,漂移张量假设是各向同性的,有

$$G_{c,ij}=-\frac{1}{T_c}\delta_{ij} \tag{11-74}$$

式中:T_c 为流体湍流的拉格朗日积分时间尺度。

式(11-72)中的前三项可以从式(7-31)中重新获得雷诺方程,即

$$\frac{\partial}{\partial t}(\alpha_c\rho_c V_{c,i})+\frac{\partial}{\partial x_j}(\alpha_c\rho_c V_{c,i}V_{c,j})=-\frac{\partial}{\partial x_j}(\alpha_c\rho_c R_{c,ij})-$$

$$\alpha_c\frac{\partial P_c}{\partial x_i}+\alpha_c\frac{\partial}{\partial x_j}\left[\mu_c\left(\frac{\partial V_{c,i}}{\partial x_j}+\frac{\partial V_{c,j}}{\partial x_i}\right)\right]+$$

$$\alpha_c\rho_c g_i+\alpha_c\rho_c\langle A_{d\to c,i}\rangle_c \tag{11-75}$$

将式(11-72)和式(11-73)代入式(11-70),有

$$\frac{\partial}{\partial t}(\alpha_c\rho_c R_{c,ij})+\frac{\partial}{\partial x_m}(\alpha_c\rho_c R_{c,ij}V_{c,m})=-\frac{\partial}{\partial x_m}(\alpha_c\rho_c T_{c,ijm})+\alpha_c\rho_c P_{c,ij}+\alpha_c\rho_c(G_{c,ik}R_{c,jk}+G_{c,jk}R_{c,ik})+\alpha_c\rho_c C_0\varepsilon_c\delta_{ij}+\alpha_c\rho_c\langle v'_{c,i}A_{d\to c,j}+c'_{c,j}A_{d\to c,i}\rangle_c \tag{11-76}$$

式(11-76)中的最后一行对应于与离散相的耦合。该耦合项可以用式(6-75)中的界面相互作用项(涉及 δ_I 的项)来表征。如果进行了这种表征,并且如果在式(6-75)中忽略了黏性扩散和压力-速度相关性,比较式(6-75)和式(11-76)可以得到:

$$G_{c,ik}R_{c,jk}+G_{c,jk}R_{c,ik}+C_0\varepsilon_c\delta_{ij}=\Phi_{c,ij}-\varepsilon_{c,ij} \tag{11-77}$$

Pope[1]获得了单相流的兼容关系式(11-77)。在这里已经介绍了它在两相流中也适用的条件。假设耗散张量是各向同性的,并且注意到压力-应变张量具有零迹线,则式(11-77)的轨迹为

$$2G_{c,ik}R_{c,ik}+3C_0\varepsilon_c=-2\varepsilon_c \tag{11-78}$$

使用式(11-74)给出的最简单模型,式(11-78)变为

$$T_c=\left(\frac{1}{2}+\frac{3}{4}C_0\right)^{-1}\frac{K_c}{\varepsilon_c} \tag{11-79}$$

式(11-79)给出了 SLM 的时间 T_c 的表达式。

现在仍然需要封闭由于离散相 $A_{d\to c,i}$ 引起的流体加速耦合项。在重粒子(如气体中的液滴或固体颗粒)的情况下,阻力可以认为是相互作用力的主要部分。使用式(8-75)中定义的特征时间,则拖曳力可写为

$$\underline{F}_D=-m\underline{A}_d^D=-m\frac{\underline{v}_s-\underline{v}_d}{\tau_p} \tag{11-80}$$

式中:$\underline{A}_d^D$ 为由于阻力引起的粒子加速度。

在第一近似中,粒子存在对连续相的加速度 $A_{d\to c,i}$ 影响由下面方程给出[27,28],即

$$A_{d\to c,i}=-\frac{\alpha_d\rho_d}{\alpha_c\rho_c}\underline{A}_d^D=-\frac{\alpha_d\rho_d}{\alpha_c\rho_c}\frac{v_{s,i}-v_{d,i}}{\tau_p} \tag{11-81}$$

因此,方程式(11-75)和式(11-76)中的耦合项变为

$$\alpha_c\rho_c\langle A_{d\to c,i}\rangle_c=-\alpha_d\rho_d\left\langle\frac{v_{s,i}-v_{d,i}}{\tau_p}\right\rangle_c$$

$$\alpha_c\rho_c\langle v'_{c,i}A_{d\to c,j}+v'_{c,j}A_{d\to c,i}\rangle_c=-\alpha_d\rho_d\left\langle v'_{c,i}\frac{v_{s,j}-v_{d,j}}{\tau_p}+v'_{c,j}\frac{v_{s,i}-v_{d,i}}{\tau_p}\right\rangle_c \tag{11-82}$$

为了计算这些项，Neiss[19]做出了以下两个简化的假设。

假设1：弛豫时间 τ_{p} 不会波动；

假设2：连续的相平均值可以用离散相平均值代替（如 $\langle A_{\mathrm{d}\to\mathrm{c},i}\rangle_{\mathrm{c}}\approx\langle A_{\mathrm{d}\to\mathrm{c},i}\rangle_{\mathrm{d}}$）。

因此，使用式（8-78）给出的离散速度定义，动量方程中的耦合项变为

$$\alpha_{\mathrm{c}}\rho_{\mathrm{c}}\langle A_{\mathrm{d}\to\mathrm{c},i}\rangle_{\mathrm{d}}=-\frac{\alpha_{\mathrm{d}}\rho_{\mathrm{d}}}{\tau_{\mathrm{p}}}\langle v_{\mathrm{s},i}-v_{\mathrm{d},i}\rangle_{\mathrm{d}}=-\frac{\alpha_{\mathrm{d}}\rho_{\mathrm{d}}}{\tau_{\mathrm{p}}}(V_{\mathrm{c},i}+V_{\mathrm{disp},i}-V_{\mathrm{d},i}) \tag{11-83}$$

Simonin[9,30]得出的方程又重新得到。忽略连续流体速度和离散流体速度之间的差异，雷诺应力方程中的耦合项变为

$$\begin{aligned}\alpha_{\mathrm{c}}\rho_{\mathrm{c}}\langle v'_{\mathrm{c},i}A_{\mathrm{d}\to\mathrm{c},j}+v'_{\mathrm{c},j}A_{\mathrm{d}\to\mathrm{c},i}\rangle_{\mathrm{d}}&=-\frac{\alpha_{\mathrm{d}}\rho_{\mathrm{d}}}{\tau_{\mathrm{p}}}\langle v'_{\mathrm{c},i}(v_{\mathrm{c},i}-v_{\mathrm{d},j})+v'_{\mathrm{c},j}(v_{\mathrm{c},i}-v_{\mathrm{d},i})\rangle_{\mathrm{d}}\\&=-\frac{\alpha_{\mathrm{d}}\rho_{\mathrm{d}}}{\tau_{\mathrm{p}}}\langle v'_{\mathrm{c},i}(V_{\mathrm{c},j}+v'_{\mathrm{c},j}-V_{\mathrm{d},j}-v'_{\mathrm{d},j})+v'_{\mathrm{c},j}(V_{\mathrm{c},i}+v'_{\mathrm{c},i}-V_{\mathrm{d},i}-v'_{\mathrm{d},i})\rangle_{\mathrm{d}}\\&=-\frac{\alpha_{\mathrm{d}}\rho_{\mathrm{d}}}{\tau_{\mathrm{p}}}((V_{\mathrm{c},i}-V_{\mathrm{d},i})V_{\mathrm{disp},j}+\langle v'_{\mathrm{c},i}v'_{\mathrm{c},j}\rangle_{\mathrm{d}}-\langle v'_{\mathrm{c},i}v'_{\mathrm{d},j}\rangle_{\mathrm{d}}+\text{转置})\end{aligned} \tag{11-84}$$

回顾式（8-79）给出的平均相对速度的定义，并通过下式定义对称协方差：

$$R^{\mathrm{S}}_{\mathrm{cd},ij}\equiv\frac{1}{2}(\langle v'_{\mathrm{c},i}v'_{\mathrm{d},j}\rangle_{\mathrm{d}}+\langle v'_{\mathrm{c},j}v_{\mathrm{d},i}\rangle_{\mathrm{d}}) \tag{11-85}$$

式（11-84）变为

$$\begin{aligned}\alpha_{\mathrm{c}}\rho_{\mathrm{c}}\langle v'_{\mathrm{c},i}A_{\mathrm{d}\to\mathrm{c},j}+v'_{\mathrm{c},j}A_{\mathrm{d}\to\mathrm{c},i}\rangle_{\mathrm{d}}=-\frac{\alpha_{\mathrm{d}}\rho_{\mathrm{d}}}{\tau_{\mathrm{p}}}(&V_{\mathrm{disp},i}(V_{\mathrm{c},j}-V_{\mathrm{d},j})+\\&V_{\mathrm{disp},j}(V_{\mathrm{c},i}-V_{\mathrm{d},i})-2R^{\mathrm{S}}_{\mathrm{cd},ij}+2R^{\mathrm{S}}_{\mathrm{c},ij})\end{aligned} \tag{11-86}$$

式中，$R^{\mathrm{S}}_{\mathrm{cd},ij}$ 可以通过取式（7-55）的对称部分来获得。最简单的离散速度模型由式（8-93）和式（8-94）给出。

最后的模型方程总结如下。

（1）连续相的动量方程：

$$\begin{aligned}\frac{\partial}{\partial t}(\alpha_{\mathrm{c}}\rho_{\mathrm{c}}V_{\mathrm{c},i})+\frac{\partial}{\partial x_j}(\alpha_{\mathrm{c}}\rho_{\mathrm{c}}V_{\mathrm{c},i}V_{\mathrm{c},j})=&-\frac{\partial}{\partial x_j}(\alpha_{\mathrm{c}}\rho_{\mathrm{c}}R_{\mathrm{c},ij})-\\&\alpha_{\mathrm{c}}\frac{\partial P_{\mathrm{c}}}{\partial x_i}+\alpha_{\mathrm{c}}\frac{\partial}{\partial x_j}\left[\mu_{\mathrm{c}}\left(\frac{\partial V_{\mathrm{c},i}}{\partial x_j}+\frac{\partial V_{\mathrm{c},j}}{\partial x_i}\right)\right]+\alpha_{\mathrm{c}}\rho_{\mathrm{c}}g_i-\\&\frac{\alpha_{\mathrm{d}}\rho_{\mathrm{d}}}{\tau_{\mathrm{p}}}(V_{\mathrm{c},i}+V_{\mathrm{disp},i}-V_{\mathrm{d},i})\end{aligned} \tag{11-87}$$

(2) 连续相的雷诺应力方程：

$$\frac{\partial}{\partial t}(\alpha_c\rho_c R_{c,ij})+\frac{\partial}{\partial x_m}(\alpha_c\rho_c R_{c,ij}V_{c,m})=-\frac{\partial}{\partial x_m}(\alpha_c\rho_c T_{c,ijm})+\alpha_c\rho_c P_{c,ij}-$$
$$2\alpha_c\rho_c\left(\frac{1}{2}+\frac{3}{4}C_0\right)\frac{\varepsilon_c}{K_c}R_{c,ij}+\alpha_c\rho_c C_0\varepsilon_c\delta_{ij}-$$
$$\frac{\alpha_d\rho_d}{\tau_d}[V_{\mathrm{disp},i}(V_{c,j}-V_{d,j})+V_{\mathrm{disp},j}(V_{c,i}-V_{d,i})-$$
$$2R^{S}_{cd,ij}+2R^{S}_{c,ij}] \tag{11-88}$$

三重相关张量可以通过关系式(11-64)来封闭。如果采用式(11-88)迹线的$\frac{1}{2}$,则可以得到TKE的方程为

$$\frac{\partial}{\partial t}(\alpha_c\rho_c K_c)+\frac{\partial}{\partial x_m}(\alpha_c\rho_c K_c V_{c,m})=-\frac{\partial}{\partial x_m}\left(\alpha_c\rho_c\frac{T_{c,iim}}{2}\right)+\alpha_c\rho_c P_{K,c}$$
$$-\alpha_c\rho_c\varepsilon_c-\frac{\alpha_d\rho_d}{\tau_d}[V_{\mathrm{disp},i}(v_{c,i}-v_{d,i})-K_{cd}+2K_c] \tag{11-89}$$

式(11-89)与2.3.2节中导出的方程的比较表明,它们仅因为两相耦合项表达式的不同而不同：

$$P^{I}_{K}=-\frac{\alpha_d\rho_d}{\tau_p}(V_{\mathrm{disp},i}(V_{c,i}-V_{d,i})-K_{cd}+2K_c) \tag{11-90}$$

这可以与Saif和Lopez de Bertodano[17]得出的式(11-52)进行比较。

湍流耗散率的方程可以由式(11-44)给出,其耦合项由Simonin[30]给出：

$$P^{I}_{\varepsilon}=C_{\varepsilon3}\frac{\varepsilon_c}{K_c}P^{I}_{K} \tag{11-91}$$

式中：常数$C_{\varepsilon3}=1.2$。

11.3 离散相的湍流模型

Neiss[19]将3种不同类型的湍流模型应用于气体中液滴构成的离散相。这3个模型的不同之处在于计算液滴波动统计数据所涉及的PDE数量：最复杂的模型使用动态应力张量方程(7-54)和标量协方差式(7-62)；不太复杂的模型(两方程)使用动能方程(7-61)和标量协方差方程(7-62)；最简单的模型使用代数表达式(11-51)(陈氏模型)。由于可以通过简化最复杂的模型来导出两个更简单的模型,将首先使用式(7-54)和式(7-62)来呈现模型。

11.3.1 离散相的二阶湍流模型

根据 Neiss[19]，粒子加速度 $A_{d,i}$ 可以由以下方程近似给出：

$$A_{d,i} \approx \frac{v_{s,i}-v_{d,i}}{\tau_p}+g_i-\frac{1}{\rho_d}\left(\frac{\partial P_c}{\partial x_i}+\frac{\partial \tau_{c,ij}}{\partial x_j}\right) \tag{11-92}$$

式(11-92)的等式右侧的三项对应曳力、粒子重力和未受干扰的流体施加在粒子上的力[31-32]。因为液滴比周围的气体重，在该模型中忽略了增加的质量和升力等其他影响。将式(11-92)代入式(7-45)和式(7-54)，得到离散相动量和动能应力的方程：

$$\alpha_d\rho_d \frac{\overline{D}_d v_{d,i}}{Dt}=-\frac{\partial}{\partial x_j}(\alpha_d\rho_d R_{d,ij})+\alpha_d\rho_d g_i-\alpha_d \frac{\partial P_c}{\partial x_i}+\alpha_d \frac{\partial \tau_{c,ij}}{\partial x_j}+\frac{\alpha_d\rho_d}{\tau_p}(V_{c,i}+V_{disp,i}-V_{d,i}) \tag{11-93}$$

$$\begin{aligned}\frac{\partial}{\partial t}(\alpha_d\rho_d R_{d,ij})+\frac{\partial}{\partial x_m}(\alpha_d\rho_d R_{d,ij}V_{d,m}) = &-\frac{\partial}{\partial x_m}(\alpha_d\rho_d T_{d,ijm})-\\ &\alpha_d\rho_d\left(R_{d,im}\frac{\partial V_{d,j}}{\partial x_m}+R_{d,jm}\frac{\partial V_{d,i}}{\partial x_m}\right)+\\ &2\frac{\alpha_d\rho_d}{\tau_p}(R^S_{sd,ij}-R_{d,ij})\end{aligned} \tag{11-94}$$

式中：$R_{d,ij}$ 为动态应力张量 $\langle v'_{d,i}v'_{d,j}\rangle$；$R^S_{sd,ij}$ 的定义与式(11-85)类似。

Wang 等[33]对离散相三阶速度相关性进行了建模，即

$$T_{d,ijm}=-\left(\frac{5}{9}\tau_p R_{d,km}+0.22\frac{K_c}{\varepsilon_c}R^S_{sd,km}\right)\frac{\partial R_{d,ij}}{\partial x_k} \tag{11-95}$$

继 Simonin[34]之后，Neiss[19]采用湍流黏性假设来模拟对称协方差张量，即

$$R^S_{sd,ij}=\frac{1}{2}(\langle v'_{s,i}v'_{d,j}\rangle_d+\langle v'_{s,j}v'_{d,i}\rangle_d),$$

其中

$$\langle v'_{s,i}v'_{d,j}\rangle_d=-\nu^T_{sd}\left(\frac{\partial V_{c,i}}{\partial x_j}+\frac{\partial V_{d,j}}{\partial x_i}\right)+\frac{\delta_{ij}}{3}\left[K_{cd}+\nu^T_{sd}\left(\frac{\partial V_{c,m}}{\partial x_m}+\frac{\partial V_{d,m}}{\partial x_m}\right)\right] \tag{11-96}$$

式(11-96)中的湍流黏度由下式给出：

$$\nu^T_{sd}=\frac{1}{3}K_{cd}T^s_L \tag{11-97}$$

标量协方差能量 K_{cd} 可从式(7-62)获得，其中下标 s 由 c 代替。对加速项使用 Langevin 模型式(8-91)，则式(7-62)变为

$$\frac{\partial}{\partial t}(\alpha_d\rho_d K_{cd})+\frac{\partial}{\partial x_j}(\alpha_d\rho_d K_{cd}V_{d,j})=-\frac{\partial}{\partial x_j}(\alpha_d\rho_d\langle v'_{s,i}v'_{d,i}v'_{d,j}\rangle_d)-\alpha_d\rho_d\left(\langle v'_{s,i}v'_{d,j}\rangle_d\frac{\partial V_{d,i}}{\partial x_j}+\langle v'_{d,i}v'_{s,j}\rangle_d\frac{\partial V_{c,i}}{\partial x_j}\right)+\frac{\alpha_d\rho_d}{\tau_p}(2K_c-K_{cd})+\alpha_d\rho_d(G_{s,ij}\langle v'_{d,i}v'_{s,j}\rangle_d+\langle A_{d\to s,i}v'_{d,i}\rangle_d) \tag{11-98}$$

利用关于 $A_{d\to s,i}$ 的关系式(11-81),代入式(11-98)的最后一项,其计算结果为

$$\langle A_{d\to s,i}v'_{d,i}\rangle_d=-\frac{\alpha_d\rho_d}{\alpha_c\rho_c}\left\langle\frac{v_{s,i}-v_{d,i}}{\tau_p}v'_{d,i}\right\rangle_d=-\frac{\alpha_d\rho_d}{\alpha_c\rho_c\tau_p}(K_{cd}-2K_d) \tag{11-99}$$

假设所观察到的流体速度漂移张量具有相同的闭合关系式(11-74),并且使用结果式(11-99),则式(11-98)变为

$$\frac{\partial}{\partial t}(\alpha_d\rho_d K_{cd})+\frac{\partial}{\partial x_j}(\alpha_d\rho_d K_{cd}V_{d,j})=-\frac{\partial}{\partial x_j}(\alpha_d\rho_d\langle v'_{s,i}v'_{d,i}v'_{d,j}\rangle_d)-\alpha_d\rho_d\left(\langle v'_{s,i}v'_{d,j}\rangle_d\frac{\partial V_{d,i}}{\partial x_j}+\langle v'_{d,i}v'_{s,j}\rangle_d\frac{\partial V_{c,i}}{\partial x_j}\right)+\frac{\alpha_d\rho_d}{\tau_p}(2K_c-K_{cd})-\frac{\alpha_d\rho_d}{T_s}K_{cd}-\frac{\alpha_d^2\rho_d^2}{\alpha_c\rho_c\tau_p}(K_{cd}-2K_d) \tag{11-100}$$

流体-粒子速度相关性由式(11-96)给出,因此产生项是封闭的。三阶速度相关项 $\langle v'_{s,i}v'_{d,i}v'_{d,j}\rangle_d$ 根据 Peirano 和 Leckner[35] 建模为

$$\langle v'_{s,i}v'_{d,i}v'_{d,j}\rangle_d=-\nu_{sd}^{T}\frac{\partial K_{cd}}{\partial x_j} \tag{11-101}$$

11.3.2 离散相的两方程湍流模型

离散相的两方程湍流模型由协方差式(11-100)和离散相的湍流动能方程构成。通过取动能应力张量方程(11-94)轨迹的一半得到 TKE 方程,即

$$\frac{\partial}{\partial t}(\alpha_d\rho_d K_d)+\frac{\partial}{\partial x_m}(\alpha_d\rho_d K_d V_{d,m})=-\frac{\partial}{\partial x_m}\left(\alpha_d\rho_d\frac{T_{d,iim}}{2}\right)-\alpha_d\rho_d R_{d,ij}\frac{\partial V_{d,i}}{\partial x_j}+\frac{\alpha_d\rho_d}{\tau_p}(K_{cd}-2K_d) \tag{11-102}$$

由于动力学应力张量不是从该模型的方程中获得的,因此需要建立封闭关系。继 Simonin[34] 之后,Neiss[19] 使用以下封闭关系:

$$R_{d,ij}=-\nu_d^T\left(\frac{\partial V_{d,i}}{\partial x_j}+\frac{\partial V_{d,j}}{\partial x_i}\right)+\frac{2}{3}\delta_{ij}\left(K_d+\nu_d^T\frac{\partial V_{d,m}}{\partial x_m}\right) \tag{11-103}$$

式(11－103)对应于经典的 Boussinesq 假设。离散相的湍流黏度由下式给出：

$$\nu_d^T=\nu_{sd}^T+\frac{\tau_p}{3}K_d \tag{11-104}$$

11.3.3 离散相的陈氏(Tchen)算术模型

Tchen[36] 的关系式已经被引入(式(11-51))。在这里将表明这些关系可以通过忽略输运和产生项,从静止均匀湍流中的式(11-100)和式(11-102)获得。Tchen 做出了以下假设：

(1) 湍流稳定且均匀；

(2) 粒子呈球形且非常小,因此它们受到斯托克斯阻力；

(3) 粒子小于 Kolmogorov 尺度；

(4) 沿其轨迹,粒子跟随着相同的流体粒子。

根据这些假设,式(11-100)和式(11-102)简化为

$$\begin{cases}\dfrac{\alpha_d\rho_d}{\tau_p}(K_{cd}-2K_d)=0\\ \dfrac{\alpha_d\rho_d}{\tau_p}(2K_c-K_{cd})-\dfrac{\alpha_d\rho_d}{T_s}K_{cd}=0\end{cases} \tag{11-105}$$

求解这些方程可以重新获得陈氏关系,即

$$K_{cd}=2K_d=2K_c\frac{T_s}{T_s+\tau_p}=2K_c\frac{1}{1+St} \tag{11-106}$$

式中：St 为斯托克斯数,其由下式定义,即

$$St\equiv\frac{\tau_p}{T_s} \tag{11-107}$$

以 $St\ll 1$ 为特征的粒子跟随连续流体,如示踪剂,它们的湍流动能非常接近流体动能。以 $St\gg 1$ 为特征的粒子是不遵循连续相涡流的惯性粒子。对于惯性粒子,陈氏模型给出粒子的湍流动能倾向于 0,因为连续的流体湍流没有足够的能量来晃动粒子。

参考文献

[1] Pope S B (2000) Turbulent flows. Cambridge university press, Cambridge.

[2] Sato Y, Sekoguchi K (1975) Liquid velocity distribution in two-phase bubble flow. Int J Multiph Flow 2:79-95.

[3] Sato Y, Sadatomi M, Sekoguchi K (1981) Momentum and heat transfer in two-phase bubble flow. Int J Multiph Flow 7:167-190.

[4] Reichardt H (1951) Vollstandige Darstellung der turbulenten Geschwindigkeitsverteilung in glatten Leitungen. ZAMM 31:208-219.

[5] Kataoka I, Serizawa A (1995) Modeling and prediction of turbulence in bubbly two-phase flow. In: Serizawa A, Fukano T, Bataille J (eds) 2nd International conference on multiphase flow. Kyoto, April 3-7, pp MO2 11-16.

[6] Van Driest ER (1956) J Aeronaut Sci 23:1005.

[7] Lance M (1979) Contribution à l'étude de la turbulence dans la phase liquide des écoulements à bulles. Thèse de Doctorat, Université Claude Bernard, Lyon.

[8] Kataoka I, Serizawa A (1989) Basic equations of turbulence in gas-liquid two-phase flow. Int J Multiph Flow 15(5):843-855.

[9] Simonin O (1991) Modélisation numérique des écoulements turbulents diphasiques à inclusions dispersés. Ecole de Printemps CNRS de Mécanique des Fluides Numérique, Aussois.

[10] Morel C (1997) Modélisation multidimensionnelle des écoulements diphasiques gaz-liquide. Application à la simulation des écoulements à bulles ascendants en conduite verticale. Thèse de Doctorat, Ecole Centrale Paris.

[11] Ishii M (1975) Thermo-fluid dynamic theory of two-phase flow. Eyrolles, Paris.

[12] Morel C (1995) An order of magnitude analysis of the two-phase K-ε model. Int J Fluid Mech Res 22(3&4):21-44.

[13] Lance M, Bataille J (1991a) Turbulence in the liquid phase of a uniform bubbly air/water flow. J Fluid Mech 222:95-118.

[14] Bel Fdhila R (1991) Analyse expérimentale et modélisation d'un écoulement vertical à bulles dans un élargissement brusque. Thèse de Doctorat. Institut National Polytechnique de Toulouse.

[15] Grossetête C (1995a) Caractérisation expérimentale et simulations de l'évolution d'un écoulement diphasique à bulles ascendant dans une conduite verticale. Thèse de Doctorat. Ecole Centrale Paris.

[16] Grossetête C (1995b) Experimental investigation and preliminary numerical simulations of void profile development in a vertical cylindrical pipe. In: Serizawa A, Fukano T, Bataille J (eds) 2nd International conference on multiphase flow. Kyoto, April 3-7, pp IF1-1-10.

[17] Saif AA, Lopez de Bertodano MA (1996) Modified K-ε model for two-phase turbulent jets. In: ANS proceedings of 31st national heat transfer conference, Houston, Texas, 3-6 Aug.

[18] Oesterlé B (2006) Ecoulements multiphasiques. Hermès-Lavoisier, Paris

[19] Neiss C (2013) Modélisation et simulation de la dispersion turbulente et du dépôt de gouttes dans un canal horizontal. Thèse de Doctorat, Université de Grenoble.

[20] Lopez de Bertodano M, Lahey RT Jr, Jones OC (1994) Development of a K-ε model for bubbly two-phase flow. Trans ASME J Fluids Eng 116:128-134.

[21] Launder BE, Reece GJ, Rodi W (1975) Progress in the development of a Reynolds stress turbulence closure. J Fluid Mech 68(3):537-566.

[22] Hanjalic K, Launder BE (1972) A Reynolds stress model of turbulence and its application to thin shear flows. J Fluid Mech 52:609-638.

[23] Lance M, Marié JL, Bataille J (1983) Modélisation de la turbulence de la phase liquide dans un écoulement à bulles, Société Hydrotechnique de France, Modèles Numériques en thermohy-draulique diphasique et leur qualification expérimentale; application à la sureté des réacteurs nucléaires, recueil des communications, 3e séance, 17 novembre.

[24] Lance M, Marié JL, Bataille J (1984) Modélisation de la turbulence de la phase liquide dans un écoulement à bulles, La Houille Blanche, No. 3/4.

[25] Lance M, Marie JL, Bataille J (1987) Turbulent bubbly flows in simple configurations. In: Transient phenomena in multiphase flow, Dubrovnik, Yougoslavie, 24-30 May 1987.

[26] Lance M, Marié JL, Bataille J (1991b) Homogeneous turbulence in bubbly flows. J Fluids Eng 113: 295-300.

[27] Minier JP, Peirano E (2001) The PDF approach to turbulent polydispersed two-phase flows. Phys Rep 352:1-214.

[28] Peirano E, Minier JP (2002) Probabilistic formalism and hierarchy of models for polydispersed turbulent two-phase flows. Phys Rev E 65:046301.

[29] Tanière A (2010) Modélisation stochastique et simulation des écoulements diphasiques dispersés et turbulents, Habilitation à Diriger des Recherches, Université Henri Poincaré, Nancy I, soutenue le 25 juin 2010 à l'ESSTIN.

[30] Simonin O (1999) Continuum modeling of dispersed turbulent two-phase flow, Modélisation statistique des écoulements gaz-particules, modélisation physique et numérique des écoulements diphasiques, Cours de l'X (Collège de Polytechnique) du 2-3 juin.

[31] Maxey MR, Riley JJ (1983) Equation of motion for a small rigid sphere in a nonuniform flow. Phys Fluids 26(4):883-889.

[32] Gatignol R (1983) The Faxen formulae for a rigid particle in an unsteady non-uniform Stokes flow. Journal de Mécanique théorique et appliqué 1(2):143-160.

[33] Wang Q, Squires KD, Simonin O (1998) Large eddy simulation of turbulent gas-solid flows in a vertical channel and evaluation of second order models. Int J Heat Fluid Flow 19(5):505-511.

[34] Simonin O (1996) Continuum modelling of dispersed turbulent two-phase flows. In: Combustion in two-phase flows, Von Karman Institute Lectures, 29.

[35] Peirano E, Leckner B (1998) Fundamentals of turbulent gas-solid flows applied to circulating fluidized bed combustion. Prog Energy Combust Sci 24(4):59-296.

[36] Tchen CM (1947) Mean value and correlation problems connected with the motion of small particles suspended in a turbulent fluid, PhD thesis, De Technische Hogeschool, Delft.

第 12 章

应用实例：垂直管道中的泡状流

摘要 本章给出了一个关于垂直管道中泡状流的应用实例。首先，总结了平衡方程和它们的一组封闭关系，封闭关系的选择其实并不重要，也可以选择其他的封闭关系。假设流动是在指向上的圆形横截面的垂直管道中。由于这种特殊的几何形状，因此选择在圆柱坐标系中的投影方程并假设流动是轴对称的。圆柱坐标是一种特殊的曲线坐标。在总结了曲线正交坐标系理论的一些要素之后，回到圆柱坐标的特殊情况，并在这个坐标系中投影我们的方程。然后，使用 Patankar[1] 提出的方法对所有方程进行离散化，并指出如何求解它们。

12.1 概　　述

本章推导出一种用于教学目的的简单实例的完整方法。所选择的实例是具有圆形横截面的垂直管中的泡状流。从本书提出的模型中推导出所有的方程，并将得到的方程投影在圆柱坐标系中，再得到相应的离散方程。因此，最终获得的方程非常接近可以在计算机中编程的方程。

12.2 垂直流道中的沸腾泡状流

本节介绍的模型总结了 Zaepffel 等[2-3] 在垂直管道中沸腾气泡流动所做的工作。假设气泡是多离散的，并且使用基于气泡尺寸分布的二次规律方法。管道横截面为圆形，模型的矢量方程投影到圆柱坐标系中，然后简化为二维轴对称系统。

12.2.1 模型公式

完整的模型由质量、动量、能量、几何矩和液相湍流方程组成。

12.2.1.1 质量守恒方程

两流体模型的质量守恒方程已经在第 3 章中得到，即

$$\begin{cases}\dfrac{\partial}{\partial t}(\alpha_d\rho_d)+\nabla\cdot(\alpha_d\rho_d\underline{V}_d)=\Gamma_d\\[2ex]\dfrac{\partial}{\partial t}(\alpha_c\rho_c)+\nabla\cdot(\alpha_c\rho_c\underline{V}_c)=-\Gamma_d\end{cases}\tag{12-1}$$

式(12-1)的等式右侧的相变导致的质量交换已在第 9 章(式(9-16)和式(9.17))中得到，由下式给出：

$$\Gamma_d=-\frac{\sum\limits_{k=1}^{2}q''_{kI}a_I}{\ell}\tag{12-2}$$

12.2.1.2 动量守恒方程

两流体模型的动量守恒方程已在第 3 章中得到，即

$$\begin{cases}\alpha_d\rho_d\dfrac{D_d\underline{V}_d}{Dt}=-\nabla\cdot(\alpha_d\rho_d\overline{\overline{\underline{v}'_d\underline{v}'_d}}^{d})+\alpha_d\rho_d\underline{g}-\alpha_d\nabla P_c+\underline{M}^*+\Gamma_d(\underline{V}_\Gamma-\underline{V}_d)\\[2ex]\alpha_c\rho_c\dfrac{D_c\underline{V}_c}{Dt}=-\nabla\cdot(\alpha_c\rho_c\overline{\overline{\underline{v}'_c\underline{v}'_c}}^{c})+\alpha_c\rho_c\underline{g}-\alpha_c\nabla P_c+\nabla\cdot(\alpha_c\overline{\underline{\underline{\tau}}}_c^{c}+\underline{\underline{\sigma}}_c^{*})-\underline{M}^*-\Gamma_d(\underline{V}_\Gamma-\underline{V}_d)\end{cases}\tag{12-3}$$

下面将忽略压力矩$\underline{\underline{\sigma}}_c^*$，但可以在 Wallis[4]、Zhang 和 Prosperetti[5-6] 中找到它可用的模型。使用由相变加权的平均界面速度关系式(3-125)，式(12-3)变为

$$\begin{cases}\alpha_d\rho_d\dfrac{D_d\underline{V}_d}{Dt}=-\nabla\cdot(\alpha_d\rho_d\overline{\overline{\underline{v}'_d\underline{v}'_d}}^{d})+\alpha_d\rho_d\underline{g}-\alpha_d\nabla P_c+\underline{M}^*+\Gamma_d\dfrac{\underline{V}_c-\underline{V}_d}{2}\\[2ex]\alpha_c\rho_c\dfrac{D_c\underline{V}_c}{Dt}=-\nabla\cdot(\alpha_c\rho_c\overline{\overline{\underline{v}'_c\underline{v}'_c}}^{c})+\alpha_c\rho_c\underline{g}-\alpha_c\nabla P_c+\nabla\cdot(\alpha_c\overline{\underline{\underline{\tau}}}_c^{c})-\underline{M}^*-\Gamma_d\dfrac{\underline{V}_d-\underline{V}_c}{2}\end{cases}\tag{12-4}$$

或者写成守恒形式，即

$$\begin{cases}\dfrac{\partial}{\partial t}(\alpha_d\rho_d\underline{V}_d)+\nabla\cdot(\alpha_d\rho_d\underline{V}_d\underline{V}_d)=-\nabla\cdot(\alpha_d\rho_d\overline{\overline{\underline{v}'_d\underline{v}'_d}}^{d})+\alpha_d\rho_d\underline{g}-\alpha_d\nabla P_c+\underline{M}^*+\Gamma_d\dfrac{\underline{V}_c+\underline{V}_d}{2}\\[2ex]\dfrac{\partial}{\partial t}(\alpha_c\rho_c\underline{V}_c)+\nabla\cdot(\alpha_c\rho_c\underline{V}_c\underline{V}_c)=\nabla\cdot(\alpha_c(\overline{\underline{\underline{\tau}}}_c^{c}-\rho_c\overline{\overline{\underline{v}'_c\underline{v}'_c}}^{c}))+\alpha_c\rho_c\underline{g}-\alpha_c\nabla P_c-\underline{M}^*-\Gamma_d\dfrac{\underline{V}_d+\underline{V}_c}{2}\end{cases}\tag{12-5}$$

在泡状流中，动态应力张量$\overline{\overline{\underline{v}'_d\underline{v}'_d}}^{d}$被忽略，但它可以通过假设动力学应力张量是各向同性的[7]简单模型给出，如第 11 章中提出的陈氏模型。可以通过微观

应力张量表达式的适当平均来获得连续相的平均分子应力张量(式(2-52))。假设流体黏度恒定且是不可压缩的连续相,则可以得到以下结果[8]:

$$\overline{\underline{\underline{\tau}}}_{c}^{c}=\mu_{c}\left(\underline{\underline{\nabla}}\underline{V}_{c}+\underline{\underline{\nabla}}^{T}\underline{V}_{c}+\frac{\langle\underline{v}_{c}'\underline{n}_{c}\delta_{I}\rangle+\langle\underline{n}_{c}\underline{v}_{c}'\delta_{I}\rangle}{\alpha_{c}}\right)=2\mu_{c}(\underline{\underline{D}}_{c}^{b}+\underline{\underline{D}}_{c}^{I}) \tag{12-6}$$

式中,体变形张量以经典方式定义,即

$$\underline{\underline{D}}_{c}^{b}\equiv\frac{1}{2}(\underline{\underline{\nabla}}\underline{V}_{c}+\underline{\underline{\nabla}}^{T}\underline{V}_{c}) \tag{12-7}$$

并且界面外变形张量由下式定义,即

$$\underline{\underline{D}}_{c}^{I}\equiv\frac{\langle\underline{v}_{c}'\underline{n}_{c}\delta_{I}\rangle+\langle\underline{n}_{c}\underline{v}_{c}'\delta_{I}\rangle}{2\alpha_{c}} \tag{12-8}$$

体变形张量是封闭形式,但界面外变形张量不是。在下文中,界面外变形张量将被忽略,但 Ishii[8]提出了一种简单的离散流动封闭关系,即

$$\underline{\underline{D}}_{c}^{I}\approx\frac{1}{2\alpha_{c}}[(\underline{V}_{d}-\underline{V}_{c})\nabla\alpha_{d}+\nabla\alpha_{c}(\underline{V}_{d}-\underline{V}_{c})] \tag{12-9}$$

使用雷诺应力张量关系式(6-26),可以得到第一个近似值,即

$$-\rho_{c}\overline{\overline{\underline{v}_{c}'\underline{v}_{c}'}}^{c}=-\frac{2}{3}\rho_{c}K_{c}\underline{\underline{I}}+\mu_{c}^{T}(\underline{\underline{\nabla}}\underline{V}_{c}+\underline{\underline{\nabla}}^{T}\underline{V}_{c}) \tag{12-10}$$

忽略界面外变形张量并使用式(12-6)、式(12-7)和式(12-10),扩散动量通量变为

$$\overline{\underline{\underline{\tau}}}_{c}^{c}-\rho_{c}\overline{\overline{\underline{v}_{c}'\underline{v}_{c}'}}^{c}=-\frac{2}{3}\rho_{c}K_{c}\underline{\underline{I}}+(\mu_{c}+\mu_{c}^{T})(\underline{\underline{\nabla}}\underline{V}_{c}+\underline{\underline{\nabla}}^{T}\underline{V}_{c}) \tag{12-11}$$

动量交换项 M^{*} 的封闭关系已在 8.7 节中得出。保留平均阻力,增加的质量、升力和湍流离散力,式(12-5)变为

$$\left\{\begin{aligned}&\frac{\partial}{\partial t}(\alpha_{d}\rho_{d}\underline{V}_{d})+\nabla\cdot(\alpha_{d}\rho_{d}\underline{V}_{d}\underline{V}_{d})=\alpha_{d}\rho_{d}\underline{g}-\alpha_{d}\nabla P_{c}+\Gamma_{d}\frac{\underline{V}_{c}+\underline{V}_{d}}{2}-\\&\qquad\alpha_{d}\rho_{d}\frac{\underline{V}_{d}-\underline{V}_{c}}{\tau_{p}}-\alpha_{d}\rho_{d}\frac{1}{\tau_{p}}\tau_{cd}^{T}\langle\underline{v}_{c}'\underline{v}_{d}'\rangle_{d}\left(\frac{\nabla\alpha_{d}}{\alpha_{d}}-\frac{\nabla\alpha_{c}}{\alpha_{c}}\right)-\\&\qquad\alpha_{d}C_{A}\rho_{c}\left(\frac{\partial\underline{V}_{R}}{\partial t}+\underline{V}_{d}\cdot\nabla\underline{V}_{R}\right)-\\&\qquad C_{A}\rho_{c}\nabla\cdot(\alpha_{d}(\langle\underline{v}_{d}'\underline{v}_{d}'\rangle_{d}-\langle\underline{v}_{s}'\underline{v}_{d}'\rangle_{d}))-\\&\qquad\alpha_{d}C_{L}\rho_{c}\underline{V}_{R}\wedge\nabla\wedge\underline{V}_{c}\end{aligned}\right.$$

$$
\begin{cases}
\frac{\partial}{\partial t}(\alpha_c \rho_c \underline{V}_c)+\nabla\cdot(\alpha_c \rho_c \underline{V}_c \underline{V}_c)=\nabla\cdot\left\{\alpha_c\left[-\frac{2}{3}\rho_c K_c \underline{\underline{I}}+(\mu_c+\mu_c^{\mathrm{T}})(\underline{\underline{\nabla}}\,\underline{V}_c+\underline{\underline{\nabla}}^{\mathrm{T}}\underline{V}_c)\right]\right\}+ \\
\alpha_c \rho_c \underline{g}-\alpha_c \nabla P_c-\Gamma_d \frac{\underline{V}_d+\underline{V}_c}{2}+ \\
\alpha_d \rho_d \frac{\underline{V}_d-\underline{V}_c}{\tau_p}+\alpha_d \rho_d \frac{1}{\tau_p}\tau_{cd}^{\mathrm{T}}\langle \underline{v}_c' \underline{v}_d' \rangle_d \left(\frac{\nabla \alpha_d}{\alpha_d}-\frac{\nabla \alpha_c}{\alpha_c}\right)+ \\
\alpha_d C_A \rho_c \left(\frac{\partial \underline{V}_R}{\partial t}+\underline{V}_d\cdot\nabla \underline{V}_R\right)+ \\
C_A \rho_c \nabla[\alpha_d(\langle \underline{v}_d' \underline{v}_d' \rangle_d-\langle \underline{v}_s' \underline{v}_d' \rangle_d)]+ \\
\alpha_d C_L \rho_c \underline{V}_R \wedge \nabla \wedge \underline{V}_c
\end{cases}
$$

(12-12)

式(12-12)始终包含了几个湍流相关项,可以根据第 7 章中给出的方程对其进行建模。为了避免这种复杂的建模,更倾向于通过 Krepper 等[9]提出的 Favre 平均阻力(FAD)模型对这些项进行建模,有

$$
-\alpha_d \rho_d \frac{1}{\tau_p}\tau_{cd}^{\mathrm{T}}\langle \underline{v}_c' \underline{v}_d' \rangle_d \left(\frac{\nabla \alpha_d}{\alpha_d}-\frac{\nabla \alpha_c}{\alpha_c}\right)-C_A \rho_c \nabla[\alpha_d(\langle \underline{v}_d' \underline{v}_d' \rangle_d-\langle \underline{v}_s' \underline{v}_d' \rangle_d)]
$$
$$
=-\frac{3}{4}\frac{C_D}{d}\mu_c^{\mathrm{T}}|\underline{V}_d-\underline{V}_c|\nabla \alpha_d
$$

(12-13)

式(12-12)没有考虑流动边界的存在。加上 Antal 等[10]导出的平均壁力(式(8-35)),式(12-12)变为

$$
\begin{cases}
\frac{\partial}{\partial t}(\alpha_d \rho_d \underline{V}_d)+\nabla\cdot(\alpha_d \rho_d \underline{V}_d \underline{V}_d)=\alpha_d \rho_d \underline{g}-\alpha_d \nabla P_c+\Gamma_d \frac{\underline{V}_c+\underline{V}_d}{2}- \\
\alpha_d \rho_d \frac{\underline{V}_d-\underline{V}_c}{\tau_p}-\alpha_d C_A \rho_c \left(\frac{\partial \underline{V}_R}{\partial t}+\underline{V}_d\cdot\nabla \underline{V}_R\right)- \\
\alpha_d C_L \rho_c \underline{V}_R \wedge \nabla \wedge \underline{V}_c-\frac{3}{4}\frac{C_D}{d}\mu_c^{\mathrm{T}}|\underline{V}_d-\underline{V}_c|\nabla \alpha_d+ \\
2\alpha_d \rho_c \frac{|\underline{v}_{//}|^2}{d}\mathrm{Max}\left[0, C_{W1}+C_{W2}\frac{d}{2y}\right]\underline{n}_W
\end{cases}
$$

$$
\begin{cases}
\frac{\partial}{\partial t}(\alpha_c \rho_c \underline{V}_c)+\nabla\cdot(\alpha_c \rho_c \underline{V}_c \underline{V}_c)=\nabla\cdot\left\{\alpha_c\left[-\frac{2}{3}\rho_c K_c \underline{\underline{I}}+(\mu_c+\mu_c^{\mathrm{T}})(\underline{\underline{\nabla}}\underline{V}_c+\underline{\underline{\nabla}}^{\mathrm{T}}\underline{V}_c)\right]\right\}+ \\
\qquad \alpha_c \rho_c \underline{g}-\alpha_c \nabla P_c-\Gamma_d \frac{\underline{V}_d+\underline{V}_c}{2}+ \\
\qquad \alpha_d \rho_d \frac{\underline{V}_d-\underline{V}_c}{\tau_p}+\alpha_d C_A \rho_c\left(\frac{\partial \underline{V}_R}{\partial t}+\underline{V}_d\cdot\nabla \underline{V}_R\right)+ \\
\qquad \alpha_d C_L \rho_c \underline{V}_R \wedge \nabla \wedge \underline{V}_c+\frac{3}{4}\frac{C_D}{d}\mu_c^{\mathrm{T}}|\underline{V}_d-\underline{V}_c|\nabla \alpha_d- \\
\qquad 2\alpha_d \rho_c \frac{|\underline{v}_{//}|^2}{d}\mathrm{Max}\left(0, C_{W1}+C_{W2}\frac{d}{2y}\right)\underline{n}_W
\end{cases}
\tag{12-14}
$$

添加到壁面力中的 Max 函数保证了气泡被推离壁(通过液体黏性子层)并且不能从中吸引气泡。当从最近的壁测量的距离 y 足够大时将抵消壁面力。

12.2.1.3　能量守恒方程

根据保留的能量变量(总能量、内能、焓、总焓或熵),可以为能量守恒方程导出几种不同的形式。在第 3 章中,推导了一般两流体模型(式(3-63))中总能量方程和离散两相流混合模型背景下的熵平衡方程(式(3-119))。熵平衡方程似乎是最简单的选择,但熵变量并不总是在工业代码中可用。这就是为什么 Zaepffel[2] 更倾向于使用定义为平均焓和平均运动动能之和的方程,即

$$
H_k \equiv \overline{\overline{h}}_k^k+\frac{\overline{\overline{v_k^2}}^k}{2}
\tag{12-15}
$$

平均总焓的方程可以通过回顾焓的定义式(2-42)和忽略 TKE 的贡献来推导出总能量方程,TKE 在相对低速流动时与焓相比较小。然后,总能量方程(3-63)变为

$$
\frac{\partial}{\partial t}(\alpha_k \overline{\rho}_k^k H_k)+\nabla\cdot(\alpha_k \overline{\rho}_k^k H_k \overline{\overline{\underline{v}}}_k^k)=\frac{\partial}{\partial t}(\alpha_k \overline{p}_k^k)-\nabla\cdot[\alpha_k(\overline{\underline{q}}_k^k+\overline{\underline{q}}_k^{\mathrm{T}})]+ \\
\nabla\cdot(\alpha_k \overline{\underline{\underline{\tau}}}_k^k\cdot\overline{\overline{\underline{v}}}_k^k)+\alpha_k \overline{\rho}_k^k \overline{\overline{\underline{v}}}_k^k\cdot\underline{g}+Q_k
\tag{12-16}
$$

对界面能量交换 Q_k 使用式(9-13),式(12-16)变为

$$
\begin{aligned}
&\frac{\partial}{\partial t}(\alpha_k \overline{\rho}_k^k H_k)+\nabla\cdot(\alpha_k \overline{\rho}_k^k H_k \overline{\overline{\underline{v}}}_k^k) \\
&=\frac{\partial}{\partial t}(\alpha_k \overline{p}_k^k)-\nabla\cdot[\alpha_k(\overline{\underline{q}}_k^k+\overline{\underline{q}}_k^{\mathrm{T}})]+\nabla\cdot(\alpha_k \overline{\underline{\underline{\tau}}}_k^k\cdot\overline{\overline{\underline{v}}}_k^k)+\alpha_k \overline{\rho}_k^k \overline{\overline{\underline{v}}}_k^k\cdot\underline{g}+ \\
&\quad \Gamma_k\left(h_k^{\Gamma}+\frac{\overline{\overline{v_k^2}}^{\mathrm{I}}}{2}\right)+q_{k\mathrm{I}}'' a_{\mathrm{I}}+\underline{M}_k'\cdot\overline{\overline{\underline{v}}}_k^k-\overline{p}_k^{\mathrm{I}}\frac{\mathrm{D}_k \alpha_k}{\mathrm{D}t}+W_{k\mathrm{I}}^{\mathrm{T}}
\end{aligned}
\tag{12-17}
$$

在第 9 章中，与相之间的热交换相比，式(9-13)忽略了一定数量的机械项。对于相同的近似水平，忽略$\overline{p}_k^{\mathrm{I}}$和$\overline{p}_k^k$之间的差异，式(12-17)简化为

$$\frac{\partial}{\partial t}(\alpha_k\overline{\rho}_k^k H_k)+\nabla\cdot(\alpha_k\overline{\rho}_k^k H_k\underline{\overline{\overline{v}}}_k^k)$$

$$=\alpha_k\frac{\partial\overline{p}_k^k}{\partial t}-\nabla\cdot[\alpha_k(\underline{\overline{q}}_k^k+\underline{q}_{\mathrm{k}}^{\mathrm{T}})]+\Gamma_k h_k^{\Gamma}+q''_{k\mathrm{I}}a_{\mathrm{I}} \tag{12-18}$$

现在将作以下 3 个额外的简化假设。

假设 1：两相压力没有差别，$\overline{p}_{\mathrm{d}}^{\mathrm{d}}=\overline{p}_{\mathrm{c}}^{\mathrm{c}}=P$。

假设 2：气泡内的蒸汽是饱和的，因此气相的能量方程是没有用的。

假设 3：由相变加权的平均焓可以用饱和焓近似(式(9-17))。

根据这些假设，式(12-18)简化为仅针对连续(液体)项的以下方程，即

$$\frac{\partial}{\partial t}(\alpha_{\mathrm{c}}\rho_{\mathrm{c}}H_{\mathrm{c}})+\nabla\cdot(\alpha_{\mathrm{c}}\rho_{\mathrm{c}}H_{\mathrm{c}}\underline{V}_{\mathrm{c}})$$

$$=\alpha_{\mathrm{c}}\frac{\partial P}{\partial t}-\nabla\cdot[\alpha_{\mathrm{c}}(\underline{\overline{q}}_{\mathrm{c}}^{\mathrm{c}}+\underline{\overline{q}}_{\mathrm{c}}^{\mathrm{T}})]-\Gamma_{\mathrm{d}}h_{\mathrm{c}}^{\mathrm{sat}}+q''_{\mathrm{cI}}a_{\mathrm{I}} \tag{12-19}$$

液体-界面传热 $q''_{\mathrm{cI}}a_{\mathrm{I}}$的封闭关系已在第 9 章中得出。最后需要建模的是分子和湍流扩散通量 $\underline{\overline{q}}_{\mathrm{c}}^{\mathrm{c}}$ 和 $\underline{\overline{q}}_{\mathrm{c}}^{\mathrm{T}}$。$\underline{\overline{q}}_{\mathrm{c}}^{\mathrm{c}}$可以通过平均傅里叶热传导定律(式(2-53))得到，即

$$\underline{\overline{q}}_{\mathrm{c}}^{\mathrm{c}}=-\lambda_{\mathrm{c}}\left(\nabla\overline{T}_{\mathrm{c}}^{\mathrm{c}}+\frac{\langle T'_{\mathrm{c}}\underline{n}_{\mathrm{c}}\delta_{\mathrm{I}}\rangle}{\alpha_{\mathrm{c}}}\right) \tag{12-20}$$

式(12-20)的等式右侧的第二项类似于动量方程(式(12-8))的界面外变形张量。Ishii[8]给出了这种界面热通量的近似封闭，即

$$\frac{\langle T'_{\mathrm{c}}\underline{n}_{\mathrm{c}}\delta_{\mathrm{I}}\rangle}{\alpha_{\mathrm{c}}}\approx-(T_{\mathrm{sat}}-\overline{T}_{\mathrm{c}}^{\mathrm{c}})\frac{\nabla\alpha_{\mathrm{c}}}{\alpha_{\mathrm{c}}} \tag{12-21}$$

其中假设界面温度由饱和温度给出。如果对湍流热通量采用类似的表达式，则得到

$$\underline{q}_{\mathrm{c}}^{\mathrm{T}}=-\lambda_{\mathrm{c}}^{\mathrm{T}}\left[\nabla\overline{T}_{\mathrm{c}}^{\mathrm{c}}-(T_{\mathrm{sat}}-\overline{T}_{\mathrm{c}}^{\mathrm{c}})\frac{\nabla\alpha_{\mathrm{c}}}{\alpha_{\mathrm{c}}}\right] \tag{12-22}$$

式中：$\lambda_{\mathrm{c}}^{\mathrm{T}}$为湍流热导率。

最后的量可以通过假设下面的湍流普朗特数的常数值来获得，即

$$Pr_{\mathrm{c}}^{\mathrm{T}}\equiv\frac{Cp_{\mathrm{c}}\mu_{\mathrm{c}}^{\mathrm{T}}}{\lambda_{\mathrm{c}}^{\mathrm{T}}} \tag{12-23}$$

式中，$Pr_{\mathrm{c}}^{\mathrm{T}}$通常取值 0.9。

12.2.1.4 几何矩平衡方程

当假定气泡尺寸分布函数为对数正态定律或二次定律分布时,封闭系统仅需要知道一阶矩和二阶矩。在第 10 章(式(10-145))中已经推导出了一阶矩和二阶矩输运方程,即

$$\begin{cases}\dfrac{\partial M_1}{\partial t}+\nabla\cdot(M_1\underline{V}_{\mathrm{d}})=-\dfrac{M_1}{3\rho_{\mathrm{d}}}\dfrac{\mathrm{D_d}\rho_{\mathrm{d}}}{\mathrm{D}t}+\gamma_1+C(d)\\ \dfrac{\partial M_2}{\partial t}+\nabla\cdot(M_2\underline{V}_{\mathrm{d}})=-\dfrac{2M_2}{3\rho_{\mathrm{d}}}\dfrac{\mathrm{D_d}\rho_{\mathrm{d}}}{\mathrm{D}t}+\gamma_2+C(d^2)\end{cases}\tag{12-24}$$

式中,γ_1和γ_2是由相变(蒸发或冷凝)引起的;$C(d)$和$C(d^2)$是机械现象,如合并和破碎。这些项有复杂的代数表达式,这里不再赘述。

12.2.1.5 液相湍流方程

Zaepffel[2]对泡状流的液相使用了$K-\varepsilon$模型。在 11.2.3 小节中总结了几个用于两相流的$K-\varepsilon$模型。Zaepffel[2]使用的$K-\varepsilon$模型的方程为

$$\begin{cases}\dfrac{\partial}{\partial t}(\alpha_{\mathrm{c}}\rho_{\mathrm{c}}K_{\mathrm{c}})+\nabla\cdot(\alpha_{\mathrm{c}}\rho_{\mathrm{c}}K_{\mathrm{c}}\underline{V}_{\mathrm{c}})=-\alpha_{\mathrm{c}}\rho_{\mathrm{c}}\underline{\underline{R}}_{\mathrm{c}}:\underline{\underline{\nabla}}\,\underline{V}_{\mathrm{c}}-\alpha_{\mathrm{c}}\rho_{\mathrm{c}}\varepsilon_{\mathrm{c}}+\\ \qquad\nabla\cdot\left(\alpha_{\mathrm{c}}\rho_{\mathrm{c}}\dfrac{\nu_{\mathrm{Tc}}}{\sigma_K}\nabla K_{\mathrm{c}}\right)+P_K^{\mathrm{I}}\\ \dfrac{\partial}{\partial t}(\alpha_{\mathrm{c}}\rho_{\mathrm{c}}\varepsilon_{\mathrm{c}})+\nabla\cdot(\alpha_{\mathrm{c}}\rho_{\mathrm{c}}\varepsilon_{\mathrm{c}}\underline{V}_{\mathrm{c}})=-\alpha_{\mathrm{c}}\rho_{\mathrm{c}}C_{\varepsilon1}\dfrac{\varepsilon_{\mathrm{c}}}{K_{\mathrm{c}}}\underline{\underline{R}}_{\mathrm{c}}:\underline{\underline{\nabla}}\,\underline{V}_{\mathrm{c}}-C_{\varepsilon2}\alpha_{\mathrm{c}}\rho_{\mathrm{c}}\dfrac{\varepsilon_{\mathrm{c}}^2}{K_{\mathrm{c}}}+\\ \qquad\nabla\cdot\left(\alpha_{\mathrm{c}}\rho_{\mathrm{c}}\dfrac{\nu_{\mathrm{Tc}}}{\sigma_\varepsilon}\nabla\varepsilon_{\mathrm{c}}\right)+P_\varepsilon^{\mathrm{I}}\end{cases}\tag{12-25}$$

界面产生项P_K^{I}和$P_\varepsilon^{\mathrm{I}}$是由于气泡尾流产生的湍流,并由以下简单的模型给出:

$$\begin{cases}P_K^{\mathrm{I}}=-\underline{M}_{\mathrm{d}}^{\mathrm{d}}\cdot(\underline{V}_{\mathrm{d}}-\underline{V}_{\mathrm{c}})\\ P_\varepsilon^{\mathrm{I}}=C_{\varepsilon3}\dfrac{\varepsilon_{\mathrm{c}}}{K_{\mathrm{c}}}P_K^{\mathrm{I}}\end{cases}\tag{12-26}$$

12.2.2 一般正交坐标系和圆柱坐标系

12.2.1 小节中给出的方程是张量形式的(涉及哈密顿∇算子)。我们记得 nabla 算子给出了 4 个不同的算子,即梯度、散度、拉普拉斯和卷积,这些算子在笛卡儿坐标(x,y,z)中为

$$
\begin{cases}
\nabla = \underline{e}_x \dfrac{\partial}{\partial x} + \underline{e}_y \dfrac{\partial}{\partial y} + \underline{e}_z \dfrac{\partial}{\partial z} \\
\nabla \cdot \underline{u} = \dfrac{\partial u_x}{\partial x} + \dfrac{\partial u_y}{\partial y} + \dfrac{\partial u_z}{\partial z} \\
\nabla^2 \varphi = \dfrac{\partial^2 \varphi}{\partial x^2} + \dfrac{\partial^2 \varphi}{\partial y^2} + \dfrac{\partial^2 \varphi}{\partial z^2} \\
\nabla \wedge \underline{u} = \underline{e}_x \left(\dfrac{\partial u_z}{\partial y} - \dfrac{\partial u_y}{\partial z} \right) + \underline{e}_y \left(\dfrac{\partial u_x}{\partial z} - \dfrac{\partial u_z}{\partial x} \right) + \underline{e}_z \left(\dfrac{\partial u_y}{\partial x} - \dfrac{\partial u_x}{\partial y} \right)
\end{cases}
\tag{12-27}
$$

式中：u 和 φ 为任意的矢量和标量场；3 个矢量$\underline{e}_x$、$\underline{e}_y$、$\underline{e}_z$为 x、y 和 z 方向上的基矢（单位向量）。第一个工作是找到类似于式（12-27）的圆柱坐标系关系。对于广义正交曲线坐标系(q_1, q_2, q_3)，空间中的单个点 P 可以通过笛卡儿坐标(x, y, z)确定，或者等效地通过其曲线坐标(q_1, q_2, q_3)确定，因此有

$$
\begin{cases}
x = x(q_1, q_2, q_3) \\
y = y(q_1, q_2, q_3) \\
z = z(q_1, q_2, q_3)
\end{cases}
\tag{12-28}
$$

如果两个坐标系之间变换的雅可比行列式既不等于零也不是无穷大，则可以将式（12-28）逆推得到：

$$
\begin{cases}
q_1 = q_1(x, y, z) \\
q_2 = q_2(x, y, z) \\
q_3 = q_3(x, y, z)
\end{cases}
\tag{12-29}
$$

广义曲线坐标系中的协变基矢量（不一定是单位矢量）由下式定义[11]：

$$
\underline{g}_\alpha \equiv \frac{\partial \underline{x}}{\partial q_\alpha} = \frac{\partial \underline{x}}{\partial x_i} \frac{\partial x_i}{\partial q_\alpha} = \frac{\partial x_i}{\partial q_\alpha} \underline{e}_i \quad \Leftrightarrow \quad \underline{e}_i = \frac{\partial q_\alpha}{\partial x_i} \underline{g}_\alpha
\tag{12-30}
$$

矢量与曲线坐标系中的坐标线相切。它们的长度定义了以下比例因子：

$$
h_\alpha \equiv |\underline{g}_\alpha| = \sqrt{\underline{g}_\alpha \cdot \underline{g}_\alpha} = \sqrt{\frac{\partial x_i}{\partial q_\alpha} \frac{\partial x_i}{\partial q_\alpha}}
\tag{12-31}
$$

对于正交坐标系，基矢$\underline{g}_\alpha$是相互正交的，因此可得

$$
\underline{g}_\alpha \cdot \underline{g}_\beta = h_\alpha^2 \delta_{\alpha\beta}
\tag{12-32}
$$

根据式（12-31）和式（12-32），可以得到每个方向比例因子的平方，即

$$
h_\alpha^2 = \frac{\partial x_i}{\partial q_\alpha} \frac{\partial x_i}{\partial q_\alpha} = \left(\frac{\partial x}{\partial q_\alpha} \right)^2 + \left(\frac{\partial y}{\partial q_\alpha} \right)^2 + \left(\frac{\partial z}{\partial q_\alpha} \right)^2
\tag{12-33}
$$

对于圆柱坐标的特定情况（$q_1 = r$、$q_2 = \theta$、$q_3 = z$），式（12-28）由下式给出：

$$x=r\cos\theta,\quad y=r\sin\theta,\quad z=z \tag{12-34}$$

一般关系式(12-33)在圆柱坐标的特定情况下有比例因子，即

$$h_1=h_r=1,\quad h_2=h_\theta=r,\quad h_3=h_z=1 \tag{12-35}$$

两个坐标系中基矢之间的关系由下式给出：

$$\underline{e}_r=\cos\theta\underline{e}_x+\sin\theta\underline{e}_y,\quad \underline{e}_\theta=-\sin\theta\underline{e}_x+\cos\theta\underline{e}_y,\quad \underline{e}_z=\underline{e}_z \tag{12-36}$$

式(12-36)表明，圆柱坐标系中的基矢取决于所考虑的点、角度 θ，因此基矢相对于 θ 的空间导数不等于零，有

$$\begin{cases}\dfrac{\partial \underline{e}_r}{\partial\theta}=-\sin\theta\underline{e}_x+\cos\theta\underline{e}_y=\underline{e}_\theta\\[2ex] \dfrac{\partial \underline{e}_\theta}{\partial\theta}=-\cos\theta\underline{e}_x+\sin\theta\underline{e}_y=-\underline{e}_r\end{cases} \tag{12-37}$$

并且基矢的所有其他偏导数都是 0。应当注意的是，任何正交曲线坐标系中的基矢$\underline{e}_\alpha$（如圆柱坐标中的 $\alpha=r$、θ、z）都是单位矢量，它们是相互正交的并且其选择构成右手系统。它们与协变基矢量$\underline{g}_\alpha$的关系为

$$\underline{e}_\alpha\equiv\frac{\underline{g}_\alpha}{|\underline{g}_\alpha|}=\frac{\underline{g}_\alpha}{\sqrt{\underline{g}_\alpha\cdot\underline{g}_\alpha}}=\frac{\underline{g}_\alpha}{h_\alpha} \tag{12-38}$$

按以下步骤确定算子∇在一般正交坐标系中的形式。如果(q_1,q_2,q_3)是位置矢量为$\underline{x}$的点 P 的坐标，且$(q_1+\mathrm{d}q_1,q_2+\mathrm{d}q_2,q_3+\mathrm{d}q_3)$是位置向量为$\underline{x}+\mathrm{d}\underline{x}$的第二个点 Q 的坐标，然后可得

$$\underline{PQ}=\mathrm{d}\underline{x}=\frac{\partial \underline{x}}{\partial q_1}\mathrm{d}q_1+\frac{\partial \underline{x}}{\partial q_2}\mathrm{d}q_2+\frac{\partial \underline{x}}{\partial q_3}\mathrm{d}q_3=h_1\underline{e}_1\mathrm{d}q_1+h_2\underline{e}_2\mathrm{d}q_2+h_3\underline{e}_3\mathrm{d}q_3 \tag{12-39}$$

其中，使用了式(12-30)和式(12-38)。在圆柱坐标的特定情况下，式(12-39)变为（根据式(12-35)）：

$$\underline{PQ}=\mathrm{d}\underline{x}=\mathrm{d}r\underline{e}_r+r\mathrm{d}\theta\underline{e}_\theta+\mathrm{d}z\underline{e}_z \tag{12-40}$$

现在考虑一个任意场 ψ，它可以是标量、矢量或张量。$\nabla\psi$ 通过以下一般方式定义，即

$$\mathrm{d}\psi=\nabla\psi\cdot\mathrm{d}\underline{x} \tag{12-41}$$

展开方程的左式并利用关系式(12-39)，可得

$$\frac{\partial\psi}{\partial q_1}\mathrm{d}q_1+\frac{\partial\psi}{\partial q_2}\mathrm{d}q_2+\frac{\partial\psi}{\partial q_3}\mathrm{d}q_3=\nabla\psi\cdot(h_1\underline{e}_1\mathrm{d}q_1+h_2\underline{e}_2\mathrm{d}q_2+h_3\underline{e}_3\mathrm{d}q_3) \tag{12-42}$$

由于(q_1,q_2,q_3)是独立的变量，因此式(12-42)给出了 3 种不同的关系，即

$$\frac{\partial\psi}{\partial q_1}=h_1\underline{e}_1\cdot\nabla\psi,\quad \frac{\partial\psi}{\partial q_2}=h_2\underline{e}_2\cdot\nabla\psi,\quad \frac{\partial\psi}{\partial q_3}=h_3\underline{e}_3\cdot\nabla\psi \tag{12-43}$$

由于基矢的正交性，有

$$\nabla \psi=\frac{1}{h_1}\frac{\partial \psi}{\partial q_1}\underline{e}_1+\frac{1}{h_2}\frac{\partial \psi}{\partial q_2}\underline{e}_2+\frac{1}{h_3}\frac{\partial \psi}{\partial q_3}\underline{e}_3 \qquad (12-44)$$

对于单独的 nabla 算子，可得

$$\nabla=\frac{1}{h_1}\frac{\partial}{\partial q_1}\underline{e}_1+\frac{1}{h_2}\frac{\partial}{\partial q_2}\underline{e}_2+\frac{1}{h_3}\frac{\partial}{\partial q_3}\underline{e}_3=\sum_{\alpha=1}^{3}\frac{1}{h_\alpha}\underline{e}_\alpha\frac{\partial}{\partial q_\alpha} \qquad (12-45)$$

对于笛卡儿坐标系的特定情况，所有 3 个比例因子都等于 1 并且保留了第一关系式（式(12-27)）。如果$\underline{u}$是一个任意的矢量场，则有

$$\underline{u}=u_1\underline{e}_1+u_2\underline{e}_2+u_3\underline{e}_3=\sum_{\beta=1}^{3}u_\beta\underline{e}_\beta \qquad (12-46)$$

矢量$\underline{u}$的散度为

$$\nabla\cdot\underline{u}=\sum_{\alpha=1}^{3}\frac{1}{h_\alpha}\underline{e}_\alpha\cdot\frac{\partial}{\partial q_\alpha}\left(\sum_{\beta=1}^{3}u_\beta\underline{e}_\beta\right) \qquad (12-47)$$

矢量$\underline{u}$的梯度为

$$\underline{\underline{\nabla \underline{u}}}=\sum_{\alpha=1}^{3}\frac{1}{h_\alpha}\underline{e}_\alpha\frac{\partial}{\partial q_\alpha}\left(\sum_{\beta=1}^{3}u_\beta\underline{e}_\beta\right) \qquad (12-48)$$

矢量$\underline{u}$的卷积是一个矢量，由下式给出：

$$\nabla\wedge\underline{u}=\sum_{\alpha=1}^{3}\frac{1}{h_\alpha}\underline{e}_\alpha\wedge\frac{\partial}{\partial q_\alpha}\left(\sum_{\beta=1}^{3}u_\beta\underline{e}_\beta\right) \qquad (12-49)$$

二阶张量的散度是一个矢量，由下式给出：

$$\nabla\cdot\underline{\underline{T}}=\sum_{\alpha=1}^{3}\frac{1}{h_\alpha}\underline{e}_\alpha\cdot\frac{\partial}{\partial q_\alpha}\left(\sum_{\beta=1}^{3}\sum_{\gamma=1}^{3}T_{\beta\gamma}\underline{e}_\beta\underline{e}_\gamma\right) \qquad (12-50)$$

下面将给出圆柱坐标系下式(12-44)～式(12-50)的结果。

在圆柱坐标系中，式(12-44)的梯度变为

$$\nabla \psi=\frac{\partial \psi}{\partial r}\underline{e}_r+\frac{1}{r}\frac{\partial \psi}{\partial \theta}\underline{e}_\theta+\frac{\partial \psi}{\partial z}\underline{e}_z \qquad (12-51)$$

从式(12-47)出发并使用基矢的导数（式(12-37)）的结果以及基矢的正交性，得到以下用于矢量场的散度，即

$$\nabla\cdot\underline{u}=\frac{\partial u_r}{\partial r}+\frac{1}{r}\left(u_r+\frac{\partial u_\theta}{\partial \theta}\right)+\frac{\partial u_z}{\partial z}=\frac{1}{r}\frac{\partial(ru_r)}{\partial r}+\frac{1}{r}\frac{\partial u_\theta}{\partial \theta}+\frac{\partial u_z}{\partial z} \qquad (12-52)$$

以相同的方式，获得矢量场的梯度（二阶张量）为

$$\underline{\underline{\nabla}}\,\underline{u}=\frac{\partial u_r}{\partial r}\underline{e}_r\underline{e}_r+\frac{\partial u_\theta}{\partial r}\underline{e}_r\underline{e}_\theta+\frac{\partial u_z}{\partial r}\underline{e}_r\underline{e}_z+\frac{1}{r}\left(\frac{\partial u_r}{\partial\theta}-u_\theta\right)\underline{e}_\theta\underline{e}_r+\frac{1}{r}\left(\frac{\partial u_\theta}{\partial\theta}+u_r\right)\underline{e}_\theta\underline{e}_\theta+\frac{\partial u_z}{r\,\partial\theta}\underline{e}_\theta\underline{e}_z+\frac{\partial u_r}{\partial z}\underline{e}_z\underline{e}_r+\frac{\partial u_\theta}{\partial z}\underline{e}_z\underline{e}_\theta+\frac{\partial u_z}{\partial z}\underline{e}_z\underline{e}_z \tag{12-53}$$

二阶张量(矢量)的散度由式(12-50)得出:

$$\nabla\cdot\underline{\underline{T}}=\left[\frac{1}{r}\frac{\partial}{\partial r}(rT_{rr})+\frac{\partial T_{\theta r}}{r\,\partial\theta}+\frac{\partial T_{zr}}{\partial z}-\frac{T_{\theta\theta}}{r}\right]\underline{e}_r+\left[\frac{1}{r}\frac{\partial}{\partial r}(rT_{r\theta})+\frac{\partial T_{\theta\theta}}{r\,\partial\theta}+\frac{\partial T_{z\theta}}{\partial z}+\frac{T_{\theta r}}{r}\right]\underline{e}_\theta+\left[\frac{1}{r}\frac{\partial}{\partial r}(rT_{rz})+\frac{\partial T_{\theta z}}{r\,\partial\theta}+\frac{\partial T_{zz}}{\partial z}\right]\underline{e}_z \tag{12-54}$$

矢量的卷积(仍是矢量)通过式(12-49)获得:

$$\nabla\wedge\underline{u}=\left[\frac{1}{r}\frac{\partial u_z}{\partial\theta}-\frac{\partial u_\theta}{\partial z}\right]\underline{e}_r+\left[\frac{\partial u_r}{\partial z}-\frac{\partial u_z}{\partial r}\right]\underline{e}_\theta+\left[\frac{1}{r}\frac{\partial(ru_\theta)}{\partial r}-\frac{1}{r}\frac{\partial u_r}{\partial\theta}\right]\underline{e}_z \tag{12-55}$$

拉普拉斯算子定义为梯度的散度。因此,将式(12-51)和式(12-52)与$\underline{u}=\nabla\psi$相结合,得到标量场的拉普拉斯运算(标量)式为

$$\nabla^2\psi=\frac{1}{r}\frac{\partial}{\partial r}\left(r\frac{\partial\psi}{\partial r}\right)+\frac{1}{r^2}\frac{\partial^2\psi}{\partial\theta^2}+\frac{\partial^2\psi}{\partial z^2} \tag{12-56}$$

矢量场的拉普拉斯运算(矢量)类似地通过取梯度的散度获得:

$$\nabla^2\underline{u}=\left[\nabla^2u_r-\frac{2}{r^2}\frac{\partial u_\theta}{\partial\theta}-\frac{u_r}{r^2}\right]\underline{e}_r+\left[\nabla^2u_\theta+\frac{2}{r^2}\frac{\partial u_r}{\partial\theta}-\frac{u_\theta}{r^2}\right]\underline{e}_\theta+\nabla^2u_z\underline{e}_z \tag{12-57}$$

12.2.3 模型在轴对称圆柱坐标中的投影

对于具有圆形横截面的垂直管道中的流动,重力矢量与管道轴线平行。在该特定情况下,通常假设管轴也是描述流动所有场变量的对称轴。因此,问题的维度从三维减少到二维,因为方位角 θ 不出现在最终方程中。轴对称假设如下:

$$\begin{cases}V_\theta=0\\ \dfrac{\partial}{\partial\theta}=0\end{cases} \tag{12-58}$$

式中:V_θ为平均速度在方位角上的分量。

通过这种简化,将使用 12.2.2 小节中开发的工具预测 12.2.1 小节中提出的方程。

液体和气体的质量守恒方程式(12-1)在轴对称圆柱坐标系中变为

$$\begin{cases}\dfrac{\partial}{\partial t}(\alpha_{\mathrm{d}}\rho_{\mathrm{d}})+\dfrac{1}{r}\dfrac{\partial(r\alpha_{\mathrm{d}}\rho_{\mathrm{d}}V_{\mathrm{d},r})}{\partial r}+\dfrac{\partial}{\partial z}(\alpha_{\mathrm{d}}\rho_{\mathrm{d}}V_{\mathrm{d},z})=\Gamma_{\mathrm{d}}\\ \dfrac{\partial}{\partial t}(\alpha_{\mathrm{c}}\rho_{\mathrm{c}})+\dfrac{1}{r}\dfrac{\partial(r\alpha_{\mathrm{c}}\rho_{\mathrm{c}}V_{\mathrm{c},r})}{\partial r}+\dfrac{\partial}{\partial z}(\alpha_{\mathrm{c}}\rho_{\mathrm{c}}V_{\mathrm{c},z})=-\Gamma_{\mathrm{d}}\end{cases}\tag{12-59}$$

由于动量守恒方程式(12-14)是矢量方程,因此式(12-59)中每个方程给出对应于径向和轴向的两个标量方程。离散相的径向动量方程为

$$\begin{aligned}&\frac{\partial}{\partial t}(\alpha_{\mathrm{d}}\rho_{\mathrm{d}}V_{\mathrm{d},r})+\frac{1}{r}\frac{\partial}{\partial r}(r\alpha_{\mathrm{d}}\rho_{\mathrm{d}}V_{\mathrm{d},r}V_{\mathrm{d},r})+\frac{\partial}{\partial z}(\alpha_{\mathrm{d}}\rho_{\mathrm{d}}V_{\mathrm{d},r}V_{\mathrm{d},r})\\&=-\alpha_{\mathrm{d}}\frac{\partial P_{\mathrm{c}}}{\partial r}+\Gamma_{\mathrm{d}}\frac{V_{\mathrm{c},r}+V_{\mathrm{d},r}}{2}-\alpha_{\mathrm{d}}\rho_{\mathrm{d}}\frac{V_{\mathrm{d},r}-V_{\mathrm{c},r}}{\tau_{\mathrm{p}}}-\\&\quad\alpha_{\mathrm{d}}C_{\mathrm{A}}\rho_{\mathrm{c}}\left(\frac{\partial V_{\mathrm{R},r}}{\partial t}+V_{\mathrm{d},r}\frac{\partial V_{\mathrm{R},r}}{\partial r}+V_{\mathrm{d},z}\frac{\partial V_{\mathrm{R},r}}{\partial z}\right)+\\&\quad\alpha_{\mathrm{d}}C_{\mathrm{L}}\rho_{\mathrm{c}}V_{\mathrm{R},z}\left(\frac{\partial V_{\mathrm{c},r}}{\partial z}-\frac{\partial V_{\mathrm{c},z}}{\partial r}\right)-\frac{3}{4}\frac{C_{\mathrm{D}}}{d}\mu_{\mathrm{c}}^{\mathrm{T}}|\underline{V}_{\mathrm{d}}-\underline{V}_{\mathrm{c}}|\frac{\partial\alpha_{\mathrm{d}}}{\partial r}-\\&\quad 2\alpha_{\mathrm{d}}\rho_{\mathrm{c}}\frac{|\underline{v}_{//}|^{2}}{d}\mathrm{Max}\left[0,C_{\mathrm{W1}}+C_{\mathrm{W2}}\frac{d}{2(R-r)}\right]\end{aligned}\tag{12-60}$$

式中:R 为管道半径。

离散相的轴向动量方程为

$$\begin{aligned}&\frac{\partial}{\partial t}(\alpha_{\mathrm{d}}\rho_{\mathrm{d}}V_{\mathrm{d},z})+\frac{1}{r}\frac{\partial}{\partial r}(r\alpha_{\mathrm{d}}\rho_{\mathrm{d}}V_{\mathrm{d},z}V_{\mathrm{d},z})+\frac{\partial}{\partial z}(\alpha_{\mathrm{d}}\rho_{\mathrm{d}}V_{\mathrm{d},z}V_{\mathrm{d},z})\\&=-\alpha_{\mathrm{d}}\rho_{\mathrm{d}}g-\alpha_{\mathrm{d}}\frac{\partial P_{\mathrm{c}}}{\partial z}+\Gamma_{\mathrm{d}}\frac{V_{\mathrm{c},z}+V_{\mathrm{d},z}}{2}-\alpha_{\mathrm{d}}\rho_{\mathrm{d}}\frac{V_{\mathrm{d},z}-V_{\mathrm{c},z}}{\tau_{\mathrm{p}}}-\\&\quad\alpha_{\mathrm{d}}C_{\mathrm{A}}\rho_{\mathrm{c}}\left(\frac{\partial V_{\mathrm{R},z}}{\partial t}+V_{\mathrm{d},r}\frac{\partial V_{\mathrm{R},z}}{\partial r}+V_{\mathrm{d},z}\frac{\partial V_{\mathrm{R},z}}{\partial z}\right)-\\&\quad\alpha_{\mathrm{d}}C_{\mathrm{L}}\rho_{\mathrm{c}}V_{\mathrm{R},z}\left(\frac{\partial V_{\mathrm{c},r}}{\partial z}-\frac{\partial V_{\mathrm{c},z}}{\partial r}\right)-\\&\quad\frac{3}{4}\frac{C_{\mathrm{D}}}{d}\mu_{\mathrm{c}}^{\mathrm{T}}|\underline{V}_{\mathrm{d}}-\underline{V}_{\mathrm{c}}|\frac{\partial\alpha_{\mathrm{d}}}{\partial z}\end{aligned}\tag{12-61}$$

除了在离散相方程中没有等效的分子和湍流扩散项外,连续相动量方程在径向和轴向上的投影是完全相似的。这些项涉及一阶导数和二阶导数。一阶导数减少到一个梯度(由于存在等同张量($\underline{\underline{I}}$)),即

$$\nabla\cdot\left[\alpha_{\mathrm{c}}\left(-\frac{2}{3}\rho_{\mathrm{c}}K_{\mathrm{c}}\underline{\underline{I}}\right)\right]=-\frac{2}{3}\nabla(\alpha_{\mathrm{c}}\rho_{\mathrm{c}}K_{\mathrm{c}})=-\frac{2}{3}\left(\frac{\partial\alpha_{\mathrm{c}}\rho_{\mathrm{c}}K_{\mathrm{c}}}{\partial r}\underline{e}_{r}+\frac{\partial\alpha_{\mathrm{c}}\rho_{\mathrm{c}}K_{\mathrm{c}}}{\partial z}\underline{e}_{z}\right)\tag{12-62}$$

可以通过使用式(12-53)和式(12-54),以及简化假设方程(12-58)获得二阶导数项,即

$$
\begin{aligned}
&\nabla\cdot\left[\alpha_{\mathrm{c}}(\mu_{\mathrm{c}}+\mu_{\mathrm{c}}^{\mathrm{T}})(\underline{\underline{\nabla}}\,\underline{V}_{\mathrm{c}}+\underline{\underline{\nabla}}^{\mathrm{T}}\underline{V}_{\mathrm{c}})\right]\\
&=\left\{\frac{2}{r}\frac{\partial}{\partial r}\left[r\alpha_{\mathrm{c}}(\mu_{\mathrm{c}}+\mu_{\mathrm{c}}^{\mathrm{T}})\frac{\partial V_{\mathrm{c},r}}{\partial r}\right]+\right.\\
&\left.\frac{\partial}{\partial z}\left[\alpha_{\mathrm{c}}(\mu_{\mathrm{c}}+\mu_{\mathrm{c}}^{\mathrm{T}})\left(\frac{\partial V_{\mathrm{c},r}}{\partial z}+\frac{\partial V_{\mathrm{c},z}}{\partial r}\right)\right]-2\alpha_{\mathrm{c}}(\mu_{\mathrm{c}}+\mu_{\mathrm{c}}^{\mathrm{T}})\frac{V_{\mathrm{c},r}}{r^{2}}\right\}\underline{e}_{r}+\\
&\left\{\frac{1}{r}\frac{\partial}{\partial r}\left[r\alpha_{\mathrm{c}}(\mu_{\mathrm{c}}+\mu_{\mathrm{c}}^{\mathrm{T}})\left(\frac{\partial V_{\mathrm{c},r}}{\partial z}+\frac{\partial V_{\mathrm{c},z}}{\partial r}\right)\right]+2\frac{\partial}{\partial z}\left[\alpha_{\mathrm{c}}(\mu_{\mathrm{c}}+\mu_{\mathrm{c}}^{\mathrm{T}})\frac{\partial V_{\mathrm{c},z}}{\partial z}\right]\right\}\underline{e}_{z}
\end{aligned}
\tag{12-63}
$$

焓平衡方程(12-19)变为

$$
\begin{aligned}
&\frac{\partial}{\partial t}(\alpha_{\mathrm{c}}\rho_{\mathrm{c}}H_{\mathrm{c}})+\frac{1}{r}\frac{\partial(r\alpha_{\mathrm{c}}\rho_{\mathrm{c}}H_{\mathrm{c}}V_{\mathrm{c},r})}{\partial r}+\frac{\partial(\alpha_{\mathrm{c}}\rho_{\mathrm{c}}H_{\mathrm{c}}V_{\mathrm{c},r})}{\partial z}\\
&=\alpha_{\mathrm{c}}\frac{\partial P}{\partial t}-\frac{1}{r}\frac{\partial(r\alpha_{\mathrm{c}}(q_{\mathrm{c},r}+q_{\mathrm{c},r}^{\mathrm{T}}))}{\partial r}-\frac{\partial(\alpha_{\mathrm{c}}(q_{\mathrm{c},z}+q_{\mathrm{c},z}^{\mathrm{T}}))}{\partial z}-\Gamma_{\mathrm{d}}h_{\mathrm{c}}^{\mathrm{sat}}+q''_{\mathrm{cI}}a_{\mathrm{I}}
\end{aligned}
\tag{12-64}
$$

几何力矩平衡方程(12-24)变为

$$
\begin{aligned}
&\frac{\partial M_{k}}{\partial t}+\frac{1}{r}\frac{\partial(rM_{k}V_{\mathrm{d},r})}{\partial r}+\frac{\partial(M_{k}V_{\mathrm{d},z})}{\partial z}\\
&=-(2)^{k-1}\frac{M_{k}}{3\rho_{\mathrm{d}}}\left(\frac{\partial\rho_{\mathrm{d}}}{\partial t}+V_{\mathrm{d},r}\frac{\partial\rho_{\mathrm{d}}}{\partial r}+V_{\mathrm{d},z}\frac{\partial\rho_{\mathrm{d}}}{\partial z}\right)+\gamma_{k}+C(d^{k})\\
&k=1,2
\end{aligned}
\tag{12-65}
$$

湍流动能能量方程(12-25)变为

$$
\begin{aligned}
&\frac{\partial}{\partial t}(\alpha_{\mathrm{c}}\rho_{\mathrm{c}}K_{\mathrm{c}})+\frac{1}{r}\frac{\partial(r\alpha_{\mathrm{c}}\rho_{\mathrm{c}}K_{\mathrm{c}}V_{\mathrm{c},r})}{\partial r}+\frac{\partial(\alpha_{\mathrm{c}}\rho_{\mathrm{c}}K_{\mathrm{c}}V_{\mathrm{c},z})}{\partial z}=\\
&\frac{1}{r}\frac{\partial}{\partial r}\left(r\alpha_{\mathrm{c}}\rho_{\mathrm{c}}\frac{\nu_{\mathrm{Tc}}}{\sigma_{K}}\frac{\partial K_{\mathrm{c}}}{\partial r}\right)+\frac{\partial}{\partial z}\left(\alpha_{\mathrm{c}}\rho_{\mathrm{c}}\frac{\nu_{\mathrm{Tc}}}{\sigma_{K}}\frac{\partial K_{\mathrm{c}}}{\partial z}\right)-\\
&\alpha_{\mathrm{c}}\rho_{\mathrm{c}}\left(R_{\mathrm{c},rr}\frac{\partial V_{\mathrm{c},r}}{\partial r}+R_{\mathrm{c},rz}\frac{\partial V_{\mathrm{c},z}}{\partial r}+R_{\mathrm{c},\theta\theta}\frac{V_{\mathrm{c},r}}{r}+R_{\mathrm{c},zr}\frac{\partial V_{\mathrm{c},r}}{\partial z}+R_{\mathrm{c},zz}\frac{\partial V_{\mathrm{c},z}}{\partial z}\right)-\\
&\alpha_{\mathrm{c}}\rho_{\mathrm{c}}\varepsilon_{\mathrm{c}}+P_{K}^{\mathrm{I}}
\end{aligned}
\tag{12-66}
$$

湍流耗散率方程的投影是类似的。

12.3 数值方法

12.3.1 单相流数值方法简介

这里选择遵循 Patankar[1] 提出的方法。这种名为 SIMPLE(用于压力相关方程的半隐式方法)的方法具有以下优点:

(1) 它可以应用于任何一般的正交曲线坐标系统,因此可以用它处理特定应用的圆柱坐标系统;

(2) 它可以处理可压缩流动和不可压缩流动;

(3) 它相对容易理解并且又很容易记录;

(4) 通过使用有限体积法保证了整体保守平衡;

(5) 速度分量在单独的交错网格上定义(其他标量变量在主网格上定义)。这种独特设计可避免棋盘式压力场或速度场问题(变量共置排列方法的常见缺陷)。

流体流动模型方程可以分为标量变量输运方程和矢量动量输运方程(在不同的空间方向上)。在单相流中,一般标量平衡方程为(在轴对称圆柱坐标系中):

$$\frac{\partial}{\partial t}(\rho\psi)+\frac{1}{r}\frac{\partial(r\rho\psi V_r)}{\partial r}+\frac{\partial(\rho\psi V_z)}{\partial z}=\frac{1}{r}\frac{\partial}{\partial r}\left(r\rho\frac{\nu_\mathrm{T}}{\sigma_\psi}\frac{\partial\psi}{\partial r}\right)+\frac{\partial}{\partial z}\left(\rho\frac{\nu_\mathrm{T}}{\sigma_\psi}\frac{\partial\psi}{\partial z}\right)+S_\psi \tag{12-67}$$

式中:ψ 为通过单位质量定义的一般变量。

通过定义 ψ 和相应的源项 S_ψ,可以将所有标量平衡方程转换为式(12-67)的形式,如可以通过设置 $\psi=1$ 和 $S_\psi=\nu_\mathrm{T}=0$ 来获得单流体的质量守恒方程。

由 Navier-Stokes 方程(A-18)给出的动量守恒方程也可以改写为一般形式(式(12-67)),但由于未定义的速度分量在与标量变量相同位置的压力梯度和交错网格的选择,该方程需要做不同的处理。

式(12-67)中的不同项在特定网格体积上的积分为

$$\begin{cases}\displaystyle\int_0^{2\pi}\int_r^{r+\Delta r}\int_z^{z+\Delta z}\frac{\partial}{\partial t}(\rho\psi)r\mathrm{d}r\mathrm{d}z\mathrm{d}\theta\approx\frac{(\rho\psi)_P-(\rho\psi)_P^0}{\Delta t}\Delta V_P\\ \displaystyle\int_0^{2\pi}\int_z^{z+\Delta z}\int_r^{r+\Delta r}\frac{1}{r}\frac{\partial(r\rho\psi V_r)}{\partial r}r\mathrm{d}r\mathrm{d}z\mathrm{d}\theta=\int_0^{2\pi}\int_z^{z+\Delta z}[(r\rho\psi V_r)_{r+\Delta r}-(r\rho\psi V_r)_r]\mathrm{d}z\mathrm{d}\theta\\ \displaystyle\qquad\qquad=(\rho\psi V_r)_eA_e-(\rho\psi V_r)_wA_w\end{cases}$$

$$
\begin{cases}
\int_0^{2\pi}\int_r^{r+\Delta r}\int_z^{z+\Delta z}\dfrac{\partial(\rho\psi V_z)}{\partial z}\mathrm{d}zr\mathrm{d}r\mathrm{d}\theta=\int_0^{2\pi}\int_r^{r+\Delta r}\left[(\rho\psi V_z)_{z+\Delta z}-(\rho\psi V_z)_z\right]r\mathrm{d}r\mathrm{d}\theta \\
\qquad =(\rho\psi V_z)_n A_n-(\rho\psi V_z)_s A_s \\
\int_0^{2\pi}\int_z^{z+\Delta z}\int_r^{r+\Delta r}\dfrac{1}{r}\dfrac{\partial}{\partial r}\left(r\rho\dfrac{\nu_{\mathrm{T}}}{\sigma_\psi}\dfrac{\partial\psi}{\partial r}\right)r\mathrm{d}r\mathrm{d}z\mathrm{d}\theta=\int_0^{2\pi}\int_z^{z+\Delta z}\left[\left(r\rho\dfrac{\nu_{\mathrm{T}}}{\sigma_\psi}\dfrac{\partial\psi}{\partial r}\right)_{r+\Delta r}-\right. \\
\qquad \left.\left(r\rho\dfrac{\nu_{\mathrm{T}}}{\sigma_\psi}\dfrac{\partial\psi}{\partial r}\right)_r\right]\mathrm{d}z\mathrm{d}\theta \\
\qquad =\left(\rho\dfrac{\nu_{\mathrm{T}}}{\sigma_\psi}\dfrac{\partial\psi}{\partial r}\right)_e A_e-\left(\rho\dfrac{\nu_{\mathrm{T}}}{\sigma_\psi}\dfrac{\partial\psi}{\partial r}\right)_w A_w \\
\int_0^{2\pi}\int_r^{r+\Delta r}\int_z^{z+\Delta z}\dfrac{\partial}{\partial z}\left(\rho\dfrac{\nu_{\mathrm{T}}}{\sigma_\psi}\dfrac{\partial\psi}{\partial z}\right)\mathrm{d}zr\mathrm{d}r\mathrm{d}\theta=\int_0^{2\pi}\int_r^{r+\Delta r}\left[\left(\rho\dfrac{\nu_{\mathrm{T}}}{\sigma_\psi}\dfrac{\partial\psi}{\partial z}\right)_{z+\Delta z}-\right. \\
\qquad \left.\left(\rho\dfrac{\nu_{\mathrm{T}}}{\sigma_\psi}\dfrac{\partial\psi}{\partial z}\right)_z\right]r\mathrm{d}r\mathrm{d}\theta \\
\qquad =\left(\rho\dfrac{\nu_{\mathrm{T}}}{\sigma_\psi}\dfrac{\partial\psi}{\partial z}\right)_n A_n-\left(\rho\dfrac{\nu_{\mathrm{T}}}{\sigma_\psi}\dfrac{\partial\psi}{\partial z}\right)_s A_s \\
\int_0^{2\pi}\int_r^{r+\Delta r}\int_z^{z+\Delta z}S_\psi r\mathrm{d}r\mathrm{d}z\mathrm{d}\theta\approx S_{\psi,P}\Delta V_P
\end{cases}
$$

(12-68)

在这些方程中,P 是标量网格中心点的符号。上标 0 表示在上一个时间步长的数值,因为在当前时间步中没有任何指数的量。面 e、w、n 和 s 位于标量网格面的中心(它与周围网格的界面),并且是东、西、北和南面的缩写(图 12-1)。

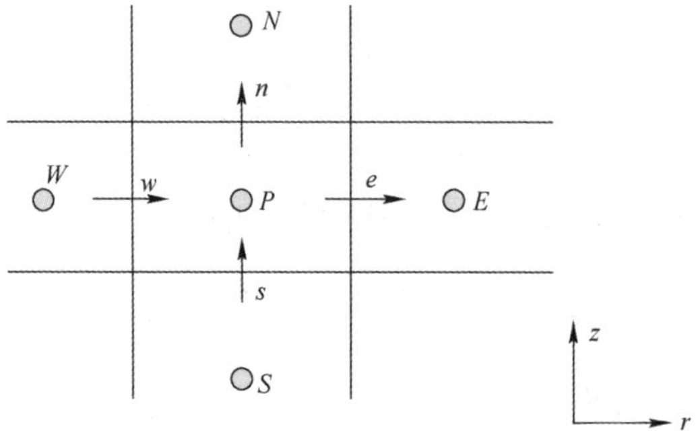

图 12-1 标量网格及其相邻的示意图(标量在点 P、E、W、N 和 S 上定义;速度分量在面 e、w、n 和 s 上定义)

符号 ΔV_P表示以 P 为中心的网格的体积,符号 A_e、A_w、A_n和 A_s是单元面的面积。这些几何量可以计算为

$$\begin{cases}\Delta V_P = \int_0^{2\pi}\int_r^{r+\Delta r}\int_z^{z+\Delta z} \mathrm{d}z\mathrm{d}r\mathrm{d}\theta = \pi[(r+\Delta r)^2 - r^2]\Delta z \\ A_e = 2\pi(r+\Delta r)\Delta z \\ A_w = 2\pi r\Delta z \\ A_n = A_s = \pi[(r+\Delta r)^2 - r^2]\end{cases} \tag{12-69}$$

式中:Δr 和 Δz 为特定的网格大小。

由于轴对称性的假设,已经假定该网格的方位角扩展是完整的,即 θ 在 $0\sim2\pi$ 之间变化。联合式(12-68),式(12-67)变为

$$\frac{(\rho\psi)_P-(\rho\psi)_P^0}{\Delta t}\Delta V_P+(\rho\psi V_r)_e A_e-(\rho\psi V_r)_w A_w+(\rho\psi V_z)_n A_n-(\rho\psi V_z)_s A_s$$
$$=\left(\rho\frac{\nu_\mathrm{T}}{\sigma_\psi}\frac{\partial\psi}{\partial r}\right)_e A_e-\left(\rho\frac{\nu_\mathrm{T}}{\sigma_\psi}\frac{\partial\psi}{\partial r}\right)_w A_w+\left(\rho\frac{\nu_\mathrm{T}}{\sigma_\psi}\frac{\partial\psi}{\partial r}\right)_n A_n-\left(\rho\frac{\nu_\mathrm{T}}{\sigma_\psi}\frac{\partial\psi}{\partial r}\right)_s A_s+S_{\psi,P}\Delta V_P \tag{12-70}$$

在获得与式(12-70)对应的离散化方程之前,还有几个任务需要完成。第一个是对单元表面上的标量 $\rho\psi$ 给出一些近似值,其中速度分量是唯一定义的量。在这里假设给定面上的标量是在位于上游侧的标量点上获取的,因此取决于速度方向,所以将使用最简单的 UPWIND 方案。例如,面 e 位于标量点 P 和 E 之间(图 12-1),迎风方案为

$$(\rho\psi)_e=\begin{cases}(\rho\psi)_P, & V_{r,e}>0 \\ (\rho\psi)_E, & V_{r,e}<0\end{cases} \tag{12-71}$$

使用符号$[A,B]$表示 A 和 B 中的较大者,可以将式(12-70)简化为

$$(\rho\psi V_r)_e=(\rho\psi)_P[V_{r,e},0]-(\rho\psi)_E[-V_{r,e},0] \tag{12-72}$$

以及其他 3 个对流通量的相似关系。对流通量的其他更复杂的方案在 Patankar[1] 著作的第 5 章中进行了介绍和讨论。

第二个任务是近似扩散通量。每个扩散通量包含一个梯度分量和一个扩散系数 $\rho\dfrac{\nu_\mathrm{T}}{\sigma_\psi}$。得益于交错的网格排列,梯度的计算没有问题,因为每个面都位于两个标量点之间。例如,在东面可以写为

$$\left(\frac{\partial\psi}{\partial r}\right)_e\approx\frac{\psi_E-\psi_P}{\Delta r_{EP}} \tag{12-73}$$

式中:Δr_{EP}为分隔点 E 和点 P 的径向距离。

在面 e 上不存在扩散系数 $\rho\dfrac{\nu_T}{\sigma_\psi}$。因此,应该根据对点 E 和点 P 的扩散率来确定。为了保留网格 P 和相邻网格 E 之间的扩散通量,必须按下式计算面扩散率[1]:

$$\left(\rho\frac{\nu_T}{\sigma_\psi}\right)_e=\left[\frac{1-f_e}{\left(\rho\dfrac{\nu_T}{\sigma_\psi}\right)_P}+\frac{f_e}{\left(\rho\dfrac{\nu_T}{\sigma_\psi}\right)_E}\right]^{-1},\quad f_e\equiv\frac{\Delta r_{eE}}{\Delta r_{PE}} \tag{12-74}$$

式中:Δr_{eE}为面 e 和标量点 E 之间的径向距离(图 12-2)。

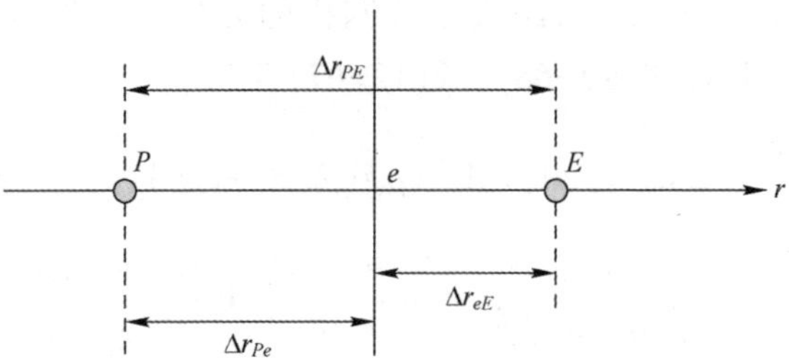

图 12-2 表示面 e 周围距离的示意图

当面 e 位于点 P 和 E 之间的中间位置时,可以得到 $f_e=0.5$,并且东面扩散率成为点 P 和点 E 处扩散率的谐波均值,有

$$\left(\rho\frac{\nu_T}{\sigma_\psi}\right)_e=\frac{2\left(\rho\dfrac{\nu_T}{\sigma_\psi}\right)_P\left(\rho\dfrac{\nu_T}{\sigma_\psi}\right)_E}{\left(\rho\dfrac{\nu_T}{\sigma_\psi}\right)_P+\left(\rho\dfrac{\nu_T}{\sigma_\psi}\right)_E} \tag{12-75}$$

其他 3 个扩散通量也以相同的方式离散化。

最后进行依赖于变量 ψ 的源项的线性化。Patankar[1] 推荐的方法是将 ψ^* 表示猜测值或 ψ 的上一代迭代值做一阶泰勒展开,即

$$S_{\psi,P}=S_{\psi,P}^*+\left(\frac{\partial S_\psi}{\partial\psi}\right)^*(\psi_P-\psi_P^*) \tag{12-76}$$

此线性化表示 $S_{\psi,P}$与 ψ 曲线在 ψ_P^* 处的切线。

定义

$$\begin{cases}S_C\equiv S_{\psi,P}^*-\left(\dfrac{\partial S_\psi}{\partial\psi}\right)^*\psi_P^*\\[2ex] S_P\equiv\left(\dfrac{\partial S_\psi}{\partial\psi}\right)^*\end{cases} \tag{12-77}$$

式(12-76)可以改写为

$$S_{\psi,P}=S_C+S_P\psi_P \tag{12-78}$$

一阶泰勒展开式只是获得线性表达式(12-78)的一种特定方法,但是式(12-78)的形式是必不可少的。有两个规则与系数 S_C和 S_P的符号相关。第一条基本规则是,斜率系数 S_P必须为负或为0。如果不遵守该规则,则正的 S_P表示随着 ψ_P的增加,源项增加,导致 ψ_P增加,以此类推。如果汇项不能补偿源项,则会迅速导致发散。因此,即使对于源项,线性化也必须以 S_P保持负数的方式进行。第二条规则与始终为正变量的源项线性化有关。始终为正的变量不能采用负值的变量,如对于质量分数、湍流动能及其耗散率就是这种情况。如果 ψ 是一个始终为正的变量,则第二个规则是系数 S_C必须始终为正(当然 S_P为负)。

将式(12-72)~式(12-78)代入式(12-70),得到以下方程:

$$\begin{aligned}
&\frac{(\rho\psi)_P-(\rho\psi)_P^0}{\Delta t}\Delta V_P+\{(\rho\psi)_P[V_{r,e},0]-(\rho\psi)_E[-V_{r,e},0]\}A_e-\\
&\{(\rho\psi)_W[V_{r,w},0]-(\rho\psi)_P[-V_{r,w},0]\}A_w+\\
&\{(\rho\psi)_P[V_{z,n},0]-(\rho\psi)_N[-V_{z,n},0]\}A_n-\\
&\{(\rho\psi)_S[V_{z,s},0]-(\rho\psi)_P[-V_{z,s},0]\}A_s\\
=&\left(\rho\frac{\nu_{\mathrm{T}}}{\sigma_\psi}\right)_e\frac{\psi_E-\psi_P}{\Delta r_{EP}}A_e-\left(\rho\frac{\nu_{\mathrm{T}}}{\sigma_\psi}\right)_w\frac{\psi_P-\psi_W}{\Delta r_{WP}}A_w+\\
&\left(\rho\frac{\nu_{\mathrm{T}}}{\sigma_\psi}\right)_n\frac{\psi_N-\psi_P}{\Delta z_{NP}}A_n-\left(\rho\frac{\nu_{\mathrm{T}}}{\sigma_\psi}\right)_s\frac{\psi_P-\psi_S}{\Delta z_{PS}}A_s+\\
&(S_C+S_P\psi_P)\Delta V_P
\end{aligned} \tag{12-79}$$

为流率和"传导性"定义以下符号:

$$\begin{cases}
F_e\equiv\rho_eV_{r,e}A_e, \quad D_e\equiv\left(\rho\dfrac{\nu_{\mathrm{T}}}{\sigma_\psi}\right)_e\dfrac{A_e}{\Delta r_{EP}}\\
F_w\equiv\rho_wV_{r,w}A_w, \quad D_w\equiv\left(\rho\dfrac{\nu_{\mathrm{T}}}{\sigma_\psi}\right)_w\dfrac{A_w}{\Delta r_{WP}}\\
F_n\equiv\rho_nV_{z,n}A_n, \quad D_n\equiv\left(\rho\dfrac{\nu_{\mathrm{T}}}{\sigma_\psi}\right)_n\dfrac{A_n}{\Delta z_{NP}}\\
F_s\equiv\rho_sV_{z,s}A_s, \quad D_s\equiv\left(\rho\dfrac{\nu_{\mathrm{T}}}{\sigma_\psi}\right)_s\dfrac{A_s}{\Delta z_{SP}}
\end{cases} \tag{12-80}$$

流量 F 和系数 D 以 kg/s 为单位表示。因此,可以将式(12-79)改写为

$$\frac{(\rho\psi)_P-(\rho\psi)_P^0}{\Delta t}\Delta V_P+\psi_P[F_e,0]-\psi_E[-F_e,0]-\{\psi_W[F_w,0]-\psi_P[-F_w,0]\}+$$
$$\psi_P[F_n,0]-\psi_N[-F_n,0]-\{\psi_S[F_s,0]-\psi_P[-F_s,0]\}$$
$$=D_e(\psi_E-\psi_P)-D_w(\psi_P-\psi_W)+D_n(\psi_N-\psi_P)-D_s(\psi_P-\psi_S)+(S_C+S_P\psi_P)\Delta V_P \tag{12-81}$$

现在定义以下系数,即

$$\begin{cases} a_E\equiv D_e+[-F_e,0] \\ a_W\equiv D_w+[F_w,0] \\ a_N\equiv D_n+[-F_n,0] \\ a_S\equiv D_s+[F_s,0] \\ a_P^0\equiv\dfrac{\rho_P^0}{\Delta t}\Delta V_P \\ a_P\equiv a_E+a_W+a_N+a_S+a_P^0-S_P\Delta V_P \\ b\equiv S_C\Delta V_P+a_P^0\psi_P^0 \end{cases} \tag{12-82}$$

将式(12-82)和离散的质量守恒方程

$$\frac{\rho_P-\rho_P^0}{\Delta t}\Delta V_P+F_e-F_w+F_n-F_s=0 \tag{12-83}$$

相结合,得到式(12-81)的最终形式:

$$a_P\psi_P=a_E\psi_E+a_W\psi_W+a_N\psi_N+a_S\psi_S+b \tag{12-84}$$

式(12-84)也可以写为

$$a_P\psi_P=\sum_{NB}a_{NB}\psi_{NB}+b \tag{12-85}$$

其中,下标 NB 表示所考虑的网格 P 的相邻网格。在二维轴对称情况下,有 4 个用 E、W、N 和 S 表示的相邻网格。若为一维情况,则 N 和 S 不存在,此时式(12-85)构成三对角矩阵,可通过三对角矩阵算法(TDMA)求解。而在二维情况下,式(12-85)生成五对角矩阵,需采用迭代方法(如高斯-赛德尔方法或结合高斯-赛德尔与 TDMA 的逐行法)求解。在写式(12-85)时,必须验证两个重要规则。第一条规则是所有系数 a_{NB} 和中间系数 a_P 必须具有相同的符号。Patankar[1] 采取的方法是只接受正的系数。第二条规则是,如果函数 ψ 和 $\psi+c$(其中 c 是任意常数)都验证了 ψ 的方程,则中心系数必须是相邻系数之和,即

$$a_P=a_E+a_W+a_N+a_S+a_P^0 \tag{12-86}$$

式中:a_P^0 为过去时间的邻近系数。

到目前为止,已经看到了如何求解标量的一般平衡方程(12-67)。现在必须说明如何通过动量和质量守恒方程来求解流体流动。Patankar[1] 提出了两种不同的算法,即 SIMPLE 方法(半隐式压力关联方程法)及其改进版本 SIMPLE 方法(SIMPLE 修订版)。在这里简要地总结了 SIMPLE 方法的原理。

需要注意到速度分量是位于单元表面上的,以避免压力和速度的棋盘模式。根据该选择,径向速度分量在 e 面和 w 面上定义,因此在 r 方向上错开。同样,轴向速度分量在 n 面和 s 面上定义。结果是动量守恒方程的径向和轴向分量被集成在以相应的单元面为中心的交错体积上(图 12-3)。

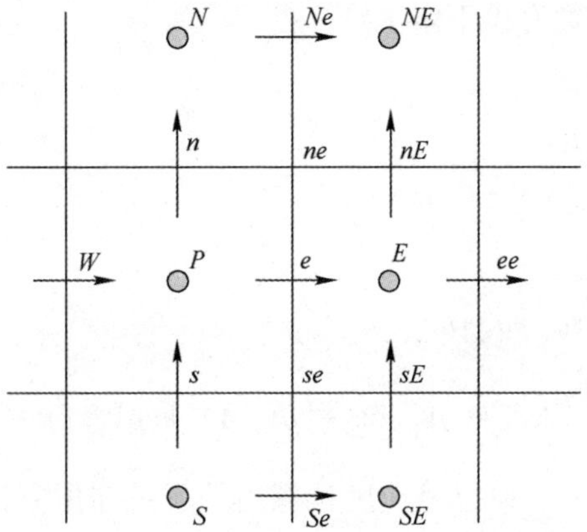

图 12-3　用于动量方程离散化的符号

以 e 面为例,积分之后径向动量方程的形式与式(12-85)相似,只是压力梯度未包含在源项中,因此该方程为

$$a_e V_{r,e} = \sum_{\mathrm{nb}} a_{\mathrm{nb}} V_{r,\mathrm{nb}} + b + (P_P - P_E) A_e \tag{12-87}$$

式(12-87)中的最后一项包括施加在东面上的压力。可以为其他 3 个面导出类似的方程。假设一个猜测的压力场 P^*。该压力场产生了不理想的速度场,该速度场不满足连续性方程。用星号(∗)表示这个速度场,式(12-87)变为

$$a_e V_{r,e}^* = \sum_{\mathrm{nb}} a_{\mathrm{nb}} V_{r,\mathrm{nb}}^* + b + (P_P^* - P_E^*) A_e \tag{12-88}$$

我们的目的是校正压力场和速度场,以便找到满足连续性方程的速度场。通过以下关系定义压力和速度的校正(基本量),即

$$P' \equiv P - P^*, \quad V_r' \equiv V_r - V_r^*, \quad V_z' \equiv V_z - V_z^* \tag{12-89}$$

将式(12-87)和式(12-88)作差,可得

$$a_e V_{r,e}' = \sum_{\mathrm{nb}} a_{\mathrm{nb}} V_{r,\mathrm{nb}}' + (P_P' - P_E') A_e \tag{12-90}$$

SIMPLE 方法的原理在于从上述方程中删除项 $\sum_{nb} a_{nb} V'_{r,nb}$。这当然是一个近似值,但是在迭代过程结束时,其影响将微不足道。通过这种近似,可以用以下最简单的方程代替式(12-90),即

$$V_{r,e}=V^*_{r,e}+d_e(P'_P-P'_E),\quad d_e\equiv\frac{A_e}{a_e} \tag{12-91}$$

最后一步是将式(12-91)和其他 3 个面的类似方程替换为离散质量守恒方程(12-83),以获得以下压力校正方程:

$$a_P P'_P=a_E P'_E+a_W P'_W+a_N P'_N+a_S P'_S+b \tag{12-92}$$

式(12-92)的系数有以下定义:

$$\begin{cases} a_E\equiv\rho_e d_e A_e \\ a_W\equiv\rho_w d_w A_w \\ a_N\equiv\rho_n d_n A_n \\ a_S\equiv\rho_s d_s A_s \\ a_P\equiv a_E+a_W+a_N+a_S \\ b\equiv\dfrac{\rho_P^0-\rho_P}{\Delta t}\Delta V_P+(\rho V_r^* A)_w-(\rho V_r^* A)_e+(\rho V_z^* A)_s-(\rho V_z^* A)_n \end{cases} \tag{12-93}$$

可以看出,源项 b 与以星号速度计算出的质量守恒方程正好相反。当算法收敛时,预填充速度(和压力)趋于 0,因此,星号速度与未加星速度相等,并且源项 b 趋于 0。因此,质量源 b 可以作为该方法收敛性的指示器。完整的算法可以总结如下:

(1) 猜测压力场 P^*(可以是不稳定计算中来自上一个时间步的压力);

(2) 求解动量方程(12-88),以获得星速度;

(3) 求解 P' 方程(12-92);

(4) 将 P' 和 P^* 相加得到 P;

(5) 通过如式(12-91)类似的近似方程计算速度分量;

(6) 求解离散式(12-84),以获得其他标量,如温度、湍流量等;

(7) 将校正后的压力 P 作为新的推测压力 P^*,返回步骤(2)并重复整个过程,直到获得收敛解。

12.3.2 方程离散化

12.3.2.1 质量守恒方程

质量守恒方程(12-59)可与一般守恒方程(12-67)进行比较。由于存在两相流的因子 α_k,因此密度 ρ 必须用 $\alpha_k\rho_k$ 代替,即

$$\frac{\partial}{\partial t}(\alpha_k \rho_k \psi_k)+\frac{1}{r}\frac{\partial(r\alpha_k \rho_k \psi_k V_{k,r})}{\partial r}+\frac{\partial(\alpha_k \rho_k \psi_k V_{k,z})}{\partial z}$$

$$=\frac{1}{r}\frac{\partial}{\partial r}\left(r\alpha_k \rho_k \frac{\nu_k^{\mathrm{T}}}{\sigma_\psi}\frac{\partial \psi_k}{\partial r}\right)+\frac{\partial}{\partial z}\left(\alpha_k \rho_k \frac{\nu_k^{\mathrm{T}}}{\sigma_\psi}\frac{\partial \psi_k}{\partial z}\right)+S_\psi \tag{12-94}$$

取 $\psi=1$, $\nu_{\mathrm{T}}=0$ 和 $S_\psi=\Gamma_k$,则可得到 k 相的质量守恒方程。因此,式(12-83)替换为

$$\begin{cases}\dfrac{(\alpha_k \rho_k)_P-(\alpha_k \rho_k)_P^0}{\Delta t}\Delta V_P+F_e-F_w+F_n-F_s=\Gamma_k \Delta V_P \\ F_e \equiv (\alpha_k \rho_k V_{k,r})_e A_e \\ F_w \equiv (\alpha_k \rho_k V_{k,r})_w A_w \\ F_n \equiv (\alpha_k \rho_k V_{k,r})_n A_n \\ F_s \equiv (\alpha_k \rho_k V_{k,r})_s A_s \end{cases} \tag{12-95}$$

12.3.2.2 焓平衡方程

使用式(12-20)~式(12-22),焓平衡方程变为

$$\frac{\partial}{\partial t}(\alpha_c \rho_c H_c)+\frac{1}{r}\frac{\partial(r\alpha_c \rho_c H_c V_{c,r})}{\partial r}+\frac{\partial(\alpha_c \rho_c H_c V_{c,z})}{\partial z}$$

$$=\alpha_c \frac{\partial P}{\partial t}+\frac{1}{r}\frac{\partial}{\partial r}\left[r\alpha_c(\lambda_c+\lambda_c^{\mathrm{T}})\left(\frac{\partial T_c}{\partial r}-\frac{(T_{\mathrm{sat}}-T_c)}{\alpha_c}\frac{\partial \alpha_c}{\partial r}\right)\right]+$$

$$\frac{\partial}{\partial z}\left\{\alpha_c(\lambda_c+\lambda_c^{\mathrm{T}})\left[\frac{\partial T_c}{\partial z}-\frac{(T_{\mathrm{sat}}-T_c)}{\alpha_c}\frac{\partial \alpha_c}{\partial z}\right]\right\}-\Gamma_{\mathrm{d}} h_c^{\mathrm{sat}}+q''_{c\mathrm{I}} a_{\mathrm{I}} \tag{12-96}$$

通过在恒定压力下引入比热容,可以在扩散项中用焓代替温度。因此,可得

$$H_c \approx Cp_c T_c \quad \frac{\lambda_c}{\rho_c Cp_c}=a_c=\frac{\nu_c}{Pr_c} \quad \frac{\lambda_c^{\mathrm{T}}}{\rho_c Cp_c}=a_c^{\mathrm{T}}=\frac{\nu_c^{\mathrm{T}}}{Pr_c^{\mathrm{T}}} \tag{12-97}$$

假设 Cp_c 为常数,则式(12-96)可以改写为

$$\frac{\partial}{\partial t}(\alpha_c \rho_c H_c)+\frac{1}{r}\frac{\partial(r\alpha_c \rho_c H_c V_{c,r})}{\partial r}+\frac{\partial(\alpha_c \rho_c H_c V_{c,z})}{\partial z}$$

$$=\alpha_c \frac{\partial P}{\partial t}+\frac{1}{r}\frac{\partial}{\partial r}\left[r\alpha_c\left(\frac{\nu_c}{Pr_c}+\frac{\nu_c^{\mathrm{T}}}{\mathrm{Pr}_c^{\mathrm{T}}}\right)\frac{\partial H_c}{\partial r}\right]-\frac{1}{r}\frac{\partial}{\partial r}\left[r\alpha_c(\lambda_c+\lambda_c^{\mathrm{T}})\frac{(T_{\mathrm{sat}}-T_c)}{\alpha_c}\frac{\partial \alpha_c}{\partial r}\right]+$$

$$\frac{\partial}{\partial z}\left[\alpha_c \rho_c\left(\frac{\nu_c}{Pr_c}+\frac{\nu_c^{\mathrm{T}}}{\mathrm{Pr}_c^{\mathrm{T}}}\right)\frac{\partial H_c}{\partial z}\right]-\frac{\partial}{\partial z}\left[\alpha_c(\lambda_c+\lambda_c^{\mathrm{T}})\frac{(T_{\mathrm{sat}}-T_c)}{\alpha_c}\frac{\partial \alpha_c}{\partial z}\right]-\Gamma_{\mathrm{d}} h_c^{\mathrm{sat}}+q''_{c\mathrm{I}} a_{\mathrm{I}} \tag{12-98}$$

式(12-98)与 $k=c$ 和 $\psi_k=H_c$ 的一般方程式(12-94)的比较表明,必须采取

$$\begin{cases}\dfrac{\nu_k^{T}}{\sigma_\psi}=\dfrac{\nu_c}{Pr_c}+\dfrac{\nu_c^{T}}{Pr_c^{T}}\\ S_H=\alpha_c\dfrac{\partial P}{\partial t}-\Gamma_d h_c^{sat}+q''_{cI}a_I-\dfrac{1}{r}\dfrac{\partial}{\partial r}\left[r\alpha_c(\lambda_c+\lambda_c^{T})\dfrac{(T_{sat}-T_c)}{\alpha_c}\dfrac{\partial\alpha_c}{\partial r}\right]-\\ \quad\dfrac{\partial}{\partial z}\left[\alpha_c(\lambda_c+\lambda_c^{T})\dfrac{(T_{sat}-T_c)}{\alpha_c}\dfrac{\partial\alpha_c}{\partial z}\right]\end{cases} \tag{12-99}$$

可以看出,"源"一词包含的时间和空间导数不能放入对流和扩散通量中。根据式(12-95)定义质量通量以及通过以下方程定义"传导性",即

$$\begin{cases}D_e\equiv\left[\alpha_c\rho_c\left(\dfrac{\nu_c}{Pr_c}+\dfrac{\nu_c^{T}}{Pr_c^{T}}\right)\right]_e\dfrac{A_e}{\Delta r_{EP}}\\ D_w\equiv\left[\alpha_c\rho_c\left(\dfrac{\nu_c}{Pr_c}+\dfrac{\nu_c^{T}}{Pr_c^{T}}\right)\right]_w\dfrac{A_w}{\Delta r_{WP}}\\ D_n\equiv\left[\alpha_c\rho_c\left(\dfrac{\nu_c}{Pr_c}+\dfrac{\nu_c^{T}}{Pr_c^{T}}\right)\right]_n\dfrac{A_n}{\Delta z_{NP}}\\ D_s\equiv\left[\alpha_c\rho_c\left(\dfrac{\nu_c}{Pr_c}+\dfrac{\nu_c^{T}}{Pr_c^{T}}\right)\right]_s\dfrac{A_s}{\Delta z_{SP}}\end{cases} \tag{12-100}$$

可以根据式(12-84)得到焓为

$$a_P\psi_P=a_EH_E+a_WH_W+a_NH_N+a_SH_S+b \tag{12-101}$$

其中,系数 a 和 b 通过质量通量和传导性的方程定义,即

$$\begin{cases}a_E\equiv D_e+[-F_e,0]\\ a_W\equiv D_w+[F_w,0]\\ a_N\equiv D_n+[-F_n,0]\\ a_S\equiv D_s+[F_s,0]\\ a_P^0\equiv\dfrac{(\alpha_c\rho_c)_P^0}{\Delta t}\Delta V_P\\ a_P\equiv a_E+a_W+a_N+a_S+a_P^0-S_{H,P}\Delta V_P\\ b\equiv S_{H,C}\Delta V_P+a_P^0H_P^0\end{cases} \tag{12-102}$$

式中:$S_{H,P}$ 和 $S_{H,C}$ 为来自焓源 S_H 线性化的系数。

12.3.2.3 几何矩平衡方程

几何矩平衡方程没有扩散项，并且输运量不是定义为相 k 的单位质量，而是单位混合物体积。因此，有两种可能方法可以离散化它们。首先是引入相 d 的单位质量定义的量，即

$$X_k^M \equiv \frac{M_k}{\alpha_d \rho_d} \tag{12-103}$$

用 M_k 代替 X_k^M，将式(12-65)和 $\psi_k = X_k^M$ 的式(12-94)进行比较，可得

$$\begin{cases} V_{k,r} = V_{d,r} \\ V_{k,z} = V_{d,z} \\ \dfrac{\nu_k^{\mathrm{T}}}{\sigma_X} = 0 \\ S_X = -(2)^{k-1}\dfrac{\alpha_d X_k^M}{3}\left(\dfrac{\partial \rho_d}{\partial t} + V_{d,r}\dfrac{\partial \rho_d}{\partial r} + V_{d,z}\dfrac{\partial \rho_d}{\partial z}\right) + \gamma_k + C(d^k) \end{cases} \tag{12-104}$$

式(12-104)的第一行表示矩由离散相速度输运（在此情况下，k 是矩的阶数），并且是不扩散的。因此，将质量通量用于离散相以及零热传导，可得

$$\begin{cases} F_e \equiv (\alpha_d \rho_d V_{d,r})_e A_e, \quad D_e = 0 \\ F_w \equiv (\alpha_d \rho_d V_{d,r})_w A_w, \quad D_w = 0 \\ F_n \equiv (\alpha_d \rho_d V_{d,r})_n A_n, \quad D_n = 0 \\ F_s \equiv (\alpha_d \rho_d V_{d,r})_s A_s, \quad D_s = 0 \end{cases} \tag{12-105}$$

还可以得到以下对于 $X = X_k^M$ 的方程，即

$$a_P X_P = a_E X_E + a_W X_W + a_N X_N + a_S X_S + b \tag{12-106}$$

其中，对焓的定义类似于式(12-102)。

另一种可能性是保持单位混合体积中定义的 M_k，并在式(12-67)中用 M_k 代替。这部分留给读者练习。

12.3.2.4 湍流方程

将 TKE 方程(12-66)与 $k = \mathrm{c}$ 的通用方程(12-94)进行比较，可得

$$\begin{cases} \psi_c = K_c \dfrac{\nu_c^{\mathrm{T}}}{\sigma_\psi} = \dfrac{\nu_c^{\mathrm{T}}}{\sigma_K} \\ S_K = -\alpha_c \rho_c \left(R_{c,rr}\dfrac{\partial V_{c,r}}{\partial r} + R_{c,rz}\dfrac{\partial V_{c,z}}{\partial r} + R_{c,\theta\theta}\dfrac{V_{c,r}}{r} + R_{c,zr}\dfrac{\partial V_{c,r}}{\partial z} + R_{c,zz}\dfrac{\partial V_{c,z}}{\partial z}\right) - \\ \qquad \alpha_c \rho_c \varepsilon_c + P_K^{\mathrm{I}} \end{cases} \tag{12-107}$$

式中：K_c为一个始终为正的变量，可以通过下式线性化源项：

$$\begin{cases} s_{K,C}=-\alpha_c\rho_c\left(R_{c,rr}\dfrac{\partial V_{c,r}}{\partial r}+R_{c,rz}\dfrac{\partial V_{c,z}}{\partial r}+R_{c,\theta\theta}\dfrac{V_{c,r}}{r}+R_{c,zr}\dfrac{\partial V_{c,r}}{\partial z}+R_{c,zz}\dfrac{\partial V_{c,z}}{\partial z}\right)+P_K^{\mathrm{I}}>0 \\ s_{K,P}\equiv-\left(\alpha_c\rho_c\dfrac{\varepsilon_c}{K_c}\right)^0<0 \\ s_{K,C}=s_{K,C}+s_{K,P}K_c \end{cases} \tag{12-108}$$

然后，引入连续相的质量通量以及传导性：

$$\begin{cases} F_e\equiv(\alpha_c\rho_cV_{c,r})_eA_e \\ F_w\equiv(\alpha_c\rho_cV_{c,r})_wA_w \\ F_n\equiv(\alpha_c\rho_cV_{c,r})_nA_n \\ F_s\equiv(\alpha_c\rho_cV_{c,r})_sA_s \\ D_e\equiv\left(\alpha_c\rho_c\dfrac{\nu_c^{\mathrm{T}}}{\sigma_K}\right)_e\dfrac{A_e}{\Delta r_{EP}} \\ D_w\equiv\left(\alpha_c\rho_c\dfrac{\nu_c^{\mathrm{T}}}{\sigma_K}\right)_w\dfrac{A_w}{\Delta r_{WP}} \\ D_n\equiv\left(\alpha_c\rho_c\dfrac{\nu_c^{\mathrm{T}}}{\sigma_K}\right)_n\dfrac{A_n}{\Delta z_{NP}} \\ D_s\equiv\left(\alpha_c\rho_c\dfrac{\nu_c^{\mathrm{T}}}{\sigma_K}\right)_s\dfrac{A_s}{\Delta z_{SP}} \end{cases} \tag{12-109}$$

可以得到以下对于 TKE 的离散化方程，即

$$a_PK_P=a_EK_E+a_WK_W+a_NK_N+a_SK_S+b \tag{12-110}$$

离散系数的定义类似于式(12-102)。湍流耗散率的离散化是类似的，留给读者练习。

12.3.2.5 动量守恒方程

由于速度分量的交错排列，想要得出类似于式(12-87)形式的方程并非那么简单。为了更进一步，我们更偏爱像式(12-4)那样将动量方程转化为非保守形式。忽略相的索引，并采用式(12-62)和式(12-63)中的动量扩散项，径向动量方程为

$$\alpha\rho\left(\frac{\partial V_r}{\partial t}+V_r\frac{\partial V_r}{\partial r}+V_z\frac{\partial V_r}{\partial z}\right)=-\alpha\frac{\partial P}{\partial r}+M_r-\frac{2}{3}\frac{\partial\alpha\rho K}{\partial r}+$$

$$\frac{2}{r}\frac{\partial}{\partial r}\left[r\alpha(\mu+\mu^{\mathrm{T}})\frac{\partial V_r}{\partial r}\right]+$$

$$\frac{\partial}{\partial z}\left[\alpha(\mu+\mu^{\mathrm{T}})\left(\frac{\partial V_r}{\partial z}+\frac{\partial V_z}{\partial r}\right)\right]-2\alpha(\mu+\mu^{\mathrm{T}})\frac{V_r}{r^2} \quad (12-111)$$

在式(12-111)中,M_r是用于定义相之间的动量交换总和的一种符号,可以将其视为源项。对于离散相,此项可表示为(相比于式(12-60)):

$$M_r \equiv \Gamma_{\mathrm{d}}\frac{V_{\mathrm{c},r}-V_{\mathrm{d},r}}{2}-\alpha_{\mathrm{d}}\rho_{\mathrm{d}}\frac{V_{\mathrm{d},r}-V_{\mathrm{c},r}}{\tau_{\mathrm{p}}}-\alpha_{\mathrm{d}}C_{\mathrm{A}}\rho_{\mathrm{c}}\left(\frac{\partial V_{\mathrm{R},r}}{\partial t}+V_{\mathrm{d},r}\frac{V_{\mathrm{R},r}}{\partial r}+V_{\mathrm{d},z}\frac{\partial V_{\mathrm{R},r}}{\partial z}\right)+$$

$$\alpha_{\mathrm{d}}C_{\mathrm{L}}\rho_{\mathrm{c}}V_{\mathrm{R},z}\left(\frac{\partial V_{\mathrm{c},r}}{\partial z}-\frac{\partial V_{\mathrm{c},z}}{\partial r}\right)-\frac{3}{4}\frac{C_{\mathrm{D}}}{d}\mu_{\mathrm{c}}^{\mathrm{T}}\left|\underline{V}_{\mathrm{d}}-\underline{V}_{\mathrm{c}}\right|\frac{\partial\alpha_{\mathrm{d}}}{\partial r}-$$

$$2\alpha_{\mathrm{d}}\rho_{\mathrm{c}}\frac{\left|\underline{v}_{//}\right|^2}{d}\mathrm{Max}\left[0,C_{\mathrm{W1}}+C_{\mathrm{W2}}\frac{d}{2(R-r)}\right]$$

$$(12-112)$$

轴向动量方程为

$$\alpha\rho\left(\frac{\partial V_z}{\partial t}+V_r\frac{\partial V_z}{\partial r}+V_z\frac{\partial V_z}{\partial z}\right)=-\alpha\rho g-\alpha\frac{\partial P}{\partial z}-\frac{2}{3}\frac{\partial\alpha\rho K}{\partial z}+$$

$$\frac{1}{r}\frac{\partial}{\partial r}\left[r\alpha(\mu+\mu^{\mathrm{T}})\left(\frac{\partial V_r}{\partial z}+\frac{\partial V_z}{\partial r}\right)\right]+$$

$$2\frac{\partial}{\partial z}\left[\alpha(\mu+\mu^{\mathrm{T}})\frac{\partial V_z}{\partial z}\right]+M_z \quad (12-113)$$

项 M_z是与另一相的动量交换。对于离散项,有

$$M_z \equiv \Gamma_{\mathrm{d}}\frac{V_{\mathrm{c},z}-V_{\mathrm{d},z}}{2}-\alpha_{\mathrm{d}}\rho_{\mathrm{d}}\frac{V_{\mathrm{d},z}-V_{\mathrm{c},z}}{\tau_{\mathrm{p}}}-\alpha_{\mathrm{d}}C_{\mathrm{A}}\rho_{\mathrm{c}}\left(\frac{\partial V_{\mathrm{R},z}}{\partial t}+V_{\mathrm{d},r}\frac{\partial V_{\mathrm{R},z}}{\partial r}+V_{\mathrm{d},z}\frac{\partial V_{\mathrm{R},z}}{\partial z}\right)-$$

$$\alpha_{\mathrm{d}}C_{\mathrm{L}}\rho_{\mathrm{c}}V_{\mathrm{R},z}\left(\frac{\partial V_{\mathrm{c},r}}{\partial z}-\frac{\partial V_{\mathrm{c},z}}{\partial r}\right)-\frac{3}{4}\frac{C_{\mathrm{D}}}{d}\mu_{\mathrm{c}}^{\mathrm{T}}\left|\underline{V}_{\mathrm{d}}-\underline{V}_{\mathrm{c}}\right|\frac{\partial\alpha_{\mathrm{d}}}{\partial z}$$

$$(12-114)$$

以点 e 为中心的交错网格上的式(12-111)的离散为

$$(\widetilde{\widetilde{\alpha\rho}})_e\left(\frac{\partial V_{r,e}}{\partial t}+[V_{r,e},0]\frac{V_{r,e}-V_{r,w}}{\Delta r}-[-V_{r,e},0]\frac{V_{r,ee}-V_{r,e}}{\Delta r}+[\widetilde{V}_{z,e},0]\frac{V_{r,e}-V_{r,Se}}{\Delta z}-[-\widetilde{V}_{z,e},0]\frac{V_{r,Ne}-V_{r,e}}{\Delta z}\right)$$

$$=-\widetilde{\alpha}_e\frac{P_{\mathrm{E}}-P_P}{\Delta r}+M_{r,e}-\frac{2}{3}\frac{(\alpha\rho K)_E-(\alpha\rho K)_P}{\Delta r}+2\frac{\alpha_E(\mu+\mu^{\mathrm{T}})_E(V_{r,ee}-V_{r,e})-\alpha_P(\mu+\mu^{\mathrm{T}})_P(V_{r,e}-V_{r,w})}{\Delta r^2}+$$

$$\frac{1}{\Delta z}\left[\widetilde{\alpha}_{ne}(\widetilde{\mu}+\widetilde{\mu}^{\mathrm{T}})_{ne}\left\{\frac{(V_{r,Ne}-V_{r,e})}{\Delta z+(V_{z,nE}-V_{z,n})/\Delta r}\right\}-\widetilde{\alpha}_{se}(\widetilde{\mu}+\widetilde{\mu}^{\mathrm{T}})_{se}\left\{\frac{(V_{r,Ne}-V_{r,Se})}{\Delta z+(V_{z,sE}-V_{z,s})/\Delta r}\right\}\right]+$$
$$2\widetilde{\alpha}_{e}(\widetilde{\mu}+\widetilde{\mu}^{\mathrm{T}})_{e}\left(\frac{1}{r_e}\frac{V_{r,ee}-V_{r,w}}{2\Delta r}-\frac{V_{r,e}}{r_e^2}\right)$$

(12-115)

为了简化，假设网格大小在空间上没有变化。例如，像$\widetilde{\alpha}$这样打波浪号的量必须在未定义的点上进行计算。所以，必须对其进行插值。例如，可以写为[12]：

$$\begin{cases}(\widetilde{\alpha}\widetilde{\rho})_e=\dfrac{\alpha_P\rho_P+\alpha_E\rho_E}{2}\\ \widetilde{V}_{z,e}=\dfrac{V_{z,n}+V_{z,nE}+V_{z,s}+V_{z,sE}}{4}\\ \widetilde{\alpha}_{ne}=\dfrac{\alpha_P+\alpha_N+\alpha_E+\alpha_{NE}}{4}\end{cases}\tag{12-116}$$

式中，所有符号都在图 12-3 中定义。

将式(12-115)乘以网格“体积”$\Delta r\Delta z$ 并定义，则有

$$\begin{cases}F_e^r\equiv(\widetilde{\alpha}\widetilde{\rho})_e V_{r,e}\Delta z\\ F_e^z\equiv(\widetilde{\alpha}\widetilde{\rho})_e V_{z,e}\Delta z\\ D_{ee}\equiv 2\dfrac{\Delta z}{\Delta r}\alpha_{\mathrm{E}}(\mu+\mu^{\mathrm{T}})_E\\ D_w\equiv 2\dfrac{\Delta z}{\Delta r}\alpha_P(\mu+\mu^{\mathrm{T}})_P\\ D_{ne}=\widetilde{\alpha}_{ne}(\mu+\mu^{\mathrm{T}})_{ne}\dfrac{\Delta r}{\Delta z}\\ D_{se}=\widetilde{\alpha}_{se}(\mu+\mu^{\mathrm{T}})_{se}\dfrac{\Delta r}{\Delta z}\end{cases}\tag{12-117}$$

式(12-115)变为

$$a_e V_{r,e}=a_w V_{r,w}+a_{ee}V_{r,ee}+a_{Ne}V_{r,Ne}+a_{Se}V_{r,Se}+a_e^0 V_{r,e}^0+A_e(P_P-P_E)+S_{Ve}$$

(12-118)

其中，各个系数定义为

$$
\begin{cases}
a_e \equiv (\widetilde{\alpha}\widetilde{\rho})_e \dfrac{\Delta r \Delta z}{\Delta t} + [F_e^r, 0] + [-F_e^r, 0] + [F_e^z, 0] + [-F_e^z, 0] + D_{Ne} + D_{ee} + D_w + D_{Se} + \\
\qquad 2\widetilde{\alpha}_e(\widetilde{\mu} + \widetilde{\mu}^{\mathrm{T}})_e \dfrac{\Delta r \Delta z}{r_e^2} \\
a_e^0 \equiv (\widetilde{\alpha}\widetilde{\rho})_e \dfrac{\Delta r \Delta z}{\Delta t} \\
a_w \equiv [F_e^r, 0] + D_w - \widetilde{\alpha}_e(\widetilde{\mu} + \widetilde{\mu}^{\mathrm{T}})_e \dfrac{\Delta z}{r_e} \\
a_{ee} \equiv [-F_e^r, 0] + D_{ee} + \widetilde{\alpha}_e(\widetilde{\mu} + \widetilde{\mu}^{\mathrm{T}})_e \dfrac{\Delta z}{r_e} \\
a_{Ne} \equiv [-F_e^z, 0] + D_{Ne} \\
a_{Se} \equiv [F_e^z, 0] + D_{Se} \\
A_e \equiv \widetilde{\alpha}_e \Delta z \\
S_{Ve} \equiv M_{r,e} \Delta r \Delta z - \dfrac{2}{3}((\alpha\rho K)_E - (\alpha\rho K)_P)\Delta z + \widetilde{\alpha}_{ne}(\widetilde{\mu} + \widetilde{\mu}^{\mathrm{T}})_{ne}(V_{z,nE} - V_{z,n}) - \\
\qquad \widetilde{\alpha}_{se}(\widetilde{\mu} + \widetilde{\mu}^{\mathrm{T}})_{se}(V_{z,sE} - V_{z,s})
\end{cases}
\tag{12-119}
$$

式(12-118)符合通式(12-87)。

参考文献

[1] Patankar SV (1980) Numerical heat transfer and fluid flow, Series in computational methods in mechanics and thermal sciences. Hemisphere Publishing Corporation, New York.

[2] Zaepffel D (2011) Modélisation des écoulements bouillants à bulles polydispersées, Thèse de Doctorat. Institut National Polytechnique Grenoble, Grenoble.

[3] Zaepffel D, Morel C, Lhuillier D (2012) A multi-size model for boiling bubbly flows. Multiph Sci Technol 24(2):105-179.

[4] Wallis GB (1990) Inertial coupling in two-phase flow: macroscopic properties of suspensions in an inviscid fluid. Multiph Sci Technol 5:239-361.

[5] Zhang DZ, Prosperetti A (1994a) Averaged equations for inviscid disperse two-phase flow. J Fluid Mech 267:185-219.

[6] Zhang DZ, Prosperetti A (1994b) Ensemble phase-averaged equations for bubbly flows. Phys Fluids 6(9):2956-2970.

[7] Oesterlé B (2006) Ecoulements multiphasiques, ed. Hermès, Lavoisier.

[8] Ishii M (1975) Thermo-fluid dynamic theory of two-phase flow. Eyrolles, Paris.

[9] Krepper E, Lucas D, Shi JM, Prasser HM (2006) Simulations of FZR adiabatic air-water data with CFX-10. Nuresim Eur Proj, D. 2. 2. 3. 1.

[10] Antal SP, Lahey RT Jr, Flaherty J E (1991) Analysis of phase distribution in fully developed laminar bubbly two-phase flow. Int J Multiph Flow 17(5):635-652.

[11] Jakobsen HA (ed) (2008) Chemical reactor modelling, multiphase reacting flows. Springer, New York.

[12] Bulgarelli U, Casulli V, Greenspan D (1984) Pressure methods for the numerical solution of free surface fluid flows. Pineridge Press, Swansea.

附录 A
牛顿流体的平衡方程

A.1 材料体积上的平衡方程

考虑流体完全占据的材料体积 $V(t)$（图 A-1）。

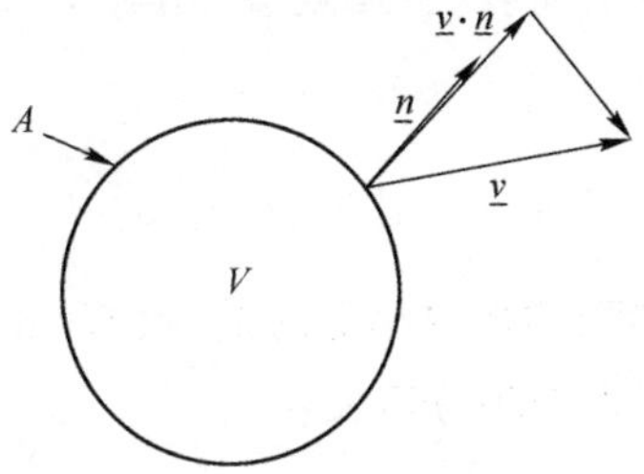

图 A-1 流体材料体积

该体积由一个假定为流体不可渗透的封闭表面 $A(t)$ 界定。质量守恒原理指出，体积 V 中包含的流体质量在时间上保持恒定。数学表达式为

$$\frac{\mathrm{d}}{\mathrm{d}t}\int_V \rho \mathrm{d}v = 0 \tag{A-1}$$

式中：$\rho(x,t)$ 为流体密度（$\mathrm{kg/m^3}$）。

动量守恒原理指出，体积 V 中包含的流体动量的时间变化率等于施加在其上的外力。这些外力可以分为体积力和接触力。体积力通常以单位质量表示。重力是本书中唯一考虑的体积力。施加在体积 V 中的流体上的重力由以下体积积分给出：

$$\int_V \rho \underline{g} \mathrm{d}v$$

式中:向量$\underline{g}$表示重力加速度(m/s^2)。

可以根据总应力张量$\underline{\underline{\sigma}}$将接触力表示为表面积分。应力是驱使自身变形的力,其量纲是单位面积上的力,因此应力以N/m^2为单位表示。从流体外部到体积 V 的流体通过接触面 A 施加到体积 V 中流体的接触力由以下表面积分给出:

$$\int_A \underline{\underline{\sigma}} \cdot \underline{n} \mathrm{d}a$$

线性动量守恒方程为

$$\frac{\mathrm{d}}{\mathrm{d}t}\int_V \rho \underline{v} \mathrm{d}v = \int_V \rho \underline{g} \mathrm{d}v + \int_A \underline{\underline{\sigma}} \cdot \underline{n} \mathrm{d}a \tag{A-2}$$

式中:$\underline{v}(\underline{x},t)$为流体速度(m/s);$\underline{n}(\underline{x},t)$为垂直于表面 A 并从体积 V 向外指向的单位向量(图 A-1)。

热力学第一定律指出,体积 V 中包含的总能量(内能和动能之和)的时间变化率等于外力作用于流体体积的功率与进入体积 V 的热通量之和。

热通量可分为流体加热和接触热通量。流体加热类似于用于动量守恒方程中的体积力。其可以是由于辐射、焦耳效应、化学反应等,它被假定为体积积分形式,即

$$\int_V q_{\mathrm{ext}} \mathrm{d}v$$

式中:$q_{\mathrm{ext}}(\underline{x},t)$为与单位体积的热源相对应的场($W/m^3$)。

接触热通量通过以下表面积分定义:

$$-\int_A \underline{q} \cdot \underline{n} \mathrm{d}a$$

式中:矢量场$\underline{q}(\underline{x},t)$定义为热流密度($W/m^2$);负号(-)是由于法线向量$\underline{n}$指向体积 V 的外部。

当热流密度$\underline{q}$指向体积 V 的内部时,V 内部的流体被加热,但标量积$\underline{q} \cdot \underline{n}$为负,因此当$\underline{q}$向内指向时,为了使流体被加热,负号是必需的。最后,获得以下总能量守恒方程:

$$\frac{\mathrm{d}}{\mathrm{d}t}\int_V \rho\left(e+\frac{v^2}{2}\right)\mathrm{d}v = \int_V \rho \underline{g} \cdot \underline{v} \mathrm{d}v + \int_A (\underline{\underline{\sigma}} \cdot \underline{n}) \cdot \underline{v} \mathrm{d}a + \int_V q_{\mathrm{ext}} \mathrm{d}v - \int_A \underline{q} \cdot \underline{n} \mathrm{d}a \tag{A-3}$$

式中:$e(\underline{x},t)$为单位质量的内能(J/kg)。

由于热力学第二定律是一个演化定律,所以第二定律用不等式表示。通过引入熵生成项,可以将这种不等式转化为等式,对于不可逆的演化,熵生成项必须为正,对于可逆的演化,熵生成项必须等于零。如果单位质量的熵用 $s(\underline{x},t)$ 表示(以 J/(kg · K)为单位),熵源用 $\Delta(\underline{x},t)$ 表示,则熵平衡表示为

$$\frac{\mathrm{d}}{\mathrm{d}t}\int_V \rho s\mathrm{d}v+\int_A \frac{\underline{q}}{T}\cdot\underline{n}\mathrm{d}a-\int_V \frac{q_{\mathrm{ext}}}{T}\mathrm{d}v=\int_V \Delta\mathrm{d}v\geqslant 0 \tag{A-4}$$

式中：$T(\underline{x},t)$为以开氏度（K）表示的流体温度。

A.2 局部平衡方程

在A.1节中导出的方程表示宏观平衡，因为它们是在宏观层面上得到的。在这里，将这些全局平衡转换为局部平衡方程，即转换为在空间中每个位置$\underline{x}$均有效的方程。为此，将使用附录B中的莱布尼兹和高斯定理（式（B-8）和式（B-9））。

质量守恒方程（A-1）可以使用Leibniz规则（式（B-8））进行开发。假设V为材料体积，表面速度可以用流体速度代替，可得

$$\int_V \frac{\partial\rho}{\partial t}\mathrm{d}v+\int_V \rho\underline{v}\cdot\underline{n}\mathrm{d}a=0 \tag{A-5}$$

使用向量的高斯定理（式（B-9）的第二项），式（A-5）中的表面积分可以转换为体积积分，因此式（A-5）变为

$$\int_V \left[\frac{\partial\rho}{\partial t}+\nabla\cdot(\rho\underline{v})\right]\mathrm{d}v=0 \tag{A-6}$$

对于任何宏观体积V，都必须满足式（A-6），因此体积积分内的表达式必须等于零。其结果是质量守恒方程，通常称为连续性方程，即

$$\frac{\partial\rho}{\partial t}+\nabla\cdot(\rho\underline{v})=0 \tag{A-7}$$

以同样的方式，得到动量守恒方程为

$$\frac{\partial\rho\underline{v}}{\partial t}+\nabla\cdot(\rho\underline{v}\cdot\underline{v})=\nabla\cdot\underline{\underline{\sigma}}+\rho\underline{g} \tag{A-8}$$

在式（A-8）中，符号$\underline{v}\underline{v}$是速度$\underline{v}$本身的二元乘积，二元乘积有时用$\underline{v}\otimes\underline{v}$表示，它与点积（·）分隔两个向量的标量积不同，即$\underline{v}\cdot\underline{v}=v^2$。两个向量的二元乘积是二阶张量。在这种情况下，$\underline{v}\underline{v}$在$i$和$j$方向上的分量由$(\underline{v}\underline{v})_{ij}=v_iv_j$给出。

以与质量和动量守恒方程相同的方式进行处理，可获得以下总能量方程：

$$\frac{\partial}{\partial t}\left[\rho\left(e+\frac{v^2}{2}\right)\right]+\nabla\cdot\left[\rho\left(e+\frac{v^2}{2}\right)\underline{v}\right]=\rho\underline{g}\cdot\underline{v}+\nabla\cdot(\underline{\underline{\sigma}}\cdot\underline{v})+q_{\mathrm{ext}}-\nabla\cdot\underline{q} \tag{A-9}$$

最后，得到对应于式（A-4）的局部熵方程：

$$\frac{\partial\rho s}{\partial t}+\nabla\cdot(\rho s\underline{v})+\nabla\cdot\left(\frac{\underline{q}}{T}\right)-\frac{q_{\mathrm{ext}}}{T}=\Delta\geqslant 0 \tag{A-10}$$

A.3 牛顿流体

现在必须给出应力张量$\underline{\underline{\sigma}}$和热流密度$\underline{q}$的本构定律。假定体积热源 q_{ext}是已知的,为简单起见,经常假定 $q_{ext}=0$。应力张量经典地分解为压力项和黏性应力张量,即

$$\underline{\underline{\sigma}}=-p\underline{\underline{I}}+\underline{\underline{\tau}} \tag{A-11}$$

式中:$\underline{\underline{I}}$为单位张量;$p$ 为压力;$\underline{\underline{\tau}}$为黏性应力张量。

将式(A-11)代入式(A-8),可得

$$\frac{\partial \rho \underline{v}}{\partial t}+\nabla \cdot (\rho \underline{v}\,\underline{v})=-\nabla p+\nabla \cdot \underline{\underline{\tau}}+\rho \underline{g} \tag{A-12}$$

现在,假设流体是牛顿流体。牛顿流体是线性斯托克斯流体,即应力分量线性依赖于变形率。可以证明,牛顿流体的黏性应力张量为

$$\underline{\underline{\tau}}=\kappa \nabla \cdot \underline{v}\underline{\underline{I}}+2\mu \underline{\underline{D}} \tag{A-13}$$

式中:两个标量μ 和κ 为剪切黏度系数(通常称为动态黏度)和体积黏度;$\underline{\underline{D}}$为形变率张量,其定义为速度梯度的对称部分。任何二阶张量都可以分为对称部分和反对称部分。对于速度梯度,有

$$\begin{cases}\underline{\underline{\nabla}}\underline{v}=\dfrac{1}{2}(\underline{\underline{\nabla}}\underline{v}+\underline{\underline{\nabla}}^{\mathrm{T}}\underline{v})+\dfrac{1}{2}(\underline{\underline{\nabla}}\underline{v}-\underline{\underline{\nabla}}^{\mathrm{T}}\underline{v})=\underline{\underline{D}}+\underline{\underline{\Omega}}\\ \underline{\underline{D}}\equiv\dfrac{1}{2}(\underline{\underline{\nabla}}\underline{v}+\underline{\underline{\nabla}}^{\mathrm{T}}\underline{v})\\ \underline{\underline{\Omega}}\equiv\dfrac{1}{2}(\underline{\underline{\nabla}}\underline{v}-\underline{\underline{\nabla}}^{\mathrm{T}}\underline{v})\end{cases} \tag{A-14}$$

式中:$\underline{\underline{\nabla}}^{\mathrm{T}}\underline{v}$为$\underline{\underline{\nabla}}\underline{v}$的转置;反对称部分$\underline{\underline{\Omega}}$称为转速张量。

对于给定的流体体积,旋转速率张量表征运动而没有变形,即像刚体旋转一样。两种黏度κ 和μ 的单位为 kg/(m · s)。由于很难测量体积黏度,所以斯托克斯假设流体体积压缩或膨胀所需的功与黏度无关。压缩和膨胀是特殊的变形情况。在压缩或膨胀中,最初具有边长为 L 的流体立方体的边长增加或减少 dL。很容易证明黏性力的相应功为

$$\mathrm{d}W=(3\kappa+2\mu)L^2\mathrm{d}L\,\nabla \cdot \underline{v} \tag{A-15}$$

斯托克斯认为,上述功为 0。因此,牛顿流体的一个子类被定义为斯托克斯流体。由于压缩或膨胀时速度散度不等于零,因此斯托克斯流体是牛顿流体,其两种黏度通过以下公式关联,即

$$\kappa=-\frac{2}{3}\mu \tag{A-16}$$

对于（牛顿和）斯托克斯流体，应力张量由下式给出：

$$\underline{\underline{\tau}}=-\frac{2\mu}{3}\nabla\cdot\underline{v}\,\underline{\underline{I}}+\mu(\underline{\underline{\nabla}}\,\underline{v}+\underline{\underline{\nabla}}^{\mathrm{T}}\underline{v}) \tag{A-17}$$

将式（A-17）代入式（A-12），可得 N-S 方程：

$$\frac{\partial\rho\underline{v}}{\partial t}+\nabla\cdot(\rho\underline{v}\,\underline{v})=-\nabla p+\frac{\mu}{3}\nabla(\nabla\cdot\underline{v})+\mu\nabla^2\underline{v}+\rho\underline{g} \tag{A-18}$$

热流密度通常由傅里叶热传导定律给出：

$$\underline{q}=-\lambda\nabla T \tag{A-19}$$

式中：T 为温度；λ 为热导率（W/mK）。

A.4 次级平衡方程

接下来将方程分为初级方程和次级方程。主要的平衡方程是质量、动量、总能量和熵方程。它们反映了质量守恒，牛顿第一定律（动量守恒）以及热力学第一和热力学第二定律的整体平衡。次要平衡方程并不反映新的原理，而只是从主要平衡式中推导出来。

从动量守恒方程式（A-12）中减去质量守恒方程式（A-7）乘以速度，得出动量方程的以下非保守形式，即

$$\rho\frac{\mathrm{D}\underline{v}}{\mathrm{D}t}=-\nabla p+\nabla\cdot\underline{\underline{\tau}}+\rho\underline{g} \tag{A-20}$$

式中：符号 D/Dt 表示物质导数（有时称为拉格朗日导数或对流导数）。

物质导数定义为

$$\frac{\mathrm{D}}{\mathrm{D}t}\equiv\frac{\partial}{\partial t}+\underline{v}\cdot\nabla \tag{A-21}$$

物质导数通过跟随流体运动给出了导出量的时间变化率。进行相同的操作，可获得总能量方程的以下非保守形式（式（A-9）），即

$$\rho\frac{\mathrm{D}}{\mathrm{D}t}\left(e+\frac{v^2}{2}\right)=\rho\underline{g}\cdot\underline{v}-\nabla\cdot(p\underline{v})+\nabla\cdot(\underline{\underline{\tau}}\cdot\underline{v})+q_{\mathrm{ext}}-\nabla\cdot\underline{q} \tag{A-22}$$

式中：$\frac{v^2}{2}$为流体单位质量的动能。

动能方程是通过将动量方程（A-20）的点乘积乘以速度而获得的，即

$$\rho\frac{\mathrm{D}}{\mathrm{D}t}\left(\frac{v^2}{2}\right)=\rho\underline{g}\cdot\underline{v}-\nabla\cdot(p\underline{v})+p\nabla\cdot\underline{v}+\nabla\cdot(\underline{\underline{\tau}}\cdot\underline{v})-\underline{\underline{\tau}}:\underline{\underline{\nabla}}\,\underline{v} \tag{A-23}$$

可以通过从总能量方程(A-22)减去动能式(A-23)来获得内能方程。内能方程为

$$\rho\frac{\mathrm{D}e}{\mathrm{D}t}=-p\,\nabla\cdot\underline{v}+\underline{\underline{\tau}}:\underline{\underline{\nabla}}\,\underline{v}+q_{\mathrm{ext}}-\nabla\cdot\underline{q} \tag{A-24}$$

$p\,\nabla\cdot\underline{v}$和$\underline{\underline{\tau}}:\underline{\underline{\nabla}}\,\underline{v}$在式(A-23)和式(A-24)中以相反的符号出现。它们表示机械能和内(热)能之间的能量交换。这两项中的第一个$p\,\nabla\cdot\underline{v}$代表压缩或膨胀运动中压力的机械功。速度散度直接与单位质量的体积变化(或单位体积的质量变化)相关,因为二者与质量守恒方程(A-7)相关,可以将其改写为

$$\nabla\cdot\underline{v}=-\frac{1}{\rho}\frac{\mathrm{D}\rho}{\mathrm{D}t} \tag{A-25}$$

根据速度散度(压缩或膨胀)的符号,压力功可以为正或负,因此能量交换$p\,\nabla\cdot\underline{v}$被称为可逆的。对于速度梯度$\underline{\underline{\tau}}:\underline{\underline{\nabla}}\,\underline{v}$中的黏性应力张量所做的功而言,这是不同的。该项称为耗散函数,将看到它始终为正,因此它对应于动能的损失,该动能通过黏性摩擦转化为热量。使用式(A-13)和式(A-14),可以找到耗散函数的几个等效表达式,即

$$\Phi_D\equiv\underline{\underline{\tau}}:\underline{\underline{\nabla}}\,\underline{v}=-\frac{2}{3}\mu(\nabla\cdot\underline{v})^2+2\mu\underline{\underline{D}}:\underline{\underline{D}}=\frac{\underline{\underline{\tau}}:\underline{\underline{\tau}}}{2\mu} \tag{A-26}$$

式(A-26)中的最后一个表达式仅对以无痕张量$\underline{\underline{\tau}}$为特征的斯托克斯流体有效(因为$3\kappa+2\mu=0$)。

单位质量的焓定义为内能和与压力相关的能量之和,即

$$h\equiv e+\frac{p}{\rho} \tag{A-27}$$

式(A-27)可以用微分形式改写为

$$\mathrm{d}h\equiv\mathrm{d}e+\frac{\mathrm{d}p}{\rho}-\frac{p}{\rho^2}\mathrm{d}\rho \tag{A-28}$$

将式(A-28)除以 dt,然后用物质导数代替导数 d/dt,并使用质量守恒方程(A-25),可以将式(A-28)改写为

$$\frac{\mathrm{D}h}{\mathrm{D}t}=\frac{\mathrm{D}e}{\mathrm{D}t}+\frac{1}{\rho}\frac{\mathrm{D}\rho}{\mathrm{D}t}+\frac{p}{\rho}\nabla\cdot\underline{v} \tag{A-29}$$

对 De/Dt 使用式(A-24),式(A-29)转换为以下焓平衡方程:

$$\rho\frac{\mathrm{D}h}{\mathrm{D}t}=\frac{\mathrm{D}p}{\mathrm{D}t}+\Phi_D+q_{\mathrm{ext}}-\nabla\cdot\underline{q} \tag{A-30}$$

总焓 H 的变化也可能是令人感兴趣的。总焓定义为焓和单位质量的动能之和:

$$H \equiv h+\frac{v^2}{2} \tag{A-31}$$

总焓平衡方程是焓平衡方程(A-30)和动能方程(A-23)的总和,即

$$\rho \frac{\mathrm{D}H}{\mathrm{D}t}=\rho \underline{g} \cdot \underline{v}+\frac{\partial p}{\partial t}+\nabla \cdot (\underline{\underline{\tau}} \cdot \underline{v})+q_{\mathrm{ext}}-\nabla \cdot \underline{q} \tag{A-32}$$

现在研究热力学第二定律的结果。为了完成此任务,需要用到以下吉布斯关系:

$$T\mathrm{d}s=\mathrm{d}e+p\mathrm{d}\left(\frac{1}{\rho}\right) \tag{A-33}$$

吉布斯关系来自流体的状态方程以及温度和压力的定义(第 2 章)。将吉布斯关系除以 dt 并使用质量守恒方程(A-25),可得

$$\rho T \frac{\mathrm{D}s}{\mathrm{D}t}=\rho \frac{\mathrm{D}e}{\mathrm{D}t}+p \nabla \cdot \underline{v} \tag{A-34}$$

使用内能方程(A-24),式(A-34)变为

$$\rho \frac{\mathrm{D}s}{\mathrm{D}t}=\frac{1}{T}(\Phi_D+q_{\mathrm{ext}}-\nabla \cdot \underline{q}) \tag{A-35}$$

熵不等式(A-10)可以用非保守形式改写为

$$\rho \frac{\mathrm{D}s}{\mathrm{D}t}=-\nabla \cdot \left(\frac{\underline{q}}{T}\right)+\frac{q_{\mathrm{ext}}}{T}+\Delta \tag{A-36}$$

其中,$\Delta \geqslant 0$

式(A-35)和式(A-36)的比较给出了熵源的表达式:

$$\Delta=-\frac{\underline{q}}{T^2} \cdot \nabla T+\frac{\Phi_D}{T} \geqslant 0 \tag{A-37}$$

使用式(A-19)和式(A-26),可以将式(A-37)改写为

$$\Delta=\lambda\left(\frac{\nabla T}{T}\right)^2+\frac{1}{T} \frac{\underline{\underline{\tau}}:\underline{\underline{\tau}}}{2\mu} \geqslant 0 \tag{A-38}$$

项$\underline{\underline{\tau}}:\underline{\underline{\tau}}$为正(二次数),熵源为正性意味着黏度$\mu$ 和热导率λ 必须为正(或等于 0)。

附录 B
数 学 工 具

B.1 赫维赛德和狄拉克广义函数

首先定义狄拉克函数。为此,必须引入一个测试函数 $g(x)$。狄拉克函数由以下关系定义:

$$\int_{-\infty}^{\infty} \delta(x) g(x) \mathrm{d}x \equiv g(0) \tag{B-1}$$

特别地,有

$$\int_{-\infty}^{\infty} \delta(x) \mathrm{d}x = 1 \tag{B-2}$$

式(B-2)表明 $\delta(x)$ 是密度。例如,如果变量 x 是一个以 m 为单位的距离,则 $\delta(x)$ 的量纲为 1/m。式(B-1)通过简单地将变量更改,可以表明,对于任何常数 a,有

$$\int_{-\infty}^{\infty} \delta(x-a) g(x) \mathrm{d}x \equiv g(a) \tag{B-3}$$

式(B-3)是狄拉克函数的筛选特性。合法运算是乘以任意函数,如 $\delta(x-a)f(x)$、$\delta(x-a)f(x)+\delta(x-b)h(x)$。禁止运算是同一个变量的两个增量函数相乘,如 $\delta(x-a)\delta(x-b)$ 并除以 δ。狄拉克函数的推导使用了部分的积分。使用测试函数 $g(x)$,可得

$$\int_{-\infty}^{\infty} \delta'(x) g(x) \mathrm{d}x = -\int_{-\infty}^{\infty} \delta(x) g'(x) \mathrm{d}x = -g'(0) \tag{B-4}$$

其中,素数是关于 x 的一阶导数。可以以相同的方式获得高阶导数。例如,$\delta(x-a)$ 的 m 阶导数计算式为

$$\int_{-\infty}^{\infty} \delta^{(m)}(x-a) g(x) \mathrm{d}x = (-1)^m g^{(m)}(a) \tag{B-5}$$

赫维赛德广义函数 $H(x)$ 由以下方程定义:

$$\int_{-\infty}^{\infty} H(x)g(x)\,\mathrm{d}x = \int_{0}^{\infty} g(x)\,\mathrm{d}x \tag{B-6}$$

函数 $H(x)$（通常）在 $x>0$ 时等于 1、在 $x<0$ 时等于 0，并且在 $x=0$ 时未定义。导数 $\mathrm{d}H(x)/\mathrm{d}x=\delta(x)$。将 $\delta(x)$ 与 $H(x)$ 相乘是禁止的。如果是多维情况（如物理空间的 3 个维度），则采用以下公式：

$$\begin{cases}\delta(\underline{x}-\underline{y})=\delta(x_1-y_1)\delta(x_2-y_2)\delta(x_3-y_3)\\ \iiint g(\underline{x})\delta(\underline{x}-\underline{y})\,\mathrm{d}\underline{x}=g(\underline{y})\end{cases} \tag{B-7}$$

B.2 体积积分的莱布尼兹规则和高斯定理

考虑由封闭表面 $A(t)$ 界定的任意体积 $V(t)$（图 B-1）。

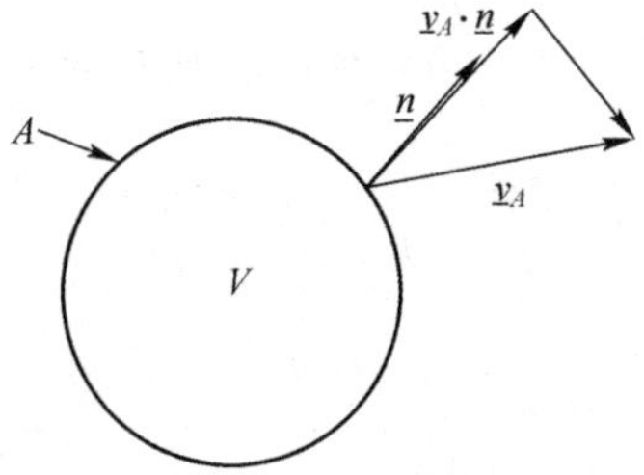

图 B-1 任意体积 V 及其在表面 A 上定义的量

在曲面 $A(t)$ 的每个点上，可以定义垂直于曲面并向外指向的单位矢量 $\underline{n}(\underline{x},t)$。还可以通过 $\underline{v}_A\cdot\underline{n}$ 定义表面点向法线方向的位移速度。令 $f(\underline{x},t)$ 是在体积 V 以及其边界面 A 中定义的空间和时间的任何函数。莱布尼兹规则为

$$\frac{\mathrm{d}}{\mathrm{d}t}\int_{V(t)} f\mathrm{d}v = \int_{V(t)} \frac{\partial f}{\partial t}\mathrm{d}v + \int_{A(t)} f\underline{v}_A\cdot\underline{n}\mathrm{d}a \tag{B-8}$$

如果体积 V 是流体材料体积，则必须用垂直于表面 $\underline{v}\cdot\underline{n}$ 的流体速度分量代替表面位移 $\underline{v}_A\cdot\underline{n}$ 的速度，在这种特殊情况下，莱布尼兹定律称为雷诺输运定理。

高斯定理可以通过下式将表面积分转换为体积积分，反之亦然。

$$\begin{cases}\int_V \nabla f\mathrm{d}v = \int_A f\underline{n}\mathrm{d}a\\ \int_V \nabla\cdot\underline{u}\mathrm{d}v = \int_A \underline{n}\cdot\underline{u}\mathrm{d}a\\ \int_V \nabla\cdot\underline{\underline{T}}\mathrm{d}v = \int_A \underline{n}\cdot\underline{\underline{T}}\mathrm{d}a\end{cases} \tag{B-9}$$

式中:f、$\underline{u}$和$\underline{\underline{T}}$分别为标量场、向量场和张量场。

B.3 表面积分的莱布尼兹规则和高斯定理

设 $A_{\mathrm{I}}(t)$ 是曲面的一部分,并由曲线 $C(t)$ 包围(图 B-2)。令$\underline{N}$为垂直于曲线 C 的单位矢量,从部分 $A_{\mathrm{I}}(t)$ 向外指向,并包含在每个点与曲面相切的平面中。

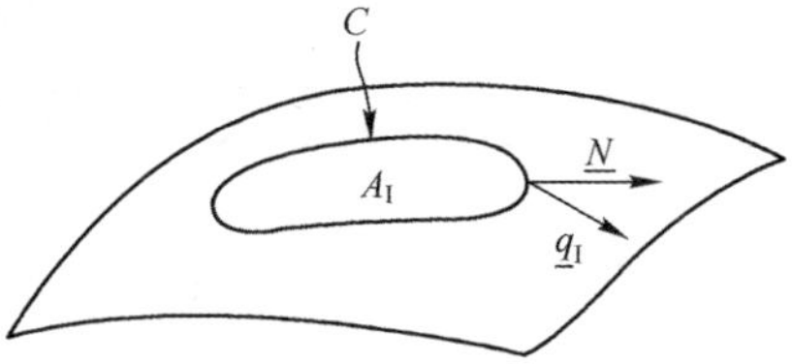

图 B-2 由闭合曲线 C 界定的一部分表面

设$f_{\mathrm{I}}(\underline{x},t)$是表面上定义的任意场。莱布尼兹规则通过下式给出 A_{I}部分上f_{I}的面积分的时间变化,即

$$\frac{\mathrm{d}}{\mathrm{d}t}\int_{A_{\mathrm{I}}(t)} f_{\mathrm{I}}\mathrm{d}S = \int_{A_{\mathrm{I}}(t)}\left(\frac{D_{\mathrm{I}} f_{\mathrm{I}}}{\mathrm{D}t} + f_{\mathrm{I}}\,\nabla_{\mathrm{s}}\cdot\underline{v}_{\mathrm{I}}\right)\mathrm{d}S \tag{B-10}$$

式中:$\dfrac{\mathrm{D}_{\mathrm{I}}}{\mathrm{D}t}$为表面中的材料导数算子;$\nabla_{\mathrm{s}}$为表面散度。

材料导数的定义为

$$\frac{\mathrm{D}_{\mathrm{I}}}{\mathrm{D}t} \equiv \frac{\partial}{\partial t} + \underline{v}_{\mathrm{I}}\cdot\nabla_{\mathrm{s}} \tag{B-11}$$

在二维曲面中,高斯定理可以将曲面积分转换为线积分,即

$$\begin{cases}\displaystyle\int_{A_{\mathrm{I}}(t)}(\nabla_{\mathrm{s}} f_{\mathrm{I}} - f_{\mathrm{I}}\underline{n}\nabla_{\mathrm{s}}\cdot\underline{n})\,\mathrm{d}S = \int_{C(t)} f_{\mathrm{I}}\underline{N}\mathrm{d}C \\ \displaystyle\int_{A_{\mathrm{I}}(t)}\nabla_{\mathrm{s}}\cdot\underline{q}_{\mathrm{I}}\mathrm{d}S = \int_{C(t)}\underline{q}_{\mathrm{I}}\cdot\underline{N}\mathrm{d}C\end{cases} \tag{B-12}$$

应该注意的是,式(B-12)的第二个关系式对与表面相切的矢量$\underline{q}_{\mathrm{I}}$有效。表面散度$\nabla_{\mathrm{s}}\cdot\underline{n}$等于平均曲率的两倍。

附录 C
混合两流体模型的动量守恒方程

单个粒子$\underline{p}_j$的质量偶极子由以下关系定义：

$$\underline{p}_j(t) \equiv \int_{V_j} \rho_d \underline{r}_j \mathrm{d}v \tag{C-1}$$

式中：$\underline{r}_j$为当前点相对于第j个粒子中心的位置矢量。

质量偶极子的平衡方程为

$$\frac{\mathrm{d}\underline{p}_j}{\mathrm{d}t} = \oint_{S_j} \dot{m}_d \underline{r}_j \mathrm{d}S + \int_{V_j} \rho_d(\underline{v}_d - \underline{w}_j)\mathrm{d}v \tag{C-2}$$

单个粒子的动量一阶矩$\underline{\underline{M}}_j$由下式定义：

$$\underline{\underline{M}}_j(t) \equiv \int_{V_j} \rho_d \underline{r}_j \underline{v}_d \mathrm{d}v \tag{C-3}$$

它的平衡方程为

$$\frac{\mathrm{d}\underline{\underline{M}}_j}{\mathrm{d}t} - \int_{V_j} \rho_d(\underline{v}_d - \underline{w}_j)\underline{v}_d \mathrm{d}v = \oint_{S_j} \underline{r}_j(\dot{m}_d \underline{v}_c + \underline{\underline{\sigma}}_c \cdot \underline{n}_d)\mathrm{d}S - \int_{V_j} \underline{\underline{\sigma}}_d \mathrm{d}v + \int_{V_j} \underline{r}_j \rho_d \underline{g} \mathrm{d}v \tag{C-4}$$

取式(C-2)和式(C-4)的平均值，可得到以下方程：

$$\begin{cases} \dfrac{\partial\langle\delta_d \underline{p}\rangle}{\partial t} + \langle\delta_d \underline{p}\underline{w}\rangle = \left\langle\delta_d \oint \dot{m}_d \underline{r} \mathrm{d}S\right\rangle + \left\langle\delta_d \int \rho_d(\underline{v}_d - \underline{w})\mathrm{d}v\right\rangle \\ \dfrac{\partial\langle\delta_d \underline{\underline{M}}\rangle}{\partial t} + \nabla\cdot\langle\delta_d \underline{\underline{M}}\underline{w}\rangle - \left\langle\delta_d \int \rho_d(\underline{v}_d - \underline{w})\underline{v}_d \mathrm{d}v\right\rangle \\ = \left\langle\delta_d \oint \underline{r}(\dot{m}_d \underline{v}_c + \underline{\underline{\sigma}}_c \cdot \underline{n}_d)\mathrm{d}S\right\rangle - \left\langle\delta_d \int \underline{\underline{\sigma}}_d \mathrm{d}v\right\rangle + \left\langle\delta_d \int \underline{r}\rho_d \underline{g}\mathrm{d}v\right\rangle \end{cases} \tag{C-5}$$

现在考虑由式(3-98)的第二个方程给出的载波相位的动量守恒方程。我们想证明平均连续压力的梯度，因此首先给出

$$\nabla\cdot\langle\chi_c \underline{\underline{\sigma}}_c\rangle = \nabla\cdot\langle\chi_c \underline{\underline{\tau}}_c\rangle - \nabla(\alpha_c \overline{p}_c^c) \tag{C-6}$$

为了使该项的平均压力出现在两流体模型的动量交换项中，则有

$$\langle \underline{\underline{\sigma}}_c \cdot \underline{n}_d \delta_I \rangle = \langle (\underline{\underline{\sigma}}_c + \overline{p}_c^c \underline{\underline{I}}) \cdot \underline{n}_d \delta_I \rangle - \overline{p}_c^c \nabla \alpha_c \tag{C-7}$$

使用式(3-39)~式(3-41)以及式(C-6)和式(C-7),式(3-98)的第二个方程可以改写为

$$\frac{\partial(\alpha_c \overline{\rho}_c^c \overline{\overline{\underline{v}}}_c^c)}{\partial t} + \nabla \cdot (\alpha_c \overline{\rho}_c^c \overline{\overline{\underline{v}}}_c^c \overline{\overline{\underline{v}}}_c^c) = -\nabla \cdot (\alpha_c \overline{\rho}_c^c \overline{\overline{\underline{v}'_c \underline{v}'_c}}^c) + \nabla \cdot (\alpha_c \overline{\underline{\underline{\tau}}}_c^c) - \alpha_c \nabla \overline{p}_c^c + \alpha_c \overline{\rho}_c^c \underline{g} - \langle (\underline{\underline{\sigma}}_c + \overline{p}_c^c \underline{\underline{I}}) \cdot \underline{n}_d \delta_I \rangle - \langle \dot{m}_d \underline{v}_c \delta_I \rangle \tag{C-8}$$

式中:$\underline{v}'_c$为波动速度,由下式定义,即

$$\underline{v}'_c \equiv \underline{v}_c - \overline{\overline{\underline{v}}}_c^c \tag{C-9}$$

式(C-8)的等式右侧的第一项是雷诺应力张量的散度。式(C-8)的等式右侧的最后两项可以通过使用式(3-30)的第二个关系式来展开,获得其二阶项:

$$\begin{gathered}\langle \delta_I (\underline{\underline{\sigma}}_c + \overline{p}_c^c \underline{\underline{I}}) \cdot \underline{n}_d \rangle = \left\langle \delta_d \oint (\underline{\underline{\sigma}}_c + \overline{p}_c^c \underline{\underline{I}}) \cdot \underline{n}_d \mathrm{d}S \right\rangle - \nabla \cdot \left\langle \delta_d \oint \underline{r} (\underline{\underline{\sigma}}_c + \overline{p}_c^c \underline{\underline{I}}) \cdot \underline{n}_d \mathrm{d}S \right\rangle \\ \langle \delta_I \dot{m}_d \underline{v}_c \rangle = \left\langle \delta_d \oint \dot{m}_d \underline{v}_c \mathrm{d}S \right\rangle - \nabla \cdot \left\langle \delta_d \oint \underline{r} \dot{m}_d \underline{v}_c \mathrm{d}S \right\rangle\end{gathered} \tag{C-10}$$

利用这些关系式,动量方程(C-8)可以转换为

$$\frac{\partial(\alpha_c \overline{\rho}_c^c \overline{\overline{\underline{v}}}_c^c)}{\partial t} + \nabla \cdot (\alpha_c \overline{\rho}_c^c \overline{\overline{\underline{v}}}_c^c \overline{\overline{\underline{v}}}_c^c) = -\nabla \cdot (\alpha_c \overline{\rho}_c^c \overline{\overline{\underline{v}'_c \underline{v}'_c}}^c) - \alpha_c \nabla \overline{p}_c^c + \alpha_c \overline{\rho}_c^c \underline{g} + \nabla \cdot \left(\alpha_c \overline{\underline{\underline{\tau}}}_c^c + \left\langle \delta_d \oint \underline{r} (\underline{\underline{\sigma}}_c + \overline{p}_c^c \underline{\underline{I}}) \cdot \underline{n}_d \mathrm{d}S \right\rangle + \left\langle \delta_d \oint \underline{r} \dot{m}_d \underline{v}_c \mathrm{d}S \right\rangle \right) - \left\langle \delta_d \oint (\underline{\underline{\sigma}}_c + \overline{p}_c^c \underline{\underline{I}}) \cdot \underline{n}_d \mathrm{d}S \right\rangle - \left\langle \delta_d \oint \dot{m}_d \underline{v}_c \mathrm{d}S \right\rangle \tag{C-11}$$

现在将变换式(3-97)的第二个方程,它是分散相的动量方程。使用展开式(3-30)的适当阶,可得

$$\begin{cases} \langle \chi_d \underline{\underline{\sigma}}_d \rangle \approx \left\langle \delta_d \int \underline{\underline{\sigma}}_d \mathrm{d}v \right\rangle \\ \langle \chi_d \rho_d \underline{g} \rangle \approx \langle \delta_d m \rangle \underline{g} - \nabla \cdot \left\langle \delta_d \int \underline{r} \rho_d \underline{g} \mathrm{d}v \right\rangle \\ \langle \delta_I \underline{\underline{\sigma}}_c \cdot \underline{n}_d \rangle \approx \left\langle \delta_d \oint \underline{\underline{\sigma}}_c \cdot \underline{n}_d \mathrm{d}S \right\rangle - \nabla \cdot \left\langle \delta_d \oint \underline{r} (\underline{\underline{\sigma}}_c \cdot \underline{n}_d) \mathrm{d}S \right\rangle \\ \langle \delta_I \dot{m}_d \underline{v}_c \rangle \approx \left\langle \delta_d \oint \dot{m}_d \underline{v}_c \mathrm{d}S \right\rangle - \nabla \cdot \left\langle \delta_d \oint \underline{r} (\dot{m}_d \underline{v}_c) \mathrm{d}S \right\rangle \end{cases} \tag{C-12}$$

因此，式(3-97)的第二个方程变为

$$\frac{\partial\left(\alpha_{\mathrm{d}}\overline{\rho}_{\mathrm{d}}^{\mathrm{d}}\overline{\overline{\underline{v}}}_{\mathrm{d}}^{\mathrm{d}}\right)}{\partial t}+\nabla\cdot\left(\alpha_{\mathrm{d}}\overline{\rho}_{\mathrm{d}}^{\mathrm{d}}\overline{\overline{\underline{v}}}_{\mathrm{d}}^{\mathrm{d}}\,\overline{\overline{\underline{v}}}_{\mathrm{d}}^{\mathrm{d}}\right)=-\nabla\cdot\left(\alpha_{\mathrm{d}}\overline{\rho}_{\mathrm{d}}^{\mathrm{d}}\overline{\overline{\underline{v}'_{\mathrm{d}}\underline{v}'_{\mathrm{d}}}}^{\mathrm{d}}\right)+\langle\delta_{\mathrm{d}}m\rangle\underline{g}+$$
$$\left\langle\delta_{\mathrm{d}}\oint\underline{\underline{\sigma}}_{\mathrm{c}}\cdot\underline{n}_{\mathrm{d}}\mathrm{d}S\right\rangle+\left\langle\delta_{\mathrm{d}}\oint\dot{m}_{\mathrm{d}}\underline{v}_{\mathrm{c}}\mathrm{d}S\right\rangle+$$
$$\nabla\cdot\left\langle\delta_{\mathrm{d}}\int\underline{\underline{\sigma}}_{\mathrm{d}}\mathrm{d}v\right\rangle-\nabla\cdot\left\langle\delta_{\mathrm{d}}\int\underline{r}\rho_{\mathrm{d}}\underline{g}\mathrm{d}v\right\rangle-$$
$$\nabla\cdot\left\langle\delta_{\mathrm{d}}\oint\underline{r}\left(\underline{\underline{\sigma}}_{\mathrm{c}}\cdot\underline{n}_{\mathrm{d}}+\dot{m}_{\mathrm{d}}\underline{v}_{\mathrm{c}}\right)\mathrm{d}S\right\rangle\qquad(\mathrm{C-13})$$

必须指出，在发展的这一阶段，式(C-13)的第三、四行是在动量的一阶方程(C-5)的等式右侧的散度。当决定忽略这一特殊时刻的作用时，忽略式(C-13)的第三行似乎是合乎逻辑的。

为了使平均连续压力的梯度出现在式(C-13)的等式右侧，在式(C-13)第二行的第一项中增加和减去该连续压力，即

$$\left\langle\delta_{\mathrm{d}}\oint\underline{\underline{\sigma}}_{\mathrm{c}}\cdot\underline{n}_{\mathrm{d}}\mathrm{d}S\right\rangle=\left\langle\delta_{\mathrm{d}}\oint\left(\underline{\underline{\sigma}}_{\mathrm{c}}+\overline{p}_{\mathrm{c}}^{\mathrm{c}}\underline{\underline{I}}\right)\cdot\underline{n}_{\mathrm{d}}\mathrm{d}S\right\rangle-\left\langle\delta_{\mathrm{d}}\oint\overline{p}_{\mathrm{c}}^{\mathrm{c}}\underline{n}_{\mathrm{d}}\mathrm{d}S\right\rangle\qquad(\mathrm{C-14})$$

在粒子中心附近进行$\overline{p}_{\mathrm{c}}^{\mathrm{c}}$的简单泰勒展开，可得

$$\left\langle\delta_{\mathrm{d}}\oint\overline{p}_{\mathrm{c}}^{\mathrm{c}}\underline{n}_{\mathrm{d}}\mathrm{d}S\right\rangle\approx\left\langle\delta_{\mathrm{d}}\overline{p}_{\mathrm{c}}^{\mathrm{c}}(\underline{x}=\underline{X})\underbrace{\oint\underline{n}_{\mathrm{d}}\mathrm{d}S}_{0}\right\rangle+\nabla\overline{p}_{\mathrm{c}}^{\mathrm{c}}\cdot\left\langle\delta_{\mathrm{d}}\oint\underline{r}\,\underline{n}_{\mathrm{d}}\mathrm{d}S\right\rangle\qquad(\mathrm{C-15})$$

式(C-15)的等式右侧的第一项为0，第二项计算如下：

$$\left\langle\delta_{\mathrm{d}}\oint\overline{p}_{\mathrm{c}}^{\mathrm{c}}\underline{n}_{\mathrm{d}}\mathrm{d}S\right\rangle\approx\langle\delta_{\mathrm{d}}V\rangle\nabla\overline{p}_{\mathrm{c}}^{\mathrm{c}}\approx\alpha_{\mathrm{d}}\nabla\overline{p}_{\mathrm{c}}^{\mathrm{c}}\qquad(\mathrm{C-16})$$

最终，式(C-13)变为

$$\frac{\partial\left(\alpha_{\mathrm{d}}\overline{\rho}_{\mathrm{d}}^{\mathrm{d}}\overline{\overline{\underline{v}}}_{\mathrm{d}}^{\mathrm{d}}\right)}{\partial t}+\nabla\cdot\left(\alpha_{\mathrm{d}}\overline{\rho}_{\mathrm{d}}^{\mathrm{d}}\overline{\overline{\underline{v}}}_{\mathrm{d}}^{\mathrm{d}}\,\overline{\overline{\underline{v}}}_{\mathrm{d}}^{\mathrm{d}}\right)=-\nabla\cdot\left(\alpha_{\mathrm{d}}\overline{\rho}_{\mathrm{d}}^{\mathrm{d}}\overline{\overline{\underline{v}'_{\mathrm{d}}\underline{v}'_{\mathrm{d}}}}^{\mathrm{d}}\right)+\langle\delta_{\mathrm{d}}m\rangle\underline{g}-\alpha_{\mathrm{d}}\nabla\overline{p}_{\mathrm{c}}^{\mathrm{c}}+$$
$$\left\langle\delta_{\mathrm{d}}\oint\left(\underline{\underline{\sigma}}_{\mathrm{c}}+\overline{p}_{\mathrm{c}}^{\mathrm{c}}\underline{\underline{I}}\right)\cdot\underline{n}_{\mathrm{d}}\mathrm{d}S\right\rangle+\left\langle\delta_{\mathrm{d}}\oint\dot{m}_{\mathrm{d}}\underline{v}_{\mathrm{c}}\mathrm{d}S\right\rangle\qquad(\mathrm{C-17})$$

附录 D
湍流演化方程的推导

在本附录中,导出了雷诺应力张量(式(6-73))和湍流耗散率(式(6-79))的演化方程。这两个方程是针对不可压缩的项 k 导出的。出发点是脉动速度场的第 i 个分量式(6-72),即

$$\chi_k\left[\frac{\partial v'_{k,i}}{\partial t}+\overline{v_{k,j}}^k\frac{\partial v'_{k,i}}{\partial x_j}+v'_{k,j}\frac{\partial \overline{v_{k,j}}^k}{\partial x_j}+v'_{k,j}\frac{\partial v'_{k,i}}{\partial x_j}-\frac{\partial}{\partial x_j}\overline{v'_{k,i}v'_{k,j}}^k\right]$$

$$=\chi_k\left[-\frac{1}{\rho}\frac{\partial p'_k}{\partial x_i}+\nu_k\frac{\partial^2 v'_{k,i}}{\partial x_j^2}-\frac{\langle L_{k,i}\rangle}{\alpha_k}-\frac{\langle Q_{k,i}\rangle}{\alpha_k}\right],$$

$$\langle Q_{k,i}\rangle\equiv\left(-\frac{\overline{p}_k^k}{\rho_k}\delta_{ij}+2\nu_k\frac{\partial \overline{v_{k,j}}^k}{\partial x_j}-\overline{v'_{k,i}v'_{k,j}}^k\right)\frac{\partial \alpha_k}{\partial x_j}+\nu_k\overline{v_{k,j}}^k\frac{\partial^2\alpha_k}{\partial x_j^2}$$

D.1 雷诺应力张量方程

将式(6-72)乘以 $v'_{k,m}$ 并将获得的方程添加到其转置中,可获得以下方程:

$$\chi_k\left[\begin{array}{l}\dfrac{\partial v'_{k,i}v'_{k,\mathrm{m}}}{\partial t}+\dfrac{\partial v'_{k,i}v'_{k,\mathrm{m}}\overline{v_{k,j}}^k}{\partial x_j}+v'_{k,\mathrm{m}}v'_{k,j}\dfrac{\partial \overline{v_{k,j}}^k}{\partial x_j}+v'_{k,i}v'_{k,j}\dfrac{\partial \overline{v_{k,\mathrm{m}}}^k}{\partial x_j}+\dfrac{\partial v'_{k,i}v'_{k,j}v'_{k,\mathrm{m}}}{\partial x_j}-\\ v'_{k,\mathrm{m}}\dfrac{\partial}{\partial x_j}\overline{v'_{k,i}v'_{k,j}}^k-v'_{k,i}\dfrac{\partial}{\partial x_j}\overline{v'_{k,\mathrm{m}}v'_{k,j}}^k\end{array}\right]$$

$$=\chi_k\left[\begin{array}{l}-\dfrac{1}{\rho_k}\dfrac{\partial p'_k v'_{k,\mathrm{m}}}{\partial x_i}-\dfrac{1}{\rho_k}\dfrac{\partial p'_k v'_{k,i}}{\partial x_\mathrm{m}}+\dfrac{p'_k}{\rho_k}\left(\dfrac{\partial v'_{k,i}}{\partial x_\mathrm{m}}+\dfrac{\partial v'_{k,\mathrm{m}}}{\partial x_i}\right)+\nu_k\left(v'_{k,\mathrm{m}}\dfrac{\partial^2 v'_{k,i}}{\partial x_j^2}+v'_{k,i}\dfrac{\partial^2 v'_{k,\mathrm{m}}}{\partial x_j^2}\right)-\\ v'_{k,\mathrm{m}}\dfrac{\langle L_{k,i}\rangle+\langle Q_{k,i}\rangle}{\alpha_k}-v'_{k,i}\dfrac{\langle L_{k,\mathrm{m}}\rangle+\langle Q_{k,\mathrm{m}}\rangle}{\alpha_k}\end{array}\right]$$

(D-1)

其中，使用了平均速度的散度（式(6-66)）和脉动速度的散度（式(6-70)）具有相反值的性质。取式(D-1)的平均值，可得

$$\left\langle \chi_k \left[\frac{\partial v'_{k,i} v'_{k,\mathrm{m}}}{\partial t} + \frac{\partial v'_{k,i} v'_{k,\mathrm{m}} \overline{v_{k,j}}^k}{\partial x_j} + v'_{k,\mathrm{m}} v'_{k,j} \frac{\partial \overline{v_{k,j}}^k}{\partial x_j} + v'_{k,i} v'_{k,j} \frac{\partial \overline{v_{k,\mathrm{m}}}^k}{\partial x_j} + \frac{\partial v'_{k,i} v'_{k,j} v'_{k,\mathrm{m}}}{\partial x_j} \right] \right\rangle$$

$$= \left\langle \chi_k \left[\begin{array}{l} -\frac{1}{\rho_k} \frac{\partial v'_{k,i} v'_{k,\mathrm{m}}}{\partial x_i} - \frac{1}{\rho_k} \frac{\partial p'_k v'_{k,i}}{\partial x_\mathrm{m}} + \frac{p'_k}{\rho_k} \left(\frac{\partial v'_{k,i}}{\partial x_\mathrm{m}} + \frac{\partial v'_{k,\mathrm{m}}}{\partial x_i} \right) + \\ \nu_k \left(v'_{k,\mathrm{m}} \frac{\partial^2 v'_{k,i}}{\partial x_j^2} + v'_{k,i} \frac{\partial^2 v'_{k,\mathrm{m}}}{\partial x_j^2} \right) \end{array} \right] \right\rangle \tag{D-2}$$

使用拓扑方程(2-9)以及界面质量通量的定义式(2-17)，式(D-2)可以等效写为

$$\left\langle \frac{\partial \chi_k \partial v'_{k,i} v'_{k,\mathrm{m}}}{\partial t} + \frac{\partial \chi_k \partial v'_{k,i} v'_{k,\mathrm{m}} \overline{v_{k,j}}^k}{\partial x_j} + \chi_k v'_{k,\mathrm{m}} v'_{k,j} \frac{\partial \overline{v_{k,j}}^k}{\partial x_j} + \chi_k v'_{k,i} v'_{k,j} \frac{\partial \overline{v_{k,\mathrm{m}}}^k}{\partial x_j} + \frac{\partial \chi_k \partial v'_{k,i} v'_{k,j} v'_{k,\mathrm{m}}}{\partial x_j} \right\rangle$$
$$= \left\langle -\frac{1}{\rho_k} \frac{\partial \chi_k p'_k v'_{k,\mathrm{m}}}{\partial x_i} - \frac{1}{\rho_k} \frac{\partial \chi_k p'_k v'_{k,i}}{\partial x_\mathrm{m}} + \chi_k \frac{p'_k}{\rho_k} \left(\frac{\partial v'_{k,i}}{\partial x_\mathrm{m}} + \frac{\partial v'_{k,\mathrm{m}}}{\partial x_i} \right) + \chi_k \nu_k \left(v'_{k,\mathrm{m}} \frac{\partial^2 v'_{k,i}}{\partial x_j^2} + v'_{k,i} \frac{\partial^2 v'_{k,\mathrm{m}}}{\partial x_j^2} \right) \right\rangle +$$
$$\frac{1}{\rho_k} \left(\langle \dot{m}_k v'_{k,i} v'_{k,\mathrm{m}} \delta_\mathrm{I} \rangle - \langle p'_k v'_{k,\mathrm{m}} n_{k,i} \delta_\mathrm{I} \rangle - \langle p'_k v'_{k,i} n_{k,\mathrm{m}} \delta_\mathrm{I} \rangle \right) \tag{D-3}$$

使用相平均值（式(3-40)）的定义，式(D-3)还可表示为

$$\begin{aligned} \frac{\partial \alpha_k \overline{v'_{k,i} v'_{k,\mathrm{m}}}^k}{\partial t} + \frac{\partial \alpha_k \overline{v'_{k,i} v'_{k,\mathrm{m}}}^k \overline{v_{k,j}}^k}{\partial x_j} = & -\alpha_k \overline{v'_{k,\mathrm{m}} v'_{k,j}}^k \frac{\partial \overline{v'_{k,i}}^k}{\partial x_j} - \alpha_k \overline{v'_{k,i} v'_{k,j}}^k \frac{\partial \overline{v'_{k,\mathrm{m}}}^k}{\partial x_j} - \\ & \frac{\partial \alpha_k \overline{v'_{k,i} v'_{k,j} v'_{k,\mathrm{m}}}^k}{\partial x_j} - \frac{1}{\rho_k} \frac{\partial \alpha_k \overline{p'_k v'_{k,\mathrm{m}}}^k}{\partial x_i} - \\ & \frac{1}{\rho_k} \frac{\partial \alpha_k \overline{p'_k v'_{k,i}}^k}{\partial x_\mathrm{m}} + \alpha_k \overline{\frac{p'_k}{\rho_k} \left(\frac{\partial v'_{k,i}}{\partial x_\mathrm{m}} + \frac{\partial v'_{k,\mathrm{m}}}{\partial x_i} \right)}^k + \\ & \left\langle \chi_k \nu_k \left(v'_{k,\mathrm{m}} \frac{\partial^2 v'_{k,i}}{\partial x_j^2} + v'_{k,i} \frac{\partial^2 v'_{k,\mathrm{m}}}{\partial x_j^2} \right) \right\rangle + \\ & \frac{1}{\rho_k} \left(\langle \dot{m}_k v'_{k,i} v'_{k,\mathrm{m}} \delta_\mathrm{I} \rangle - \langle p'_k v'_{k,\mathrm{m}} n_{k,i} \delta_\mathrm{I} \rangle - \langle p'_k v'_{k,i} n_{k,\mathrm{m}} \delta_\mathrm{I} \rangle \right) \end{aligned} \tag{D-4}$$

下面我们将展开式(D-4)第三行中的黏性项，即

$$\left\langle \chi_k \nu_k \left(v'_{k,\mathrm{m}} \frac{\partial^2 v'_{k,i}}{\partial x_j^2} + v'_{k,i} \frac{\partial^2 v'_{k,\mathrm{m}}}{\partial x_j^2} \right) \right\rangle$$

$$= \left\langle \chi_k \nu_k \frac{\partial}{\partial x_j} \left(v'_{k,\mathrm{m}} \frac{\partial v'_{k,i}}{\partial x_j} + v'_{k,i} \frac{\partial v'_{k,\mathrm{m}}}{\partial x_j} \right) - 2\chi_k \nu_k \frac{\partial v'_{k,i}}{\partial x_j} \frac{\partial v'_{k,\mathrm{m}}}{\partial x_j} \right\rangle$$

$$= \left\langle \chi_k \nu_k \frac{\partial^2 v'_{k,i} v'_{k,\mathrm{m}}}{\partial x_j^2} - 2\chi_k \nu_k \frac{\partial v'_{k,i}}{\partial x_j} \frac{\partial v'_{k,\mathrm{m}}}{\partial x_j} \right\rangle$$

$$= \nu_k \left[\frac{\partial^2 \alpha_k \overline{v'_{k,i} v'_{k,\mathrm{m}}}^k}{\partial x_j^2} + \frac{\partial}{\partial x_j} \langle v'_{k,i} v'_{k,\mathrm{m}} n_{k,j} \delta_\mathrm{I} \rangle + \left\langle \frac{\partial}{\partial x_j} (v'_{k,i} v'_{k,\mathrm{m}}) n_{k,j} \delta_\mathrm{I} \right\rangle - 2\alpha_k \nu_k \overline{\frac{\partial v'_{k,i}}{\partial x_j} \frac{\partial v'_{k,\mathrm{m}}}{\partial x_j}}^k \right] \tag{D-5}$$

将式(D-5)代入式(D-4)可得式(6-73),即

$$\begin{aligned}
\frac{\partial}{\partial t}(\alpha_k \overline{v'_{k,i} v'_{k,\mathrm{m}}}^k) + \frac{\partial}{\partial x_j}(\alpha_k \overline{v'_{k,i} v'_{k,\mathrm{m}}}^k \overline{v_{k,j}}^k) = & -\alpha_k \overline{v'_{k,\mathrm{m}} v'_{k,j}}^k \frac{\partial \overline{v'_{k,i}}^k}{\partial x_j} - \alpha_k \overline{v'_{k,i} v'_{k,j}}^k \frac{\partial \overline{v'_{k,\mathrm{m}}}^k}{\partial x_j} - \\
& 2\alpha_k \nu_k \overline{\frac{\partial v'_{k,i}}{\partial x_j} \frac{\partial v'_{k,\mathrm{m}}}{\partial x_j}}^k - \alpha_k \overline{\frac{p'_k}{\rho_k}\left(\frac{\partial v'_{k,i}}{\partial x_\mathrm{m}} + \frac{\partial v'_{k,\mathrm{m}}}{\partial x_i} \right)}^k - \\
& \frac{\partial}{\partial x_j}\left[\alpha_k \overline{v'_{k,i} v'_{k,\mathrm{m}} v'_{k,j}}^k - \nu_k \frac{\partial}{\partial x_j}(\alpha_k \overline{v'_{k,i} v'_{k,\mathrm{m}}}^k) + \frac{\alpha_k}{\rho_k}(\overline{p'_k v'_{k,i}}^k \delta_{j\mathrm{m}} + \overline{p'_k v'_{k,\mathrm{m}}}^k \delta_{ij}) \right] - \\
& \left\langle \left(\frac{p'_k}{\rho_k} v'_{k,\mathrm{m}} n_{k,i} + \frac{p'_k}{\rho_k} v'_{k,i} n_{k,\mathrm{m}} \right) \delta_\mathrm{I} \right\rangle + \\
& \nu_k \left[\frac{\partial}{\partial x_j} \langle v'_{k,i} v'_{k,\mathrm{m}} n_{k,j} \delta_\mathrm{I} \rangle + \left\langle \frac{\partial}{\partial x_j}(v'_{k,i} v'_{k,\mathrm{m}}) n_{k,j} \delta_\mathrm{I} \right\rangle \right] + \frac{1}{\rho_k} \langle \dot{m}_k v'_{k,i} v'_{k,\mathrm{m}} \delta_\mathrm{I} \rangle
\end{aligned}$$

D.2 湍流耗散率方程

首先,对式(6-72)取梯度,逐项处理后,可得

$$\frac{\partial}{\partial x_\mathrm{m}}\left(\chi_k \frac{\partial v'_{k,i}}{\partial t} \right) = \chi_k \frac{\partial}{\partial t}\left(\frac{\partial v'_{k,i}}{\partial x_\mathrm{m}} \right) + \frac{\partial v'_{k,i}}{\partial t} \frac{\partial \chi_k}{\partial x_\mathrm{m}} \tag{D-6}$$

$$\frac{\partial}{\partial x_\mathrm{m}}\left(\chi_k \overline{v_{k,j}}^k \frac{\partial v'_{k,i}}{\partial x_j} \right) = \chi_k \overline{v_{k,j}}^k \frac{\partial}{\partial x_j}\left(\frac{\partial v'_{k,i}}{\partial x_\mathrm{m}} \right) + \chi_k \frac{\partial \overline{v_{k,j}}^k}{\partial x_\mathrm{m}} \frac{\partial v'_{k,i}}{\partial x_j} + \overline{v_{k,j}}^k \frac{\partial v'_{k,i}}{\partial x_j} \frac{\partial \chi_k}{\partial x_\mathrm{m}} \tag{D-7}$$

$$\frac{\partial}{\partial x_\mathrm{m}}\left(\chi_k v'_{k,j} \frac{\partial \overline{v_{k,i}}^k}{\partial x_j} \right) = \chi_k v'_{k,j} \frac{\partial}{\partial x_j}\left(\frac{\partial \overline{v_{k,i}}^k}{\partial x_\mathrm{m}} \right) + \chi_k \frac{\partial v'_{k,j}}{\partial x_\mathrm{m}} \frac{\partial \overline{v_{k,i}}^k}{\partial x_j} + v'_{k,j} \frac{\partial \overline{v_{k,i}}^k}{\partial x_j} \frac{\partial \chi_k}{\partial x_\mathrm{m}} \tag{D-8}$$

$$\frac{\partial}{\partial x_m}\left(\chi_k v'_{k,j}\frac{\partial v'_{k,i}}{\partial x_j}\right)=\chi_k v'_{k,j}\frac{\partial}{\partial x_j}\left(\frac{\partial v'_{k,i}}{\partial x_m}\right)+\chi_k\frac{\partial v'_{k,j}}{\partial x_m}\frac{\partial v'_{k,i}}{\partial x_j}+v'_{k,j}\frac{\partial v'_{k,i}}{\partial x_j}\frac{\partial \chi_k}{\partial x_m} \quad (\text{D-9})$$

$$-\frac{\partial}{\partial x_m}\left(\chi_k\frac{\partial}{\partial x_j}\overline{v'_{k,i}v'_{k,j}}^k\right)=-\chi_k\frac{\partial}{\partial x_j}\left(\frac{\partial\overline{v'_{k,i}v'_{k,j}}^k}{\partial x_m}\right)-\frac{\partial}{\partial x_j}\overline{v'_{k,i}v'_{k,j}}^k\frac{\partial \chi_k}{\partial x_m} \quad (\text{D-10})$$

$$-\frac{\partial}{\partial x_m}\left(\frac{\chi_k}{\rho_k}\frac{\partial p'_k}{\partial x_i}\right)=-\frac{\chi_k}{\rho_k}\frac{\partial^2 p'_k}{\partial x_i\partial x_m}-\frac{1}{\rho_k}\frac{\partial p'_k}{\partial x_i}\frac{\partial \chi_k}{\partial x_m} \quad (\text{D-11})$$

$$\frac{\partial}{\partial x_m}\left(\chi_k\nu_k\frac{\partial^2 v'_{k,i}}{\partial x_j^2}\right)=\chi_k\nu_k\frac{\partial^3 v'_{k,i}}{\partial x_j^2\partial x_m}+\nu_k\frac{\partial^2 v'_{k,i}}{\partial x_j^2}\frac{\partial \chi_k}{\partial x_m} \quad (\text{D-12})$$

$$-\frac{\partial}{\partial x_m}\left(\chi_k\frac{\langle L_{k,i}\rangle+\langle Q_{k,i}\rangle}{\alpha_k}\right)=-\chi_k\frac{\partial}{\partial x_m}\left(\frac{\langle L_{k,i}\rangle+\langle Q_{k,i}\rangle}{\alpha_k}\right)-\frac{\langle L_{k,i}\rangle+\langle Q_{k,i}\rangle}{\alpha_k}\frac{\partial \chi_k}{\partial x_m} \quad (\text{D-13})$$

然后，将式(D-6)~式(D-13)乘以$\frac{\partial v'_{k,i}}{\partial x_m}$并相加，可得

$$\frac{\partial v'_{k,i}}{\partial x_m}\frac{\partial}{\partial x_m}\left(\chi_k\frac{\partial v'_{k,i}}{\partial t}\right)=\frac{1}{2}\frac{\partial}{\partial t}\left(\chi_k\left(\frac{\partial v'_{k,i}}{\partial x_m}\right)^2\right)-\frac{1}{2}\left(\frac{\partial v'_{k,i}}{\partial x_m}\right)^2\frac{\partial \chi_k}{\partial t}+\frac{\partial v'_{k,i}}{\partial t}\frac{\partial \chi_k}{\partial x_m}\frac{\partial v'_{k,i}}{\partial x_m} \quad (\text{D-14})$$

$$\frac{\partial v'_{k,i}}{\partial x_m}\frac{\partial}{\partial x_m}\left(\chi_k\overline{v_{k,j}}^k\frac{\partial v'_{k,i}}{\partial x_j}\right)=\chi_k\overline{v_{k,j}}^k\frac{1}{2}\frac{\partial}{\partial x_j}\left(\left(\frac{\partial v'_{k,i}}{\partial x_m}\right)^2\right)+\chi_k\frac{\partial\overline{v_{k,j}}^k}{\partial x_m}\frac{\partial v'_{k,i}}{\partial x_m}\frac{\partial v'_{k,i}}{\partial x_j}+\overline{v_{k,j}}^k\frac{\partial v'_{k,i}}{\partial x_j}\frac{\partial \chi_k}{\partial x_m}\frac{\partial v'_{k,i}}{\partial x_m} \quad (\text{D-15})$$

$$\frac{\partial v'_{k,i}}{\partial x_m}\frac{\partial}{\partial x_m}\left(\chi_k v'_{k,j}\frac{\partial\overline{v_{k,j}}^k}{\partial x_j}\right)=\chi_k v'_{k,j}\frac{\partial v'_{k,i}}{\partial x_m}\frac{\partial^2\overline{v_{k,j}}^k}{\partial x_j\partial x_m}+\chi_k\frac{\partial v'_{k,i}}{\partial x_m}\frac{\partial v'_{k,j}}{\partial x_m}\frac{\partial\overline{v_{k,j}}^k}{\partial x_j}+v'_{k,j}\frac{\partial\overline{v_{k,i}}^k}{\partial x_j}\frac{\partial \chi_k}{\partial x_m}\frac{\partial v'_{k,i}}{\partial x_m} \quad (\text{D-16})$$

$$\frac{\partial v'_{k,i}}{\partial x_m}\frac{\partial}{\partial x_m}\left(\chi_k v'_{k,j}\frac{\partial v'_{k,i}}{\partial x_j}\right)=\chi_k v'_{k,j}\frac{1}{2}\frac{\partial}{\partial x_j}\left(\left(\frac{\partial v'_{k,i}}{\partial x_m}\right)^2\right)+\chi_k\frac{\partial v'_{k,i}}{\partial x_m}\frac{\partial v'_{k,j}}{\partial x_m}\frac{\partial v'_{k,i}}{\partial x_j}+v'_{k,j}\frac{\partial v'_{k,i}}{\partial x_j}\frac{\partial \chi_k}{\partial x_m}\frac{\partial v'_{k,i}}{\partial x_m} \quad (\text{D-17})$$

$$-\frac{\partial v'_{k,i}}{\partial x_m}\frac{\partial}{\partial x_m}\left(\chi_k\frac{\partial}{\partial x_j}\overline{v'_{k,i}v'_{k,j}}^k\right)=-\chi_k\frac{\partial v'_{k,i}}{\partial x_m}\frac{\partial^2\overline{v'_{k,i}v'_{k,j}}^k}{\partial x_j\partial x_m}-\frac{\partial}{\partial x_j}\overline{v'_{k,i}v'_{k,j}}^k\frac{\partial \chi_k}{\partial x_m}\frac{\partial v'_{k,i}}{\partial x_m} \quad (\text{D-18})$$

$$-\frac{\partial v'_{k,i}}{\partial x_{\mathrm{m}}}\frac{\partial}{\partial x_{\mathrm{m}}}\left(\frac{\chi_k}{\rho_k}\frac{\partial p'_k}{\partial x_i}\right)=-\frac{\chi_k}{\rho_k}\frac{\partial v'_{k,i}}{\partial x_{\mathrm{m}}}\frac{\partial^2 p'_k}{\partial x_i\partial x_{\mathrm{m}}}-\frac{1}{\rho_k}\frac{\partial p'_k}{\partial x_i}\frac{\partial \chi_k}{\partial x_{\mathrm{m}}}\frac{\partial v'_{k,i}}{\partial x_{\mathrm{m}}} \tag{D-19}$$

$$\frac{\partial v'_{k,i}}{\partial x_{\mathrm{m}}}\left(\chi_k\nu_k\frac{\partial^2 v'_{k,i}}{\partial x_j^2}\right)=\chi_k\nu_k\frac{\partial v'_{k,i}}{\partial x_{\mathrm{m}}}\frac{\partial^3 v'_{k,i}}{\partial x_j^2\partial x_{\mathrm{m}}}+\nu_k\frac{\partial^2 v'_{k,i}}{\partial x_j^2}\frac{\partial \chi_k}{\partial x_{\mathrm{m}}}\frac{\partial v'_{k,i}}{\partial x_{\mathrm{m}}} \tag{D-20}$$

$$-\frac{\partial v'_{k,i}}{\partial x_{\mathrm{m}}}\frac{\partial}{\partial x_{\mathrm{m}}}\left(\chi_k\frac{\langle L_{k,i}\rangle+\langle Q_{k,i}\rangle}{\alpha_k}\right)=-\chi_k\frac{\partial v'_{k,i}}{\partial x_{\mathrm{m}}}\frac{\partial}{\partial x_{\mathrm{m}}}\left(\frac{\langle L_{k,i}\rangle+\langle Q_{k,i}\rangle}{\alpha_k}\right)-\frac{\langle L_{k,i}\rangle+\langle Q_{k,i}\rangle}{\alpha_k}\frac{\partial \chi_k}{\partial x_{\mathrm{m}}}\frac{\partial v'_{k,i}}{\partial x_{\mathrm{m}}} \tag{D-21}$$

对式(D-14)~式(D-21)求和时,将发生以下简化。式(D-14)~式(D-21)的最后一项之和与波动速度方程式(6-72)除以χ_k并乘以$\frac{\partial v'_{k,i}}{\partial x_{\mathrm{m}}}\frac{\partial \chi_k}{\partial x_{\mathrm{m}}}$成正比,因此可以使用式(6-72)统一消去式(D-14)~式(D-21)的最后一项。现在将对式(D-14)~式(D-21)求和,将所得方程乘以运动黏度的两倍,然后取平均值。可得

$$\begin{aligned}&\frac{\partial}{\partial t}\left(\alpha_k\nu_k\overline{\left(\frac{\partial v'_{k,i}}{\partial x_{\mathrm{m}}}\right)^2}^k\right)-\left\langle\nu_k\left(\frac{\partial v'_{k,i}}{\partial x_{\mathrm{m}}}\right)^2\left(\frac{\partial \chi_k}{\partial t}+(\overline{v_{k,j}}^k+v'_{k,j})\frac{\partial \chi_k}{\partial x_j}\right)\right\rangle+\\&\frac{\partial}{\partial x_j}\left(\alpha_k\nu_k\overline{\left(\frac{\partial v'_{k,i}}{\partial x_{\mathrm{m}}}\right)^2}^k\overline{v_{k,j}}^k\right)+2\alpha_k\nu_k\frac{\partial\overline{v_{k,j}}^k}{\partial x_{\mathrm{m}}}\overline{\frac{\partial v'_{k,i}}{\partial x_{\mathrm{m}}}\frac{\partial v'_{k,i}}{\partial x_j}}^k+\\&2\nu_k\alpha_k\overline{v'_{k,i}\frac{\partial v'_{k,i}}{\partial x_{\mathrm{m}}}}^k\frac{\partial^2\overline{v_{k,j}}^k}{\partial x_j\partial x_{\mathrm{m}}}+2\nu_k\alpha_k\overline{\frac{\partial v'_{k,i}}{\partial x_{\mathrm{m}}}\frac{\partial v'_{k,j}}{\partial x_{\mathrm{m}}}}^k\frac{\partial\overline{v_{k,j}}^k}{\partial x_j}+\\&\frac{\partial}{\partial x_j}\left\langle\chi_k\nu_k\left(\frac{\partial v'_{k,i}}{\partial x_{\mathrm{m}}}\right)^2v'_{k,j}\right\rangle+2\nu_k\alpha_k\overline{\frac{\partial v'_{k,i}}{\partial x_{\mathrm{m}}}\frac{\partial v'_{k,j}}{\partial x_{\mathrm{m}}}\frac{\partial v'_{k,i}}{\partial x_j}}^k-\\&2\nu_k\left\langle\chi_k\frac{\partial v'_{k,i}}{\partial x_{\mathrm{m}}}\right\rangle\frac{\partial^2\overline{v'_{k,i}v'_{k,j}}^k}{\partial x_j\partial x_{\mathrm{m}}}\\&=-2\nu_k\frac{1}{\rho_k}\left\langle\chi_k\frac{\partial v'_{k,i}}{\partial x_{\mathrm{m}}}\frac{\partial^2 p'_k}{\partial x_i\partial x_{\mathrm{m}}}\right\rangle+\left\langle2\chi_k\nu_k^2\frac{\partial v'_{k,i}}{\partial x_{\mathrm{m}}}\frac{\partial^3 v'_{k,i}}{\partial x_j^2\partial x_{\mathrm{m}}}\right\rangle-\\&2\nu_k\left\langle\chi_k\frac{\partial v'_{k,i}}{\partial x_{\mathrm{m}}}\right\rangle\frac{\partial}{\partial x_{\mathrm{m}}}\left(\frac{\langle L_{k,i}\rangle+\langle Q_{k,i}\rangle}{\alpha_k}\right)\end{aligned} \tag{D-22}$$

回顾湍流耗散率(式(6-78))和式(2-9)和式(2-17)的定义,式(D-22)可以等效地写为

$$\frac{\partial}{\partial t}(\alpha_k\varepsilon_k)+\frac{\partial}{\partial x_j}(\alpha_k\varepsilon_k\overline{v_{k,j}}^k)+2\alpha_k\nu_k\left(\frac{\partial\overline{v_{k,j}}^k}{\partial x_m}\overline{\frac{\partial v'_{k,i}}{\partial x_m}\frac{\partial v'_{k,i}}{\partial x_j}}^k+\overline{\frac{\partial v'_{k,i}}{\partial x_m}\frac{\partial v'_{k,j}}{\partial x_m}}^k\frac{\partial\overline{v_{k,j}}^k}{\partial x_j}\right)+$$

$$2\alpha_k\nu_k\overline{v'_{k,j}\frac{\partial v'_{k,i}}{\partial x_m}}^k\frac{\partial^2\overline{v_{k,i}}^k}{\partial x_j\partial x_m}+2\alpha_k\nu_k\overline{\frac{\partial v'_{k,i}}{\partial x_m}\frac{\partial v'_{k,j}}{\partial x_m}\frac{\partial v'_{k,i}}{\partial x_j}}^k+\frac{\partial}{\partial x_j}\left(\alpha_k\nu_k\overline{\left(\frac{\partial v'_{k,i}}{\partial x_m}\right)^2v'_{k,j}}^k\right)$$

$$=-2\alpha_k\frac{\nu_k}{\rho_k}\overline{\frac{\partial v'_{k,i}}{\partial x_m}\frac{\partial^2 p'_k}{\partial x_i\partial x_m}}^k+\left\langle 2\chi_k\nu_k^2\frac{\partial v'_{k,i}}{\partial x_m}\frac{\partial^3 v'_{k,i}}{\partial x_j^2\partial x_m}\right\rangle+$$

$$2\nu_k\langle v'_{k,i}n_{k,m}\delta_\mathrm{I}\rangle\frac{\partial}{\partial x_m}\left(\frac{\partial\overline{v'_{k,i}v'_{k,j}}^k}{\partial x_j}-\frac{\langle L_{k,i}\rangle+\langle Q_{k,i}\rangle}{\alpha_k}\right)+\left\langle\frac{\dot{m}_k}{\rho_k}\nu_k\left(\frac{\partial v'_{k,i}}{\partial x_m}\right)^2\delta_\mathrm{I}\right\rangle \tag{D-23}$$

现在必须展开(黏性)破坏项$\left(2\chi_k\nu_k^2\frac{\partial v'_{k,i}}{\partial x_m}\frac{\partial^3 v'_{k,i}}{\partial x_j^2\partial x_m}\right)$:

$$\left\langle 2\chi_k\nu_k^2\frac{\partial v'_{k,i}}{\partial x_m}\frac{\partial^3 v'_{k,i}}{\partial x_j^2\partial x_m}\right\rangle=2\alpha_k\nu_k^2\overline{\frac{\partial v'_{k,i}}{\partial x_m}\frac{\partial^3 v'_{k,i}}{\partial x_j^2\partial x_m}}^k$$

$$=2\alpha_k\nu_k^2\left(\overline{\frac{\partial}{\partial x_j}\left(\frac{\partial v'_{k,i}}{\partial x_m}\frac{\partial^2 v'_{k,i}}{\partial x_j\partial x_m}\right)}^k-\overline{\frac{\partial^2 v'_{k,i}}{\partial x_j\partial x_m}\frac{\partial^2 v'_{k,i}}{\partial x_j\partial x_m}}^k\right)$$

$$=2\alpha_k\nu_k^2\left(\overline{\frac{1}{2}\frac{\partial^2}{\partial x_j^2}\left(\frac{\partial v'_{k,i}}{\partial x_m}\frac{\partial v'_{k,i}}{\partial x_m}\right)}^k-\overline{\frac{\partial^2 v'_{k,i}}{\partial x_j\partial x_m}\frac{\partial^2 v'_{k,i}}{\partial x_j\partial x_m}}^k\right)$$

$$=\nu_k^2\left\langle\chi_k\frac{\partial^2}{\partial x_j^2}\left(\frac{\partial v'_{k,i}}{\partial x_m}\frac{\partial v'_{k,i}}{\partial x_m}\right)\right\rangle-2\alpha_k\nu_k^2\overline{\frac{\partial^2 v'_{k,i}}{\partial x_j\partial x_m}\frac{\partial^2 v'_{k,i}}{\partial x_j\partial x_m}}^k$$

$$=\nu_k^2\frac{\partial}{\partial x_j}\left\langle\chi_k\frac{\partial}{\partial x_j}\left(\frac{\partial v'_{k,i}}{\partial x_m}\right)^2\right\rangle-\nu_k^2\left\langle\frac{\partial}{\partial x_j}\left(\frac{\partial v'_{k,i}}{\partial x_m}\right)^2\frac{\partial\chi_k}{\partial x_j}\right\rangle-2\alpha_k\nu_k^2\overline{\frac{\partial^2 v'_{k,i}}{\partial x_j\partial x_m}\frac{\partial^2 v'_{k,i}}{\partial x_j\partial x_m}}^k$$

$$=\nu_k^2\frac{\partial^2}{\partial x_j^2}\left\langle\chi_k\left(\frac{\partial v'_{k,i}}{\partial x_m}\right)^2\right\rangle-\nu_k^2\frac{\partial}{\partial x_j}\left\langle\left(\frac{\partial v'_{k,i}}{\partial x_m}\right)^2\frac{\partial\chi_k}{\partial x_j}\right\rangle-\nu_k^2\left\langle\frac{\partial}{\partial x_j}\left(\frac{\partial v'_{k,i}}{\partial x_m}\right)^2\frac{\partial\chi_k}{\partial x_j}\right\rangle-$$

$$2\alpha_k\nu_k^2\overline{\frac{\partial^2 v'_{k,i}}{\partial x_j\partial x_m}\frac{\partial^2 v'_{k,i}}{\partial x_j\partial x_m}}^k$$

$$=\nu_k\frac{\partial^2}{\partial x_j^2}(\alpha_k\varepsilon_k)+\nu_k^2\frac{\partial}{\partial x_j}\left\langle\left(\frac{\partial v'_{k,i}}{\partial x_m}\right)^2n_{k,j}\delta_\mathrm{I}\right\rangle+\nu_k^2\left\langle\frac{\partial}{\partial x_j}\left(\frac{\partial v'_{k,i}}{\partial x_m}\right)^2n_{k,j}\delta_\mathrm{I}\right\rangle-$$

$$2\alpha_k\nu_k^2\overline{\frac{\partial^2 v'_{k,i}}{\partial x_j\partial x_m}\frac{\partial^2 v'_{k,i}}{\partial x_j\partial x_m}}^k \tag{D-24}$$

将式(D-24)代入式(D-23),得到湍流耗散率方程(6-79)的最终形式:

$$\frac{\partial}{\partial t}(\alpha_k\varepsilon_k)+\frac{\partial}{\partial x_j}(\alpha_k\varepsilon_k\overline{v_{k,j}}^k)+2\alpha_k\nu_k\left(\frac{\partial\overline{v_{k,j}}^k}{\partial x_m}\overline{\frac{\partial v'_{k,i}}{\partial x_m}\frac{\partial v'_{k,i}}{\partial x_j}}^k+\overline{\frac{\partial v'_{k,i}}{\partial x_m}\frac{\partial v'_{k,j}}{\partial x_m}}^k\frac{\partial\overline{v_{k,j}}^k}{\partial x_j}\right)+$$

$$2\alpha_k\nu_k\overline{v'_{k,j}\frac{\partial v'_{k,i}}{\partial x_m}}^k\frac{\partial^2\overline{v_{k,j}}^k}{\partial x_j\partial x_m}+2\alpha_k\nu_k\overline{\frac{\partial v'_{k,i}}{\partial x_m}\frac{\partial v'_{k,j}}{\partial x_m}\frac{\partial v'_{k,i}}{\partial x_j}}^k+\frac{\partial}{\partial x_j}\left(\alpha_k\nu_k\overline{\left(\frac{\partial v'_{k,i}}{\partial x_m}\right)^2v'_{k,j}}^k\right)$$

$$=-2\alpha_k\frac{\nu_k}{\rho_k}\overline{\frac{\partial v'_{k,i}}{\partial x_m}\frac{\partial^2p'_k}{\partial x_i\partial x_m}}^k-2\alpha_k\nu_k^2\overline{\frac{\partial^2v'_{k,i}}{\partial x_j\partial x_m}\frac{\partial^2v'_{k,i}}{\partial x_j\partial x_m}}^k+$$

$$2\nu_k\langle v'_{k,i}n_{k,m}\delta_{\mathrm{I}}\rangle\frac{\partial}{\partial x_m}\left(\frac{\partial\overline{v'_{k,i}v'_{k,j}}^k}{\partial x_j}-\frac{\langle L_{k,i}\rangle+\langle Q_{k,i}\rangle}{\alpha_k}\right)+\left\langle\frac{\dot m_k}{\rho_k}\nu_k\left(\frac{\partial v'_{k,i}}{\partial x_m}\right)^2\delta_{\mathrm{I}}\right\rangle+$$

$$\nu_k\frac{\partial^2}{\partial x_j^2}(\alpha_k\varepsilon_k)+\nu_k\left(\frac{\partial}{\partial x_j}\langle\varepsilon'_kn_{k,j}\delta_{\mathrm{I}}\rangle+\left\langle\frac{\partial\varepsilon'_k}{\partial x_j}n_{k,j}\delta_{\mathrm{I}}\right\rangle\right)\tag{D-25}$$

附录 E
球形颗粒周围及内部蠕动流的 Hadamard 解

下面关于求解的介绍已经由学者哈达玛(Hadamard)在 1911 年推导得到,它包括研究非常黏稠的液滴在非常黏稠的流体(蠕变流体)中的转化。做出以下假设。

假设 1:流动是稳态的。

假设 2:两个相均不可压缩。

假设 3:惯性效应可以忽略($Re \ll 1$)。

假设 4:两相均是具有恒定属性的牛顿流体。

假设 5:球形液滴的平移没有任何加速度。

假设 6:没有相变(既没有蒸发也没有凝结)。

假设 7:假设流动是绕 z 轴对称的。

假设 8:界面没有物理属性。

假设一个球形流体粒子在重力作用下掉入(或上升)到另一个流体中。相对速度与垂直方向对齐,用 z 表示垂直轴。假设球形粒子内部和周围的流动相对 z 轴是轴对称的。因此,考虑一个球坐标系 r、θ、φ,其原点位于粒子中心,角度 θ 是余纬度(从 z 轴测量)。

由于雷诺数很小,因此每个相的质量和动量守恒方程为

$$\begin{cases} \nabla \cdot \underline{v}_k = 0 \\ \nabla p_k = \mu_k \nabla^2 \underline{v}_k + \rho_k \underline{g} \end{cases} \tag{E-1}$$

为了简化计算,引入一个包括重力项的修正压力。如果选择 z 轴为向上方向,则可以这样写为

$$p_k^* \equiv p_k + \rho_k g z \tag{E-2}$$

使用式(E-2)中的符号,式(E-1)的系统变为

$$\begin{cases} \nabla \cdot \underline{v}_k = 0 \\ \nabla p_k^* = \mu_k \nabla^2 \underline{v}_k \end{cases} \tag{E-3}$$

由于流体粒子的运动相对于 z 轴对称,因此两个相速度仅具有以下非零分量,即

$$v_{\mathrm{c},r}(r,\theta),v_{\mathrm{c},\theta}(r,\theta),v_{\mathrm{d},r}(r,\theta),v_{\mathrm{d},\theta}(r,\theta) \tag{E-4}$$

式中:$k=\mathrm{c}$ 表示连续相;$k=\mathrm{d}$ 表示流体粒子。

然后将式(E-3)投影到球坐标中,有

$$\begin{cases}\dfrac{1}{r^2}\dfrac{\partial}{\partial r}(r^2 v_{k,r})+\dfrac{1}{r\sin\theta}\dfrac{\partial}{\partial\theta}(\sin\theta v_{k,\theta})=0, \quad k=\mathrm{c},\mathrm{d}\\ \dfrac{\partial p_k^*}{\partial r}=\mu_k\left(\nabla^2 v_{k,r}-\dfrac{2}{r^2}\left(v_{k,r}+\dfrac{\partial v_{k,r}}{\partial\theta}+v_{k,\theta}\cot\theta\right)\right)\\ \dfrac{1}{r}\dfrac{\partial p_k^*}{\partial\theta}=\mu_k\left(\nabla^2 v_{k,\theta}+\dfrac{1}{r^2}\left(2\dfrac{\partial v_{k,r}}{\partial\theta}-\dfrac{v_{k,\theta}}{\sin^2\theta}\right)\right)\\ \nabla^2=\dfrac{1}{r^2}\left[\dfrac{\partial}{\partial r}\left(r^2\dfrac{\partial}{\partial r}\right)+\dfrac{1}{\sin\theta}\dfrac{\partial}{\partial\theta}\left(\sin\theta\dfrac{\partial}{\partial\theta}\right)\right]\end{cases} \tag{E-5}$$

在式(E-5)中,已经考虑了$\partial/\partial\varphi=0$ 的对称性。

现在必须精确化不同的边界条件。粒子表面的运动边界条件($r=R$)为

$$\begin{cases}v_{\mathrm{c},r}(R,\theta)=v_{\mathrm{d},r}(R,\theta)=0\\ v_{\mathrm{c},\theta}(R,\theta)=v_{\mathrm{d},\theta}(R,\theta)\end{cases} \tag{E-6}$$

式(E-6)中的第一行指出,由于没有相变,在 $r=R$ 时,两相的径向速度分量等于零。式(E-6)中的第二行给出了粒子表面上($r=R$)两相切线速度分量的方程。粒子表面的动态边界条件为

$$\begin{cases}-p_\mathrm{c}^*+2\mu_\mathrm{c}\dfrac{\partial v_{\mathrm{c},r}}{\partial r}=-p_\mathrm{d}^*+2\mu_\mathrm{d}\dfrac{\partial v_{\mathrm{d},r}}{\partial r}, \quad r=R\\ \mu_\mathrm{c}\left(\dfrac{\partial v_{\mathrm{c},r}}{r\,\partial\theta}+\dfrac{\partial v_{\mathrm{c},\theta}}{\partial r}-\dfrac{v_{\mathrm{c},\theta}}{r}\right)=\mu_\mathrm{d}\left(\dfrac{\partial v_{\mathrm{d},r}}{r\,\partial\theta}+\dfrac{\partial v_{\mathrm{d},\theta}}{\partial r}-\dfrac{v_{\mathrm{d},\theta}}{r}\right), \quad r=R\end{cases} \tag{E-7}$$

对于粒子表面的 4 个条件(式(E-6)和式(E-7)),必须添加离粒子较远的边界条件。假设粒子以恒定速度 $v_R\underline{e}_z$ 平移通过周围的流体。当在与粒子相关的参照系中研究时,远离粒子的流体速度以相反的速度($v_R\underline{e}_z$)移动。因此,在球坐标系中,远场速度给出以下边界条件,即

$$\begin{cases}v_{\mathrm{c},r}\to -v_R\cos\theta, \quad r\to\infty\\ v_{\mathrm{c},\theta}\to v_R\sin\theta, \quad r\to\infty\end{cases} \tag{E-8}$$

施加内部速度的最后一个条件是该速度在粒子中心是有限的,即

$$\text{当 } r=0 \text{ 时},\ v_{\mathrm{d},r} \text{ 和 } v_{\mathrm{d},\theta} \text{ 是有限的} \tag{E-9}$$

由于边界条件式(E-8),因此解为以下形式:

$$\begin{cases} v_{k,r} = f_k(r)\cos\theta, & k=\mathrm{c,d} \\ v_{k,\theta} = \phi_k(r)\sin\theta, & k=\mathrm{c,d} \\ p_k^* = \mu_k \psi_k(r)\cos\theta, & k=\mathrm{c,d} \end{cases} \tag{E-10}$$

将式(E-10)代入式(E-5),可得

$$\begin{cases} \dfrac{\mathrm{d}f_k}{\mathrm{d}r} + \dfrac{2}{r}(f_k+\phi_k) = 0 \\ \dfrac{\mathrm{d}\psi_k}{\mathrm{d}r} = \dfrac{\mathrm{d}^2 f_k}{\mathrm{d}r^2} + \dfrac{2}{r}\dfrac{\mathrm{d}f_k}{\mathrm{d}r} - \dfrac{2}{r^2}(2f_k+2\phi_k) \\ -\dfrac{1}{r}\psi_k(r) = \dfrac{\mathrm{d}^2\phi_k}{\mathrm{d}r^2} + \dfrac{2}{r}\dfrac{\mathrm{d}\phi_k}{\mathrm{d}r} - \dfrac{2}{r^2}(f_k+\phi_k) \end{cases} \tag{E-11}$$

式(E-11)的第一个方程可以改写为

$$\phi_k = -\frac{r}{2}\frac{\mathrm{d}f_k}{\mathrm{d}r} - f_k \tag{E-12}$$

将式(E-12)代入式(E-11)的最后一个方程,可得

$$\frac{1}{r}\psi_k(r) = \frac{\mathrm{d}^2}{\mathrm{d}r^2}\left(\frac{r}{2}\frac{\mathrm{d}f_k}{\mathrm{d}r} + f_k\right) + \frac{2}{r}\frac{\mathrm{d}}{\mathrm{d}r}\left(\frac{r}{2}\frac{\mathrm{d}f_k}{\mathrm{d}r} + f_k\right) - \frac{1}{r}\frac{\mathrm{d}f_k}{\mathrm{d}r} \tag{E-13}$$

或者

$$\psi_k(r) = \frac{r^2}{2}\frac{\mathrm{d}^3 f_k}{\mathrm{d}r^3} + 3r\frac{\mathrm{d}^2 f_k}{\mathrm{d}r^2} + 2\frac{\mathrm{d}f_k}{\mathrm{d}r} \tag{E-14}$$

将式(E-14)代入式(E-11)的第二方程,可得

$$r^3\frac{\mathrm{d}^4 f_k}{\mathrm{d}r^4} + 8r^2\frac{\mathrm{d}^3 f_k}{\mathrm{d}r^3} + 8r\frac{\mathrm{d}^2 f_k}{\mathrm{d}r^2} - 8\frac{\mathrm{d}f_k}{\mathrm{d}r} = 0 \tag{E-15}$$

寻求以下形式的解:

$$f_k \propto r^n \tag{E-16}$$

因此有

$$n(n-1)(n-2)(n-3) + 8n(n-1)(n-2) + 8n(n-1) - 8n = 0 \tag{E-17}$$

式(E-17)的根为 $n=0$、$n=2$、$n=-1$ 和 $n=-3$,因此可得

$$f_k = A_k + B_k r^2 + \frac{C_k}{r} + \frac{D_k}{r^3} \tag{E-18}$$

将式(E-18)代入式(E-12)和式(E-14),可得

$$\begin{cases}\phi_k=-A_k-2B_kr^2-\dfrac{C_k}{2r}+\dfrac{D_k}{2r^3}\\ \psi_k=10B_kr+\dfrac{C_k}{r^2}\end{cases}\tag{E-19}$$

因此,得到以下中间结果(式(E-10)),即

$$\begin{cases}v_{k,r}=\left(A_k+B_kr^2+\dfrac{C_k}{r}+\dfrac{D_k}{r^3}\right)\cos\theta, & k=\mathrm{c,d}\\ v_{k,\theta}=\left(-A_k-2B_kr^2-\dfrac{C_k}{2r}+\dfrac{D_k}{2r^3}\right)\sin\theta, & k=\mathrm{c,d}\\ p_k^*=\mu_k\left(10B_kr+\dfrac{C_k}{r^2}\right)\cos\theta, & k=\mathrm{c,d}\end{cases}\tag{E-20}$$

常数值的选择必须满足边界条件式(E-6)~式(E-9)。对于外部流体,当$r\to\infty$时,速度分量应保持有限,因此常数B_c等于零。对于内部流体,速度分量必须在粒子中心$r=0$处保持有限,因此常数C_d和D_d也等于零。因此,外部解具有以下形式:

$$\begin{cases}v_{\mathrm{c},r}=\left(A_\mathrm{c}+\dfrac{C_\mathrm{c}}{r}+\dfrac{D_\mathrm{c}}{r^3}\right)\cos\theta\\ v_{\mathrm{c},\theta}=\left(-A_\mathrm{c}-\dfrac{C_\mathrm{c}}{2r}+\dfrac{D_\mathrm{c}}{2r^3}\right)\sin\theta\\ p_\mathrm{c}^*=\mu_\mathrm{c}\dfrac{C_\mathrm{c}}{r^2}\cos\theta\end{cases}\tag{E-21}$$

内部解具有以下形式:

$$\begin{cases}v_{\mathrm{d},r}=(A_\mathrm{d}+B_\mathrm{d}r^2)\cos\theta\\ v_{\mathrm{d},\theta}=-(A_\mathrm{d}+2B_\mathrm{d}r^2)\sin\theta\\ p_\mathrm{d}^*=10\mu_\mathrm{d}B_\mathrm{d}r\cos\theta\end{cases}\tag{E-22}$$

使用式(E-8),常数A_c确定为$-v_R$。式(E-6)的第一个方程意味着:

$$\begin{cases}\dfrac{C_\mathrm{c}}{R}+\dfrac{D_\mathrm{c}}{R^3}=v_R\\ A_\mathrm{d}+B_\mathrm{d}R^2=0\end{cases}\tag{E-23}$$

式(E-6)的第2个方程意味着:

$$v_R-\frac{C_c}{2R}+\frac{D_c}{2R^3}=-A_d-2B_dR^2 \tag{E-24}$$

在界面处切应力相等条件下，可以由式（E-7）的第 2 个方程给出：

$$\mu_c\left(\frac{C_c}{R^2}-2\frac{D_c}{R^4}-\frac{v_R}{R}\right)=\mu_d\left(\frac{A_d}{R}-2B_dR\right) \tag{E-25}$$

式（E-23）~式（E-25）构成一个由 4 个方程组成的系统，其中涉及 4 个未知常数，即 A_d、B_d、C_c和 D_c。该系统的解为

$$\begin{cases} A_d=\frac{v_R}{2}\frac{1}{1+\mu^*} \\ B_d=-\frac{v_R}{2R^2}\frac{1}{1+\mu^*} \\ C_d=v_RR\frac{\frac{3\mu^*}{2}+1}{1+\mu^*} \\ D_c=-\frac{v_RR^3}{2}\frac{\mu^*}{1+\mu^*} \end{cases} \tag{E-26}$$

式中：μ^*为约化黏度，由下式定义，即

$$\mu^*\equiv\frac{\mu_d}{\mu_c} \tag{E-27}$$

最后，获得了连续相的以下解（式（E-21））：

$$\begin{cases} v_{c,r}=v_R\cos\theta\left(\frac{R}{r}\frac{\frac{3\mu^*}{2}+1}{1+\mu^*}-\frac{R^3}{2r^3}\frac{\mu^*}{1+\mu^*}-1\right) \\ v_{c,\theta}=v_R\sin\theta\left(-\frac{R}{2r}\frac{\frac{3\mu^*}{2}+1}{1+\mu^*}-\frac{R^3}{4r^3}\frac{\mu^*}{1+\mu^*}+1\right) \\ p_c^*=\mu_cv_R\frac{R}{r^2}\frac{\frac{3\mu^*}{2}+1}{1+\mu^*}\cos\theta \end{cases} \tag{E-28}$$

以及离散相的解（式（E-22））：

$$\begin{cases} v_{\mathrm{d},r}=v_R\cos\theta\left(\dfrac{1}{2}\dfrac{1}{1+\mu^*}-\dfrac{r^2}{2R^2}\dfrac{1}{1+\mu^*}\right) \\ v_{\mathrm{d},\theta}=-v_R\sin\theta\left(\dfrac{1}{2}\dfrac{1}{1+\mu^*}-\dfrac{r^2}{R^2}\dfrac{1}{1+\mu^*}\right) \\ p_{\mathrm{d}}^*=-5\mu_{\mathrm{d}}\dfrac{v_R}{R^2}\dfrac{1}{1+\mu^*}r\cos\theta \end{cases} \tag{E-29}$$

假设这两个相均是不可压缩的,只有压差才有意义。根据式(E-2),可以重新获得真实压力。当积分到粒子表面上时,连续压力的贡献$-\rho_{\mathrm{c}}gz$将简单地给出作用于流体粒子上的阿基米德力。要计算施加在粒子上的阻力(可参见第8章),必须计算粒子表面的黏性应力。这些压力可表示为

$$\begin{cases} \tau_{\mathrm{c},rr}=2\mu_{\mathrm{c}}\dfrac{\partial v_{\mathrm{c},r}}{\partial r}=2\mu_{\mathrm{c}}v_R\cos\theta\left(-\dfrac{R}{r^2}\dfrac{\dfrac{3\mu^*}{2}+1}{1+\mu^*}+\dfrac{3}{2}\dfrac{R^3}{r^4}\dfrac{\mu^*}{1+\mu^*}\right) \\ \tau_{\mathrm{c},r\theta}=\mu_{\mathrm{c}}\left(\dfrac{\partial v_{\mathrm{c},r}}{r\partial\theta}+\dfrac{\partial v_{\mathrm{c},\theta}}{\partial r}-\dfrac{v_{\mathrm{c},\theta}}{r}\right)=\mu_{\mathrm{c}}v_R\sin\theta\dfrac{3}{2}\dfrac{R^3}{r^4}\dfrac{\mu^*}{1+\mu^*} \end{cases} \tag{E-30}$$

在粒子表面($r=R$),黏性应力变为

$$\begin{cases} \tau_{\mathrm{c},rr}=-2\mu_{\mathrm{c}}\dfrac{v_R}{R}\cos\theta\dfrac{1}{1+\mu^*} \\ \tau_{\mathrm{c},r\theta}=\dfrac{3}{2}\mu_{\mathrm{c}}\dfrac{v_R}{R}\sin\theta\dfrac{\mu^*}{1+\mu^*} \end{cases} \tag{E-31}$$

附录 F

式(10-146)的积分计算

令 I_1 和 I_2 为由式(10-146)定义的积分,有

$$\begin{cases} I_1 \equiv \int_0^\infty \dfrac{Nu_c(d)}{d} f_d \mathrm{d}(d) = \int_0^\infty \dfrac{c_0 + c_1 Re_d^{c_2} Pr_c^{c_3}}{d} \dfrac{3n}{4\sqrt{5}\widetilde{\sigma}} \left[1 - \left(\dfrac{d - d_{10}}{\sqrt{5}\widetilde{\sigma}}\right)^2\right] \mathrm{d}(d) \\ I_2 \equiv \int_0^\infty Nu_c(d) f_d \mathrm{d}(d) = \int_0^\infty (c_0 + c_1 Re_d^{c_2} Pr_c^{c_3}) \dfrac{3n}{4\sqrt{5}\widetilde{\sigma}} \left[1 - \left(\dfrac{d - d_{10}}{\sqrt{5}\widetilde{\sigma}}\right)^2\right] \mathrm{d}(d) \end{cases} \tag{F-1}$$

由于气泡数密度 n 与直径 d 无关,式(F-1)可改写为

$$\begin{cases} I_1 = n[c_0 I_{10} + c_1 Pr_c^{c_3}(I_{11} + I_{12} + I_{13})] \\ I_2 = n[c_0 I_{20} + c_1 Pr_c^{c_3}(I_{21} + I_{22} + I_{23})] \end{cases} \tag{F-2}$$

为了改写式(F-2),定义了以下积分:

$$\begin{cases} I_{k0} \equiv \int_0^\infty d^{k-2} P(d) \mathrm{d}(d) \\ I_{k1} \equiv \int_0^{d_{12}} d^{k-2} Re_{d,1}^{c_2} P(d) \mathrm{d}(d) \\ I_{k2} \equiv \int_{d_{12}}^{d_{23}} d^{k-2} Re_{d,2}^{c_2} P(d) \mathrm{d}(d) \\ I_{k3} \equiv \int_{d_{23}}^\infty d^{k-2} Re_{d,3}^{c_2} P(d) \mathrm{d}(d) \end{cases} \tag{F-3}$$

其中,当使用 Q2 定律时,由于在区间[$d_{\min}$,$d_{\max}$]之外 $P(d)=0$,因此积分极限 0 和∞可以用 $d_{\min}$ 和 $d_{\max}$ 代替。在式(F-3)中,假设气泡大小区间[$d_{\min}$,$d_{\max}$]细分为 3 个子区间[$d_{\min}$,d_{12}]、[d_{12},d_{23}] 和[d_{23},$d_{\max}$],对应于不同的气泡阻力范围(见第 8 章)。在第一个气泡阻力区间内($d<d_{12}$),气泡保持球形。在第二个气泡阻力区间内($d_{12}<d<d_{23}$),气泡变形或呈椭圆形。而在最后一个气泡阻力区

间内($d>d_{23}$),气泡变为球形帽状气泡。可以根据以下关系对 3 种情况下的阻力系数进行建模:

$$\begin{cases} C_D^1(Re)=\dfrac{24}{Re_{d,1}}(1+0.1Re_{d,1}^{3/4}), & d\leqslant d_{12} \\ C_D^2(d,\alpha_d)=\dfrac{2}{3}\dfrac{d}{La}\varphi^D(\alpha_d), & d_{12}\leqslant d\leqslant d_{23} \\ \varphi^D(\alpha_d)=\left[\dfrac{1+17.67(1-\alpha_d)^{9/7}}{18.67(1-\alpha_d)^{3/2}}\right]^2 & \\ C_D^3(d,\alpha_d)=\dfrac{8}{3}(1-\alpha_d)^2, & d\geqslant d_{23} \end{cases} \tag{F-4}$$

临界直径 d_{23}区分了扭曲球形帽状形态,并具有以下简单表达式:

$$C_D^2(d_{23},\alpha_d)=C_D^3(d_{23},\alpha_d)\quad\Rightarrow\quad d_{23}=\frac{4La(1-\alpha_d)^2}{\varphi^D(\alpha_d)} \tag{F-5}$$

临界直径 d_{12}区分了球形和变形的气泡形态。通过确定 $d=d_{12}$处的两个阻力系数,可以类似地获得其表达式,但是由于获得的方程是非线性方程,因此它没有简单的解析表达式。但是,在式(F-8)中给出了一个近似表达式。

将式(F-4)替换为以下表达式,以表示两相混合物中的最终速度,即

$$\Delta v_z=\sqrt{\frac{4}{3}(1-\alpha_d)\left(1-\frac{\rho_d}{\rho_c}\right)\frac{gd}{C_D}} \tag{F-6}$$

可以得到以下 3 个表达式,每个表达式对于特定的气泡阻力区域均有效,即

$$\begin{cases} \Delta v_z^1=\left[\dfrac{5}{9}g(1-\alpha_d)\left(1-\dfrac{\rho_d}{\rho_c}\right)\right]^{4/7}\left(\dfrac{d^5}{v_c}\right)^{1/7}, & 0.1Re_{d,1}^{3/4}\gg 1 \\ \Delta v_z^2=\sqrt{2g(1-\alpha_d)\left(1-\dfrac{\rho_d}{\rho_c}\right)\dfrac{La}{\varphi^D(\alpha_d)}} & \\ \Delta v_z^3=\sqrt{\dfrac{g}{2}\left(1-\dfrac{\rho_d}{\rho_c}\right)\dfrac{d}{(1-\alpha_d)}} & \end{cases} \tag{F-7}$$

为了获得第一个表达式,假设气泡雷诺数足够高($0.1Re_{d,1}^{3/4}\gg 1$),以便简化阻力系数并在这种情况下获得最终速度的解析表达式。同样的简化也可以得到 d_{12}的解析表达式,即

$$d_{12}=\left(\frac{9}{5}\right)^{4/5}\left(\frac{2La}{\varphi^D(\alpha_d)}\right)^{7/10}\left[\frac{g}{v_c^2}(1-\alpha_d)\left(1-\frac{\rho_d}{\rho_c}\right)\right]^{-1/10} \tag{F-8}$$

3 个气泡雷诺数对应于 3 个不同阻力的方式，因此对应于相对速度的 3 个表达式（F-7），即

$$\begin{cases} Re_{\mathrm{d},1}=\left(\dfrac{5}{9}g(1-\alpha_{\mathrm{d}})\left(1-\dfrac{\rho_{\mathrm{d}}}{\rho_{\mathrm{c}}}\right)\dfrac{d^3}{v_{\mathrm{c}}^2}\right)^{4/7}, & d\leqslant d_{12} \\ Re_{\mathrm{d},2}=\sqrt{2g\dfrac{(1-\alpha_{\mathrm{d}})}{\varphi^{\mathrm{D}}(\alpha_{\mathrm{d}})}\left(1-\dfrac{\rho_{\mathrm{d}}}{\rho_{\mathrm{c}}}\right)\dfrac{La}{d}\dfrac{d^3}{v_{\mathrm{c}}^2}}, & d_{12}\leqslant d\leqslant d_{23} \\ Re_{\mathrm{d},3}=\sqrt{\dfrac{g}{2}\left(1-\dfrac{\rho_{\mathrm{d}}}{\rho_{\mathrm{c}}}\right)\dfrac{1}{(1-\alpha_{\mathrm{d}})}\dfrac{d^3}{v_{\mathrm{c}}^2}}, & d\geqslant d_{12} \end{cases} \tag{F-9}$$

质量守恒方程中的相变项（无核形成部分）为

$$\Gamma_{\mathrm{d}}=\pi n\frac{\lambda_{\mathrm{c}}}{\ell}(T_{\mathrm{c}}-T_{\mathrm{sat}})\{c_0 d_{10}+c_1 Pr_c^{c_3}[I_{31}+I_{32}+I_{33}]\} \tag{F-10}$$

式中：积分 I_{31}、I_{32} 和 I_{33} 是根据式（F-3）中当 $k=3$ 定义的。

使用 Q2 定律对不同积分的计算，可得

$$\begin{cases} I_{10}=\dfrac{1}{d_{10}}\dfrac{3}{4\sigma^{*3}}\left(2\sigma^*-(\sigma^{*2}-1)\log\left|\dfrac{\sigma^*-1}{\sigma^*+1}\right|\right) \\ I_{20}=1 \\ I_{k1}=d_{10}^{k-2}Re_{\mathrm{d},1}(d_{10})^{c_2}\varphi_{\mathrm{Q2}}\left(\dfrac{12}{7}c_2+k-2,d_{\min}^*,d_{12}^*\right) \\ I_{k2}=d_{10}^{k-2}Re_{\mathrm{d},2}(d_{10})^{c_2}\varphi_{\mathrm{Q2}}(c_2+k-2,d_{12}^*,d_{23}^*) \\ I_{k3}=d_{10}^{k-2}Re_{\mathrm{d},3}(d_{10})^{c_2}\varphi_{\mathrm{Q2}}\left(\dfrac{3}{2}c_2+k-2,d_{23}^*,d_{\max}^*\right) \end{cases} \tag{F-11}$$

$Re_{\mathrm{d},1}(d_{10})$、$Re_{\mathrm{d},2}(d_{10})$ 和 $Re_{\mathrm{d},3}(d_{10})$ 是用平均气泡直径 d_{10} 计算出的式（F-9）中的 3 个雷诺数。星形直径和标准偏差是边界直径和标准偏差的无量纲表达方式。在平均直径 d_{10} 的帮助下，它们是没有量纲的，即

$$\begin{cases} d^*\equiv\dfrac{d}{d_{10}} \\ \sigma^*\equiv\dfrac{\sqrt{5}\widetilde{\sigma}}{d_{10}} \end{cases} \tag{F-12}$$

以下方程给出了包含 3 个参数的 φ_{Q2} 函数，即

$$\varphi_{\mathrm{Q2}}(k,d_1^*,d_2^*)=\frac{3}{4}\left[Q_2^*(\sigma^*)\frac{(d_2^*-d_1^*)^{k+3}}{k+3}+Q_1^*(\sigma^*)\frac{(d_2^*-d_1^*)^{k+2}}{k+2}+Q_0^*(\sigma^*)\frac{(d_2^*-d_1^*)^{k+1}}{k+1}\right] \tag{F-13}$$

其中，$Q_0^*(\sigma^*)$、$Q_1^*(\sigma^*)$和$Q_2^*(\sigma^*)$的定义为

$$\begin{cases} Q_0^* \equiv \dfrac{\sigma^{*2}-1}{\sigma^{*3}} \\ Q_1^* \equiv \dfrac{2}{\sigma^{*3}} \\ Q_2^* \equiv -\dfrac{1}{\sigma^{*3}} \end{cases} \tag{F-14}$$

内容简介

本书主要关注两相流的数学建模问题，阐述了包含气泡、滴状流及颗粒流等在内的离散两相流的方程、建模方法、数学物理模型、求解与处理方法；紧密结合工程应用实际，介绍了不同流动方式下瞬态及稳态的离散两相流的流动特性、理论模型、实验研究以及应用研究等方面的成果。本书共12章，分为两部分。第1~4章从理论出发，介绍了两相流动换热的平衡方程，推导得到离散两相流基本方程，理论讲解深入、透彻。第5~12章紧密结合第一部分中的平衡方程，从数学封闭性与物理问题的角度出发，深入浅出地阐述了各种数学模型的封闭性问题，对数学模型的各种不同类型的封闭定律进行了详尽介绍。为了方便读者对本书核心内容的理解，本书还增加了6个附录。

本书是引领两相流领域理论和数值研究的专著，可读性和透彻性强，读者对象是具备流体力学、传热学、热力学等基本知识，从事核能、能源、动力、航空航天等领域能源动力装置和设备的设计研发、数值计算仿真工作的科研人员、设计人员以及高等院校的教师、研究生等。